建筑业企业专业技术管理人员岗位资格考试指导用书

机　械　员

主　编　刘　霁

副主编　刘　清　刘雪樵

主　审　石俊云

中国环境出版社·北京

图书在版编目（CIP）数据

机械员/刘霁主编．—2版．—北京：中国环境出版社，2013.9（2018.2重印）
建筑业企业专业技术管理人员岗位资格考试指导用书
ISBN 978-7-5111-1321-4

Ⅰ.①机… Ⅱ.①刘… Ⅲ.①建筑机械—资格考试—自学参考资料 Ⅳ.①TU6

中国版本图书馆CIP数据核字（2013）第030010号

出 版 人 武德凯
责任编辑 张于嫣 辛 静
责任校对 扣志红
封面设计 宋 瑞

出版发行 中国环境出版社
（100062 北京市东城区广渠门内大街16号）
网 址：http：//www. cesp. com. cn
电子邮箱：bjgl@cesp. com. cn
联系电话：010-67112765（编辑管理部）
010-67112739（建筑图书出版中心）
发行热线：010-67125803，010-67113405（传真）
印 刷 北京中科印刷有限公司
经 销 各地新华书店
版 次 2013年9月第2版
印 次 2018年2月第5次印刷
开 本 787×1092 1/16
印 张 20
字 数 480千字
定 价 60.00元

建筑业企业专业技术管理人员岗位资格考试指导用书

编 委 会

出版说明

2011年7月，住房和城乡建设部发布《建筑与市政工程施工现场专业人员职业标准》（JGJ/T250—2011，以下简称《职业标准》），2012年1月1日起正式实施。根据住房和城乡建设部《关于贯彻实施住房和城乡建设领域现场专业人员职业标准的意见》（建人［2012］19号，以下简称《实施意见》）精神，湖南省住房和城乡建设厅人教处于2012年委托省建设人力资源协会组织湖南建筑职教集团所属成员单位共20多所高、中等职业院校和建筑业施工企业对湖南省建筑业企业专业技术管理人员岗位资格考试标准进行了专项课题研究，并以《职业标准》为指导，结合本省建筑业发展和施工现场技术管理工作从业人员实际，修订了湖南省建筑业企业专业技术管理人员岗位资格考试大纲，包括施工员（分土建施工员、安装施工员，安装施工员又分水暖与电气两个专业方向）、质量员、安全员、标准员、材料员、机械员、资料员、造价员等岗位。为满足参考人员需要，湖南建筑职教集团由湖南城建职业技术学院牵头，组织建设职业院校、施工企业有关专家编写了上述岗位资格考试指导用书，2012年6月由中国环境科学出版社出版，应用于建筑与市政工程施工现场专业人员岗位培训和资格考试应试人员复习备考。

根据我省建设工程施工项目部关键岗位人员配备、建筑业企业专业技术管理人员岗位资格管理相关规定，现场专业人员必须通过全省统一的岗位资格考试，取得省住房和城乡建设厅颁发的《建筑业企业专业技术管理人员岗位资格证书》方可从事相应岗位的技术和管理工作。为构建科学合理的施工现场专业人员岗位资格能力评价标准，建设客观、公正和便捷高效的常态化考核机制，我们在不断完善岗位资格考试大纲的基础上，建设能力考核的标准化考试题库，实施远程网络考试，相关业务全信息化管理。与此同时，经本套丛书第一版编委会同意，调整部分编写人员，组织对2012年湖南建筑职教集团编写的岗位资格考试指导用书进行修订出版。修订的原则，一是针对性。以《职业标准》、住房和城乡建设部人事司印发的《建筑与市政施工现场专业人员考核评价大纲》为指导，以湖南省建筑业企业专业技术管理人员岗位资格考试大纲（2013年修订版）为依据，内容和编排与考试大纲完全对应，涵盖考核试题库全部试题；二是实践性。突破学科，尤其是学校教材体系模式，理论知识以必要、够用为原则，专业技能基本覆盖岗位工作实践业务；三是基础性。把握人才层次标准和职业准入能力测试的特点，考核最常用、最关键的基本知识、基本技能。因主要服务于岗位培训、自学备考，各分册篇幅作了调整，力求简明扼要。按照湖南省建筑业企业专业技术管理人员岗位资格考试科目设置和大纲要求，《法律法规及相关知识》、《专业通用知识》科目各岗位考试标准相同，指导用书通用；《专业基础知识》、《岗位知识》和《专业实务》科目按各岗位不同能力标准要求编写。本套丛书也可以作为高、中等职业院校师生和相关工程技术人员参考书。

本套丛书的编写得到相关施工企业、职业院校的大力支持，在此谨致以衷心感谢！参与编写、修订工作的全体作者付出了辛勤的劳动，由于全套丛书业务涉及面宽，专业性强，加之时间仓促，疏漏和不足之处有所难免，恳请读者批评指正。

湖南省住房和城乡建设厅人教处

湖南省建设人力资源协会

2013 年 3 月

前　言

本书根据湖南省建筑业企业专业技术管理人员（机械员）《专业基础知识》、《岗位知识》和《专业实务》考试大纲（2013年修订版）要求修订。全书共十二章，包括机械员专业基础知识、常用建筑施工机械的工作原理及技术性能、机械设备管理相关规定和标准、施工机械设备安全运行和维护保养、施工机械设备的购置和租赁、施工机械设备的资料管理方面等内容。专业范围以房屋建筑的施工机械为主，采用工程施工机械标准及操作规程，以施工机械国家、行业强制性标准为主，以2012年12月31日为截止时间。本书适用于建筑施工专职机械设备管理人员（机械员）岗位培训及资格考试应试人员复习备考；也可供相关工程技术管理人员参考。

本书第二版由刘霁同志担任全书主编，刘清和刘雪樵担任副主编；刘霁编写第一章至第六章；姜安民编写了第七章；刘清编写了第八章至第十章；刘雪樵编写第十一章和第十二章；湖南城建职业技术学院周有初，谢社初对第七章进行了修改。在此感谢第一版编写作者吕东风、钟花荣、李又香的辛勤劳动和付出。全书由石俊云同志负责校核。由于编者经验和水平有限，书中难免存在疏漏或不妥之处，望使用本书的有关专家、教师和学员批评指正。

目　录

专业基础知识篇

岗位知识与专业实务篇

专业基础知识篇

第一章　工程力学知识

当机械工作时，其构件将受到外力的作用。在外力作用下，构件运动状态可能发生改变并发生变形，还可能破坏。因此构件的受力分析及其平衡条件、构件在外力作用下的变形规律及破坏条件等，是机械工程中经常遇到的力学问题。

本书工程力学的内容包括：物体的静力分析及受力、变形的基本形式。

第一节　静力学基本概念和物体受力分析

一、静力学的基本概念

基本概念

（1）刚体：在外力的作用下，其形状、大小始终保持不变的物体。刚体是静力学中对物体进行分析所简化的力学模型。

（2）力：力是物体之间相互的机械作用。

力使物体的运动状态发生改变的效应称为外效应，而使物体发生变形的效应称为内效应。静力学只考虑外效应。

力的三要素包括力的大小、方向、作用位置。改变力的三要素中的任一要素，也就改变了力对物体的作用效应。

力是矢量，用一带箭头的线段来表示，见图 1-1，其单位为 N 或 kN。

力分为分布力 q 和集中力 F，见图 1-2。

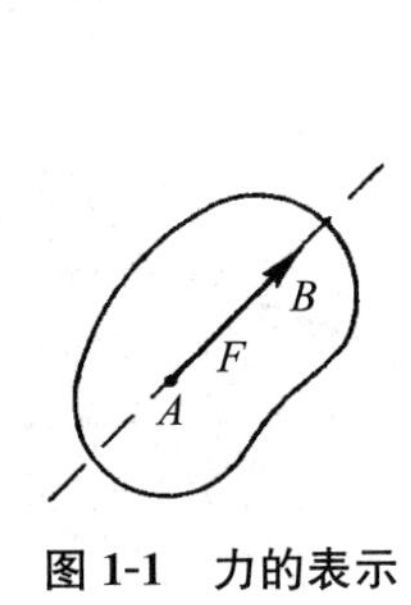

图 1-1　力的表示

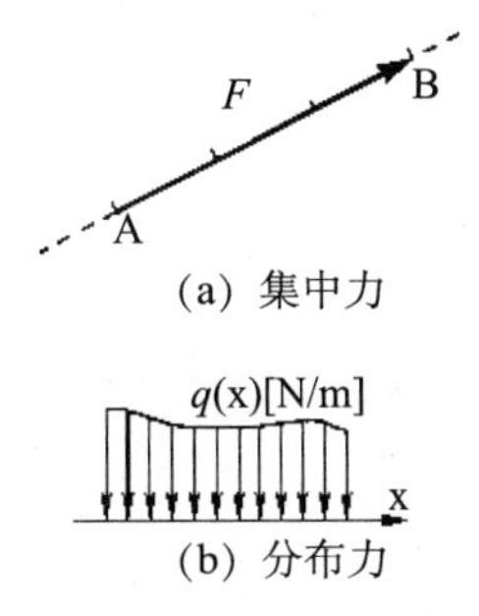

图 1-2　集中力和分布力

（3）力系：同时作用于一个物体上一群力称为力系。分为平面力系和空间力系。

1）平面力系：即各力的作用线均在同一个平面内。

①汇交力系：力的作用线汇交于一点；见图 1-3。

②平行力系：力的作用线相互平行，见图 1-4。

③一般力系：力的作用线既不完全汇交，又不完全平行。

2）空间力系：各力的作用线不全在同一平面内的力系，称为空间力系。

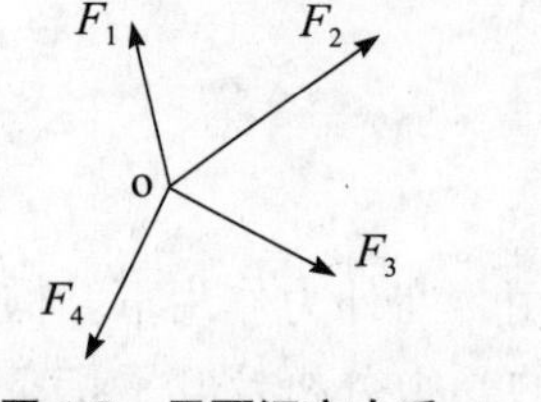

图 1-3　平面汇交力系

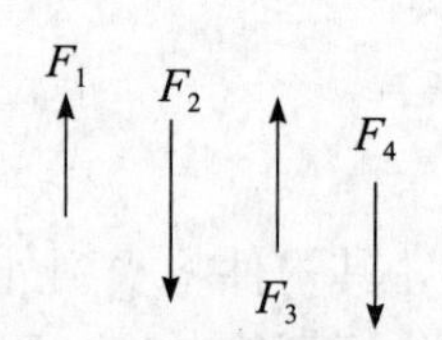

图 1-4　平面平行力系

二、力的平衡

1. 平衡

平衡是物体相对于地球处于静止或匀速直线运动的状态。

静力学是研究物体在力系作用下处于平衡的规律。

2. 静力学公理

（1）二力平衡公理：作用于同一刚体上的两个力成平衡的必要与充分条件是，力的大小相等，方向相反，作用在同一直线上，见图 1-5。

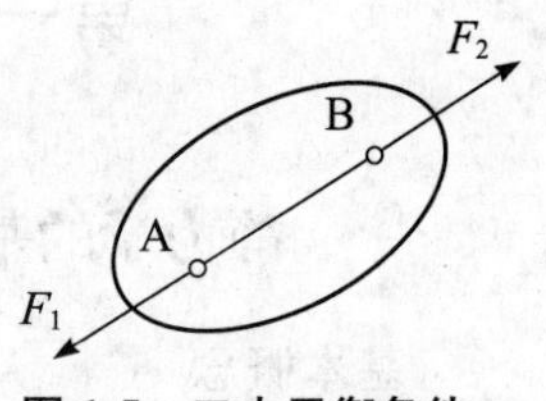

图 1-5　二力平衡条件

可以表示为：$F_1=-F_2$

在两个力作用下处于平衡的杆件，称二力杆件。

（2）加减平衡力系公理：可以在作用于刚体的任何一个力系上加上或去掉几个互成平衡的力，而不改变原力系对刚体的作用效果。

（3）力的平行四边形法则：作用于物体上任一点的两个力可合成为作用于同一点的一个力，即合力，$F_R=F_1+F_2$。合力的矢是由原两力的矢为邻边而作出的力平行四边形的对角矢来表示，见图 1-6（a）。

在求共点两个力的合力时，我们常采用力的三角形法则，见图 1-6（b）。

推理出三力平衡汇交定理，见图 1-7。刚体受同一平面内互不平行的三个力作用而平衡时，则此三力的作用线必汇交于一点。

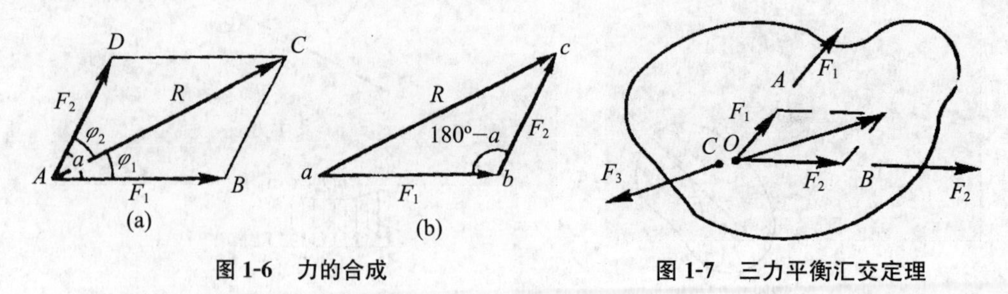

图 1-6　力的合成

图 1-7　三力平衡汇交定理

（4）作用与反作用公理：任何两个物体相互作用的力，总是大小相等，作用线相同，但指向相反，并同时分别作用于这两个物体上。如图 1-8 所示的 N 和 N' 为一对作用力与反作用力。

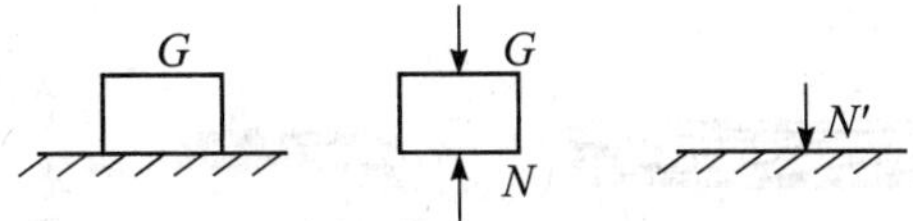

图 1-8　作用力与反作用力

三、常见的约束类型

对物体运动起限制作用的周围物体称为该物体的约束。如桌子放地板上，地板限制了桌子的向下运动，因此地板是桌子的约束。

约束对物体的作用力称为约束反力。

约束反力的方向总是与约束所能阻碍的物体运动或运动趋势的方向相反，它的作用点就在约束与被约束的物体的接触点。

把能使物体主动产生运动或运动趋势的力称为主动力，如重力、风力、水压力等。通常主动力是已知的，约束反力是未知的，它不仅与主动力的情况有关，同时也与约束类型有关。下面介绍常见的几种约束类型及其约束反力。

1. 柔性约束：绳索、链条、皮带等属于柔索约束。柔索的约束反力作用于接触点，方向沿柔索的中心线而背离物体，其约束为拉力。图 1-9 所示的皮带对带轮的拉力 F 为约束反力。

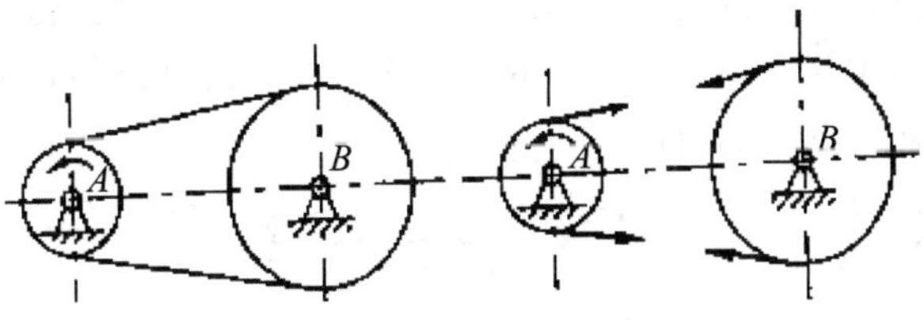

图 1- 9　皮带约束

2. 光滑接触面约束：光滑接触面的约束反力作用于接触点，沿接触面的公法线指向物体，见图 1-10。

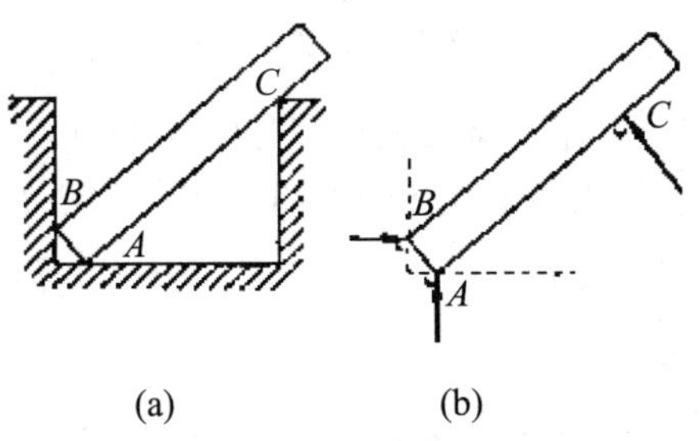

图 1-10　光滑接触面约束

3. 铰链约束：两带孔的构件套在圆轴（销钉）上即为铰链约束。用铰链约束的物体只能绕接触点发生相对转动。

（1）中间铰链约束：用中间铰链约束的两物体都能绕接触点发生相对转动。其约束反力用过铰链中心两个大小未知的正交分力来表示，见图 1-11。

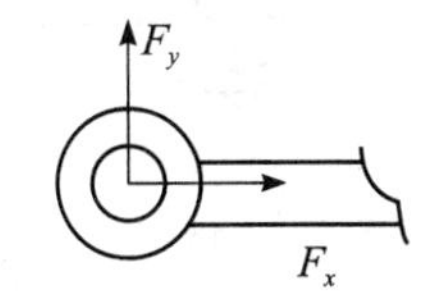

图 1-11　中间铰链约束

（2）固定铰支座：用铰链约束的两物体其中一个固定不动作支座。其简化记号和约束反力见图 1-12（b）、（c）。

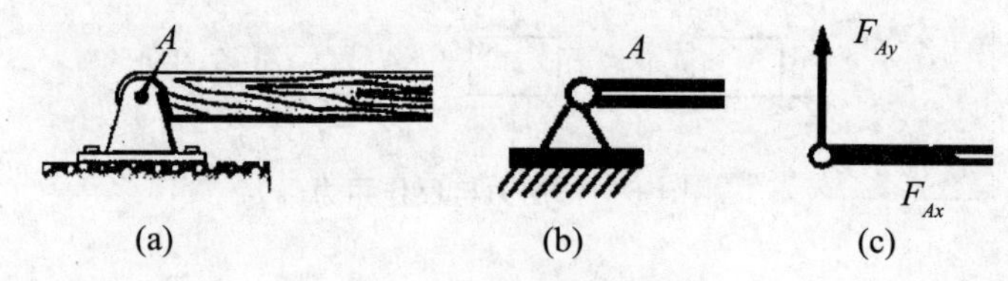

图 1-12　固定铰约束

（3）活动铰链支座：在固定铰支座下面安放若干滚轮并与支承面接触，则构成活动铰链支座。其约束反力垂直于支承面，过销钉中心指向可假设，见图 1-13。

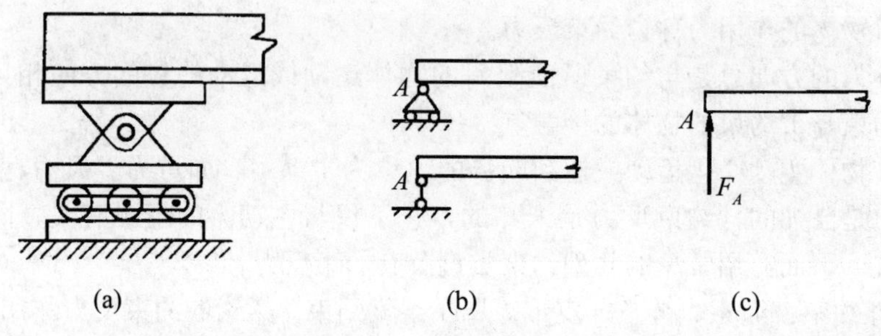

图 1-13　活动铰链支座

（4）二力杆约束：两端以铰链与其他物体连接、中间不受力且不计自重的刚性直杆称为二力杆，见图 1-14（a）。二力杆的约束反力沿着杆件两端中心连线方向，指向或为拉力或为压力，见图 1-14（c）。

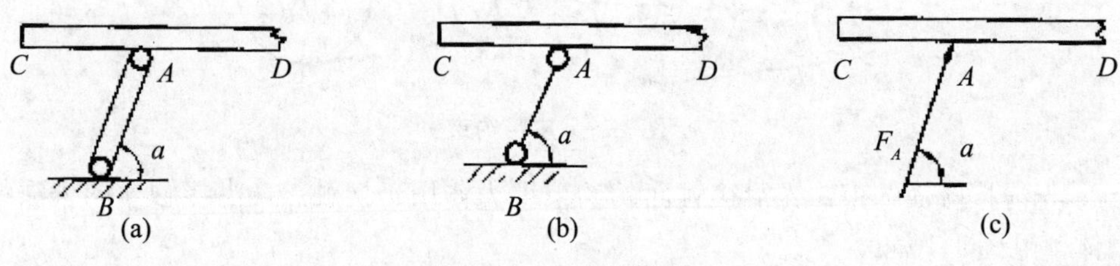

图 1-14　二力杆约束

（5）固定端约束：被约束的物体既不允许相对移动也不可转动，见图 1-15（a）、（b）。固定端的约束反力，一般用两个正交分力和一个约束反力偶来代替，见图 1-15（d）。

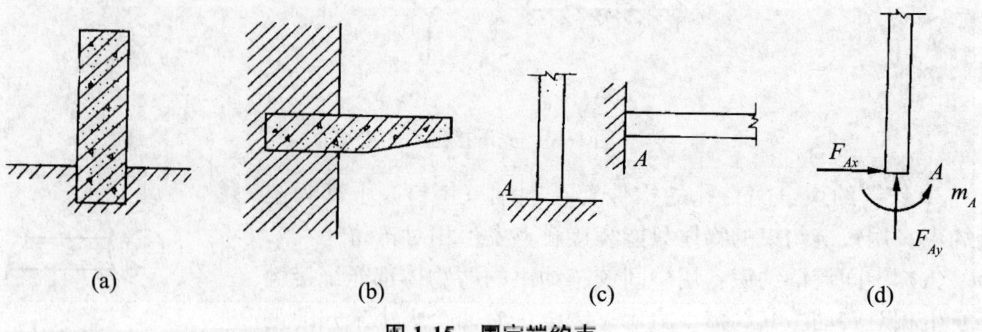

图 1-15　固定端约束

四、物体的受力分析与受力图

静力学问题大多是受一定约束的刚体的平衡问题，解决此类问题的关键是找出主动力与约束反力之间的关系。因此，必须对物体的受力情况作全面的分析，它是力学计算的前提和关键。

物体的受力分析包含两个步骤：

一是把该物体从与它相联系的周围物体中分离出来，解除全部约束，称为取分离体。

二是在分离体上画出全部主动力和约束反力，这称为画受力图。

【例 1】 图 1-16（a）为简支梁，两端分别为固定铰支座和可动铰支座，在 C 处作用一集中荷载 P，梁重不计，试画梁 AB 的受力图。

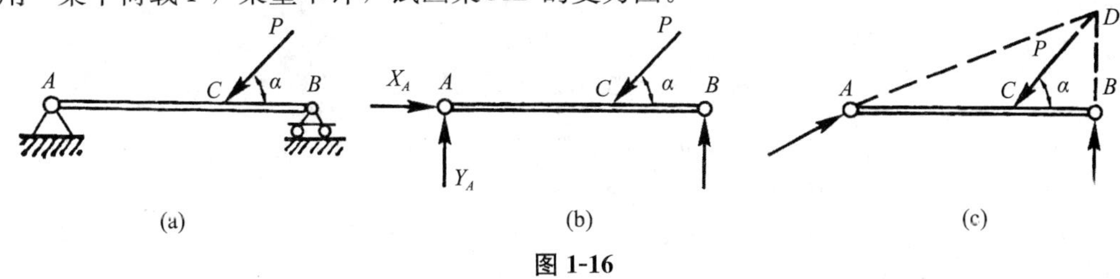

图 1-16

解： 取梁 AB 为研究对象。受力图见图 1-16（b）。由于梁受三个力作用而平衡，故可由推论二确定 F_A 的方向。F_A 的作用线必过交点 D，见图 1-16（c）。

五、简单力系分析

1. 平面汇交力系合成与平衡的几何法

平面汇交力系是指各力的作用线位于同一平面内并且汇交于同一点的力系。如图 1-17（a）所示建筑工场起吊钢筋混凝土梁时，作用于梁上的力有梁的重力 W、绳索对梁的拉力 F_{TA}和 F_{TB}，见图 1-17（b），这三个力的作用线都在同一个直立平面内且汇交于 C 点，故该力系是一个平面汇交力系。

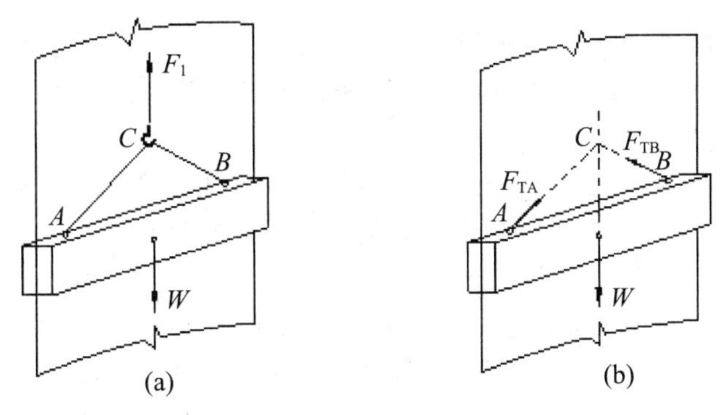

图 1-17　平面汇交力系

（1）平面汇交力系合成的几何法

用平行四边形法则或力三角形法求两个共点力的合力。当物体受到如图 1-18（a）所示由 F_1、F_2、F_3、…、F_n所组成的平面汇交力系作用时，我们可以连续采用力三角形法则得到如图 1-18（b）所示的几何图形：先将 F_1、F_2合成为 F_{R1}，再将 F_{R1}、F_3合

成为 F_{R2}，依此类推，最后得到整个力系的合力 F_R。当我们省去中间过程后，得到的几何图形如图 1-18（c）所示。这是一个由力系中各分力和合力所构成的多边形，即称为力多边形。

$$F_A = F_1 + F_I + F_J + \cdots + F_n = \sum F$$

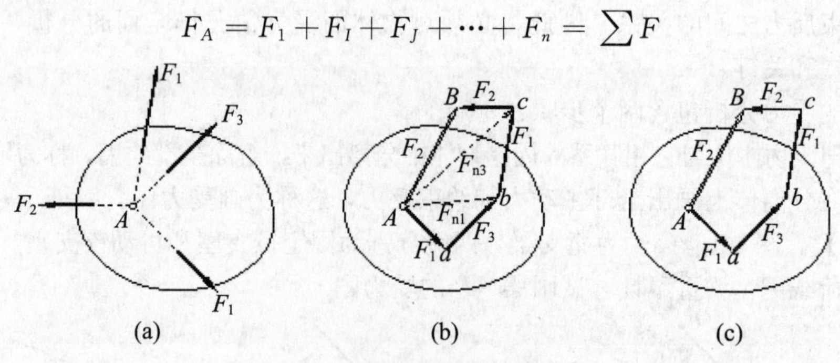

图 1-18　汇交力系合成的几何法

【例 2】　计算图 1-19（a）所示滑杆套筒拉环上 O 点所受平面汇交力系的合力。已知各力大小分别为 F_1=10kN，F_2=30kN，F_3=25kN。

解：(1) 以拉环上 O 点为研究对象，作受力图见图 1-19（b）。

(2) 取比例尺作力多边形见图 1-19（c）。由图中量得力系合力为

F_R=45kN，α=10°，合力的作用位置见图 1-19（b）。

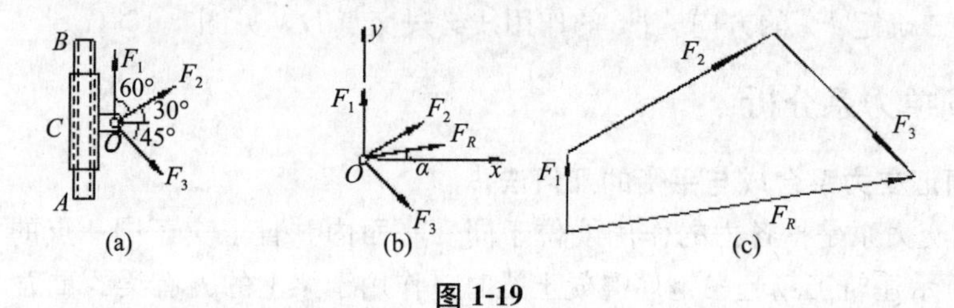

图 1-19

(2) 平面汇交力系平衡的几何法条件，平面汇交力系的合成结果，是作用线通过力系汇交点的一个合力。如果力系平衡，则力系的合力必定等于零，即由各分力构成的力多边形必定自行封闭（没有缺口）。

平面汇交力系平衡的几何条件是：该力系的力多边形自行封闭。

其矢量表达式为　$\sum F=0$

用几何法解平面汇交力系的平衡问题时，要求应用作图工具并按一定的比例先画出力多边形中已知力的各边，后画未知力的边，构成封闭的力多边形，再按作力多边形时相同的比例在力多边形中量取未知力的大小。

【例 3】　如图 1-20（a）所示的压路碾磙，自重 W = 20kN，半径 R = 0.6m，障碍物高 h = 0.08m，碾磙中心 O 作用一水平拉力 F 。试求：(1) 当水平拉力 F 为何值时，才能将碾磙拉过障碍物；(2) 将碾磙拉过障碍物时拉力 F_{min} 的大小和方向。

解：(1) 选碾磙为研究对象，作其受力图如图 1-20（b）所示。其中，当碾磙处于将要绕 A 点滚动的临界状态时，地面对碾磙的约束力为零。在此受力图中，由重力 W、A 点约束力 F_N 和水平拉力 F，构成平面汇交力系。

$$\sin\alpha \frac{R-h}{R} = 0.867, \text{得 } \alpha \approx 60^\circ$$

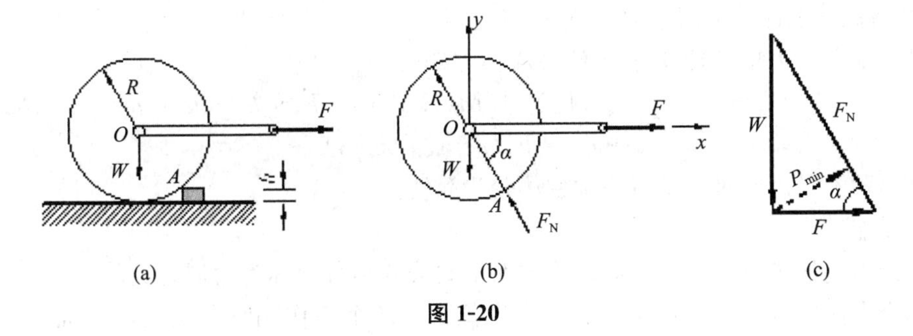

图 1-20

（2）选定力比例尺，画力三角形。从力三角形中量取 F 和 F_N 的作用线段长度得

$$F=12\text{kN}，F_N=23\text{kN}$$

（3）求将碾磙拉过障碍物时，拉力 F_{min} 的大小和方向。

由图 1-20（c）可见，当 F 与 F_N 的作用线相互垂直时，拉动碾磙所需的拉力最小，即

$$F_{min}=W\cos\alpha=20\text{kN}\cos60°=20\text{kN}\times0.5=10\text{kN}$$

2. 力矩

（1）力使物体绕某点转动的力学效应，称为力对该点之矩。

（2）力矩计算：见图 1-21，力 F 对 O 点之矩以符号 M_O（F）表示，即

$$M_O(F)=\pm F\cdot d$$

点 O 称为矩心，d 称为力臂。力矩是一个代数量，其正负号规定如下：力使物体绕矩心逆时针方向转动时，力矩为正，反之为负。

在国际单位制中，力矩的单位是牛顿·米（N·m）或千牛顿·米（kN·m）。

图 1-21　力矩

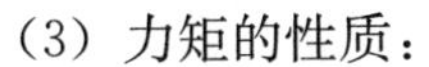

（3）力矩的性质：

1）力对点之矩，不仅取决于力的大小，还与矩心的位置有关。

2）力的大小等于零或其作用线通过矩心时，力矩等于零。

（4）合力矩定理：平面汇交力系的合力对其平面内任一点的矩等于所有各分力对同一点之矩的代数和，如图 1-22 所示，$M_A(F)=M_A(F_x)+M_A(F_y)$。

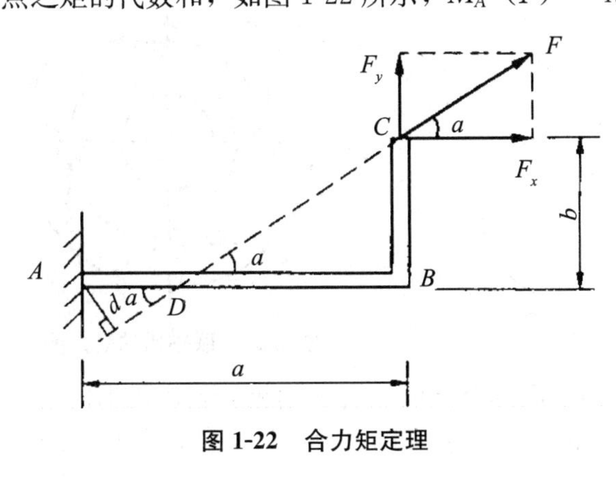

图 1-22　合力矩定理

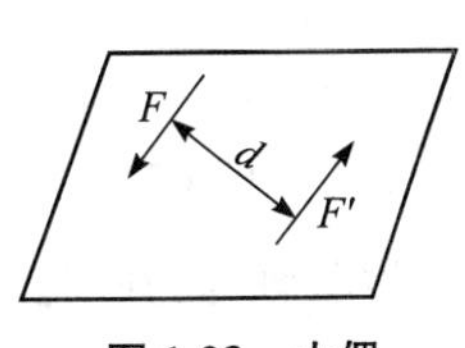

图 1-23　力偶

【例 4】 试计算下图中力 F 对 A 点之矩。

解： 根据合力矩定理计算力 F 对 A 点之矩。

$$M_A(F)=M_A(F_x)+M_A(F_y)=-F_x\cdot b+F_y\cdot a=-F(b\cos\alpha+a\sin\alpha)=F(a\sin\alpha-b\cos\alpha)$$

当力臂不易确定时，用后一种方法较为简便。

3. 力偶

（1）力偶的概念：一对等值、反向而不共线的平行力称为力偶，见图 1-23。

两个力作用线之间的垂直距离称为力偶臂，两个力作用线所决定的平面称为力偶的作用面。

（2）力偶矩：把力偶对物体转动效应的量度称为力偶矩，用 m 或 $m(F, F')$ 表示，$m=\pm F\cdot d$。

通常规定：力偶使物体逆时针方向转动时，力偶矩为正，反之为负。

在国际单位制中，力偶矩的单位是牛顿·米（N·m）或千牛顿·米（kN·m）。

（3）力偶的性质

1）力偶既无合力，也不能和一个力平衡，力偶只能用力偶来平衡。

2）力偶对其作用面内任一点之矩恒为常数，且等于力偶矩，与矩心的位置无关。

3）只要保持力偶矩的大小和转向不变，可以同时改变力偶中力的大小和力偶臂的长短，而不改变其对刚体的作用效果。

力偶即用带箭头的弧线表示，箭头表示力偶的转向，m 表示力偶矩的大小，见图 1-24。

（4）平面力偶系的简化与平衡

1）在同一平面内由若干个力偶所组成的力偶系称为平面力偶系。平面力偶系的简化结果为一合力偶，合力偶矩等于各分力偶矩的代数和。

即 $M=m_1+m_2+\cdots+m_n=\sum m$

2）平面力偶系平衡的充要条件是合力偶矩等于零，即 $\sum m=0$。

【例 5】 如图 1-25 所示，电动机轴通过联轴器与工作轴相连，联轴器上 4 个螺栓 A、B、C、D 的孔心均匀地分布在同一圆周上，此圆的直径 $d=150$mm，电动机轴传给联轴器的力偶矩 $m=2.5$ kN·m，试求每个螺栓所受的力为多少？

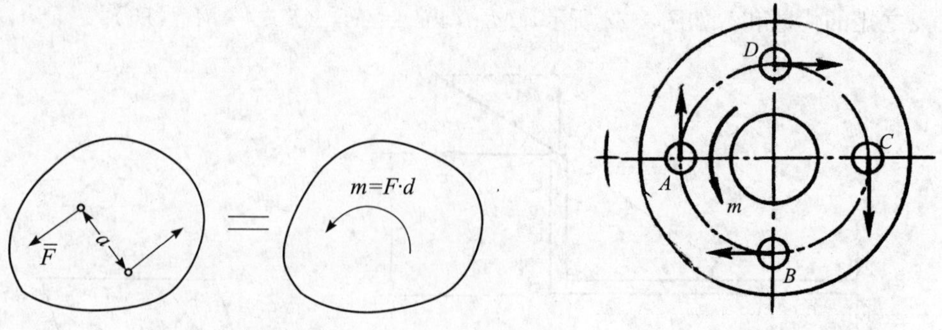

图 1-24 力偶的表示　　　图 1-25 联轴器的受力图

解： 取联轴器为研究对象，作用于联轴器上的力有电动机传给联轴器的力偶，每个螺栓的反力，受力图如图 1-25 所示。设 4 个螺栓的受力均匀，即 $F_1=F_2=F_3=F_4=$

F，则组成两个力偶并与电动机传给联轴器的力偶平衡。

由$\sum m=0$，$m-F\times AC-F\times BD=0$

解：$F=\dfrac{m}{2d}=\dfrac{2.5}{2\times 0.15}=8.33\text{kN}$

第二节　平面任意力系

各力作用线在同一平面内且任意分布的力系称为平面任意力系。图 1-26 的简易起重机，其梁 AB 所受的力系为平面任意力系。

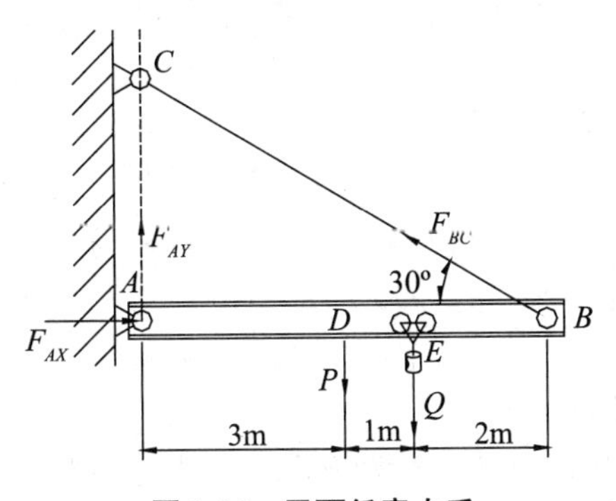

图 1-26　平面任意力系

一、平面任意力系的平衡条件及简化

力的平移定理：作用于刚体上的力可以平行移动到刚体上的任意一指定点，但必须同时在该力与指定点所决定的平面内附加一力偶，其力偶矩等于原力对指定点之矩。见图 1-27，附加力偶的力偶矩为：$m=F\cdot d=m_B$（F）。

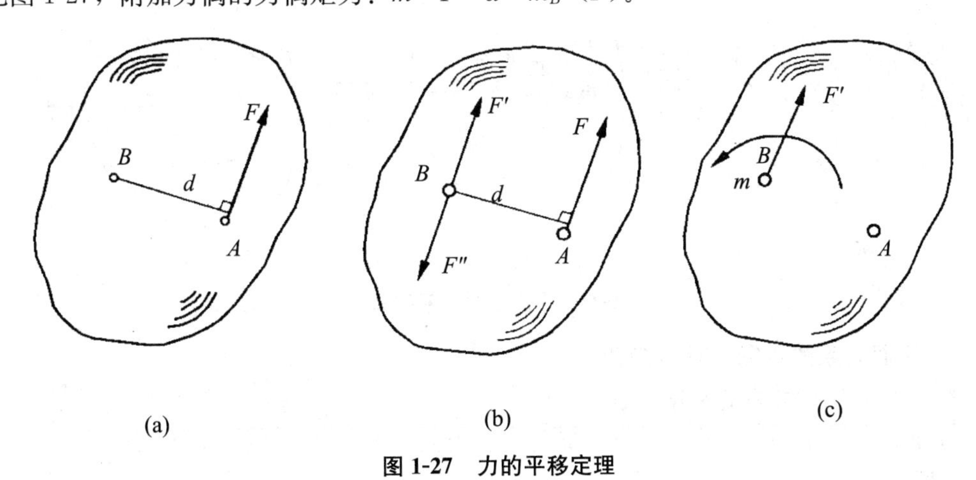

图 1-27　力的平移定理

1. 平面任意力系的简化

设刚体受到平面任意力系作用，见图 1-28（a）。将各力依次平移至 O 点，得到汇

交于 O 点的平面汇交力系 F_1'、F_2'、…、F_n'，此外还应附加相应的力偶，构成附加力偶系 m_{O1}、m_{O2}、…、m_{On}，见图 1-28（b）。

所得平面汇交力系可以合成为一个力 F_R：

$$F_R = F_1' + F_2' + \cdots + F_n' = F_1 + F_2 + \cdots + F_n = \sum F$$

主矢 F_R的大小与方向可用解析法求得。按图 1-28（b）所选定的坐标系 Oxy，有：

$$F_{Rx} = F_{1x} + F_{2x} + \cdots + F_{nx} = \sum F_x$$
$$F_{Ry} = F_{1y} + F_{1y} + \cdots + F_{ny} = \sum F_y$$

主矢 F_R的大小和方向由下式确定：

$$\left.\begin{aligned} F_R &= \sqrt{F_{Rx}^2 + F_{Ry}^2} = \sqrt{\left(\sum F_x\right)^2 + \left(\sum F_y\right)^2} \\ \alpha &= \tan^{-1}\left|\frac{\sum F_y}{\sum F_x}\right| \end{aligned}\right\}$$

其中 α 为主矢 R'与 x 轴正向间所夹的锐角。

各附加力偶的力偶矩分别等于原力系中各力对简化中心 O 之矩。

所得附加力偶系可以合成为合力偶，其力偶矩可用符号 M_O表示，它等于各附加力偶矩 m_{O1}、m_{O2}、…、m_{On}的代数和，即

$$\begin{aligned} M_O &= m_{O1} + m_{O2} + \cdots + m_{On} = m_O(F_1) + m_O(F_2) + \cdots + m_O(F_n) \\ &= \sum m_O(F) \end{aligned}$$

原力系中各力对简化中心之矩的代数和称为原力系对简化中心的主矩。

由上述分析我们得到如下结论：平面任意力系向作用面内任一点简化，可得一力和一个力偶，见图 1-28（c）。这个力的作用线过简化中心，其力矢等于原力系的主矢；这个力偶的矩等于原力系对简化中心的主矩。

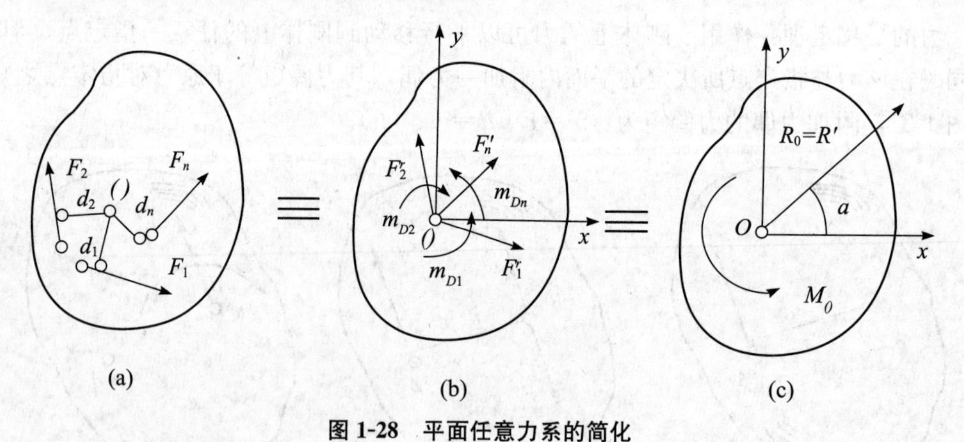

图 1-28　平面任意力系的简化

2. 平面力系的平衡方程及应用

（1）平面任意力系的平衡方程

平面任意力系平衡的充分与必要条件是：力系的主矢和主矩同时为零。

即 $F_R = 0$，$M_O = 0$

用解析式表示可得：

$$\left.\begin{aligned}\sum F_x &= 0\\ \sum F_y &= 0\\ \sum m_O(F) &= 0\end{aligned}\right\}$$

上式为平面任意力系的平衡方程。平面任意力系平衡的充分与必要条件可解析地表达为：力系中各力在其作用面内两相交轴上的投影的代数和分别等于零，同时力系中各力对其作用面内任一点之矩的代数和也等于零。

平面任意力系的平衡方程还有二矩式等。

二矩式平衡方程形式如下：

$$\left.\begin{aligned}\sum F_x &= 0(\text{或 } F_y = 0)\\ \sum m_A(F) &= 0\\ \sum m_B(F) &= 0\end{aligned}\right\}$$

其中矩心 A、B 两点的连线不能与 x 轴垂直。

应用时可根据问题的具体情况，选择适当形式的平衡方程。

【例 6】 图 1-29（a）所示为一悬臂式起重机，A、B、C 都是铰链连接。梁 AB 自重 $F_G=1\text{kN}$，作用在梁的中点，提升重量 $F_P=8\text{kN}$，杆 BC 自重不计，求支座 A 的反力和杆 BC 所受的力。

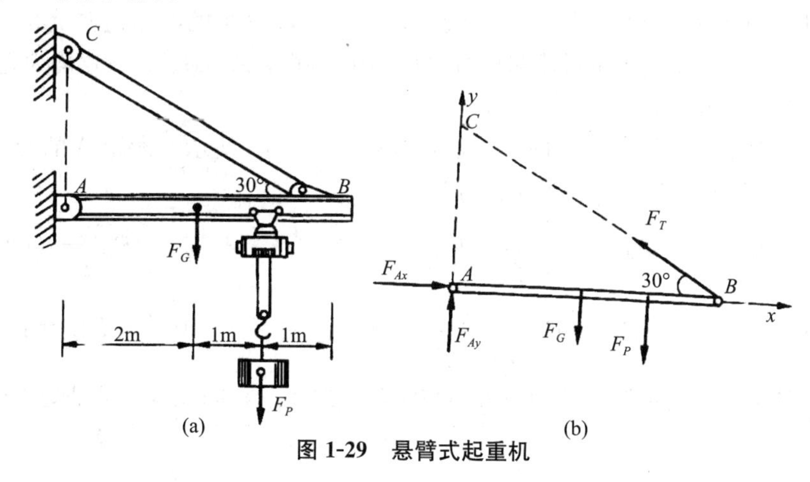

图 1-29　悬臂式起重机

解： 1）取梁 AB 为研究对象，受力图如图 1-29（b）所示。

2）取投影轴和矩心。为使每个方程中未知量尽可能少，以 A 点为矩，选取直角坐标系 Axy。

3）列平衡方程并求解。梁 AB 所受各力构成平面任意力系，用二矩式求解：

由 $\sum m_A=0$　　　$-F_G\times2-F_P\times3+F_T\sin30^\circ\times4=0$

$$F_T=\frac{(2F_G+3F_P)}{4\times\sin30^\circ}=\frac{(2\times1+3\times8)}{4\times0.5}=13\text{kN}$$

由 $\sum m_B=0$　　　$-F_{Ay}\times4+F_G\times2+F_P\times1=0$

$$F_{Ay}=\frac{(2F_G+F_P)}{4}=\frac{(2\times1+8)}{4}=2.5\text{kN}$$

由$\sum F_x=0$　　　$F_{Ax}-F_T\times\cos30°=0$

(2) 平面特殊力系的平衡方程

1) 平面平行力系的平衡方程

$$\left.\begin{aligned}\sum F_x = 0(\text{或}\sum F_y = 0)\\ \sum m_O(F) = 0\end{aligned}\right\}$$

或

$$\left.\begin{aligned}\sum m_A(F) = 0\\ \sum m_B(F) = 0\end{aligned}\right\}$$

其中两个矩心A、B的连线不能与各力作用线平行。

平面平行力系有两个独立的平衡方程，可以求解两个未知量。

2) 平面汇交力系的平衡方程

平面汇交力系平衡的必要与充分条件是其合力等于零，即$F_R=0$。

$$\sum F_x = 0,\sum F_y = 0$$

上式表明，平面汇交力系平衡的必要与充分条件是：力系中各力在力系所在平面内两个相交轴上投影的代数和同时为零。

3) 平面力偶系的平衡方程

$$\sum m_O\ (F)\ =0$$

【例 7】 重力$G=20$kN的物体被绞车匀速吊起，绞车的绳子绕过光滑的定滑轮A，见图1-30 (a)，滑轮由不计重量的杆AB、AC支撑，A、B、C三点均为光滑铰链。试求AB、AC所受的力。

解：杆AB和AC都是二力杆，其受力如图1-30 (b) 所示。滑轮A的受力如图1-30 (c) 所示，取坐标系Axy。列平衡方程：

由$\sum F_y=0$　　$-F_{AC}\dfrac{3}{\sqrt{4^2+3^2}}-F_{T2}\dfrac{2}{\sqrt{1^2+2^2}}-F_{T1}=0$　　$F_{AC}=-63.2\ \text{kN}$

由$\sum F_x = 0$　　$-F_{AB}-F_{AC}\dfrac{4}{\sqrt{4^2+3^2}}-F_{T2}\dfrac{1}{\sqrt{1^2+2^2}}=0$　　$F_{AB}=41.6\text{kN}$

力F_{AC}是负值，表示该力的假设方向与实际方向相反，因此杆AC是受压杆。

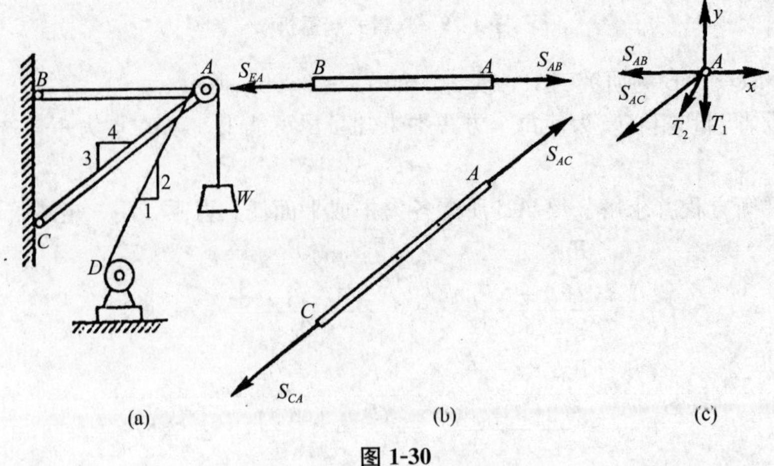

图 1-30

二、静定桁架内力概念以及单跨静定梁的内力计算

1. 静定桁架内力概念

实际的桁架结构形式和各杆件之间的联结以及所用的材料是多种多样的，实际受力情况复杂，要对它们进行精确的分析是困难的。但根据对桁架的实际工作情况和对桁架进行结构实验的结果表明，由于大多数的常用桁架是由比较细长的杆件所组成，而且承受的荷载大多数都是通过其他杆件传到结点上，这就使得桁架结点的刚性对杆件内力的影响可以大大地减小，接近于铰的作用，结构中所有的杆件在荷载作用下，主要承受轴向力，而弯矩和剪力很小，可以忽略不计。因此，为了简化计算，在取桁架的计算简图时，作如下三个方面的假定：

1）桁架的结点都是光滑的铰结点。

2）各杆的轴线都是直线并通过铰的中心。

3）荷载和支座反力都作用在铰结点上。

通常把符合上述假定条件的桁架称为理想桁架。

桁架的杆件只在两端受力。因此，桁架中的所有杆件均为二力杆。在杆的截面上只有轴力。

2. 单跨静定梁的内力计算

单跨静定梁的内力计算，首先求出静定单跨梁支座反力；然后用截面法求解单跨静定梁的内力（悬臂梁可以直接利用截面法求解内力）。

单跨静定梁只有三个求支座反力，只用三个整体平衡条件就可以求出全部支座反力，单跨静定梁内力正负号规定和内力图绘制规定为：当截面上的轴力使分离体受拉时为正，反之为负。当截面上的剪力使分离体作顺时针方向转动时为正，反之为负。当截面上的弯矩使分离体上部受压、下部受拉（即构件凹向上弯曲）时为正，反之为负。

三、多跨静定梁内力的概念

由若干根梁用中间铰联结在一起，并以若干支座与基础相连，或者搁置于其他构件上，而组成的静定梁，称为静定多跨梁。

梁自身就能保持其几何不变，称之为基本部分；而必须依靠基本部分才能维持其几何不变性的部分称为附属部分。

从受力分析来看，作用在基本部分的力不影响附属部分，作用在附属部分的力反过来影响基本部分。因此，计算多跨静定梁内力时，应遵守以下原则：先计算附属部分后计算基本部分。将附属部分的支座反力反向指向，作用在基本部分上，把多跨梁拆成多个单跨梁，依次解决。将单跨梁的内力图连在一起，就是多跨梁的内力图。弯矩图和剪力图的画法同单跨梁相同。

四、静定与超静定问题

1. 静定问题

未知量的数目等于独立的平衡方程数目时，全部未知量均可求出，这样的问题称为静定问题，相应的结构称为静定结构。

本课程设计的问题主要以静定问题为主。

2. 超静定问题

未知量的数目超过了独立平衡方程数目时，未知量不可全部求出，这样的问题称为超静定问题，相应的结构称为超静定结构。

超出几个未知量，就是几次超静定问题。通常超静定问题需要建立补充方程，方可求解。

第三节　材料力学基本知识

为保证工程结构安全正常工作，要求各杆件在外力的作用下必须具有足够的强度（构件抵抗破坏的能力）、刚度（构件抵抗变形的能力）和稳定性（杆件保持原有平衡状态的能力）。

杆件受到的其他构件的作用，统称为杆件的外力。外力包括主动力以及约束反力（被动力）。

本章只简单介绍杆件在外力作用下的四种基本受力形式：轴向拉伸与压缩、剪切、扭转、平面弯曲。

一、杆件强度、刚度和稳定的基本概念

杆件强度是指构件抵抗破坏的能力；刚度是指构件抵抗变形的能力；稳定性是指构件保持原有平衡状态的能力。

二、应力、应变的基本概念

1. 应力

物体由于外因（载荷、温度变化等）而变形时，在它内部任一截面的两方出现的相互作用力，称为“内力”。内力的集度，即单位面积上的内力称为“应力”。应力可分解为垂直于截面的分量，称为“正应力”或“法向应力”（用符号 σ 表示）；相切于截面的分量称为“剪应力或切应力”（用符号 τ 表示）。应力的单位为 Pa。

2. 应变

应变又称“相对变形”。物体由于外因（载荷、温度变化等）使它的几何形状和尺寸发生相对改变的物理量。物体某线段单位长度内的形变（伸长或缩短），即线段长度的改变与线段原长之比，称为“正应变”或“线应变”，用符号 ε 表示；两相交线段所夹角度的改变，称为“切应变”或“角应变”，用符号 γ 表示。在变形前为六面体形状的单元体，其形变可分解为六个独立的分量，故应变也有六个独立的分量即三个线应变分量（εx、εy、εz）和三个角应变分量（γx、γy、γz）。变形后单元体积元素的改变值与原单元体积的比值称为“体积应变”。

第二章　工程造价基本知识

第一节　工程造价计价

一、工程量清单的概念及组成

1. 工程量清单的概念

工程量清单是指表达建设工程的分部分项工程项目、措施项目、其他项目、规费项目和税金项目的名称和相应数量等的明细清单。

分部分项工程量清单表明了拟建工程的全部分项实体工程的名称和相应的工程数量；措施项目清单表明了为完成拟建工程全部分项实体工程而必须采取的措施性项目；规费项目清单根据省级政府或省级有关权力部门规定应当计取或必须缴纳的，应计入建筑安装工程造价的费用；税金项目清单根据国家税法规定的应计入建筑安装工程造价内的营业税、城市维护建设税及教育费附加等。

工程量清单是招投标活动中，对招标人和投标人都具有约束力的重要文件，是工程量清单计价的基础，是编制招标控制价、投标报价、支付工程款、办理竣工结算以及工程索赔等的重要依据。

2. 工程量清单的组成

工程量清单由分部分项工程量清单、措施项目清单、其他项目清单、规费项目清单、税金项目清单五部分组成。

分部分项工程量清单项目由项目编码、项目名称、项目特征、计量单位和工程量五个要素构成。分部分项工程量清单的项目编码是指分部分项工程量清单项目名称的数字标识，应采用十二位阿拉伯数字表示，一至九位应按《建设工程工程量清单计价规范》（GB 50500—2008）附录的规定设置，十至十二位由编制人根据拟建工程的工程量清单项目名称设置，同一招标工程的项目编码不得有重码。分部分项工程量清单的项目名称应按《建设工程工程量清单计价规范》（GB 50500—2008）附录的项目名称，结合拟建工程的实际情况确定。分部分项工程量清单的项目特征是指构成分部分项工程量清单项目的本质特征，应按《建设工程工程量清单计价规范》（GB 50500—2008）附录中规定的项目特征，结合拟建工程项目的实际予以描述。分部分项工程量清单的计量单位应按附录中规定的计量单位确定。分部分项工程量清单的工程量即工程的实物数量，应按《建设工程工程量清单计价规范》（GB 50500—2008）附录中的工程量计算规则计算。

措施项目清单的编制应考虑多种因素，除了工程本身的因素外，还要考虑水文、气象、环境、安全和施工企业的实际情况。为此，《建设工程工程量清单计价规范》（GB 50500—2008）提供了“通用措施项目一览表”。表中通用项目所列内容是指各专业工程的“措施项目清单”中均可列的措施项目，同时在附录A、附录B、附录C、附录D、附录E、附录F分别提供了专业措施项目，供列项时参考。措施项目中可以计算工程量的项目清单宜采用分部分项工程量清单的方式编制，列出项目编码、项目名称、项目特征、计量单位和工程量计算规则；不能计算工程量的项目清单，以“项”为计量单位。

其他项目的清单应根据拟建工程的具体情况确定。一般包括暂列金额、暂估价、计日工、总承包服务费等。

规费是政府和有关权力部门规定必须缴纳的费用，主要包括工程排污费、社会保障费、住房公积金、工伤保险费。

税金项目清单是根据目前国家税法规定应计入建筑安装工程造价内的税种，包括营业税、城市维护建设税及教育费附加等。

二、清单计价工程造价的构成

1. 工程量清单计价模式

工程量清单计价即在建设工程招标投标中，招标人按照国家统一的《建设工程工程量清单计价规范》（GB 50500—2008）的要求以及施工图，提供工程量清单，由投标人按照招标文件、工程量清单、施工图、消耗量标准或企业定额、市场价格等依据，自主报价并经评审后，合理低价中标的工程造价计价方式。

工程量清单计价模式是在2003年提出的一种工程造价确定模式，是目前国际上通行的工程造价计价方式。我国于2003年2月17日中华人民共和国建设部、中华人民共和国国家质量监督检验检疫总局联合发布了《建设工程工程量清单计价规范》（GB 50500—2003），2003年7月1日开始施行。2008年12月1日，中华人民共和国住房和城乡建设部总结了2003版规范实施以来的经验，针对执行中存在的问题进行完善，颁布了《建设工程工程量清单计价规范》（GB 50500—2008）。进一步规范了工程量清单、招标控制价、投标报价、工程价款结算等工程造价文件的编制原则和方法。

工程量清单计价模式的实施，实质上是建立了一种强有力而行之有效的竞争机制，由于施工企业在投标竞争中必须报出合理低价才能中标，所以对促进施工企业改进技术、加强管理、提高劳动效率和市场竞争力会起到积极的推动作用。

2. 工程造价的构成

按工程量清单计价模式的造价计算方法是“综合单价”法，即招标方给出工程量清单，投标方根据工程量清单组合分部分项工程的综合单价，并计算出分部分项工程量清单费用，再计算出措施项目费、其他项目费、规费、税金，最后汇总成总造价。其基本数学模型是：

$$建筑工程造价=[\sum(工程量\times综合单价)+措施项目费+其他项目费+规费]\times(1+税率)$$

3. 工程量清单计价的主要内容

工程量清单计价的主要内容包括：分部分项工程量清单费的确定、措施项目费的确定、其他项目费的确定、规费的确定、税金的确定。

分部分项工程量清单费是根据分部分项清单工程量分别乘以对应的综合单价计算出来的，公式如下：

$$分部分项工程量清单费=\sum_{i=1}^{n}(清单工程量\times综合单价)$$

分部分项工程量清单项目综合单价＝人工费＋材料费＋机械费＋管理费＋利润＋一定范围内的风险费用

措施项目费应该由投标人根据拟建工程的施工方案或施工组织设计计算确定。一般可以采用“依据消耗量定额计算”、“按系数计算”、“按收费规定计算”等几种方法确定。脚手架、大型机械设备进出场所及安拆费、垂直运输机械费、模板费等可以根据已有的消耗量定额计算确定。临时设施费、安全文明施工增加费、环境保护费、夜间施工增加费、二次搬运费、冬雨季施工增加费等，可以按规定的计费基础乘以适当的系数确定。室内空气污染测试费、已完工程及设备保护费等可以按有关规定计取费用。

其他项目费包括“暂列金额”、“暂估价”、“计日工”、“总承包服务费”等几个部分。暂列金额主要指考虑可能发生的工程量变化和费用增加而预留的金额，由招标人根据工程特点，按有关计价规定进行估算确定。暂估价根据发布的清单计算，不得更改。暂估价中的材料必须按照暂估单价计入综合单价；专业工程暂估价必须按照其他项目清单中列出的金额填写。计日工应按照其他项目清单列出的项目和估算的数量，自主确定各项综合单价并计算费用。总承包服务费应该依据招标人在招标文件中列出的分包专业工程内容和供应材料、设备情况，按照招标人提出的协调、配合与服务要求和施工现场管理需要自主确定。

规费应该根据国家、省级政府和有关职能部门规定的项目、计算方法、计算基数、费率进行计算。

税金应按照国家税法或地方政府及税务部门依据职权对税种进行调整规定的项目、计算方法、计算基数、税率进行计算。

第二节　机械使用费的确定

施工机械使用费是根据施工中耗用的机械台班数量和机械台班单价确定的。施工机械台班耗用量按预算定额规定计算；施工机械台班单价是指一台施工机械，在正常运转条件下一个工作班中所发生的全部费用，每台班按 8 小时工作制计算。正确制定施工机械台班单价是合理控制工程造价的重要方面。

一、机械台班消耗量的确定

机械台班消耗量，是指在正常施工条件下，生产单位合格产品（分项工程或结构构件）必须消耗的某种型号施工机械的台班数量。一般可以用以下两种方法计算确定预算定额的机械台班消耗量：

（1）根据施工定额确定机械台班消耗量：这种方法是指施工定额或劳动定额中机械台班产量加机械幅度差计算预算定额的机械台班消耗量。预算定额机械耗用台班＝施工定额机械耗用台班×（1＋机械幅度差系数）。

（2）以现场测定资料为基础确定机械台班消耗量：如遇到施工定额（劳动定额）缺项者，则需要依据单位时间完成的产量测定。

二、机械台班预算单价的确定

（1）施工机械台班预算单价由7项费用组成，包括折旧费、大（中）修理费、经常修理费、安拆费及场外运费、机械人工费、燃料动力费、养路费及车船使用税等。

1）折旧费：指施工机械在规定的使用期限内陆续回收其原值的费用。计算折旧费时，考虑了机械设备购置手续费、一次运杂费和购置费时应缴纳的各种税费，扣除了机械设备的残值，同时考虑了购置设备资金的时间价值系数。

2）大修理费：指机械设备在规定的耐用总台班中应进行的大修理，以恢复其正常功能所需的费用。

3）经常修理费：指机械设备的各级保养及临时故障排除所需的费用；为保障机械正常运转所需替换设备，随机使用工具附具摊销和维护费用；机械运转与日常保养所需的润滑油脂、擦拭材料（布及棉纱头等）和机械停滞期间的维护保养费用等。

4）安拆费及场外运费：安拆费指施工机械在现场进行安装与拆卸所需的人工、材料、机械和试运转费用以及机械辅助设施的折旧、搭设、拆除等费用；场外运费指施工机械整体或分体自停放地点运至施工现场或由一施工地点运至另一施工地点的运输、装卸、辅助材料及架线等费用。

5）人工费：机械人工费指机上司机和其他操作人员的工作日人工费及上述人员在施工机械规定的年工作台班以外的人工费。

6）燃料动力费：燃料动力费是指施工机械在运转作业中所耗用的固体燃料（煤、木柴）、液体燃料（汽油、柴油）及水、电等费用。

7）养路费及车船使用税：指施工机械按国家有关规定应缴纳的车辆养路费（船舶河道养护费）、车船使用税。

（2）每台班按8小时工作制计算。

（3）盾构掘进机机械台班费用组成中未包括安拆费、场外运费、人工、燃料动力的消耗。顶管设备台班费用组成中未包括人工的消耗。

（4）单独计算的项目的有关说明。

1）塔式起重机基础及轨道安装拆卸项目中以直线型为准。其中枕木和轨道的消耗量为摊销量。

2）固定基础不包括打桩。

3）下列轨道和固定式基础可根据机械使用说明书的要求计算其轨道使用的摊销量和固定基础的费用组成：

①轨道和枕木之间增加其他型钢和板材的轨道；

②自升式塔式起重机行走轨道；

③不带配重的自升式塔式起重机固定基础；

④施工电梯的基础；

⑤混凝土搅拌站的基础。

4）机械场外运输为25km以内的机械进出场费用，包括机械的回程费用。

5）自升式塔式起重机安装拆卸和场外运输项目是按塔高50m以内制定的，塔高为50m以上时，可按塔高50m以内的消耗量乘以下表系数，见表2-1。

表2-1　系数表

项目	安装拆卸	场外运输
塔高100m以内	1.48	1.40
塔高150m以内	2.04	1.80
塔高200m以内	2.68	2.20

（5）未列项目的部分特大型机械的一次进出场、安装拆卸项目可按实际发生的消耗量计算。

三、施工机械台班使用费的组成和计算方法

《湖南省施工机械台班费用组成》是根据《全国统一施工机械台班费用编制规则》和参照有关部、省颁发的机械台班费用定额，结合湖南省的现行规定而编制的。

机械台班单价＝台班折旧费＋台班大修费＋台班经常修理费＋台班安拆费及场外运费＋台班人工费＋台班燃料动力费＋台班养路费及车船使用税

1. 台班折旧费

$$台班折旧费=\frac{机械预算价格\times(1-残值率)\times时间价值系数}{耐用总台班}$$

（1）机械预算价格：

1）国产机械的预算价格：国产机械预算价格按照机械原值、供销部门手续费和一次运杂费以及车辆购置税之和计算。

①机械原值。国产机械原值应按下列途径询价、采集；a. 编制期施工企业已购进施工机械的成交价格；b. 编制期内施工机械展销会发布的参考价格；c. 编制期施工机械生产厂、经销商的销售价格。

②供销部门手续费和一次运杂费可按机械原值的5%计算。

③车辆购置税的计算。

2）进口机械的预算价格；进口机械的预算价格按照机械原值、关税、增值税、消费税、外贸手续费和国内运杂费、财务费、车辆购置税之和计算。

①进口机械的机械原值按其到岸价格取定。

②关税、增值税、消费税及财务费应执行编制期国家有关规定，并参照实际发生

的费用计算。

③外贸部门手续费和国内一次运杂费应按到岸价格的6.5%计算。

④车辆购置税的计税价格是到岸价格、关税和消费税之和。

(2) 残值率：残值率是指机械报废时回收的残值占机械原值的百分比。残值率按目前有关规定执行：运输机械2%，掘进机械5%，特大型机械3%，中小型机械4%。

(3) 时间价值系数：时间价值系数指购置施工机械的资金在施工生产过程中随着时间的推移而产生的单位增值。

$$时间价值系数=1+\frac{折旧年限+1}{2}\times 年折现率$$

其中年折现率应按编制期银行年贷款利率确定。

(4) 耐用总台班：耐用总台班指施工机械从开始投入使用至报废前使用的总台班数，应按施工机械的技术指标及寿命期等相关参数确定。

机械耐用总台班的计算公式为：耐用总台班＝折旧年限×年工作台班＝大修间隔台班×大修周期

年工作台班是根据有关部门对各类主要机械最近三年的统计资料分析确定。

大修间隔台班是指机械自投入使用起至第一次大修止或自上一次大修后投入使用起至下一次大修止，应达到的使用台班数。

2. 台班大（中）修理费

台班大修理费是机械使用期限内全部大修理费之和在台班费用中的分摊额，它取决于一次大修理费用、大修理次数和耐用总台班的数量。其计算公式为：

$$台班大修理费=\frac{一次大修理费\times 寿命期内大修理次数}{耐用总台班数}$$

(1) 一次大修理费指施工机械一次大修理发生的工时费、配件费、辅料费、油燃料费及送修运杂费。

一次大修费应以《全国统一施工机械保养修理技术经济定额》为基础，结合编制期市场价格综合确定。

(2) 寿命期大修理次数指施工机械在其寿命期（耐用总台班）内规定的大修理次数，应参照《全国统一施工机械保养修理技术经济定额》确定。

3. 台班经常修理费

机械经常修理费分摊到机械台班费中，即为台班经修费。

$$\begin{matrix}台班\\经修费\end{matrix}=\frac{\sum\left(各级保养一次费用\times\begin{matrix}寿命期各级\\保养总次数\end{matrix}\right)+\begin{matrix}临时故障\\排除费\end{matrix}}{耐用总台班数}+\begin{matrix}替换设备及工具\\附具台班摊销费\end{matrix}+\begin{matrix}例保\\辅料费\end{matrix}$$

(1) 各级保养一次费用：分别指机械在各个使用周期内为保证机械处于完好状况，必须按规定的各级保养间隔周期，保养范围和内容进行的一、二、三级保养或定期保养所消耗的工时、配件、辅料、油燃料等费用。

(2) 寿命期各级保养总次数：分别指一、二、三级保养或定期保养在寿命期内各个使用周期中保养次数之和。

(3) 临时故障排除费：指机械除规定的大修理及各级保养以外，临时故障所需费用以及机械在工作日以外的保养维护所需润滑擦拭材料费，可按各级保养（不包括例保辅料费）费用之和的3%计算。

（4）替换设备及工具附具台班摊销费：指轮胎、电缆、蓄电池、运输皮带、钢丝绳、胶皮管、履带板等消耗性部件和按规定随机配备的全套工具附具的台班摊销费用。

（5）例保辅料费：即机械日常保养所需润滑擦拭材料的费用。替换设备及工具附具台班摊销费、例保辅料费的计算应以《全国统一施工机械保养修理技术经济定额》为基础，结合编制期市场价格综合确定。

4. 台班安拆费及场外运费

$$台班安拆费及场外运费=\frac{机械一次安拆费\times 年平均安拆次数}{年工作台班}+台班辅助设施费$$

$$台班辅助设施费=\frac{(一次运输及装卸费+辅助材料一次摊销费+一次架线费)\times 年运输次数}{年工作台班}$$

5. 台班人工费

台班人工费＝定额机上人工工日×日工资单价

定额机上人工工日＝机上定员工日×（1＋增加工日系数）

增加工日系数＝(年日历天数－规定节假公休日－辅助工资中年非工作日－机械年工作台班）÷机械年工作台班

6. 台班燃油动力费

定额机械燃油动力消耗量，以实测的消耗量为主，以现行定额消耗量和调查的消耗量为辅的方法确定。计算公式如下：

台班燃油动力消耗量＝（实测数×4＋定额平均值＋调查平均值）÷6

台班燃油动力费＝台班燃油动力消耗量×相应单价

7. 台班养路费及车船使用税

台班养路费及车船使用税＝载重量（或核定自重吨位）×（养路费标准元/t·月×12＋车船使用税标准元/t·年）÷年工作台班

四、机械施工费的计算方法

建筑安装工程费中的机械施工费，是指使用施工机械作业所发生的机械使用费以及机械安拆和进出场费。构成机械施工费的基本要素是机械台班消耗量和机械台班单价。

1. 机械台班消耗量

预算定额中的机械台班消耗量，它是指在正常施工条件下，生产单位假定建筑安装产品（分部分项工程或结构构件）必须消耗的某类某种型号施工机械的台班数量。

2. 机械台班单价

机械台班单价内容包括折旧费、大（中）修理费、经常修理费、安拆费及场外运费、机械人工费、燃料动力费、养路费及车船使用税等。这同时也体现了该施工机械使用费所包括的内容。

机械施工费的基本计算公式为：

机械施工费＝∑（工程量×机械定额台班消耗量×机械台班单价）

第三章　机械图识读

建筑施工现场的机械员要具有机械图的基本识读能力。为此本章介绍正投影的基本基础、零件图及装配图的读图方法。

第一节　识图基础

一、机械图的一般规定

1. 图纸幅面及格式

（1）图纸幅面：图纸宽度与长度组成的图面。图纸幅面及图框尺寸应符合表 3-1 的规定。

表 3-1　基本幅面及图框尺寸　　单位：mm

幅面代号	A0	A1	A2	A3	A4
$B\times L$	841×1 189	594×841	420×594	297×420	210×297
e	20		10		
c	10			5	
a	25				

（2）图框：在图纸上用粗实线画出，基本幅面的图框尺寸见表 3-1 和图 3-1。

（3）标题栏：绘图时必须在每张图纸的右下角画出标题栏，见图 3-1，用来填写图名、图号以及设计人、制图人等的签名和日期。

2. 比例

图样的比例是指图形尺寸与实物相对应的线性尺寸之比，如 1∶5 即表示将实物尺寸缩小 5 倍进行绘制。常用比例见表 3-2。

表 3-2　常用比例

种类	比例
原值比例（比值为 1 的比例）	1∶1
放大比例（比值＞1 的比例）	5∶1　2∶1 5×10^n∶1　2×10^n∶1　1×10^n∶1
缩小比例（比值＜1 的比例）	1∶2　1∶5　1∶10 1∶2×10^n　1∶5×10^n　1∶1×10^n

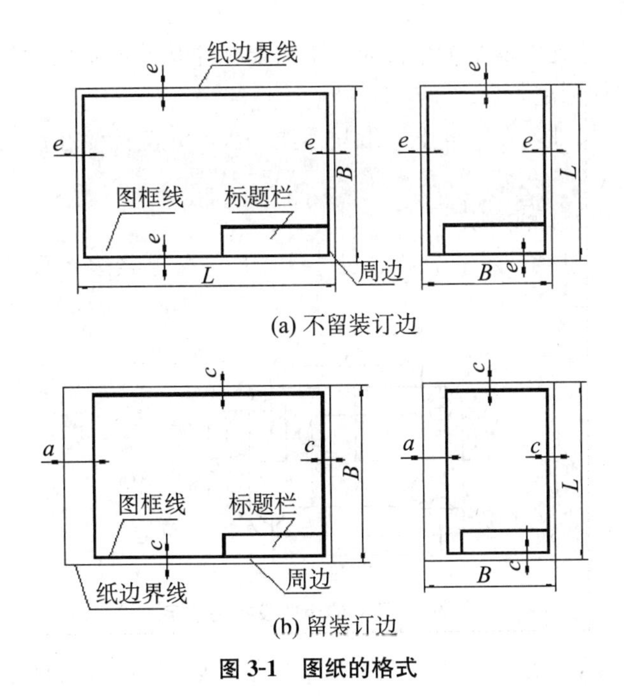

(b) 留装订边

图 3-1 图纸的格式

3. 图线

机件的图样是用各种不同粗细和型式的图线画成的，不同的线型有不同的用途。图样中常用图线的形式及应用见表 3-3。

表 3-3 线型及应用

图线名称	图线形式	图线宽度	主要用处
粗实线	————————	b	可见轮廓线
细实线	————————	约 $b/2$	尺寸线，尺寸界线，剖面线，重合断面的轮廓线，过渡线
波浪线	～～～～	约 $b/2$	断裂处的边界线，视图与剖视的分界线
双折线	—∿——∿—	约 $b/2$	断裂处的边界线
细虚线	----------	约 $b/2$	不可见轮廓线
粗虚线	----------	b	允许表面处理的表示线，如热处理
细点画线	——-——-——	约 $b/2$	轴线，对称中心线，孔系分布的中心线
粗点画线	——-——-——	b	限定范围表示线
细双点线	——--——--——	约 $b/2$	相邻辅助零件的轮廓线，极限位置的轮廓线

4. 尺寸标注

（1）尺寸标注的基本规定

1）机件的真实大小应以图样上所注的尺寸数值为依据，与图形的大小及绘图的准确度无关。

2）图样中的尺寸凡以毫米为单位时，不需要标注其计量单位的代号或名称；若采取其他单位，则必须标注。

3）机件的每一尺寸，在图样上一般只标注一次，并应标注在反映该结构最清晰的图形上。

（2）尺寸的组成及标注规定：

一个完整的尺寸包括：尺寸界线、尺寸线、尺寸数字及表示尺寸终端的箭头或斜线，见图 3-2。

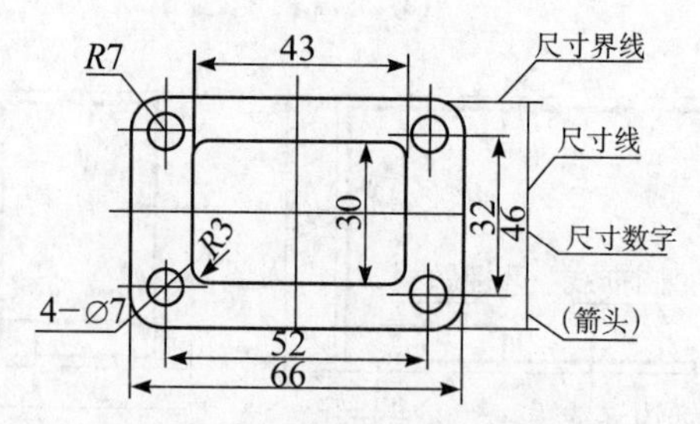

图 3-2　尺寸的组成及标注规定

1）尺寸界线：用细实线绘制；可由图形的轮廓线、轴线或对称中心线处引出，也可以直接利用这些线作为尺寸界线；尺寸界线一般应与尺寸线垂直。

2）尺寸线：必须用细实线绘制；不能画在其他图线的延长线上；线性尺寸的尺寸线应与所标注尺寸线段平行。

3）尺寸数字：线性尺寸的数字通常注写在尺寸线的上方或中断处；尺寸数字不允许被任何图线所通过，否则，需将图线断开或引出标注。

线性尺寸数字的注写方向为：水平方向的尺寸数字字头向上，垂直方向的尺寸数字字头向左，倾斜方向的尺寸数字字头偏向斜上方。

圆心角大于 180°时，要标注圆的直径，且尺寸数字前加“∅”；圆心角小于等于 180°时，要标注圆的半径，且尺寸数字前加“*R*”；标注球面直径或半径尺寸时，应在符号∅或 *R* 前再加符号“*S*”。见图 3-3。

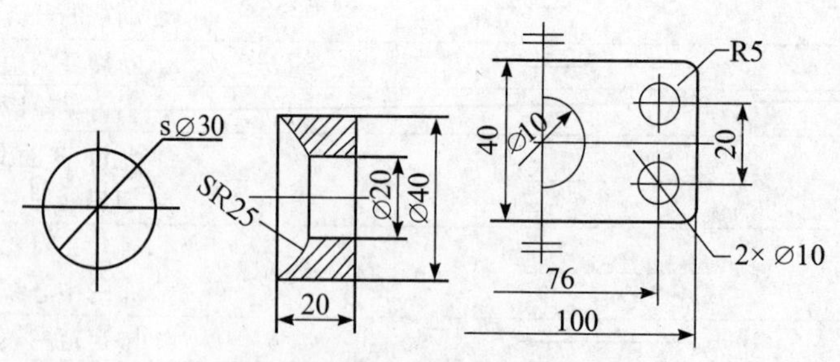

图 3-3　直径和半径的标注方法

二、基本体的三视图识读方法

1. 投影的概念

物体在投影面上的射影形成一个由图线组成的图形，这个图形称为物体在平面上的投影。投影体系的组成，见图 3-4。

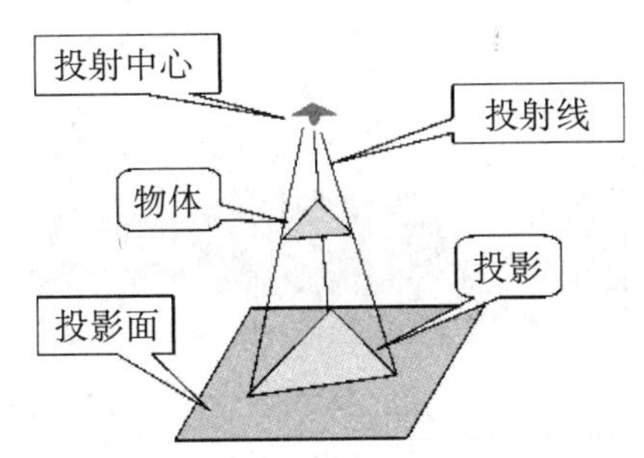

图 3-4　投影的形成及中心投影法

2. 投影法的分类

一般分为两类：中心投影法和平行投影法。

（1）中心投影法：见图 3-4，由一点发出投射线投射形体所得到的投影，称为中心投影法。

（2）平行投影法：见图 3-5，用一组相互平行的投射线投射形体所得到的投影，称为平行投影法。

平行投影法可分为两种：

1）正投影法：投射线垂直于投影面，见图 3-5。

2）斜投影法：投射线倾斜于投影面，见图 3-6。

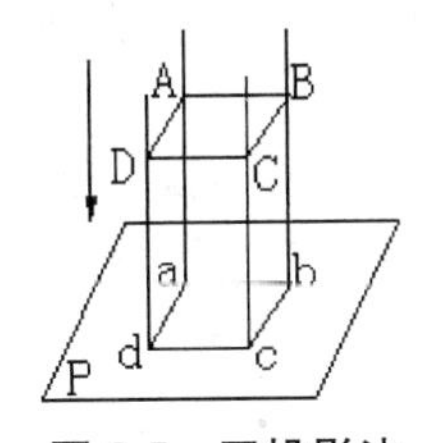

图 3-5　正投影法

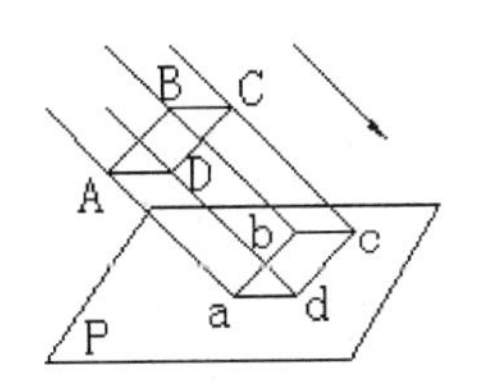

图 3-6　斜投影法

用正投影法确定空间几何形体在平面上的投影，能正确反映其几何形状和大小，作图也简便，所以正投影法在工程制图中得到广泛应用。

3. 直线和平面的正投影特性

（1）积聚性：垂直于投影面的直线，其投影积聚为一点，见图 3-7（a）；垂直于投影面的平面，其投影积聚为一条直线，见图 3-8（b）。

（2）显实性：平行于投影面的直线，其投影反映实长，见图 3-7（b）；平行于投影面的平面，其投影反映实形，见图 3-8（a）。

（3）类似性：倾斜于投影面的直线，其投影比实长短，见图 3-7（c）；倾斜于投影面的平面，其投影仍为平面，但投影比实形小，见图 3-8（c）。

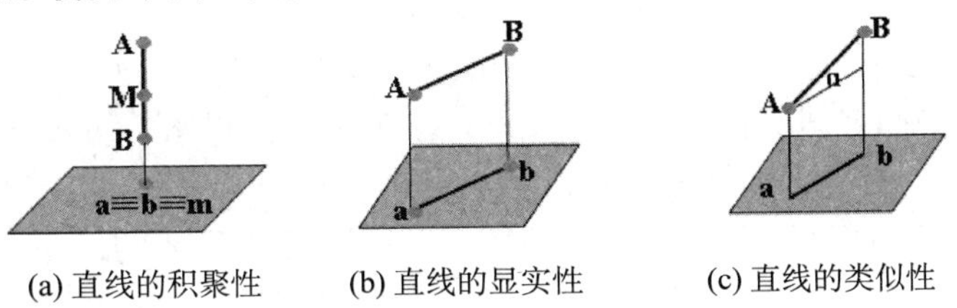

(a) 直线的积聚性　(b) 直线的显实性　(c) 直线的类似性

图 3-7　直线的正投影特性

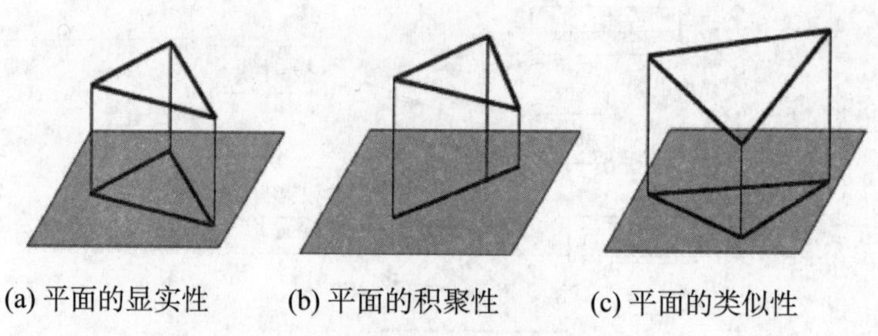

图 3-8　平面的正投影特性

4. 三视图

（1）三投影面体系的建立：如图 3-9，三投影面体系由三个相互垂直的投影面组成，分别是正面 V；水平面 H；侧平面 W。

两投影面的交线为投影轴，分别是：

X 代表长度方向；Y 代表宽度方向；Z 代表高度方向。.

（2）三面投影的形成：如图 3-9，把物体正放在三投影面体系中，按正投影法向各投影面投影，即可得到物体的正面投影、水平面投影、侧面投影。水平投影为俯视图；正面投影为主视图；侧面投影为左视图。

俯视图相当于观看者面对 H 面，从上向下观看物体时所得到的视图；主视图是面对 V 面，从前向后观看时所得到的视图；左视图是面对 W 面，从左向右观看时所得到的视图。

（3）三面投影的展开：为了看图方便，要将三个相互垂直的投影面展开在同一个平面上，展开方法如图 3-9，规定 V 面保持不动，H 面向下向后绕 OX 轴旋转 90°，W 面向右向后绕 OZ 轴旋转 90°，展开后的三面投影图见图 3-10。

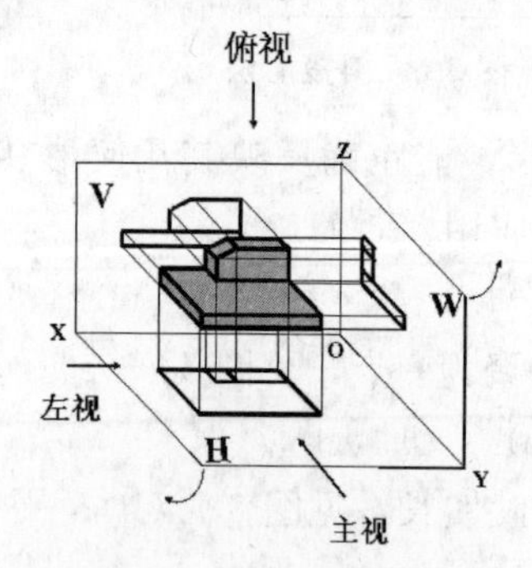

图 3-9　三面投影的形成

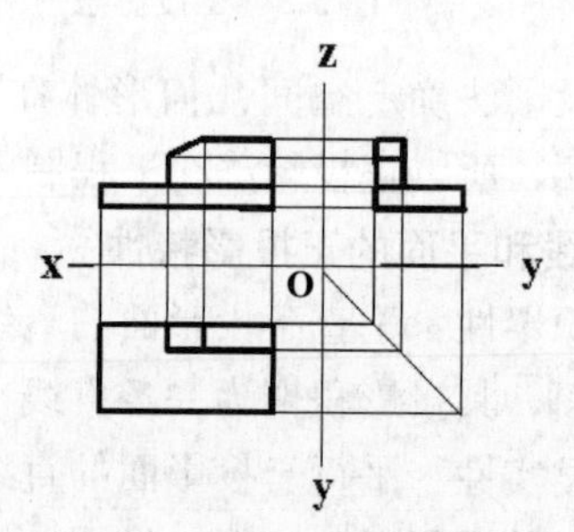

图 3-10　展开后的三面投影图

（4）三视图之间的对应关系：

1）视图间的“三等”关系，主视图反映物体的长度（X）、高度（Z）；俯视图反映物体的长（X）、宽（Y）；左视图反映物体的高（Z）、宽（Y），见图 3-11。

由此得出三视图之间存在“三等”关系：主视图与俯视图长对正（等长）；主视图与左视图高平齐（等高）；俯视图与左视图宽相等（等宽）。

2）视图与物体的方位关系，见图 3-12，主视图反映物体的上下、左右的相互关系；俯视图反映物体的左右、前后的相互关系；左视图反映物体的上下、前后的相互关系。

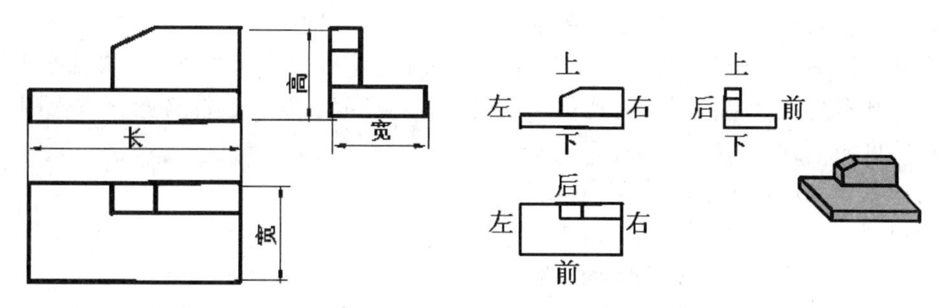

图 3-11　三视图之间的对应关系　　图 3-12　视图与物体的方位关系

三、组合体相邻表面的连接关系和基本画法

1. 组合体相邻表面的连接关系

由两个或两个以上的基本几何体组合成的形体称为组合体。

组合体表面的连接关系分为共面、相切、相交三种。

2. 基本画法

（1）叠加式组合体的画法：

1）形体分析。

2）选择主视图：确定放置位置和投影方向。

3）画底稿：定图幅，选比例，画各视图的主要轴线、定位基准线；先画主要形体、大形体，然后画次要形体、小形体；对各形体先定位后定形，先大体后细节；各形体的三视图同时进行。

4）检查、加深图线：先画弧、后直线；画弧时应先小后大再中等；画直线时，应先水平后竖直再倾斜。

（2）挖切式组合体的画法：

挖切式组合体除了用形体分析法外，还要对一些斜面运用线面分析法。

线面分析法：在形体分析法的基础上，运用线、面的空间性质和投影规律，分析形体表面的投影，进行画图、看图的方法。

“一框对两线”，即投影面平行面；

“一线对两框”，即投影面垂直面；

“三框相对应”，即一般位置平面。

第二节　机械零件的表达方法

一、视图的表达方法

1. 基本视图

某些工程形体，当画出三视图后还不能完整和清晰地表达其形状时，则要增设新的投影面，画出新的投影面的视图来表达。

基本投影面有六个，将物体放在投影体系当中，分别向六个基本投影面投射，得到六个基本视图。六个基本投影面连同相应的六个基本视图一起展开，方法见图 3-13。

六个基本视图除主视图、俯视图、左视图外，还有右视图、仰视图、后视图，其排列位置见图 3-14。

右视图——从右向左投影所得的视图；

仰视图——从下向上投影所得的视图；

后视图——从后向前投影所得的视图。

六个基本视图之间仍符合“长对正、高平齐、宽相等”的投影规律。

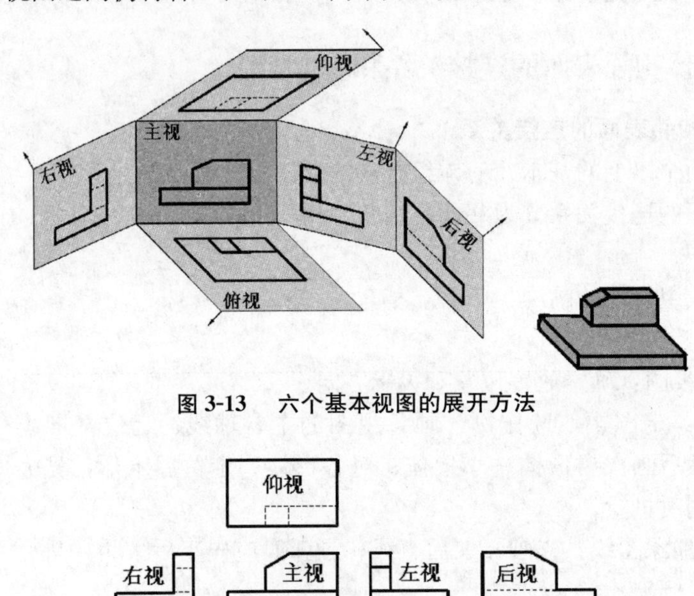

图 3-13　六个基本视图的展开方法

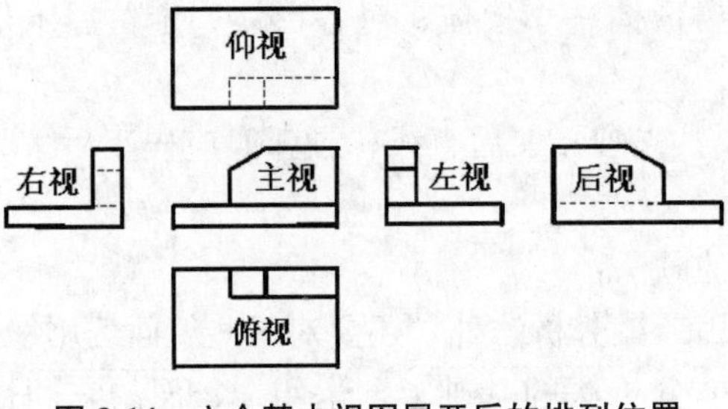

图 3-14　六个基本视图展开后的排列位置

若六个基本视图不能按图 3-14 的标准位置配置时，应在视图的上方标注视图的名称“×向”，在相应视图的附近用箭头指明投射方向，并标注与视图名称相同的字母，如图 3-15 所示的 C 视图。

2. 局部视图

（1）将机件的某一部分向基本投影面投影所得的视图称为局部视图，如图 3-15 所示的 A 视图、B 视图。

（2）在局部视图的上方应标注出视图的名称“×向”，在相应的视图附近，用箭头指明投影方向，并注上相同的字母，见图 3-15。

（3）局部视图的断裂边界用波浪线表示，如图 3-15 所示的 A 视图、B 视图。

3. 斜视图

（1）将机件的倾斜部分向不平行于基本投影面的平面投射所得到的视图，称为斜视图，见图 3-16。

（2）在斜视图的上方应标注出视图的名称“×向”，在相应的视图附近，用箭头指

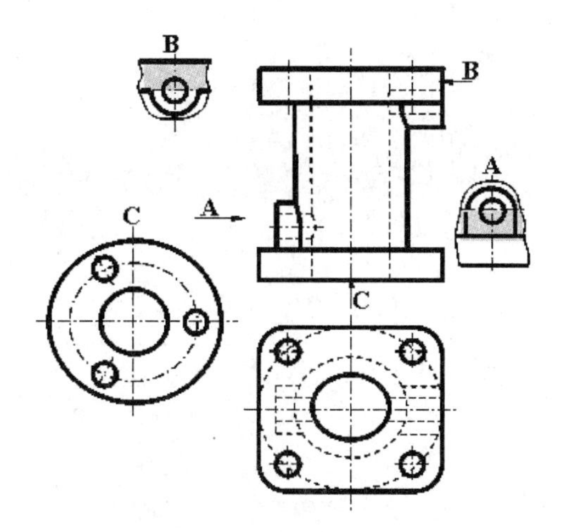

图 3-15　不按标准位置配置示例

明投影方向，注上同样的字母，字母一律水平书写，见图 3-17。

（3）斜视图一般按投影关系配置。

（4）用波浪线与视图的其他部分断开，见图 3-17。

（5）允许将斜视图旋转配置，但需在斜视图上方注明，见图 3-17。

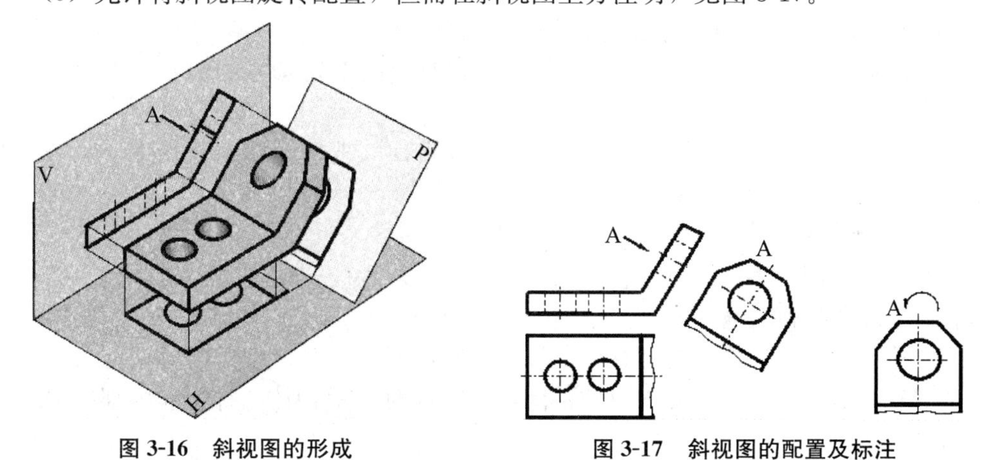

图 3-16　斜视图的形成　　　图 3-17　斜视图的配置及标注

二、剖面图的表达方法

物体的内部结构（如孔、槽等）在视图上用虚线表示，当内部结构复杂时，视图中就会出现较多的虚线，给看图带来不便。国家制图标准中可用剖面图解决上述问题。

1. 剖面图的形成

假想用剖切平面将物体剖开，将处在观察者与剖切平面之间的部分移去，而将其余部分向投影面投影所得的图形，称为剖视图，见图 3-18（a）。

剖切面一般应通过物体上孔的轴线、槽的对称面等位置。

2. 剖面图画法及标注的有关规定

（1）剖切面与实体接触部分的轮廓线用粗实线画出，且应画出材料图例；未剖到，但沿投影方向可见的部分用中实线绘制，见图 3-18（b）。

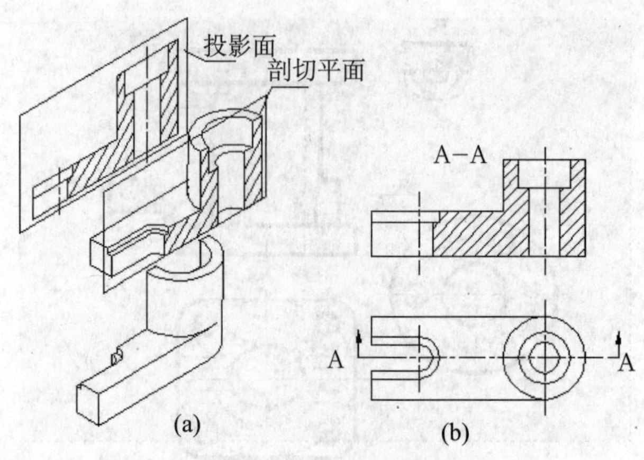

图 3-18　剖面图的形成及画法

（2）剖面图的标注，见图 3-18（b）。

1）用剖切位置线表示剖切平面的剖切位置。剖切位置线实质上就是剖切平面的积聚投影。规定用两小段粗实线（长度为 6～10mm）表示。

2）剖切后的投射方向用垂直于剖切位置线的短粗线（长度为 4～6mm）表示，如画在剖切位置线的左边表示向左投射。

3）剖切符号的编号注写在投射方向线的端部。

4）在剖面图的下方或一侧，写上与该图相对应的剖切符号的编号，作为该图的图名。

（3）由于剖切面是假想的，所以只在画剖面图时，才假想将形体切去一部分。在画其他投影时，则应按完整的形体画出。

3. 剖面图的分类

（1）全剖视图：用剖切面将整个物体完全剖开所得的剖视图，见图 3-18（b）。全剖视图适用于外形比较简单的物体。

（2）半剖面图：当物体左右对称或前后对称，而外形又比较复杂时，可以画出由半个外形正投影图和半个剖面图拼成的图形，以同时表示物体的外形和内部构造。这种剖面图称为半剖视图，见图 3-19。

（3）局部剖视图：用剖切平面局部地剖开物体所得的剖视图。局部剖视图用波浪线作为剖与不剖的分界线，见图 3-20。

三、断面图的种类及表达方法

1. 断面图的形成

假想用剖切平面将形体的某处切断，仅画出该剖切平面与形体接触部分的图形，这个图形称为断面图，见图 3-21（a）。断面图用来表达物体的断面形状。

2. 剖面图与断面图的区别

断面图只画出形体被剖开后断面的投影，是面的投影，见图 3-21（a）；而剖面图要画出形体被剖开后余下形体的投影，是体的投影，见图 3-21（b）。

3. 断面图的种类

（1）移出断面图：画在视图外的断面图，见图 3-21（a）。

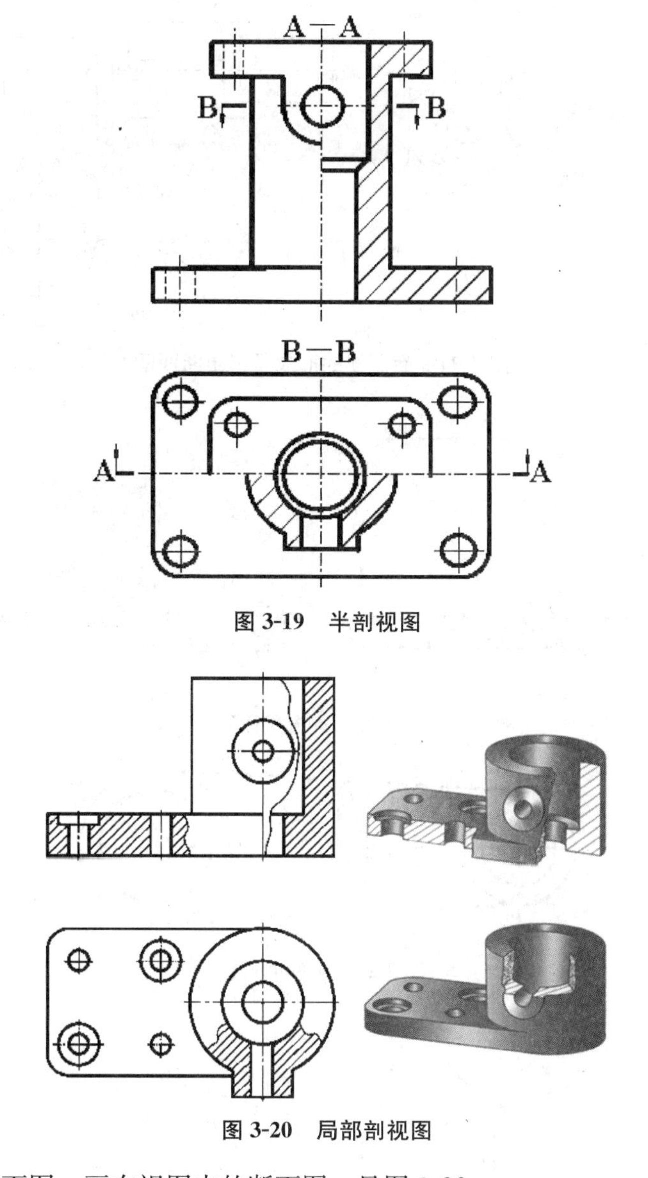

图 3-19　半剖视图

图 3-20　局部剖视图

（2）重合断面图：画在视图内的断面图，见图 3-22。

（3）中断断面图：直接画在杆件断开处的断面图，见图 3-23。

4. 断面图的标注

移出断面图一般应标注断面图的名称“×－×”（“×”为大写拉丁字母），在相应视图上用剖切符号表示剖切位置和投射方向，并标注相同字母。见图 3-21（a）。

配置在剖切线延长线上的对称的移出断面，以及配置在视图中断处的对称的移出断面均不必标注。

四、其他表达方法

1. 局部放大图

将机件的部分结构用大于原图形所采用的比例画出所得图形，称为局部放大图，

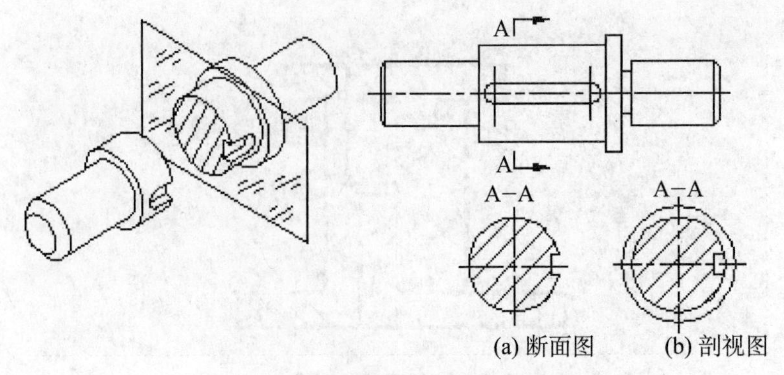

(a) 断面图　　(b) 剖视图

图 3-21　断面图的形成及移出断面图

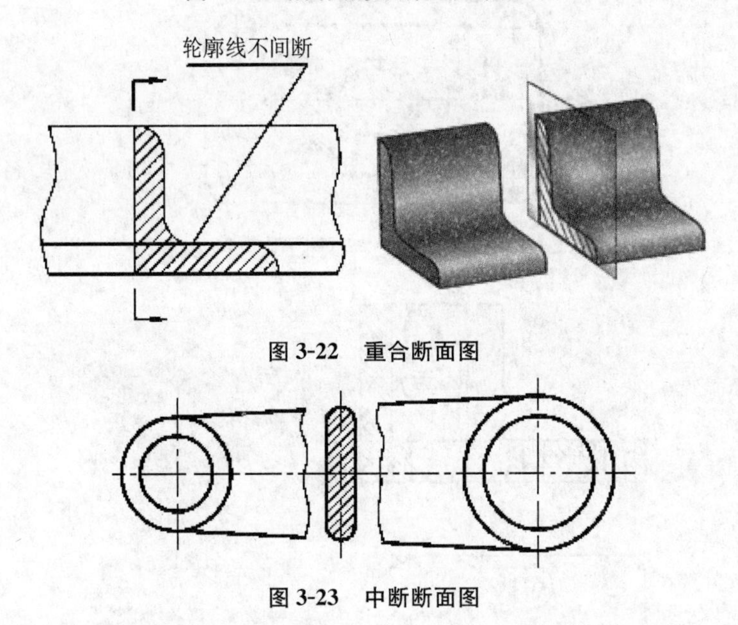

图 3-22　重合断面图

图 3-23　中断断面图

见图 3-24。

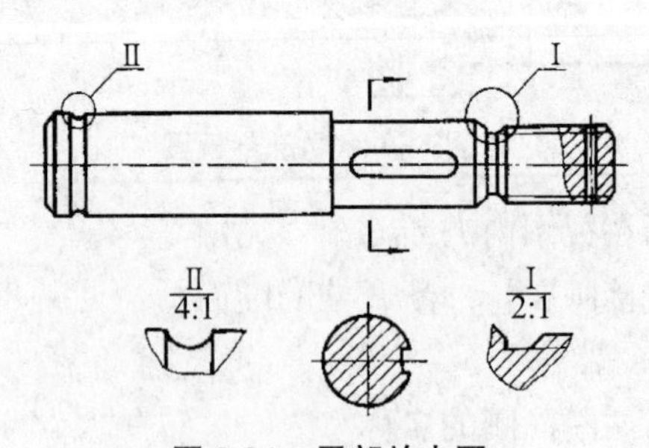

图 3-24　局部放大图

2. 简化画法

（1）对称图形的简化画法：对称的图形可以只画一半，但要加上对称符号，对称符号用一对平行的短细实线表示，其长度为 6～10 mm，见图 3-25（b）。若视图有两条对称线，可只画图形的 1/4，并画出对称符号，见图 3-25（c）。

（2）相同要素的简化画法：如果图上有多个完全相同而连续排列的构造要素，可以仅在排列的两端或适当位置画出其中一两个要素的完整形状，然后画出其余要素的

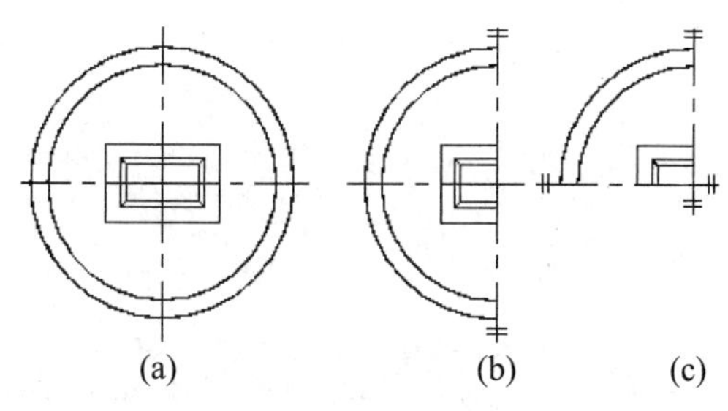

图 3-25　对称图形的简化画法

中心线或中心线交点，以确定它们的位置，见图 3-26。

（3）折断简化画法：轴、杆类较长的机件，当沿长度方向形状相同或按一定规律变化时，允许断开画出，见图 3-27。

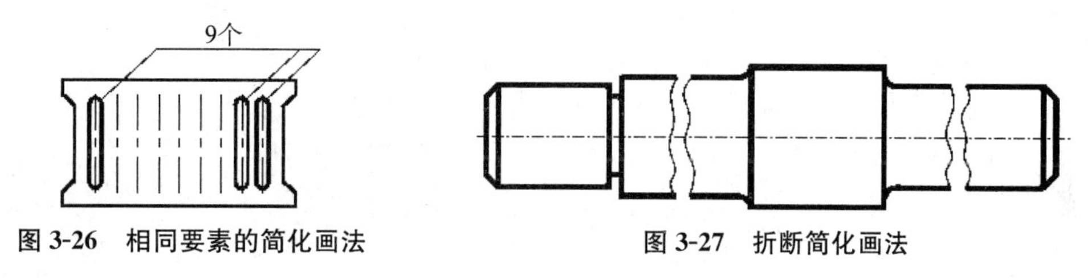

图 3-26　相同要素的简化画法

图 3-27　折断简化画法

第三节　标准件与常用件绘制

一、机械 CAD 图绘制基础

1. AutoCAD 的启动

（1）用图标启动：用鼠标左键双击图标，或者用右键单击该图标，在弹出的菜单中单击“打开”。

（2）用开始菜单启动：单击“开始”菜单进入“程序”，选择“AutoCAD 2004”，然后单击“AutoCAD 2004”。

2. AutoCAD 界面介绍

AutoCAD 屏幕被分割成六个不同的区域：标题栏、菜单栏、工具栏、绘图区、命令窗口、状态栏，见图 3-28。下面对界面内容做简单介绍。

（1）标题栏：用来显示 AutoCAD 的程序图标以及当前正在运行文件的名字等信息。也可以进行最小化或最大化窗口、恢复窗口、移动窗口或关闭 AutoCAD 等操作。

（2）下拉菜单与快捷菜单：AutoCAD 的菜单栏由“文件”、“编辑”、“视图”、“插入”、“格式”、“工具”、“绘图”、“标注”及“修改”等菜单组成，这些菜单包括了 AutoCAD 几乎全部的功能和命令。

（3）工具栏：工具栏是 AutoCAD 提供的一种调用命令的方式，它包含多个由图标表示的命令按钮，单击这些图标按钮，就可以调用相应的 AutoCAD 命令。

（4）命令窗口：命令窗口是显示从键盘键入命令后，AutoCAD 提示及相关信息的地方。

（5）绘图窗口：绘图窗口类似于手工绘图时的图纸，是利用 AutoCAD 进行绘图的区域。

（6）状态栏：状态栏位于绘图窗口的底部，用来反映当前的绘图状态。

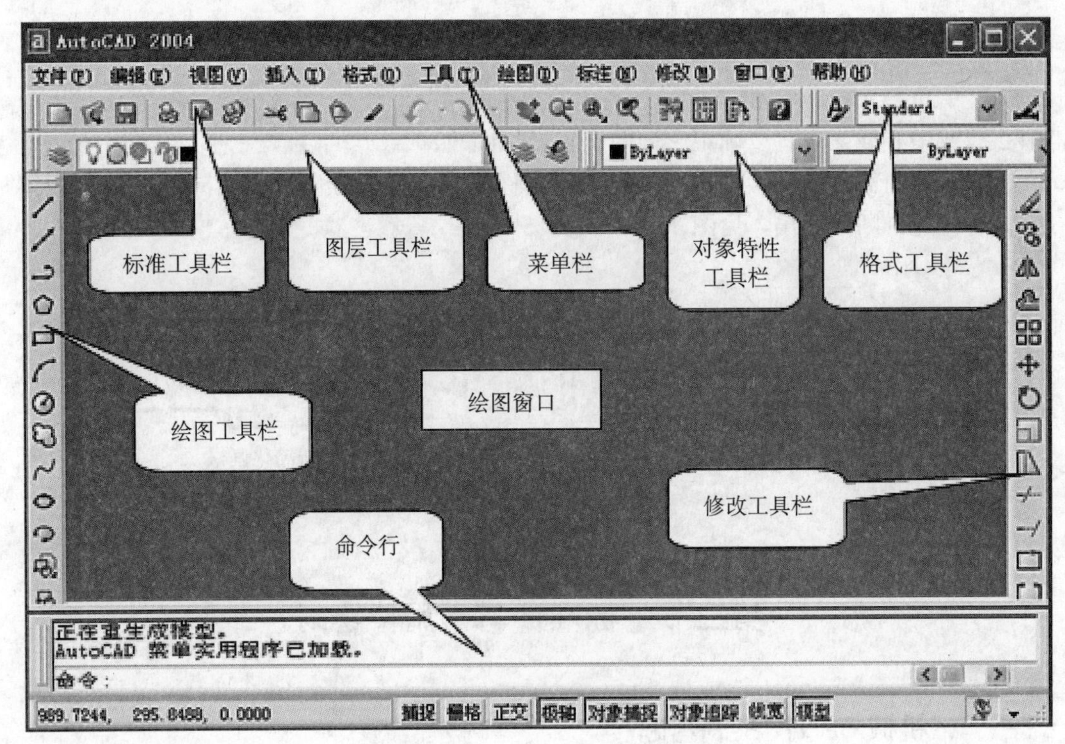

图 3-28　AutoCAD 2004 界面

3. 菜单栏（下拉菜单和快捷菜单）

菜单栏如图 3-29 所示，它由“文件（F）”、“编辑（E）”、“视图（V）”、“插入（I）”、“格式（O）”、“工具（T）”、“绘图（D）”、“标注（N）”、“修改（M）”等 11 个主菜单构成，每个主菜单下又包含了子菜单，而子菜单还包括下一级菜单，见图 3-29。菜单几乎包括了 AutoCAD 2004 所有命令，用户可以完全通过菜单来绘图。

各菜单的基本功能如下所述：

【文件（F）】菜单：提供了主要用于图形文件管理的工具，例如打开、关闭、存盘、打印以及数据导出等。

【编辑（E）】菜单：提供基本文件编辑工具，如拷贝、剪切、粘贴、清除及全选等。

【视图（V）】菜单：提供视窗管理工具，例如绘图区缩放、分割以及三维视窗设置等。

【插入（I）】菜单：提供了插入文件的工具，例如插入图块、外部引用、布局以及其他格式的文件等。

【格式（O）】菜单：提供了文件参数设置工具，例如图层、颜色、线型、标注以及

图 3-29　AutoCAD 菜单栏及子菜单

其他文件参数设置。

【工具（T）】菜单：提供了一系列的绘图工具，例如捕捉、栅格、查询以及 AutoCAD 设计中心等。

【绘图（D）】菜单：提供了基本绘图工具，其中集中了几乎所有的二维和三维的绘制命令。

【标注（N）】菜单：提供了尺寸标注工具，包括线性标注、半（直）径标注、角度标注等所有标注工具。

【修改（M）】菜单：提供了图形编辑工具，包括图形复制、旋转、移动以及其他编辑工具。

【窗口（W）】菜单：多文档窗口管理。提供了四种窗口排列方式——层叠、横向平铺、纵向平铺、排列图标等。

【帮助（H）】菜单：提供了 AutoCAD 2004 的帮助信息，建议读者要经常使用［帮助］，尤其是初级读者，查看帮助可以很快解决问题，按【F1】键就会调出帮助文件。

快捷菜单是一种特殊形式的菜单，单击鼠标的右键将在光标的位置显示出快捷菜单。

4. 坐标点的输入方法

（1）绝对直角坐标：是指相对当前坐标原点的坐标。输入格式为：（X，Y，Z），为具体的直角坐标值，在键盘上按顺序直接输入数值，各数之间用“,”隔开，二维点可直接输入（X，Y）的数值。

（2）绝对极坐标：是指通过输入某点距相对当前坐标原点的距离，以及在 XOY 平面中该点和坐标原点的连线与 X 轴正向夹角来确定的位置。输入格式为：（L＜θ），L 表示某点与当前坐标系原点连线的长度，θ 表示该连线相对于 X 轴正向的夹角，该点绕原点逆时针转过的角度为正值。

（3）相对直角坐标：是指某点相对于已知点沿 X 轴和 Y 轴的位移（ΔX，ΔY）。输入格式为：（@X，Y），@称为相对坐标符号，表示以前一点为相对原点，输入当前点的相对直角坐标值。

（4）相对极坐标：是指通过定义某点与已知点之间的距离，以及两点之间连线与 X 轴正向的夹角来定位该点位置。输入格式为：（@L＜θ），表示以前一点为相对原点，输入当前点的相对极坐标值。L 表示当前点与前一点连线的长度，θ 表示当前点绕相对原点转过的角度，逆时针为正，顺时针为负。

5. 绘图工具栏介绍

绘图工具栏如图 3-30 所示，其主要功能如下：

图 3-30　　绘图工具栏

（1）：对应的命令为 LINE，用来绘制直线。

（2）：对应的命令为 XLINE，用来绘制构造线。

（3）：对应的命令为 PLINE，用来绘制多段线。

（4）：对应的命令为 POLYGON，用来绘制多边形。

（5）：对应的命令为 RECTANG，用来绘制矩形。

（6）：对应的命令为 ARC，用来绘制圆弧。

（7）：对应的命令为 CIRCLE，用来绘制圆。

（8）：对应的命令为 REVCLOUD，用来绘制修订云线。

（9）：对应的命令为 SPLINE，用来绘制样条曲线。

（10）：对应的命令为 ELLIPSE，用来绘制椭圆。

（11）：对应的命令为 ARC，用来绘制椭圆弧。

（12）：对应的命令为 1NSERT，用来插入块。

（13）：对应的命令为 BLOCK，用来创建块。

（14）：对应的命令为 POINT，用来绘制点。

（15）：对应的命令为 BHATCH，用来做图案填充。

（16）：对应的命令为 REGION，用来选择面域。

（17）A：对应的命令为 MTEXT，用来进行多行文字的编辑。

6. 修改工具栏介绍

修改工具栏如图 3-31 所示，其主要功能如下：

图 3-31　修改工具栏

（1）：对应的命令为 Erase，可以删除错误的或不需要的图形对象。

（2）：对应的命令为 Copy，可将选定的对象在新的位置上进行一次或多次复制。

（3）：对应的命令为 Mirror，功能为以选定的镜像线为对称轴，生成与编辑对象完全对称的镜像实体。

（4）：对应的命令为 Array，功能为对选定的对象进行矩形或环形排列的多个复制。

（5）：对应的命令为 Move，功能为将选定的对象从一个位置移到另一个位置。

（6）：对应的命令为 Rotate，功能为将选定的对象旋转一定的角度。

（7）：对应的命令为 Scale，功能为将选定的对象按给定的基点和比例因子放大或缩小。

（8）：对应的命令为 Stretch，功能为将图形中位于移动窗口（选择对象最后一次使用的交叉窗）内的实体或端点移动，与其相连接的实体如直线、圆弧和多义线等将受到拉伸或压缩，以保持与图形中未移动部分相连接。

（9）：对应的命令为 Trim，功能为对选定的对象（直线、圆、圆弧等）沿事先确定的边界进行裁剪，实现部分擦除。

（10）：对应的命令为 Extend，功能为将选中的对象（直线、圆弧等）延伸到指定的边界。

（11）：对应的命令为 Break，功能为将选中的对象（直线、圆弧、圆等）在指定的两点间的部分删除，或将一个对象切断成两个具有同一端点的实体。

（12）：对应的命令为 Fillet，功能为用指定的半径，对选定的两个实体（直线、圆弧或圆），或者对整条多义线进行光滑的圆弧连接。

（13）：对应的命令为 Chamfer，功能为对选定的两条相交（或其延长线相交）直线进行倒角，也可以对整条多义线进行倒角。

（14）：对应的命令为 Explode，功能为把块分解成组成该块的各实体，把多段线分解成组成该多段线的直线或圆弧，把一个尺寸标注分解成线段、箭头和文本，把一个图案填充分解成一个个的线条。

二、零件图的绘制步骤和方法

（1）选择比例：根据实际零件的复杂程度选择比例。

（2）选择幅面：根据表达方案、比例、留出标注尺寸和技术要求的位置，选择标准图幅。

（3）画底稿：

1）定出各视图的基准线；

2）画出图形；

3）标注出尺寸；

4）注写出技术要求；

5）填写标题栏。

（4）校核。

（5）描深。

（6）审核。

三、装配图的绘制步骤和方法

1. 分析

（1）了解所绘部件：对所绘的部件首先弄清其用途、工作原理、零件间的装配关系、主要零件的基本结构和部件的安装情况等。

（2）确定视图表达方案：根据对所画部件的了解，合理运用各种表达方法，按照装配图的视图选择步骤，确定视图表达方案。

2. 画图

（1）布局：根据视图表达方案所确定的视图数目、部件的尺寸大小及复杂程度，选择适当的画图比例和图纸幅面。布局时，在考虑各视图所占面积时，要留出标注尺寸、编排序号、明细栏和标题栏及填写技术要求的位置，然后画出各视图的作图基准线。

（2）画各视图轮廓底稿：画图时一般先画主要零件，然后根据各零件的装配关系从相邻零件开始，依次画出其他零件。要注意零件间的装配关系，分清接触面和非接触面。各视图要一一对应同时画出，以保证投影关系的对应。

画图时可以从外向内画，先画外部的主要零件，再画内部相邻的主要零件，依次完成装配图；也可以先画内部的主要零件，根据装配关系，依次画出外部相邻的零件。一般零件的形状确定时，可以从外向内画，不确定时从内向外画，先画最重要的零件，一般使用于初步设计。

（3）完成全图：画成各视图轮廓底稿后，标注尺寸、编排零件序号，然后进行校核。经校核无误后，将各类图线按规定描粗、加深，最后填写技术要求、标题栏、零件明细栏。

（4）全面校核：完成全图后，还应对所画装配图的各项内容进行一次全面校核。

第四节　零件图

零件是组成机器的最小制造单元，表达单个零件的图样称为零件图。零件图是制造产品的重要技术文件之一。

一、零件图的视图特点及工艺结构表示

为了把零件各部分的结构、形状及其相对位置完整清晰地表达出来，应对主视图的选定、视图数量及表达方法的选择进行认真考虑。

1. 主视图的选择

主视图的选择应考虑以下原则：

(1) 表现形状特征：主视图要能将组成零件的各形体之间的相互位置和主要形体的形状特征表达清楚。滑动轴承座的主视图，见图 3-32。

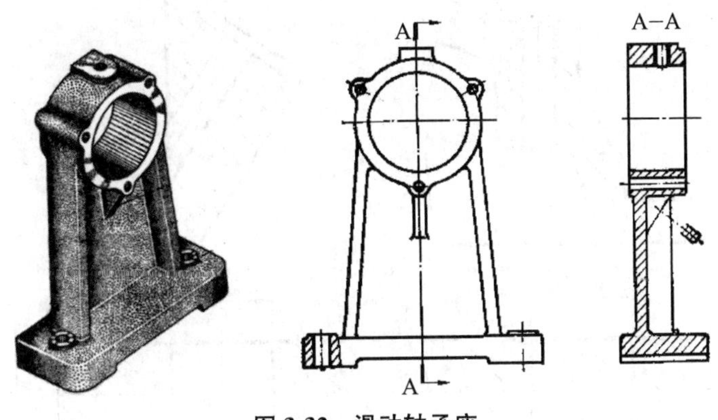

图 3-32　滑动轴承座

(2) 表现加工位置：为了加工制造者看图方便，把零件在主要加工工序中的装夹位置作为主视图的投影方向。轴的主视图，见图 3-33。

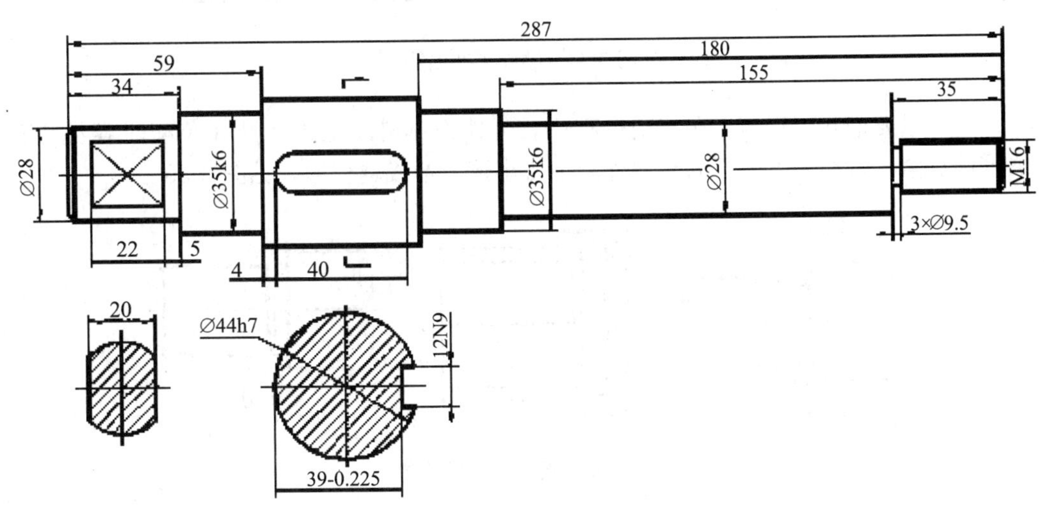

图 3-33　轴的视图

(3) 以工作位置作为主视图：按工作位置选取主视图，容易想象零件在机器或部件中的作用。

2. 其他视图的选择

(1) 每个视图都有明确的表达重点，各个视图互相配合、互相补充，表达内容不应重复。

(2) 根据零件的内部结构选择恰当的剖视图和剖面图。

(3) 对尚未表达清楚的局部形状和细小结构，补充必要的局部视图和局部放大图。

(4) 能采用省略、简化方法表达地要尽量采用省略和简化方法表达。

3. 零件上的常见工艺结构

零件图上应反映加工工艺对零件结构的各种要求：

(1) 钻孔工艺结构：用钻头钻盲孔时，由于钻头顶部有120°的圆锥面，所以盲孔总有一个120°的圆锥面，扩孔时也有一个锥角为120°的圆台面，见图3-34。

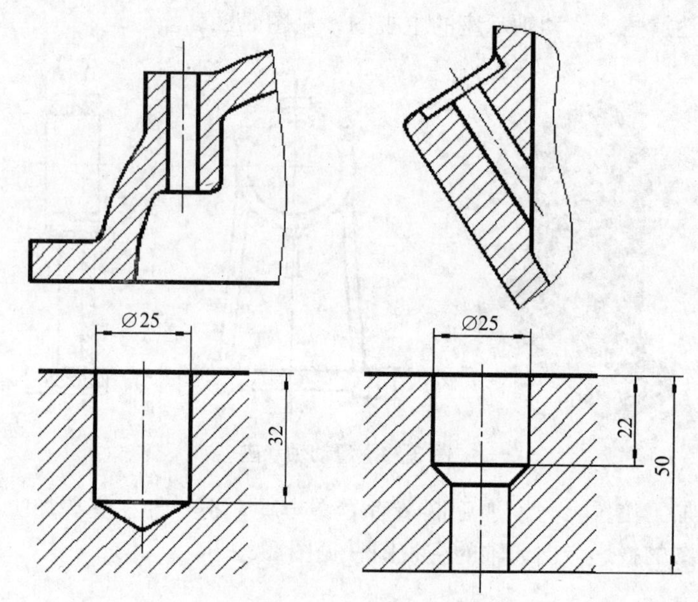

图3-34　钻孔工艺结构

(2) 退刀槽和越程槽：在切削过程中，为使刀具易于退刀，并在装配时容易与有关零件靠紧，常在加工表面的台肩处先加工出退刀槽或越程槽，见图3-35。

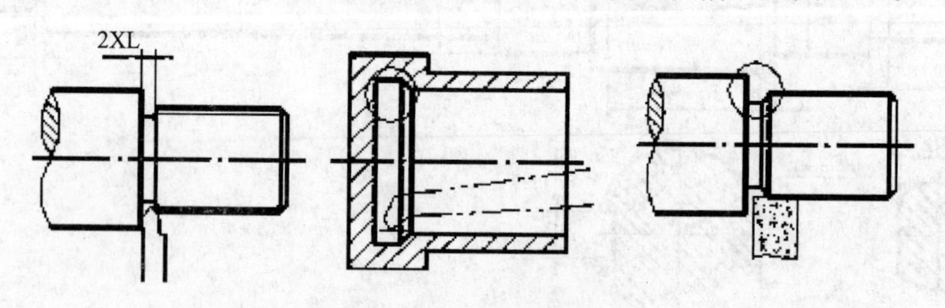

图3-35　退刀槽或越程槽

(3) 铸件工艺结构：铸件各部分的壁厚应尽量均匀，在不同壁厚处应使厚壁和薄壁逐渐过渡，以免在铸造时在冷却过程中形成热节，产生缩孔。铸件上两表面相交处应做成圆角，见图3-36。

(4) 凸台和凹坑：为了减少加工表面，使结合面接触良好，常在两接触表面处设置凸台和凹坑，见图3-37。

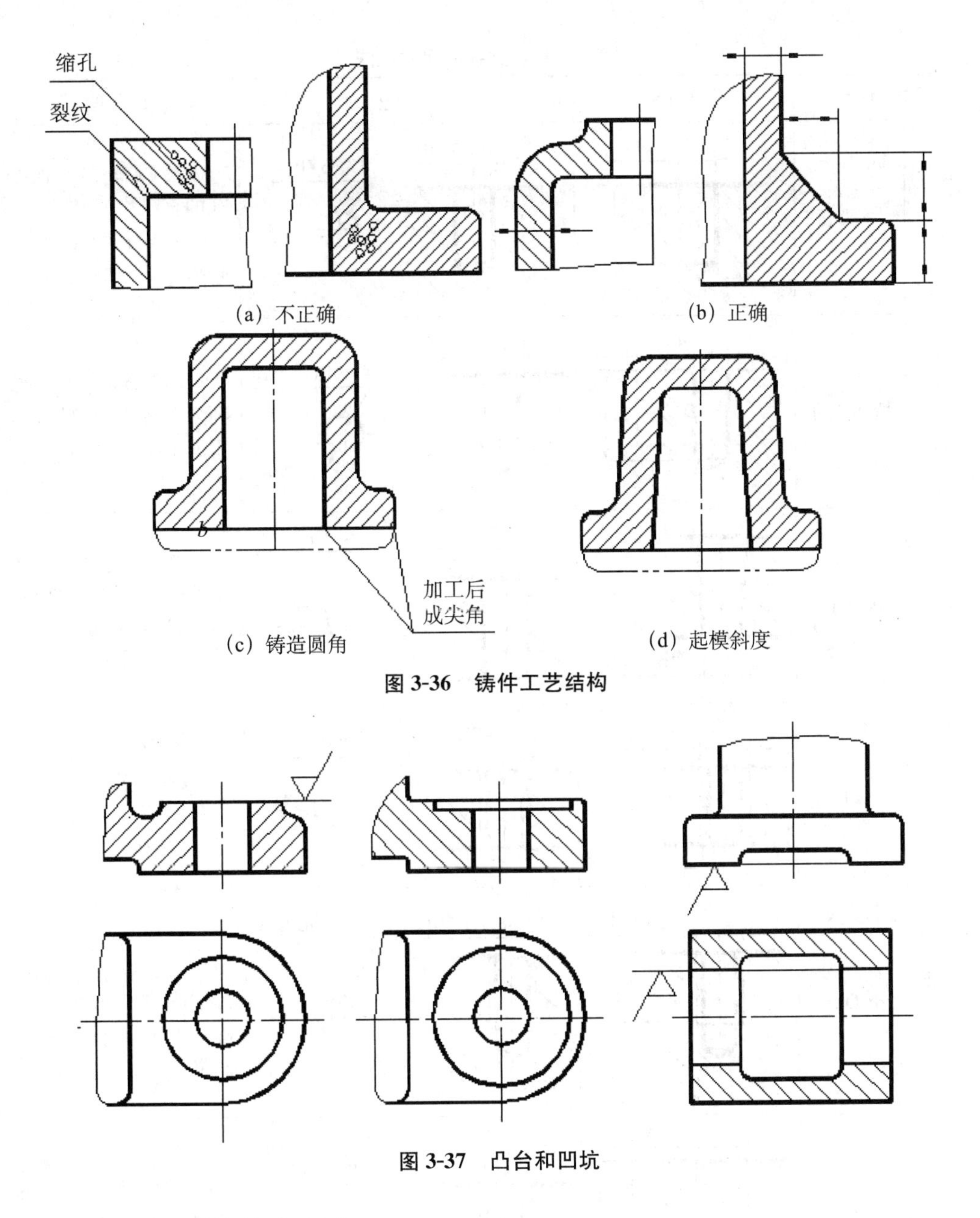

(a) 不正确　(b) 正确

(c) 铸造圆角　(d) 起模斜度

图 3-36　铸件工艺结构

图 3-37　凸台和凹坑

二、零件图的技术要求

零件图上除了图形和尺寸外，为了提高质量，还对各类孔的尺寸的注法、零件的表面粗糙度、公差与配合、形状与位置公差等技术要求作了说明，见表 3-4。

1. 表面粗糙度

(1) 表面粗糙度的概念：表面粗糙度反映零件表面微观不平的程度（或光滑程度）。零件各个表面的作用不同，所需的光滑程度也不一样。表面粗糙度是衡量零件质量的标准之一，对零件的配合、耐磨程度、抗疲劳强度、抗腐蚀性等及外观都有影响。

评定表面粗糙度优先选用轮廓算术平均偏差 Ra，Ra 的单位为μm，Ra 越小，说明表面越光滑。

表 3-4　各类孔的尺寸注法

结构类型		普通注法	旁注法	说明
光孔	一般孔	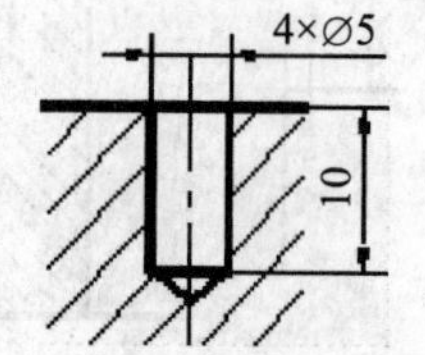 4×Ø5 10	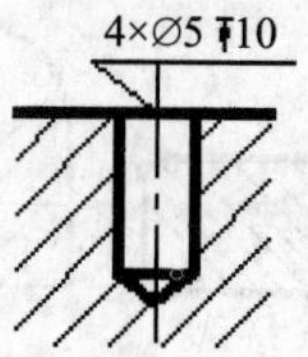 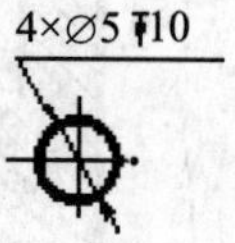 4×Ø5 ↧10 4×Ø5 ↧10	4×Ø5 表示四个孔的直径均为Ø5 三种注法任选一种均可（下同）
光孔	精加工孔	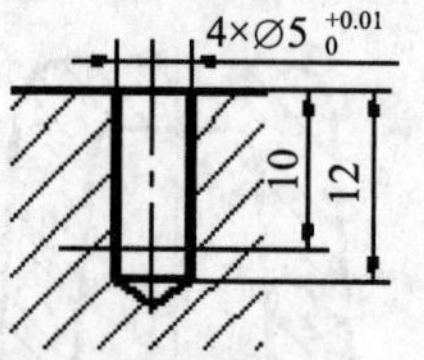 $4\times\varnothing5^{+0.01}_{0}$ 10 12	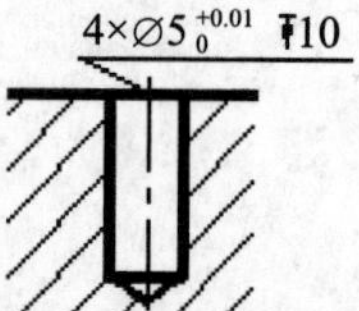 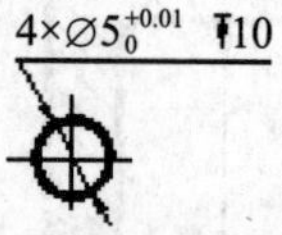 $4\times\varnothing5^{+0.01}_{0}$ ↧10 $4\times\varnothing5^{+0.01}_{0}$ ↧10	钻孔深为 12，钻孔后需精加工至Ø5，精加工深度为 10
光孔	锥销孔	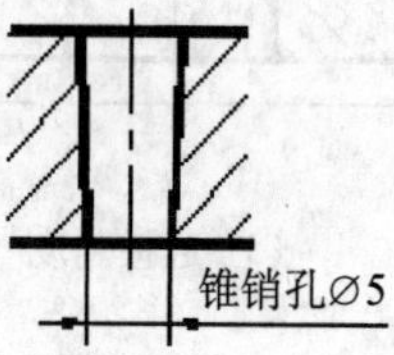 锥销孔Ø5	  锥销孔Ø5 锥销孔Ø5	Ø5 为与锥销孔相配的圆锥销小头直径，锥销孔通常是两个零件装在一起加工的
螺纹孔	通孔	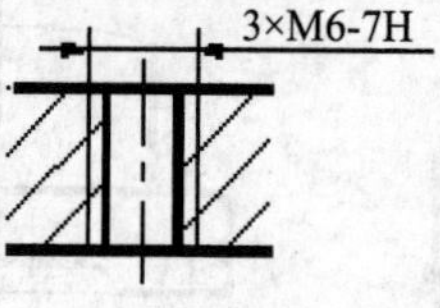 3×M6-7H	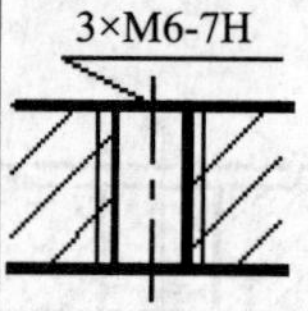  3×M6-7H 3×M6-7H	3×M6-7H 表示 3 个公称直径为 6，螺纹中径、顶径公差带为 7H 的螺孔
螺纹孔	不通孔	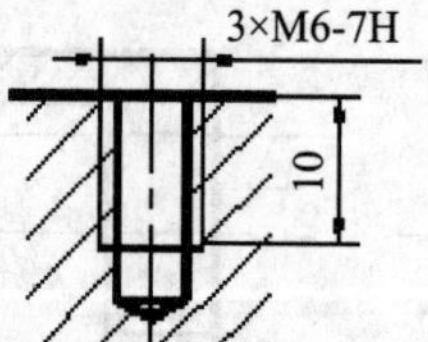 3×M6-7H 10	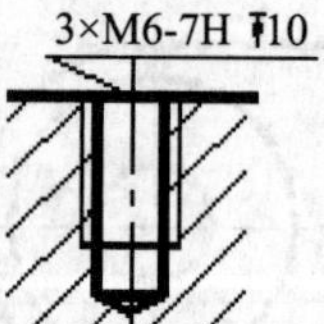  3×M6-7H ↧10 3×M6-7H ↧10	10 是指螺孔的有效深度，钻孔深度以保证螺孔有效深度为准，也可查有关手册确定
螺纹孔	不通孔	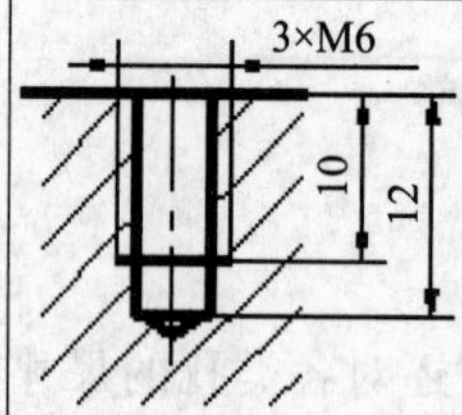 3×M6 10 12	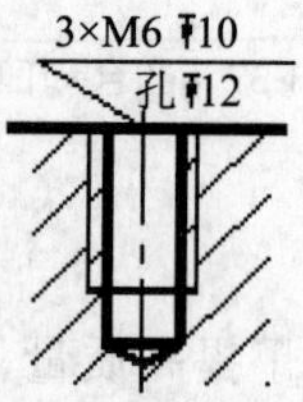  3×M6 ↧10 孔↧12 3×M6 ↧10 孔↧12	需要注出钻孔深度时，应明确标注出钻孔深度尺寸

（2）表面粗糙度符号及其注法，见表 3-5。

表 3-5　表面粗糙度符号及其注法

符　号	意义及说明
√	用任何方法获得的表面 （单独使用无意义）

续表

符　号	意义及说明
	用去除材料的方法获得的表面
	用不去除材料的方法获得的表面
3.2	用去除材料的方法获得的表面，Ra 的最大允许值为 3.2μm

2. 公差与配合

（1）公差

如图 3-38 所示标注：$\varnothing 30_{-0.041}^{-0.020}$

∅30 为基本尺寸即设计时确定的尺寸；

－0.020 为上偏差；

－0.041 为下偏差。

公差＝上偏差－下偏差（实际尺寸的变动量）

＝－0.020－（－0.041）

＝ 0.021

∅29.98 为最大极限尺寸；

∅29.959 为最小极限尺寸。

零件合格的条件：∅29.98≥实际尺寸≥∅29.959

图 3-38 中 f 7 为公差代号，其中“f ”为基本偏差代号，“7”为标准公差的等级代号。从国家标准《公差与配合》的轴的偏差表中，可查出基本尺寸为 30 的 f 7，其上偏差为－0.020，下偏差为－0.041。

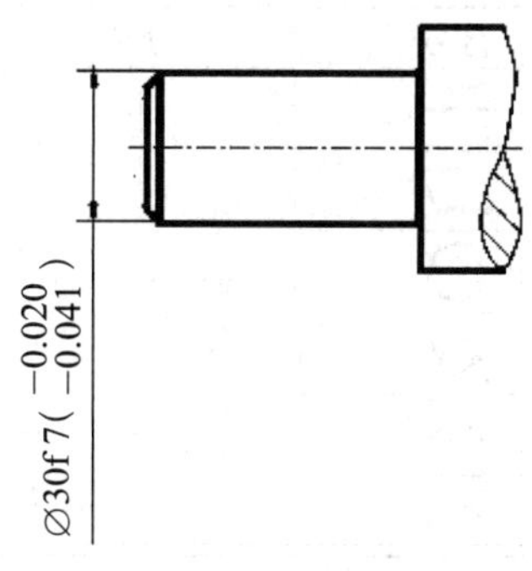

图 3-38　公差的标注

公差值的大小，表明对零件加工尺寸要求的精确程度的高低，公差值越小则精确程度越高。国家标准规定标准公差等级有 20 个，如 IT01、IT0、IT1 等。

（2）配合：基本尺寸相同的相互结合的孔和轴，因其偏差数值偏离基本尺寸的大小、方向各不相同，而在装配后形成松紧程度不同的一种关系。

1）配合的种类：图 3-39 为不同偏差的三种轴与一定偏差的孔形成的三种配合

关系：

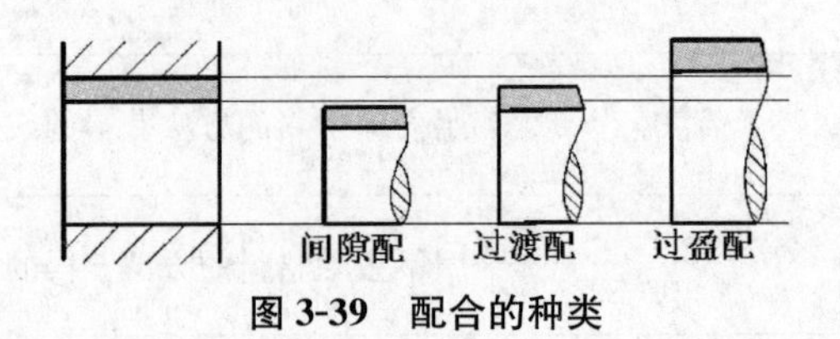

图 3-39　配合的种类

间隙配合——轴与孔装配后有间隙（孔比轴大）；

过盈配合——轴与孔装配后有过盈（轴大于孔）；

过渡配合——轴与孔装配后可能有间隙，也可能有过盈。

2）配合的标注，见图 3-40、图 3-41。

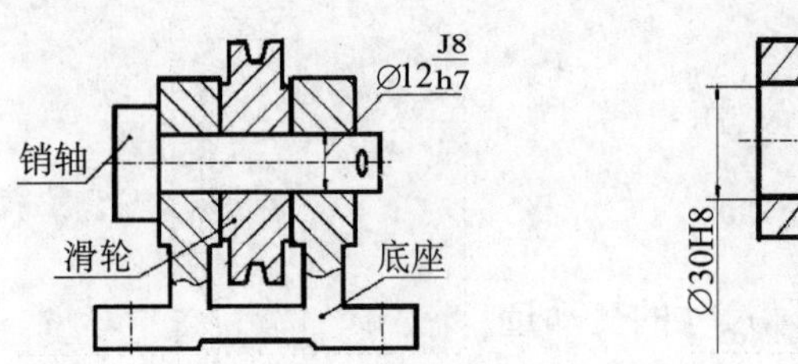

图 3-40　装配图上配合的标注

Ø30H8　Ø30 +0.033 0

图 3-41　零件图上配合的标注

3. 形状与位置公差

形状误差是指实际表面和理想几何表面的差异，位置误差是指相关联的两个几何要素的实际位置相对于理想位置的差异。形状和位置误差的允许变动量称为形状和位置公差，简称形位公差。

（1）形位公差的名称和符号，见表 3-6。

表 3-6　形位公差的名称和符号

<table>
<tr><th>分类</th><th>名称</th><th>符号</th><th>分类</th><th></th><th>名称</th><th>符号</th></tr>
<tr><td rowspan="9">形状公差</td><td>直线度</td><td>—</td><td rowspan="9">位置公差</td><td rowspan="3">定位</td><td>平行度</td><td>//</td></tr>
<tr><td rowspan="2">平面度</td><td rowspan="2">▱</td><td>垂直度</td><td>⊥</td></tr>
<tr><td>倾斜度</td><td>∠</td></tr>
<tr><td rowspan="2">圆　度</td><td rowspan="2">○</td><td rowspan="3">定向</td><td>同轴度</td><td>◎</td></tr>
<tr><td>对称度</td><td>≡</td></tr>
<tr><td rowspan="2">圆柱度</td><td rowspan="2">⌭</td><td>位置度</td><td>⌖</td></tr>
<tr><td rowspan="2">跳动</td><td>圆跳动</td><td>↗</td></tr>
<tr><td>线轮廓度</td><td>⌒</td><td>全跳动</td><td>⌰</td></tr>
<tr><td>面轮廓度</td><td>⌓</td><td></td><td></td><td></td></tr>
</table>

（2）形位公差的标注符号，形位公差在图样中用指引线与框格代号相连接来表示，形位公差框格可画两格或多格，可水平放置也可垂直放置。框格内从左至右，第一格为形位公差项目符号，第二格为形位公差数值和有关符号，第三格以后为基准代号的字母和有关符号，见图 3-42。指引线的箭头指向被测要素的表面或其延长线，箭头方向一般为公差带方向，h 为图样中字体的高度，b 为粗实线高度，框格中的字体高度为 h，基准符号中的字母永远水平书写。

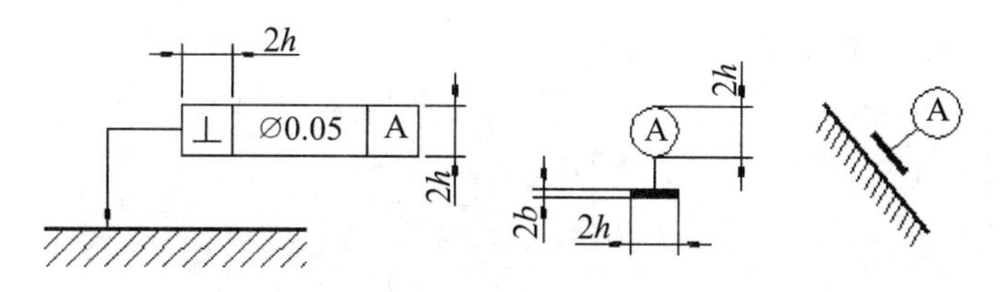

图 3-42　位置公差的标注

三、典型零件图的识读

1. 看标题栏

了解零件的名称、材料、绘图比例等内容。从图 3-43 可知：零件名称为泵体；材料是铸铁；绘图比例 1∶1。

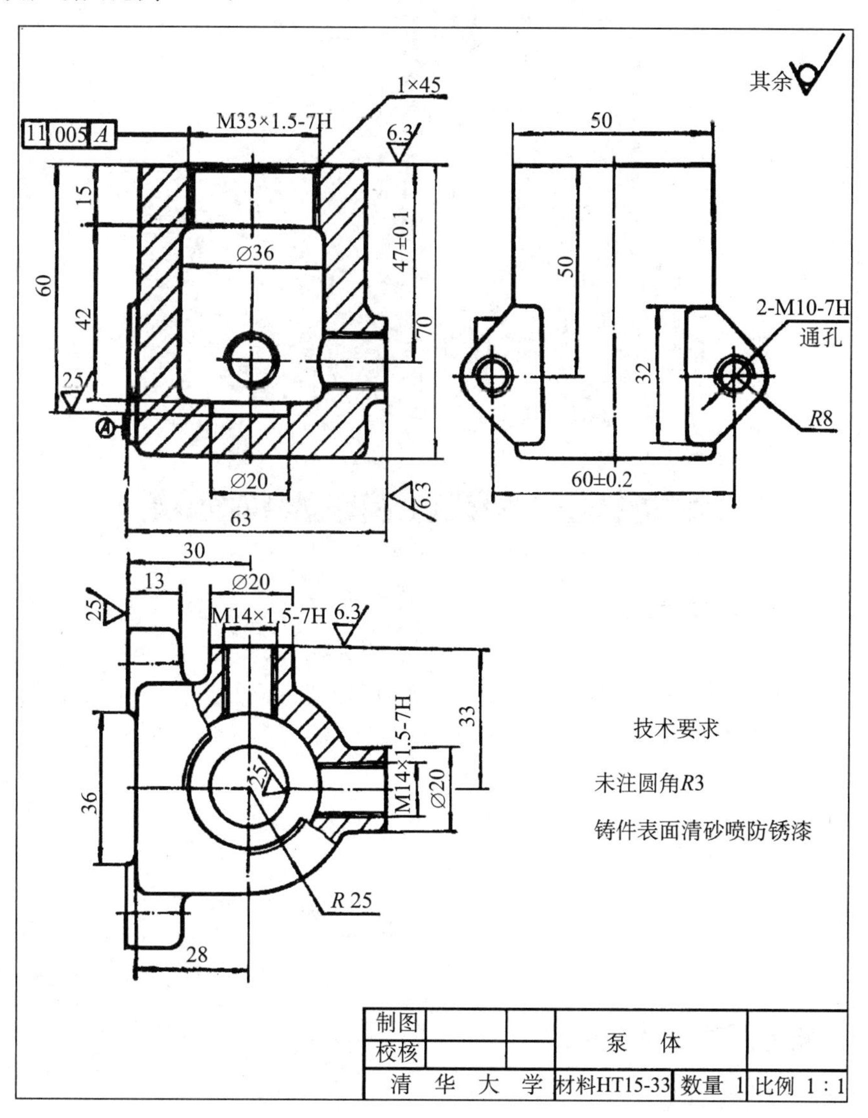

图 3-43　泵体零件图

2. 分析视图——想象零件的结构形状

找出主视图，分析各视图之间的投影关系及所采用的表达方法。主视图是全剖视图，俯视图取了局部剖，左视图是外形图。

从三个视图看，泵体由三部分组成：

(1) 半圆柱形的壳体，其圆柱形的内腔，用于容纳其他零件。

(2) 两块三角形的安装板。

(3) 两个圆柱形的进出油口，分别位于泵体的右边和后边。

综合分析后，想象出泵体的形状，见图 3-44。

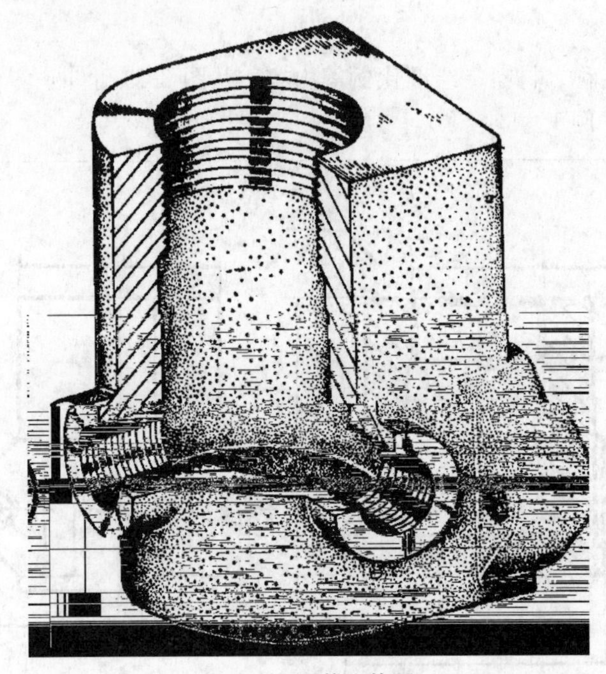

图 3-44　泵体立体图

3. 分析尺寸和技术要求

47±0.1、60±0.2 是主要尺寸，加工时必须保证。

从进出油口及顶面尺寸 M14×1.5-7H 和 M33×1.5-7H，可知，它们都属于细牙普通螺纹，同时这几处端面粗糙度 *Ra* 值为 6.3，要求较高，以便对外连接紧密，防止漏油。

第五节　装配图

一、装配图的表达方法

1. 装配图的规定画法

(1) 如图 3-45，相邻零件的接触表面和配合表面只画一条线；不接触表面和非配合表面画两条线。

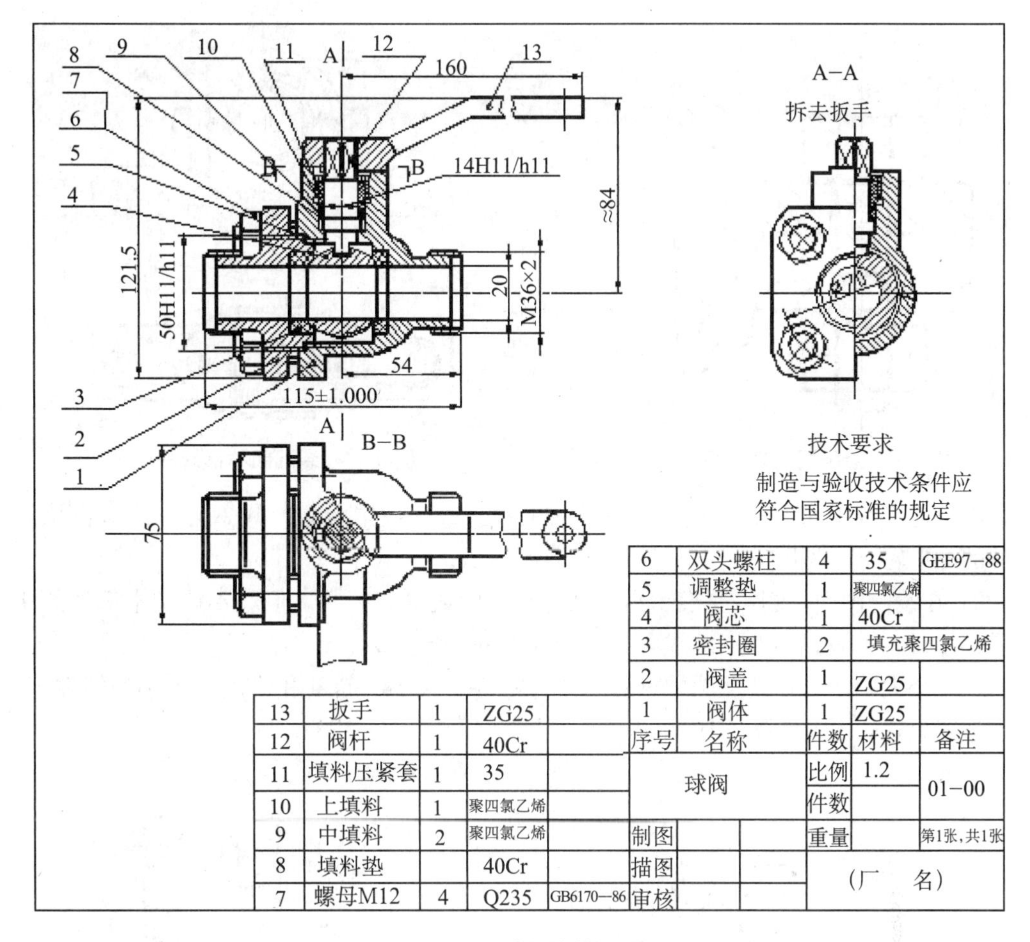

序号	名称	件数	材料	备注
13	扳手	1	ZG25	
12	阀杆	1	40Cr	
11	填料压紧套	1	35	
10	上填料	1	聚四氯乙烯	
9	中填料	2	聚四氯乙烯	
8	填料垫		40Cr	
7	螺母M12	4	Q235	GB6170—86
6	双头螺柱	4	35	GEE97—88
5	调整垫	1	聚四氯乙烯	
4	阀芯	1	40Cr	
3	密封圈	2	填充聚四氯乙烯	
2	阀盖	1	ZG25	
1	阀体	1	ZG25	

球阀	比例	1.2	01—00
	件数		
制图	重量		第1张，共1张
描图	（厂　名）		
审核			

图 3-45　球阀的装配图

（2）两个（或两个以上）零件邻接时，剖面线的倾斜方向应相反或间隔不同。但同一零件在各视图上的剖面线方向和间隔必须一致。

（3）标准件和实心件不画剖面图。

（4）简化画法：零件的工艺结构，如倒角、圆角、退刀槽等可不画；滚动轴承、螺栓连接等可采用简化画法，见图 3-46。

2. 装配图的特殊画法

（1）拆卸画法：当某个或几个零件在装配图中遮住了需要表达的其他结构或装配关系，而它（们）在其他视图中又已表达清楚时，可假想将其拆去后画出，在图上方需加注“拆去××零件”的说明，见图 3-47。

（2）沿结合面剖切画法：在装配图中，当需要表达某些内部结构时，可假想沿某两个零件的结合面处剖切后画出投影。此时，零件的结合面不画剖面线，但被横向剖切的轴、螺栓、销等实心杆件要画出剖面线。

（3）假想画法：

1）在装配图中，当需要表达运动件的运动范围和极限位置时，可将运动件画在一

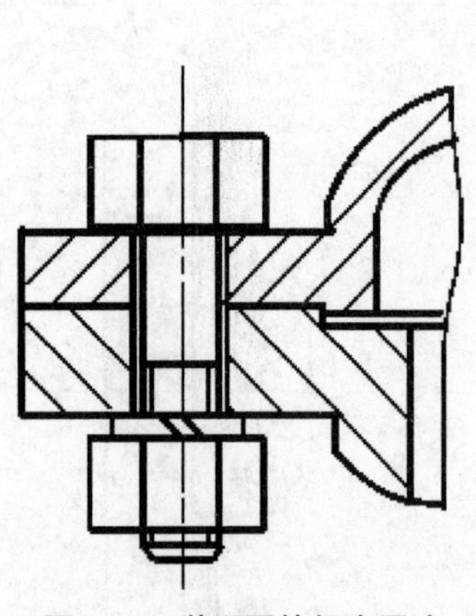

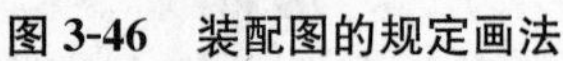

图 3-46　装配图的规定画法

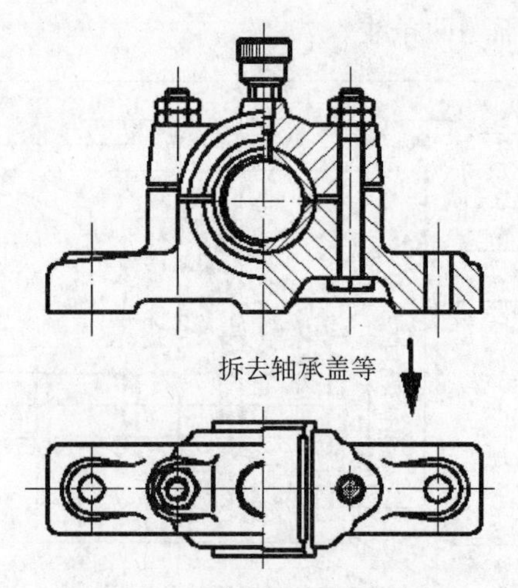

图 3-47　装配图的拆卸画法

个极限位置（或中间位置）上，另一极限位置（或两极限位置）用双点画线画出该运动件的外形轮廓，见图 3-48。

2）在装配图中，当需要表示与本部件有装配或安装关系，但又不属于本部件的相邻零部件时，可假想用双点画线画出该相邻件的外形轮廓。

（4）夸大画法：在装配图中，对于薄片零件、较小的斜度和锥度、较小的间隙等，为了清楚表达，允许不按原比例，适当加大尺寸画出，见图 3-49。

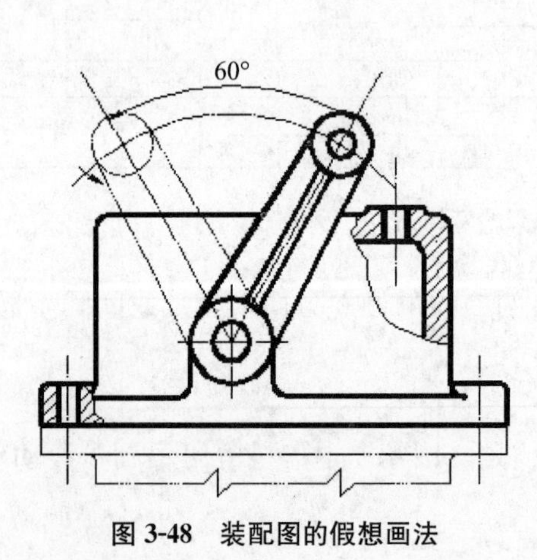

图 3-48　装配图的假想画法

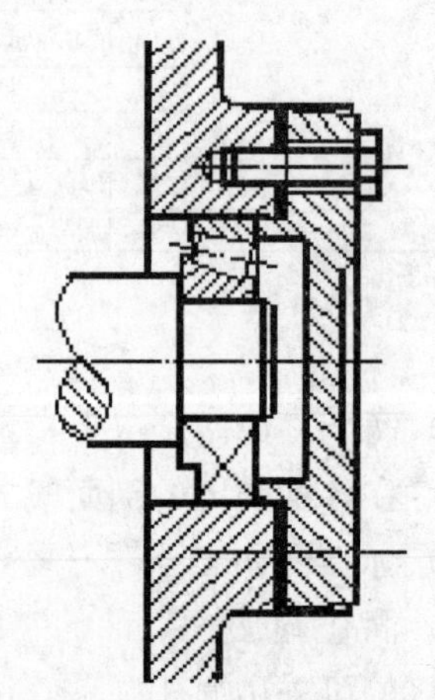

图 3-49　装配图的夸大画法

二、装配图的尺寸标注、配合与公差

在装配图中只需注出下述几类尺寸：

1. 性能（规格）尺寸

它表明部件的性能和规格，是设计、了解和选用产品的主要依据。如图 3-45 中的 M36×2。

2. 装配尺寸

装配尺寸包括作为装配依据的配合尺寸和重要的相对位置尺寸。如图 3-45 中的

14H11/h11 为配合尺寸，而 54 为相对位置尺寸。

3. 安装尺寸

将部件安装到机座上所需要的尺寸，如图 3-45 中的 115±1.100 为安装尺寸。

4. 外形尺寸

部件在长、宽、高三个方向上的最大尺寸。

公差：尺寸公差（简称公差）最大极限尺寸减最小极限尺寸之差，或上偏差减下偏差之差。它是允许尺寸的变动量。尺寸公差是一个没有符号的绝对值。

配合：基本尺寸相同，相互结合的孔与轴公差之间的关系，称为配合。所以配合的前提必须是基本尺寸相同，二者公差带之间的关系确定了孔、轴装配后的配合性质。

三、装配图识读与分析

识读装配图是工程技术人员必备的一种能力，在设计、装配、安装、调试以及进行技术交流时，都要能读懂装配图。

1. 读装配图应了解的内容

（1）了解装配体的功用、使用性能和工作原理。

（2）弄清各零件的作用和它们之间的相对位置、装配关系和连接固定方式。

（3）弄懂主要零件的结构形状。

（4）了解装配体的尺寸和技术要求。

2. 读装配图的方法和步骤

（1）方法：概括了解。

（2）步骤：

1）看标题栏，了解装配体的名称、用途和使用性能。

2）看零件编号和明细栏，了解零件的名称、数量和它在图中的位置。

3）分析视图，弄清各个视图的名称、所采用的表达方法和所表达的主要内容及视图间的投影关系。

第四章　金属及润滑材料

第一节　金属材料

工程材料是指用于机械制造、工程结构等各种材料的总称。它分为金属材料和非金属材料两大类。

一、金属材料类型及其力学性能

金属材料通常分为黑色金属、有色金属。黑色金属又称钢铁材料，包括含碳小于2.11％的钢，含碳2.11％～6.67％的铸铁，以及各种用途的结构钢、不锈钢、耐热钢、高温合金不锈钢等。广义的黑色金属还包括铬、锰及其合金。有色金属是指除铁、铬、锰以外的所有金属及其合金，通常分为轻金属、重金属、贵金属、半金属、稀有金属和稀土金属等。有色合金的强度和硬度一般比纯金属高，并且电阻大、电阻温度系数小。

用金属材料制成的各种机械零件在使用的过程中，往往要受到各种形式的外力作用，作用的结果使其可能受到冲击、拉力、压力、弯曲、扭转等。为了保证机械零件能正常工作，要求金属材料必须具有一定的抵抗外力的作用而不产生变形或破坏的能力。金属材料抵抗外力的作用所表现出的性能称为金属材料的力学性能，其常用的指标主要包括强度、塑性、硬度、冲击韧度、疲劳强度、蠕变及松弛等。

1. 强度

强度是指金属材料在外力的作用下，抵抗塑性变形和断裂的能力。根据金属材料承受外力的形式不同，可分为抗拉强度、抗压强度、抗弯强度、抗扭强度及抗剪强度，应用最普遍的是抗拉强度。

抗拉强度是由拉伸试验测定的。金属材料通过拉伸试验绘出拉伸曲线（见工程力学），可求出材料的弹性极限（σ_e）、屈服点（σ_s）和抗拉强度（σ_b）。σ_e、σ_s、σ_b 是选择金属材料的重要依据。一般，机械零件所承受的最大应力不允许超过 σ_b，否则会产生破坏。对于一些不允许在塑性变形情况下工作的机械零件，如锅炉、压力容器、高压缸体连接螺栓等，计算应力要控制在 σ_s 以下。

在工程实际中，还常用到屈强比的概念，它是指 σ_s 和 σ_b 的比值。屈强比的大小能反映材料的强度有效利用的情况和安全使用程度的情况。材料的屈强比越小，安全使用的可靠性越高，一旦超载，也能由于塑性变形使金属的强度提高（称为硬化）而不至于立刻断裂。但屈强比太小，则材料的强度得不到有效利用，造成材料的浪费。根据机械零件的不同需要，对金属材料的屈强比可以通过热处理等手段进行适当的调整。压力容器所用的金属材料的屈强比一般应控制在 0.7 左右。

2. 塑性

塑性是指金属材料在外力作用下产生永久变形而不破坏的能力。塑性指标用伸长率（δ）和断面收缩率（ψ）来表示。δ、ψ 值越大，表示材料的塑性越好。如工业纯铁的 δ 可达 50%、ψ 可达 80%，而普通铸铁的 δ、ψ 几乎为零。塑性好的材料可以发生较大的塑性变形而不破坏，这样的材料不但能进行各种轧制加工，还能避免一旦超载而引起的突然断裂。例如，采用塑性较好的钢材（一般 δ＞20%；ψ＞40%）制造板材、钢筋、型钢（角钢、槽钢等）、垫圈等。

3. 硬度

硬度是指金属材料抵抗另一种更硬的物体压入其表面的能力。硬度值是通过硬度试验测定的。用具有高硬度的压头，压入金属材料表面产生塑性变形并形成压痕，再对压痕进行测量并计算求得硬度值。因此，硬度也可以表示为，金属材料对局部塑性变形的抵抗力。压头压入金属材料表面的压痕越小，其抵抗塑性变形的抗力就越大，硬度也越高。

硬度的测定方法有很多种，常用的有布氏硬度试验法和洛氏硬度试验法。

布氏硬度的表示方法是将布氏硬度值标注在布氏硬度符号前面，如 360HBS 表示用淬火钢球做压头所测的布氏硬度值为 360。

根据试验时所用的压头与载荷的不同，洛氏硬度分为 HRA、HRB、HRC 三种标尺，其中以 HRC 标尺应用最广。洛氏硬度试验法与布氏硬度试验法相比，有如下应用特点：操作简单，压痕小，不损伤工件表面；测量范围广，主要应用于硬质合金、有色金属、退火或正火钢、调质钢、淬火钢等。但是，由于压痕小，当测量组织不均匀的金属材料时，其准确性不如布氏硬度。

洛氏硬度试验法和布氏硬度试验法的试验条件不同，不能直接用数学公式换算，但在数值上也有一定的数值关系，当 HBS＞220 时，HRC 与 HBS 的关系大约为1∶10。

4. 冲击韧度

冲击韧度是指金属材料抵抗冲击载荷的作用而不破坏的能力。冲击韧度是用摆锤冲击试验测定的。测定前将被测的金属材料按国标制成标准试件。

冲击韧度值 ak 越大，表示金属材料的冲击韧度越好，在受到冲击载荷时不宜被破坏。由此可见，在受冲击载荷作用的机械零件，如空气压缩机的连杆、曲轴等，只用强度和硬度这些静载荷指标作为设计计算的依据是不够的，还要考虑金属材料抵抗冲击载荷的能力，即冲击韧度 ak 应满足设计要求，以保证机械零件使用中的安全可靠性。

5. 疲劳强度

在机械中有许多零件是在交变载荷（载荷大小及方向随时间周期性变化）下工作，

如弹簧、齿轮、轴等，它们在工作时所承受的应力，通常低于材料的屈服点。金属材料长时间在小于屈服点的交变应力作用下发生断裂的现象，称为金属的疲劳或疲劳断裂。

金属材料在发生疲劳断裂时并没有明显的塑性变形，断裂是突然发生的。因此，疲劳破坏具有很大的危险性。

金属材料在无数次交变载荷作用下，而不产生断裂的最大应力称为疲劳强度，用 σ_{-1}表示。

弹簧、齿轮、轴等机械零件往往在交变应力的作用下工作，在这些零件的设计计算选择材料时，不仅要考虑强度、硬度等力学性能指标是否满足要求，还要考虑它们的疲劳强度指标 σ_{-1}是否能满足要求。

6. 松弛

受到一定预紧力的金属零件，在高温工作条件下，随着时间的逐渐延长，原来的弹性变形逐渐转变成了塑性变形，而应力逐渐减小，这种现象称为松弛。如紧固螺栓及一些过盈配合相互联结的机械零件都可能出现松弛现象。

金属的松弛和蠕变都是在高温和应力共同作用下，不断产生塑性变形的现象，但两者也有区别，蠕变时应力基本不变，而变形不断增加；松弛则是变形量不变，而应力逐渐减小。

二、钢的分类及常用钢材的牌号、性能和用途

1. 钢的分类

钢是指含碳量 ω_C小于 2.11%的铁碳合金。常用的钢中除含有 Fe、C 元素以外还含有 Si、Mn、S、P 等杂质元素。另外，为了改善钢的力学性能和工艺性能，有目的地向常用的钢中加入一定量的合金元素，即得到合金钢。钢的种类繁多，为了便于研究和使用，通常按下列方法分类：

（1）按钢的化学成分分类：钢按化学成分分为碳素钢和合金钢两类。碳素钢按含碳量的不同又可分为低碳钢（含碳量 ω_C小于 0.25%）、中碳钢（含碳量 ω_C为 0.25%～0.6%）、高碳钢（含碳量 ω_C大于 0.6%）；合金钢按含合金元素量的不同又可分为低合金钢（含合金元素总量 ω 小于 5%）、中合金钢（含合金元素总量 ω 为 5%～10%）、高合金钢（含合金元素总量 ω 大于 10%）。

（2）按钢的用途分类：钢按用途分为结构钢、工具钢和特殊性能钢。结构钢主要用于制造各种工程结构，如建筑结构、桥梁、锅炉、容器等结构件和齿轮、轴等机械零件；工具钢主要用于制造各种工具、量具、模具；特殊性能钢主要用于制造需要某些特殊物理、化学或力学性能的结构、工具或零件如不锈钢、耐热钢、耐磨钢等。

（3）按钢的冶金质量分类：钢按冶金质量即按钢中的有害杂质 P、S 的含量分为普通质量钢（$\omega_P \leqslant 0.045\%$，$\omega_S \leqslant 0.050\%$）、优质钢（$\omega_P \leqslant 0.035\%$，$\omega_S \leqslant 0.035\%$）、高级优质钢（$\omega_P \leqslant 0.025\%$，$\omega_S \leqslant 0.025\%$）、特级优质钢（$\omega_P < 0.025\%$，$\omega_S < 0.015\%$）。

2. 常用钢材的牌号、性能和用途

（1）碳素结构钢：碳素结构钢含硫、磷等杂质较多，与其他碳素钢相比力学性能较低，但由于制造方便、价格较低，一般在能满足使用要求的情况下都优先选用，通

常轧制成各种型材如圆钢、方钢、工字钢及钢筋等，也可制作焊接管、螺栓及齿轮等，一般不经过热处理。

碳素结构钢的牌号是由代表屈服点的字母“Q”、屈服点数值、质量等级符号（A、B、C、D）及脱氧方法符号四个部分按顺序组成。质量等级符号反映了碳素结构钢中有害元素（S、P）含量的多少，从A级到D级，钢中的S和P含量依次减少。C级和D级的碳素结构钢的S和P的含量较少，质量较好，可以作为重要的焊接结构件。脱氧方法符号“F”、“b”、“Z”、“TZ”分别表示沸腾钢、半镇静钢、镇静钢和特殊镇静钢。在钢号中的“Z”和“TZ”可以省略。如Q215—AF表示屈服点为215MPa的A级沸腾钢。

（2）优质碳素结构钢：优质碳素结构钢含硫、磷等杂质较少，有稳定的化学成分和较好的表面质量及较高的力学性能，适用于热处理工艺。因此优质碳素结构钢广泛应用于较重要的工程结构及各种机械零件。

优质碳素结构钢的牌号用其平均含碳量的万分之几的两位数字表示，如平均含碳量ω_C为0.45%的优质碳素结构钢表示为45钢；若钢中的含锰量较高时（含锰量ω_{Mn}为0.7%～1.2%），为较高含锰量钢，则数字后加“Mn”。如含碳量ω_C为0.65%，含锰量ω_{Mn}为0.7%～1.0%的优质碳素结构钢表示为65 Mn。若是沸腾钢，则在牌号的末尾加“F”字。

在生产中常用的优质碳素结构钢及用途：08F钢塑性好，一般用于制造冷冲压零件，如仪器、仪表外壳等；10～25钢属于低碳钢，冷冲压性和焊接性好，常用于制作冲压件、焊接件、强度要求不太高的机械零件及渗碳件，如机罩、焊接容器、发兰盘、螺母、垫圈及渗碳凸轮、齿轮等；30～35钢属于中碳钢，调质后可获得良好的综合力学性能，主要制造受力较大的机械零件，如曲轴、连杆、齿轮、水泵转子等；60钢等高碳钢，具有较高的强度、硬度，经过热处理后具有较高的弹性，但焊接性、可切削性差，主要用做弹簧、弹簧垫及各种耐磨零件。

较高含锰量钢，其用途与普通含锰量钢基本相同，但淬透性和强度稍高，可制成截面稍大或强度稍高的零件。

（3）碳素工具钢：碳素工具钢是用于制造各类工具的高碳钢。其含碳量ω_C在0.65%～1.35%之间，含杂质量少，属于优质或高级优质钢，硬度高、耐磨性好，红硬性较差，当温度超过250℃时硬度急剧下降。因此，碳素工具钢只适用于制造低速刃具、手动工具及冷冲压模具等。

碳素工具钢的牌号由“T”和两位数字组成，数字表示钢的平均含碳量的千分之几。例如，T8表示平均含碳量ω_C为0.8%的碳素工具钢。如果是高级优质钢在牌号后面注上“A”，如T12A表示平均含碳量ω_C为1.2%的高级优质碳素工具钢。

（4）铸造碳钢：铸造碳钢一般为中碳钢，含碳量ω_C为0.20%～0.60%。它的铸造性能比铸铁差，主要表现在流动性差、凝固时收缩率大、易产生偏析等。主要用来制造形状复杂，有一定力学性能要求的铸造零件，如阀体、曲轴、缸体、机座等。

铸造碳钢的牌号是“铸造”两字的汉语拼音字首“ZG”和两组数字组成，第一组数字表示屈服点，第二组数字表示抗拉强度，若是焊接用铸造碳钢，则在牌号后加“H”字。如ZG200—400表示屈服点为200MPa，抗拉强度为400MPa的工程用铸造碳钢。

（5）低合金高强度结构钢：低合金高强度结构钢是一种低碳（含碳量 ω_C 小于0.2%）、低合金（合金元素的总量 ω 不超过 3%）、高强度的钢。低合金高强度结构钢含主要的合金元素有 Mn、V、Al、Ti、Cr、Nb 等，它与相同含碳量的碳素结构钢比具有强度高，塑性、韧性好，焊接性和耐蚀性好。

低合金高强度结构钢的牌号由代表屈服点的字母“Q”、屈服点数值、质量等级符号（A、B、C、D）三部分组成，如 Q420A 表示屈服点为 420MPa，质量等级为 A 级的低合金高强度结构钢，共有 Q295、Q345、Q390、Q420、Q460 五个牌号。

（6）机械制造用钢：机械制造用钢是在优质碳素结构钢的基础上加入一些合金元素而形成的钢。因加入的合金元素较少（合金元素的总量 ω 不超过 5%），所以机械制造用钢都属于中、低合金钢，其中的主加元素一般为 Mn、Si、Cr、B 等，这些元素对于提高淬透性起主导作用；辅加元素主要有 W、Cu、V、Ti、Ni、Mo 等。

机械制造用钢的牌号通常采用“数字＋元素符号＋数字”的表示方法。其中前两位数字表示钢中的含碳量的万分之几，元素符号表示钢中所含的合金元素，而后面的数字表示合金元素含量的百分数。但应注意：当合金元素的含量 ω 小于 1.5%时，一般只标出元素符号，不标出合金元素含量，而当合金元素的含量 ω 等于或超过 1.5%、2.5%、3.5%……时，则在该元素符号后面注上“2”、“3”、“4”……合金结构钢都是优质钢、高级优质钢（牌号后加“A”）或特级优质钢（牌号后加“E”）。

（7）合金工具钢：常用的合金工具钢通常可分为低合金工具钢和高速工具钢两种。合金工具钢的牌号与合金结构钢中的机械制造用钢相似，但当其含碳量 ω_C 超过 1%时则不标出；当含碳量 ω_C 小于 1%时则牌号前的数字表示含碳量的千分之几。由于合金工具钢都是高级优质钢，故在牌号后均标“A”。

（8）特殊性能钢：特殊性能钢是指具有特殊物理、化学性能，可以应用在特殊工作场合的钢，如不锈钢、耐热钢和耐磨钢等。特殊性能钢的牌号与合金工具钢基本相同，但当含碳量 ω_C 小于或等于 0.08%时则在牌号前面标出“0”；当含碳量 ω_C 小于或等于 0.03%时则在牌号前面标出“00”，例如 0Cr19Ni9，00Cr30Mo2 等。

1）不锈钢：在自然环境或一定的工业介质中具有耐腐蚀性的钢称为不锈钢。常用的不锈钢有：马氏体不锈钢、铁素体不锈钢和奥氏体不锈钢等。

常用的马氏体型不锈钢有：1Cr13、2 Cr13 等，可用来制造汽轮机叶片、锅炉管附件等；3 Cr13、4 Cr13 可用来制造阀门、油泵轴等。铁素体不锈钢的耐蚀性和抗氧化性较好，特别是腐蚀性能较好，但力学性能及工艺性能较差。典型的铁素体不锈钢有 Cr13 型、Cr17 型及 Cr25 型，广泛用来制造耐蚀设备、耐蚀容器及管道。奥氏体不锈钢含铬量 ω_{Cr} 超过 18%，含镍量 ω_{Ni} 超过 8%，含碳量 ω_C 低于 0.12%。由于镍的加入，扩大了奥氏体不锈钢的范围而获得稳定的单相奥氏体组织，因此具有比铬不锈钢更高的化学稳定性及耐蚀性，是目前应用最多、性能最好的一类不锈钢。常用的奥氏体不锈钢有 1Cr19Ni19、1Cr18Ni9Ti，用来制造医疗器械、耐酸碱设备及管道等。

2）耐热钢：耐热钢是指在高温下具有高的化学稳定性和热强性（热强性是指在高温下的强度）的特殊钢。耐热钢多为中、低碳合金钢，合金元素有 Cr、Ni、Mo、Mn、Si、Al、W、V 等，使得钢的表面形成完整、稳定的氧化膜，提高钢的抗氧化性并在钢中形成细小弥散的碳化物，起到提高钢的高温强度的作用。常用的耐热钢有

15CrMo、12CrMoV、4Cr9Si2 等，用来制造锅炉导管、过热器及换热器等。

3）耐磨钢：耐磨钢是指在巨大压力和强烈冲击载荷作用下才能发生硬化现象的高锰钢。高锰钢含锰量 ω_{Mn} 为 11%～14%，含碳量 ω_C 为 0.9%～1.3%。其铸态组织是奥氏体和碳化物，经过水韧处理，即加热到 1 050～1 100℃，使碳化物全部溶入奥氏体，然后在水中快冷，防止碳化物析出，保证高锰钢结构中为均匀的单相奥氏体组织，从而使高锰钢具有高强度、高韧性和耐冲击的优良性能。然而在工作时，如受到强烈的冲击、压力与摩擦，则高锰钢的表面会因塑性变形而产生强烈的加工硬化，使高锰钢表面硬度提高到 500～550HBS，因而高锰钢可获得高的耐磨性，而其内部仍保持原来奥氏体所具有的高的塑性和韧性。当旧的表面磨损后，新露出的表面又可在冲击与摩擦作用下，获得新的耐磨层。故这种钢具有很高的抗冲击能力与耐磨性，但在一般机械工作条件下它并不耐磨。

在切削加工时，高锰钢极易产生加工硬化，使切削加工困难，所以大多数高锰钢零件采用铸造成型，如 ZGMn13—1、ZGMn13—5 等通常用来制造拖拉机履带、碎石机齿板、挖掘机铲斗的斗齿等。

三、钢的热处理工艺

在生产实际中，改善钢的性能常有两种方法：一种是调整钢的化学成分，加入合金元素，即合金化的方法；另一种是热处理的方法，使固态金属通过不同的加热、保温、冷却，来改变其内部组织。热处理方法是一项更重要的、不可缺少的工艺手段。

钢的热处理的主要目的：一是消除前道工序（如铸造、焊接、锻造）过程中产生的缺陷、改善其工艺性能，确保后续加工的顺利进行；二是提高钢件的使用性能和使用寿命。

根据加热、冷却及组织变化特点不同，可将钢的热处理分为如下几类：

普通热处理：包括退火、正火、淬火和回火等。

表面热处理：包括表面淬火和表面化学热处理等。

其他热处理：包括形变热处理、真空热处理、可控气氛热处理和激光热处理等。

无论哪一种热处理方法，基本工艺过程都是由加热、保温和冷却三个阶段组成，如果把它们描绘在以“温度—时间”为坐标系的坐标中，所形成的曲线称为热处理工艺曲线。

1. 钢的普通热处理

通常钢的普通热处理工艺包括：退火、正火、淬火和回火等。在生产中，常使用普通热处理方法对工件进行预先热处理和最终热处理。预先热处理能消除工件在前道工序造成的某些缺陷，或为随后的最终热处理做好组织准备；最终热处理能改善钢的力学性能，更好地满足工件使用性能的要求。

（1）退火：将钢加热到适当温度，经过保温，然后缓慢冷却的热处理工艺称为退火。退火的主要目的是：降低钢的硬度、提高塑性，便于工件的切削加工；消除内应力，防止工件变形及裂纹；细化晶粒、均匀组织，为后续的热处理作准备。根据钢的成分和退火的主要目的不同，常用的退火方法有完全退火、等温退火、球化退火、均匀化退火和去应力退火。

（2）正火：将钢加热到 Ac_3 或 Ac_m 以上 30～50℃，保温一定时间，出炉后在空气中冷却的热处理工艺称为正火。和退火相比较，正火的冷却速度更快些，得到的组织晶粒更细些，处理后材料的强度和硬度稍高些、塑性稍低些，并且操作简单、省时，能耗较少，生产率和设备的利用率较高。因此，在可能的条件下，应优先采用正火处理。正火处理主要有以下几方面的应用：

1）可作为普通结构零件的最终热处理，用以消除铸件和锻件生产中产生的过热缺陷，细化组织，提高力学性能。

2）改善低碳钢和低碳合金钢的切削加工性能。

3）作为中、低碳钢结构件的预先热处理，消除加工过程中所造成的组织缺陷。

4）代替调质处理，为后续高频感应加热表面淬火做好组织准备。

5）消除过共析钢中网状的二次渗碳体，为球化退火做好组织准备。

（3）淬火：将钢加热到 Ac_3 或 Ac_1 以上 30～50℃，保温一定时间，使其奥氏体化后，以很快的冷却速度冷却获得马氏体或贝氏体组织的热处理工艺称为淬火。淬火是强化钢材的最重要的热处理方法，可以获得高硬度的马氏体或综合力学性能较好的贝氏体，主要应用于工具钢和耐磨零件的热处理。

（4）回火：将淬火钢加热到 Ac_1 以下某一温度，保温一定时间，然后以一定的冷却方式（炉冷或空冷）冷却到室温的热处理工艺称为回火。回火是淬火后必须进行的一道热处理工序，其主要目的是减小或消除由淬火产生的脆性和应力，防止工件变形与开裂；稳定工件尺寸，获得工件所需的组织并保证应用中不发生变化；调整钢的强度和硬度，使其得到所需要的力学性能。根据工件性能的不同要求，按回火温度范围，可将回火分为三种：

1）低温回火的加热温度范围为 150～250℃，回火后所得的组织是回火马氏体。低温回火后基本保持马氏体的高硬度和高耐磨性（58～64 HRC），并且降低了钢淬火后产生的内应力和脆性。低温回火主要用于各种工具、量具、冷冲模具、滚动轴承、渗碳件和表面淬火件等。

2）中温回火的加热温度范围为 350～500℃，回火后的组织是回火托氏体。回火托氏体具有较高的弹性极限和屈服强度，中温回火后具有较高的弹性、塑性及一定的韧性，并且硬度能达到 40～50 HRC。中温回火主要应用于各种弹簧和模具的处理。

3）高温回火的加热温度范围为 500～650℃，回火后的组织是回火索氏体。在生产实际中也常把淬火加高温回火的热处理称为调质处理。高温回火能使工件获得较好的综合力学性能，硬度能达到 25～40 HRC。高温回火主要应用于重要的结构零件如各种轴、齿轮、螺栓、连杆等的处理。

2. 钢的表面热处理

在生产中有些工件要求表面具有高强度、高硬度和高耐磨性而内部仍要具有足够的强度、塑性和韧性，如在冲击载荷、交变载荷及摩擦条件下工作的曲轴、凸轮轴、齿轮等。要达到上述性能要求，普通热处理方法是难以实现的。目前广泛使用表面热处理即表面淬火和化学热处理，来满足生产实际提出的要求。

（1）表面淬火：表面淬火是指仅对工件表层进行淬火的热处理工艺。其原理是将钢件表面快速加热到淬火温度，然后以大于临界冷却的速度迅速冷却下来。表面淬火不改变钢件表层的化学成分，仅改变表层的组织，并且内部组织不发生变化。

按照加热方法的不同，表面淬火可分为火焰加热表面淬火、感应加热表面淬火、电解液加热表面淬火、激光加热表面淬火和电子束加热表面淬火。其中火焰加热表面淬火和感应加热表面淬火在目前的生产中应用最为广泛。

（2）表面化学热处理：表面化学热处理是将工件置于一定量的活性介质中加热、保温，使一种或几种活性原子渗入工件的表层，从而改善其化学成分、组织和性能的热处理工艺。化学热处理主要用于强化和改善工件表面的使用性能，如提高工件表面的硬度、耐磨性、疲劳强度、耐高温性和耐腐蚀性等。常用的表面化学热处理主要有渗碳、渗氮、碳氮共渗、渗硼、渗铝及多元共渗等。

四、金属材料的焊接及技术要求

焊接是将分离的金属，通过加热或加压，或者两者并用，并且使用或不使用填充材料，并借助于金属内部原子的扩散与结合，使其牢固连接起来的一种工艺。

焊接与其他连接方法（如铆接、螺栓连接）相比，其特点是结构简单，节省材料，接头强度高、气密性好，生产效率高，适用范围广，成本低。但由于焊接是不均匀的加热和冷却过程，焊后容易产生焊接应力和变形，因而会对焊接质量造成一定影响。只要采取适当的焊接方法，并在焊接过程中采取一定的措施，是可以减少或消除这些缺陷的。

根据焊接过程中金属所处状态的不同，焊接可分为熔焊、压焊、钎焊三大类。

熔焊：在焊接过程中，将焊接接头加热至熔化状态，并与熔化的填充金属（焊条）形成共同的熔池，冷却后便可形成牢固的接头。

压焊：在焊件接触处（加热或不加热）施加压力，使两工件结合面紧密接触在一起，并产生一定的塑性变形，使它们的原子组成新的结晶，将两工件焊接起来。

钎焊：是用比母材熔点低的金属材料作钎料，将焊件和钎料加热到高于钎料的熔点而低于母材熔点的温度，利用液态钎料与固态被焊金属的相互熔解和扩散，钎料凝固后，将两工件焊接在一起。

焊条电弧焊是熔焊中最基本的焊接方法，它是利用焊条与焊件之间产生的电弧热，熔化焊条及焊件，来使被焊金属连接在一起的方法。其特点是设备简单、操作方便，成本低，应用广泛。焊条电弧焊的应用范围已涉及67%以上的可焊金属及90%以上的常用金属材料，是目前设备安装施工现场应用最广的焊接方法。

焊条的作用是传导电流，把电能转变为热能，焊条熔化后作为填充材料与母材熔合形成焊缝。焊条的质量直接影响着电弧的稳定性和焊缝的质量。为保证焊接质量，必须了解焊条的性能，并能正确选用。

焊条由焊芯和药皮组成，前端有45°左右的倒角便于引弧，尾部有裸露的焊芯，便于夹持和导电。

1. 焊条的分类

根据用途的不同，按国家标准划分如下：

（1）碳素钢焊条：主要用于强度等级较低的低碳钢和低合金钢的焊接。

（2）低合金钢焊条：主要用于低合金高强度钢的焊接。

（3）不锈钢焊条：主要用于各类不锈钢的焊接。

（4）堆焊焊条：主要用于金属表面层堆焊。

（5）铸铁焊条：主要用于铸铁的焊接和补焊。

（6）镍及镍合金焊条：主要用于镍及镍合金的焊接，补焊或堆焊。

（7）铜及铜合金焊条：主要用于铜及铜合金的焊接、补焊或堆焊。

（8）铝及铝合金焊条：主要用于铝及铝合金的焊接、补焊或堆焊。

（9）特殊用途焊条：用于水下焊接、切割等。

2. 焊条型号编制

焊条型号一般由焊条类型代号，加上表示熔敷金属的力学性能或化学成分、药皮类型，焊接位置和焊接电流的分类代号组成。表 4-1 为不同类型焊条的代号，表 4-2 为碳素钢及低碳合金钢焊条的划分。

表 4-1　焊条的分类及代号

类　型	代　号	类　型	代　号
碳素钢焊条	E	铸铁焊条	EZ
低合金钢焊条	E	铜及铜合金焊条	ECu
不锈钢焊条	E	铝及铝合金焊条	TAl
堆焊焊条	ED	特殊用途焊条	TS

下面以 E4315 为例说明焊条型号编制方法。根据《碳钢焊条》（GB/T 5117—1995）规定，碳钢焊条型号编制如下：字母“E”表示焊条；前两位数字表示熔敷金属抗拉强度的最小值，单位为×9.8 MPa；第三位数字表示焊条的焊接位置，“0”及“1”表示焊条适用于全位置焊接（平焊、立焊、仰焊、横焊）；“2”表示焊条适用于平焊和平角焊；“4”表示焊条适用于向下立焊；第三位和第四位数字组合时表示药皮类型和焊接电流种类，后缀为熔敷金属的化学成分分类代号。

表 4-2　碳素钢及低碳合金钢焊条的划分

焊条型号	涂层类型	焊接位置	电流种类
E××00	特殊型	平焊、立焊、横焊、仰焊	交流或直流正、反接
E××01	钛铁矿型		
E××03	钛钙型		
E××10	高纤维钠型		直流反接
E××11	高纤维钾型		交流或直流反接
E××12	高钛钠型		交流或直流正接
E××13	高钛钾型		交流或直流正、反接
E××14	铁粉钛型		
E××15	低氢钠型		直流反接

续表

焊条型号	涂层类型	焊接位置	电流种类
E××16	低氢钾型	平焊、平角焊	交流或直流反接
E××18	铁粉低氢型		
E××20	氧化铁型		交流或直流正接
E××22			
E××23	铁粉钛钙型		
E××24	铁粉钛型		
E××27	铁粉氧化铁型		交流或直流正接
E××28 E××48	铁粉低氢型	平焊、立焊、横焊、仰焊、向下立焊	交流或直流反接

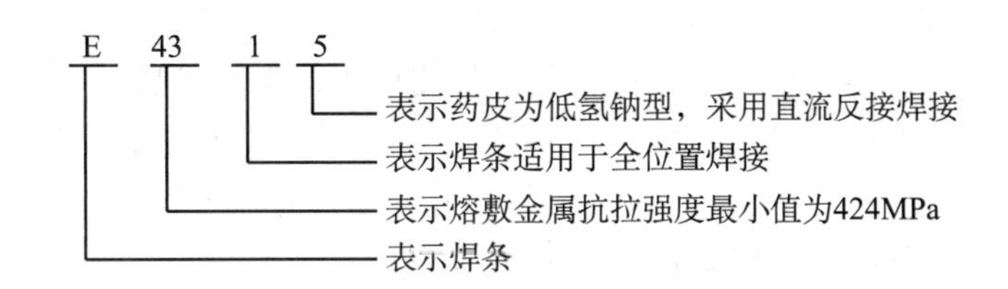

因为焊条为了适应于不同的材料、使用性能，因此生产了很多种焊条，为了区别这些焊条，所以给每种焊条都定义一个名称，名称的编制一般要有企业代号、种类、性能或化学成分代码、焊条药皮的种类。

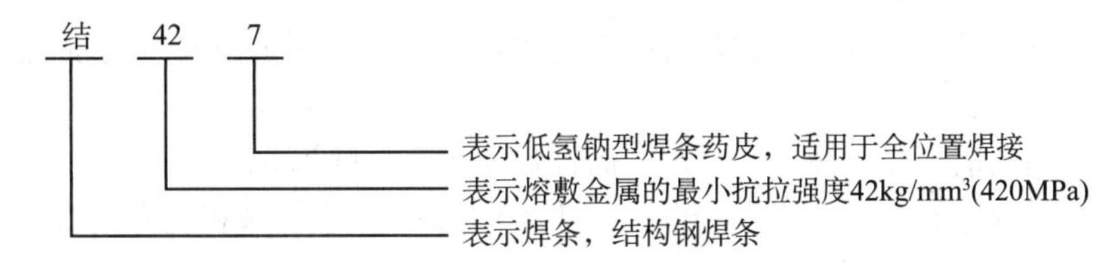

3. 焊条的选用原则

焊条的种类很多，选用是否得当将直接影响质量、生产率和生产成本。焊条的选用一般应考虑以下原则：

（1）焊件的力学性能和化学成分：

1）低碳钢、中碳钢和低合金钢，一般选用与焊件强度相同或稍高的焊条。

2）合金结构钢，通常选用与焊件化学成分相同或相近的焊条。

3）当焊件中碳、硫、磷元素含量偏高时，易造成焊缝开裂，应选用抗裂性能好的低氢焊条。

（2）工件的使用条件和工作条件：

1）对于承受动载荷及冲击载荷的工件，应选用塑、韧性指标较高的碱性低氢焊条。

2）对于在腐蚀性介质环境下工作的焊件，应根据介质的性质和腐蚀特征，选用相应的不锈钢焊条或其他耐腐蚀焊条。

3）对于在高温或低温条件下工作的焊件，应选用相应的耐高温的耐热钢焊条或耐低温的低温钢焊条。

（3）焊件的结构特点和受力状态：

1）焊接部位难以清理的工件，应选用抗氧化性强，对铁锈、油污不敏感的酸性焊条。

2）对于形状复杂、刚度较大及大厚度的焊件，应选用抗裂性好的低氢碱性焊条，如锅炉压力容器等。

(4) 施工条件及设备：

1）在没有直流电源，而焊接结构又必须采用低氢型焊条的场合，应选用交、直流两用低氢型焊条。

2）在场地狭小及通风条件差的场合，应选用酸性焊条或低尘焊条。

此外还要考虑降低生产成本，提高生产率，改善操作工艺性能等方面的要求。

4. 焊条的保管与使用

(1) 焊条的保管：

1）各种焊条应按类别、牌号、批次分别包装堆放，避免混乱。

2）焊条必须存放在干燥通风的仓库里，焊条距墙、地距离不小于 300 mm，以利通风，防止受潮。控制室内温度为 10～25℃，相对湿度小于 65%。

3）焊条的密封包装应随用随拆，不要过早拆开。

4）对于特种焊条，保管要求应高于一般焊条，应存于专用仓库或指定区域。

(2) 焊条的使用要求：

1）焊条应有制造厂的质量合格证，凡无合格证或对其质量有怀疑时，应按批抽样试验，合格后方能使用。

2）如发现焊条有锈迹，须试验合格后方可使用。受潮严重或发现药皮脱落时，应予以报废。

3）焊条使用前一般要做烘干处理。碱性焊条烘干温度为 350～400℃，碱性低氢焊条烘干温度可提高到 400～450℃，烘干时间为 1～2h。酸性焊条视受潮情况，在 100～150℃烘焙 1～2 h，烘干后应放在 100～150℃的保温箱内，随用随取。

4）露天操作隔夜时，必须将焊条妥善保管，不允许露天存放，以免受潮。

第二节　润滑材料

润滑油是广泛应用于机械设备的液体润滑剂。润滑油在金属表面上不仅能够减少摩擦、降低磨损，而且还能够不断地从摩擦表面上吸取热量，降低摩擦表面的温度，起到冷却作用，从而保持机械设备正常运转，减少故障和损坏，延长其使用寿命。

一、润滑油的组成

润滑油是基础油和添加剂两部分组成的。因为单靠基础油并不能满足润滑油诸多的性能要求，基础油是从石油中提炼的精选成分，具有最基本的黏度特征，而添加剂是化学物质，用以改善和提高基础油的品质。

1. 润滑油基础油

润滑油基础油主要分矿物基础油和合成基础油两大类。矿物基础油应用广泛，用量很大（95%以上），但有些应用场合则必须使用合成基础油调配的产品，因而使合成基础油得到迅速发展。

所谓矿物油，即是直接从石油精炼的用于制作润滑油的物质。而合成油是利用原油或煤炭中较轻的乙烷、丙烷等裂解成乙烯，再经复杂的化学变化将它们重组而成的物质，物理化学性能稳定，不含杂质。

2. 添加剂

添加剂是根据润滑油要求的质量和性能，可改善其物理化学性质，对润滑油赋予新的特殊性能，或加强其原来具有的某种性能，满足更高的要求。对添加剂精心选择，仔细平衡，进行合理调配，是保证润滑油质量的关键。优质润滑油表现的是一种综合性能。

一般来说，润滑油需具备和满足以下这些要求才能保证发动机的正常工作，适当的黏度；良好的低温流动性能；抗氧化性；热稳定性；清净分散性能；抗磨损性能；防腐蚀、抗锈蚀性能。

二、机械设备常用的润滑油脂的牌号、性能

1. 钙基润滑脂

钙基润滑脂是动植物脂肪与石灰制成的钙皂稠化矿物润滑油，并以水作为溶剂而制成。按锥入度不同分为 1、2、3、4 四个牌号。可用在汽车、拖拉机等机械设备，使用温度为 10～60℃。这种润滑脂耐热性差，使用寿命短，但它有抗水性能好的优点，容易粘附在金属表面。胶体安定性好，长期以来被用于汽车轮轴承、水泵轴承、分电器凸轮的润滑。

2. 钠基润滑脂

钠基润滑脂是以动植物脂肪酸钠皂稠化矿物润滑油制得的耐高温的普通润滑脂，有 2 号和 3 号两个稠度牌号。这种润滑脂耐热性好，可在 120℃下较长时间内工作，并有较好的承压耐磨性能，可以适应较大负荷，但遇水易乳化变质，不能用在潮湿环境或与水接触的部位。

3. 汽车通用锂基润滑脂

这种脂是用天然脂肪酸锂皂稠化低凝点润滑油，并加抗氧防锈剂。它具有良好的机械安全性、胶体安全性、防锈性、氧化安定性和抗水性，适用于－30～120℃温度下，汽车轮轴承、底盘、水泵和发电机等各摩擦部位润滑。锥入度为 265～295 稠度牌号为 2 号、滴点达 180℃是汽车最常用的一种润滑脂。

4. 极压复合锂基润滑脂

这种脂与汽车通用锂基脂的区别是有更高的极压抗磨性，可适用于－20～160℃，高负荷机械设备的齿轮和轴承润滑，有 1、2 和 3 号三个稠度牌号，部分高性能进口汽车推荐使用极压润滑脂。

5. 石墨钙基润滑脂

石墨钙基润滑脂由动植物油钙皂稠化 68 号机械油，其中加有 10%的鳞片石墨，具

有良好的抗水性和碾压性能，适合于重负荷，低转速粗糙的机械润滑。汽车钢片弹簧和半挂货车的转盘等承压部位使用石墨钙基润滑脂。

三、润滑油的一般理化性能指标

1. 黏度

物质流动时的摩擦力的度量叫黏度，黏度随温度的变化而变化，大多数润滑油是根据黏度来分牌号的。

2. 运动黏度

运动黏度是液体在重力作用下流动时内摩擦力的量度，其值为相同温度下液体的动力黏度与其密度之比。

3. 黏度指数

润滑油的黏度随温度的变化而变化。温度升高，黏度减小；温度降低，黏度增大。这种随温度变化的性质，叫黏温性能。黏度指数是表示油品黏温性能的一个约定值。

4. 密度

在规定温度下单位体积所含物质的质量数，以 kg/L 表示。

5. 闪点

在规定条件下加热油所逸出的蒸汽和空气组成的混合物与火焰接触发生瞬间闪火时的最低温度称为闪点，以℃表示。

闪点的测定分为开口杯法和闭口杯法。

四、润滑油的特殊理化性能指标

(1) 滴点：指在规定的条件下加热，达到一定流动性时的温度。它大体上可以决定润滑油脂的使用温度（滴点比使用温度高 15～30℃）。

(2) 锥入度：指在规定的温度和负荷下试验锥体在 5 s 内自由垂直刺入油脂中的深度（单位为 1/10 mm）。它是润滑油脂稠度和软硬程度的衡量指标。

(3) 胶体安定性（析油性）：指在外力作用下润滑油脂能在其稠化剂的骨架中保存油的能力，用析油量来判定。当润滑油脂的析油量超过 5%～20%时，此润滑油脂基本上不能使用。

(4) 氧化安定性：指在储存和使用中抵抗氧化的能力。

(5) 机械安定性：指在机械工作条件下抵抗稠度变化的能力。机械安定性差，易造成润滑油脂的稠度下降。

(6) 蒸发损失：指在规定条件下，其损失量所占总量的百分数。它是影响润滑油脂使用寿命的一项重要因素。

(7) 抗水性：指在水中不溶解、不从周围介质中吸收水分和不被水洗掉等能力。

五、润滑油脂的选用

选择润滑油脂要根据机械的说明书要求来确定使用相应的质量级别或更高的级别。

此外还要考虑季节的变换。因为油品的黏度会随温度变化而变化，冬天黏度变稠，夏天黏度变稀，因此在非常炎热的地区，尽量选择油品黏度稍高一点的机油。在寒冷的季节，可使用较稀的机油。但现在高质量的基础油可以同时用于多种气候条件下。

在高速轻载负荷条件下，应用黏度小的润滑油脂；而低速重载负荷条件下，应选用黏度大的润滑油脂；受冲击负荷或变交负荷的摩擦零件，应选用黏度大的润滑油脂。

另外，现在工程机械上新的发动机设计的要求，由于采用了电子控制燃油喷射、催化转换器、EGR、PCV和涡轮增压、中冷等技术，发动机的工况更加严苛，选用高质量级别的发动机油也可以延长发动机寿命，降低燃油消耗，减少磨损，延长换油周期，节省机油，节约维修费用及提高效率。高级别的发动机油可以替代低级别的，而低级别的发动机油不能用于高级别的发动机。

机油品种很多，两种不同品牌的机油最好不要混合使用，混合可能会造成油品变质。如一定要混用，可先做两种油品的相容性试验，如相容则可以，但这样使用，新油的品质会下降很多。

1. 根据设备工况条件选用

（1）负荷大，则选黏度大、油性或极压性良好的润滑油；负荷小，则选黏度低的润滑油；冲击较大的场合，也应选黏度大、极压性好的油品。

（2）运动速度高选低黏度润滑油，低速部件可选黏度大一些的润滑油，但对加有抗磨添加剂的油品，不必过分强调高黏度。

（3）温度分为环境温度和工作温度。环境温度低，选黏度和凝点（或倾点）较低的润滑油，反之可以高一些；工作温度高，则选黏度较大、闪点较高、氧化安定性好的润滑油，甚至可选用固体润滑剂；温度变化范围大的，要选用黏温特性好（黏度指数高）的润滑油。

（4）环境湿度及与水接触潮湿环境及与水接触较多的工况条件，应选抗乳化性较强、油性和防锈性能较好的润滑油。

2. 参考设备说明书的推荐选用

设备说明书推荐的油品可作为选用的主要参考，但应注意随着技术进步，劣质油品将被逐渐淘汰，合理选用高质油品在经济上是合算的。因此，即使是旧设备，也不应继续使用被淘汰的劣质油品；进口、先进设备所用应立足国产。

3. 根据应用场合选用润滑油品种及黏度等级

润滑油是按应用场合、组成和特性，用编码符号进行命名的。因此选用时可先根据应用场合确定组别，再根据工况条件确定品种和黏度等级。

在润滑管理中，选好油品后一般应尽量避免代用或混用。但有时会碰上因供应或其他原因而不得不代用或混用油品，这时应掌握下列原则：

（1）只有同类油品或性能相近、添加剂类型相似的油品才可以代用或混用。

（2）代用油品的黏度以不超过原用油黏度的25%为宜，一般可采用黏度稍大的代用油品，但液压油、则宜选黏度稍低的代用油品。

（3）质量上只能以高代低，不能以低代高。对工作温度变化大的机械，则只能以黏温性好的代用黏温性差的；低温环境选代用油，其凝点或倾点应低于工作温度 10℃；高温工作应选闪点高、氧化安定性和热安定性好的代用油品。

（4）由于不同厂家生产的同名润滑油，其所加的添加剂可能不同，因此，在旧油中混入不同厂家生产的新油以前，最好先做混用试验，即以 1∶1 混合加温搅拌、观察，如无异味、沉淀等异常现象方可混合使用。

第五章　机械传动与机械零部件

第一节　常用机械传动

一、机械的组成

由如图 5-1 的卧式卷筒拔丝机可知，机械通常由原动机、传动装置、工作装置和控制装置所组成。

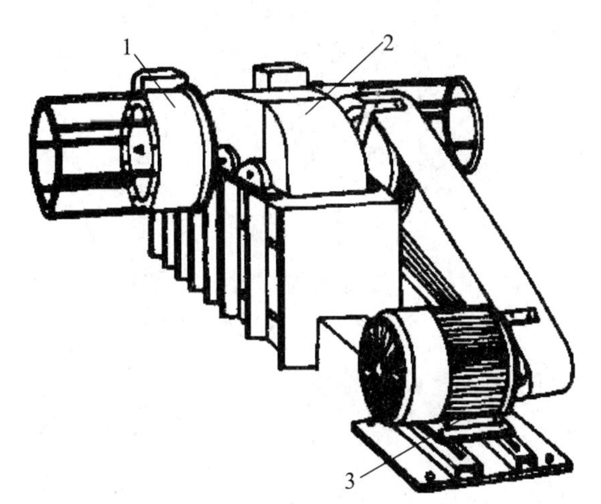

图 5-1　卧式卷筒拔丝机

1. 工作装置；2. 传动装置；3. 电动机

（1）原动机：原动机是机械工作的动力来源，常用的有电动机、内燃机等。

（2）传动装置：传动装置是把原动机的运动和动力传递给工作装置。如齿轮传动、带传动等。

（3）工作装置：工作装置是机械直接从事工作的部分，如钢筋切断机的刀片、混凝土搅拌机的滚筒、挖掘机的铲斗等。

（4）控制装置：控制装置有电操纵控制、机械操纵控制及液压操纵控制等。

二、带传动

1. 带传动原理

见图 5-2，当主动轮转动时，由于带和带轮间的摩擦力，便拖动从动轮一起转动，并传递动力。

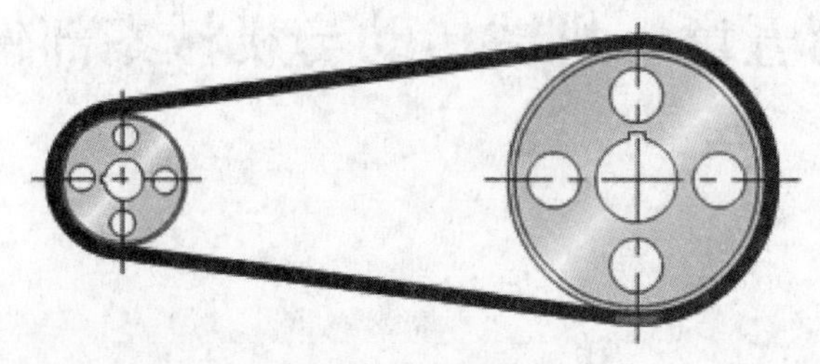

图 5-2　带传动

2. 带传动的类型

带传动按传动带的截面形状分：

（1）平带：见图 5-3，平带的截面形状为矩形，内表面为工作面。平带传动，结构简单，带轮也容易制造，在传动中心距较大的场合应用较多。

图 5-3　平带

（2）V 带：见图 5-4，V 带的截面形状为梯形，两侧面为工作表面。在同样的张紧力下，V 带传递的功率较平带大，因此 V 带传动应用最广。

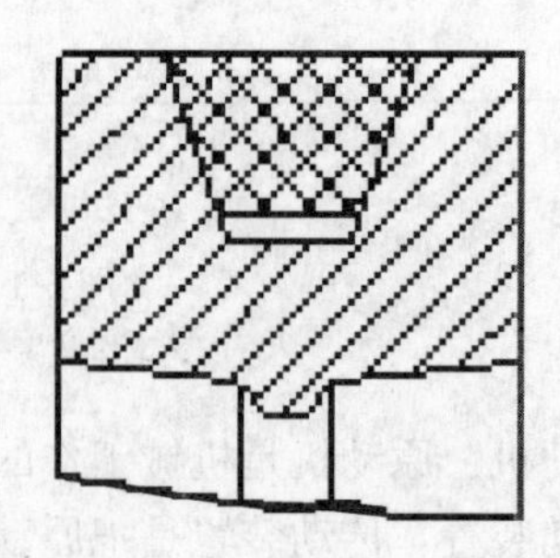

图 5-4　V 带

（3）多楔带：见图 5-5，它是在平带基体上由多根 V 带组成的传动带。可传递很大的功率。多楔带传动兼有平带传动和 V 带传动的优点，摩擦力大，主要用于传递大功率而结构要求紧凑的场合。

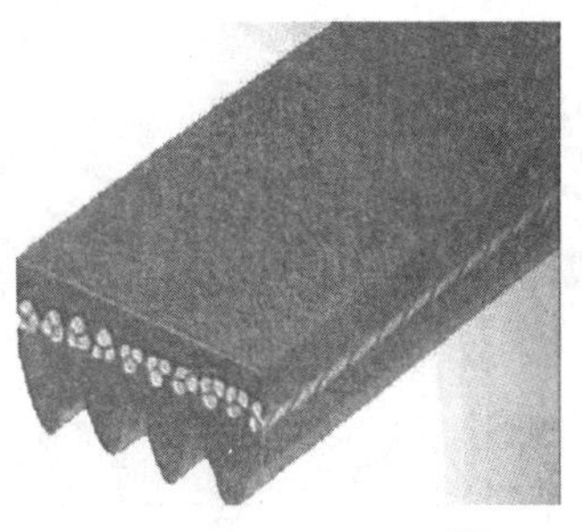
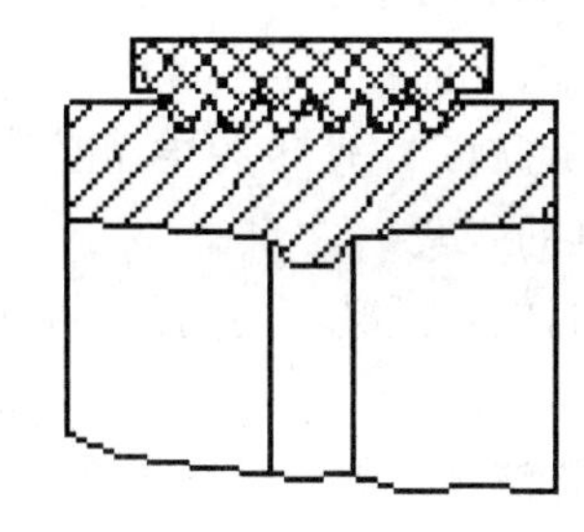

图 5-5　多楔带

3. 带传动的优缺点和应用

（1）带传动的优点：

1）有过载保护作用（过载打滑）；

2）有缓冲吸振作用，运行平稳无噪声；

3）适合于远距离传动。

（2）带传动的缺点：

1）传动比不恒定；

2）张紧力较大，轴上压力较大；

3）带与带轮间会产生摩擦放电现象，不适宜高温、易燃、易爆的场合。

（3）带传动的应用

带传动传递的功率 $P \leqslant 100$ kW，带速 $v=5 \sim 30$ m/s，平均传动比 $i \leqslant 7$，传动效率为 94%～96%。带传动主要用于要求传动平稳，传动比要求不严格的中小功率的场合。

如卧式卷筒拔丝机打夯机见图 5-6。

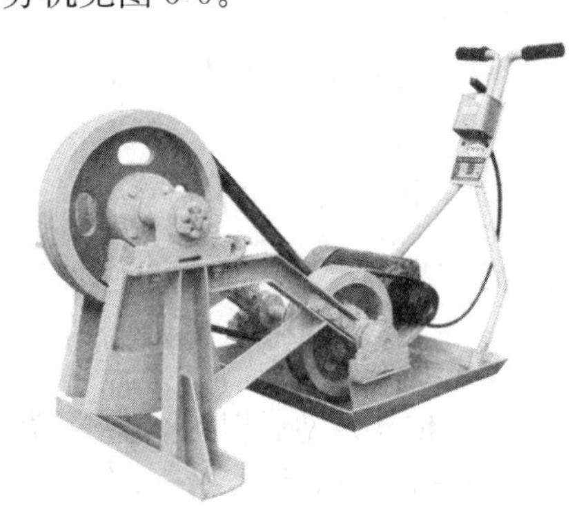

图 5-6　打夯机

（4）带传动的传动比

$$i = \frac{n_1}{n_2} \approx \frac{d_2}{d_1}$$

式中，n_1——主动轮转速；

n_2——从动轮转速；

d_1——主动轮直径；

d_2——从动轮直径。

（5）带传动的失效形式

1）过载打滑。

2）带的疲劳破坏，使带脱层而断裂。

（6）带传动的张紧

1）张紧的目的：运转一定时间后，带会松弛，为了保证带传动的能力，必须重新张紧。

2）张紧的方法：

①调整中心距方式；

②采用张紧轮。

4. V 带型号

普通 V 带有 Y、Z、A、B、C、D、E 等型号，从 Y～E 带的截面尺寸递增，所能传递的功率也递增。

V 带的标准长度为基准长度 L_d（通过节宽处量得的带长称为基准长度 L_d）。通常将 V 带的型号和标准长度（如 A 2000）印在带的外表面上。

三、齿轮传动

1. 传动原理

即利用轮齿的啮合来传递运动和动力。

2. 特点

（1）齿轮传动的优点：

1）传递动力大、效率高；

2）寿命长，工作平稳，可靠性高；

3）能保证恒定的传动比（传动比即两轮的转速之比）。

（2）齿轮传动的缺点：

1）制造、安装精度要求较高，因而成本也较高；

2）不宜作远距离传动。

3. 齿轮传动的类型

见图 5-7，按两轴位置分：

（1）平面齿轮传动（圆柱齿轮传动）：圆柱齿轮传动按齿的形状有直齿圆柱齿轮传动（有外啮合、内啮合）、斜齿圆柱齿轮传动、人字齿轮传动。

（2）空间齿轮传动：即两轮轴线不平行，有锥齿轮传动、螺旋齿轮传动等。

4. 斜齿轮的传动特点

（1）传动平稳。

（2）承载能力强。

（3）产生附加轴向分力。

5. 齿轮传动的应用

齿轮传动广泛应用于各种机械设备中，如汽车的变速箱与差速器、各种减速器见图 5-8。

(a) 直齿轮外啮合

(b) 斜齿轮外啮合

(c) 人字齿轮传动

(d) 锥齿轮传动

图 5-7 齿轮传动的类型

图 5-8 齿轮减速器

6. 齿轮传动的传动比

$$i=\frac{n_1}{n_2}=\frac{d_2}{d_1}=\frac{Z_2}{Z_1}$$

式中，Z_1——主动轮齿数；

Z_2——从动轮齿数。

7. 轮齿的失效形式

轮齿的失效的几种形式见图 5-9。

(1) 轮齿折断：

1) 疲劳折断：齿轮长时间在交变载荷作用下，齿根部出现疲劳裂纹，裂纹扩展使齿轮折断，称为疲劳折断。

2) 过载折断：当齿轮突然过载，或经严重磨损后齿厚过薄时，发生的轮齿折断，称为过载折断。

(2) 齿面点蚀：闭式软齿面齿轮传动，在靠近节线的齿根表面有点状脱落，出现凹坑，称为点蚀。

(3) 齿面胶合：在高速、重载的齿轮传动中，齿面润滑失效，局部金属粘连继而有相对滑动，沿运动方向撕裂，而在齿面上沿滑动方向出现条状伤痕，称为齿面胶合。

（4）齿面磨损：在开式齿轮传动中，因砂粒、灰尘等进入齿廓间，引起磨料磨损→齿形破坏→齿根减薄（根部严重）→断齿。

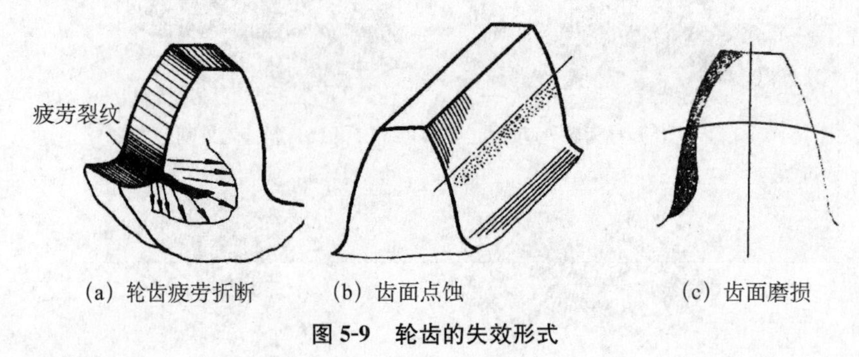

(a) 轮齿疲劳折断　(b) 齿面点蚀　(c) 齿面磨损

图 5-9　轮齿的失效形式

四、蜗杆传动

1. 传动原理

蜗杆传动是一种在空间交错轴间传递运动的机构（交错角一般为 90°），见图 5-10，由主动件蜗杆和从动件蜗轮组成。

2. 蜗杆传动的特点

（1）传动比大且准确：在动力传动中，传动比 $i=7\sim80$，在分度机构或手动机构中，传动比 i 可达 300。

图 5-10　蜗杆传动

（2）传动平稳。

（3）具有自锁作用：即满足一定条件时，无论在蜗轮上加多大力都不能使蜗杆转动。

（4）传动效率低：一般效率 $\eta=0.7\sim0.9$，在具有自锁性能的蜗杆传动中 $\eta=0.4$。

（5）成本高。

3. 蜗杆传动的应用

蜗杆传动主要用于减速比要求大的场合，如塔式起重机的塔身回转装置。

4. 蜗杆传动的失效形式

因蜗轮、蜗杆的齿廓间相对滑动速度大，发热量大且效率低，因此蜗杆传动的失效形式为胶合、磨损和齿面点蚀。

五、链传动

1. 传动原理

链传动是通过链条将具有特殊齿形的主动链轮的运动和动力传递到具有特殊齿形的从动链轮的一种传动方式。

2. 链传动的特点

（1）链传动的优点：与带传动相比，无弹性滑动和打滑现象，平均传动比准确，工作可靠，效率高；传递功率大，过载能力强，相同工况下的传动尺寸小；所需张紧力小，作用于轴上的压力小；能在高温、潮湿、多尘、有污染等恶劣环境中工作。

（2）链传动的缺点：仅能用于两平行轴间的传动；成本高，易磨损，易伸长，传动平稳性差，运转时会产生附加动载荷、振动、冲击和噪声，不宜用在急速反向的传动中。

3. 链传动的应用

链传动广泛用于交通运输、农业、轻工、矿山、石油化工和机床工业等。

4. 链传动的失效形式

（1）链板疲劳破坏。

（2）滚子、套筒的冲击疲劳破坏。

（3）销轴与套筒的胶合。

（4）链条铰链磨损。

（5）过载拉断。

第二节　通用机械零部件

一、联接

联接分为可拆联接和不可拆联接两种，可拆联接有键联接、销联接和螺纹联接等；不可拆联接有焊接、铆接和胶接等。

1. 可拆联接

（1）螺纹联接

1）螺纹联接的主要类型及特点：

①普通螺栓联接；见图 5-11（a），这种联接的特点是螺栓杆与孔之间有间隙，杆与孔的加工精度要求低，装拆方便。主要用于被联接件不太厚的场合。

②铰制孔螺栓联接：见图 5-11（b），铰制孔螺栓联接的孔与杆间无间隙，依靠螺栓光杆部分承受剪切和挤压来传递横向载荷的，这种联接对螺栓的加工精度要求高，成本高。适用于联接件需承受较大横向载荷的场合。

③双头螺柱联接：见图 5-11（c），将两头都有螺纹的螺柱一端旋紧在被联接件的螺纹孔内，另一端穿过另一被联接件的孔，放上垫圈，拧上螺母，从而将两联接件联成一体。拆卸时，只需拧下螺母，取走上面的联接件，这种联接用于被联接件之一较厚或因结构需要采用盲孔的联接。

④螺钉联接：见图 5-11（d），这种联接将螺钉直接拧入被联接件的螺纹孔中，不用螺母。常用于被联接件之一较厚，且不经常装拆的场合。

⑤紧定螺钉联接：它是利用紧定螺钉旋入被联接件之一的螺纹孔中，并以其末端顶紧另一零件，以固定两零件的相互位置。这种联接可传递不大的力和转矩，多用于轴与轴上的联接。

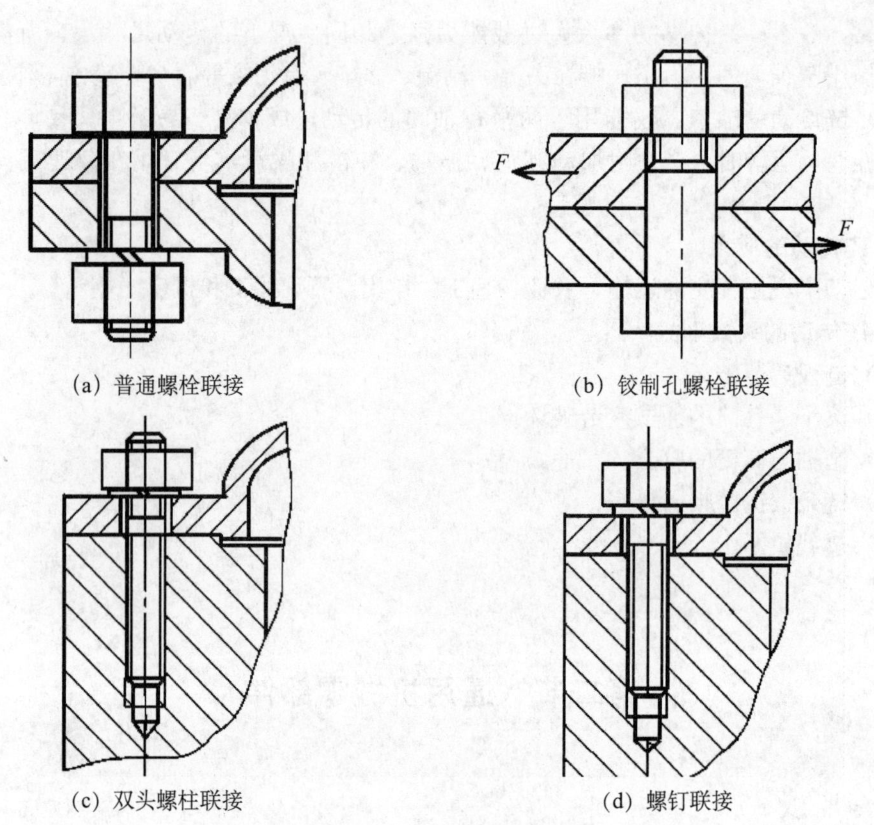

(a) 普通螺栓联接　(b) 铰制孔螺栓联接

(c) 双头螺柱联接　(d) 螺钉联接

图 5-11　螺纹联接的类型

2）螺纹联接零件的标注方法：

螺栓 M10×60：表示公称直径为 10 mm、公称长度为 60 mm 的六角头螺栓。

螺母 M10：表示公称直径为 10 mm 的六角螺母。

3）螺纹联接的防松：螺纹联接有自锁性，但当有冲击、震动、变载作用时，联接会松动，所以要防松。防松的方法有：

①摩擦防松：双螺母对顶防松、弹簧垫圈防松、自锁螺母防松。

②机械防松：止动垫圈防松、串联钢丝防松、开口销与开槽螺母防松。

③永久防松：焊接、胶接等。

(2) 键联接：键联接主要用于轴与轴上传动零件（如联轴器、齿轮等）的周向固定，并传递运动和转矩。键联接分平键、楔键、半圆键和花键联接等，以平键联接最为常用。

1）平键联接：

①普通平键联接：见图 5-12，工作时靠键与键槽侧面的挤压来传递转矩，因此键的两侧面为工作面。这种联接的对中性好，装拆方便，应用广泛，如减速器中的齿轮、联轴器与轴的联接均采用平键。

②导向平键联接：导向平键联接如图 5-13 所示，适用于动联接，即传动零件需沿轴做轴向移动的联接，如变速箱中的滑移齿轮。

2）楔键联接：图 5-14 为楔键联接，工作时依靠键的上、下底面与键槽挤紧产生的

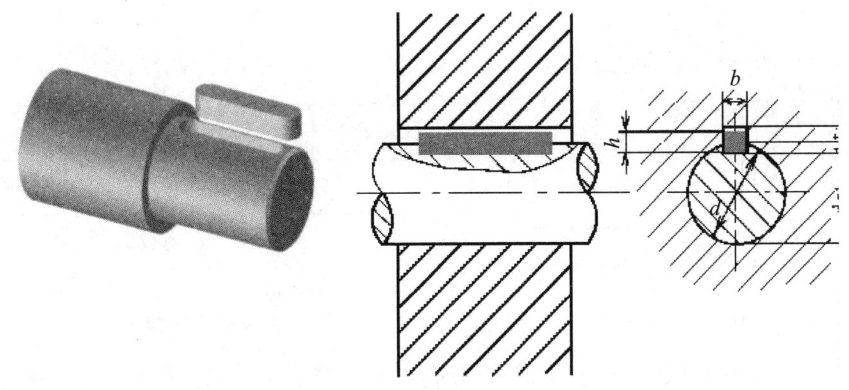

图 5-12　普通平键联接

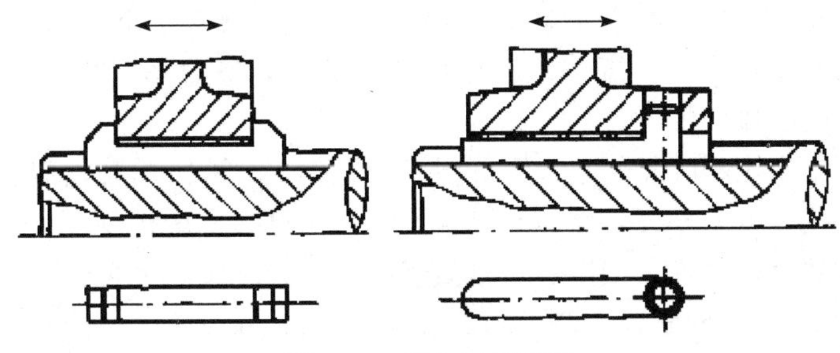

图 5-13　导向平键联接

摩擦力来传递转矩。这种联接用于某些农业机械和建筑机械中。

3）花键联接：图 5-15 为花键轴，键两侧是工作面，靠键齿侧面间的挤压传递转矩。其对中性、导向性好，承载力大，但成本高。用于载荷大且对中性要求高的机械中。

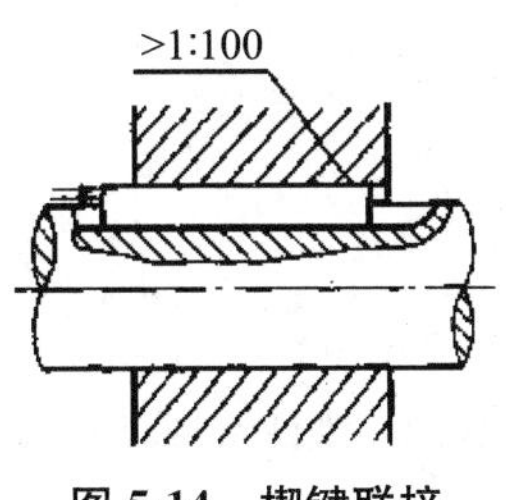

图 5-14　楔键联接

图 5-15　花键轴

4）半圆键联接：图 5-16 为半圆键联接，工作时靠键与键槽侧面的挤压来传递转矩，因此键的两侧面为工作面。键在轴上键槽中能绕其圆心转动，用于锥形轴端。

（3）销联接：销联接在机械中起定位作用，并可传递不大的载荷。销的种类见图 5-17。

2. 不可拆联接

（1）焊接：焊接具有结构简单；节省材料；接头强度高、气密性好；生产效率高；成本低等优点，但焊后容易产生焊接应力和变形。

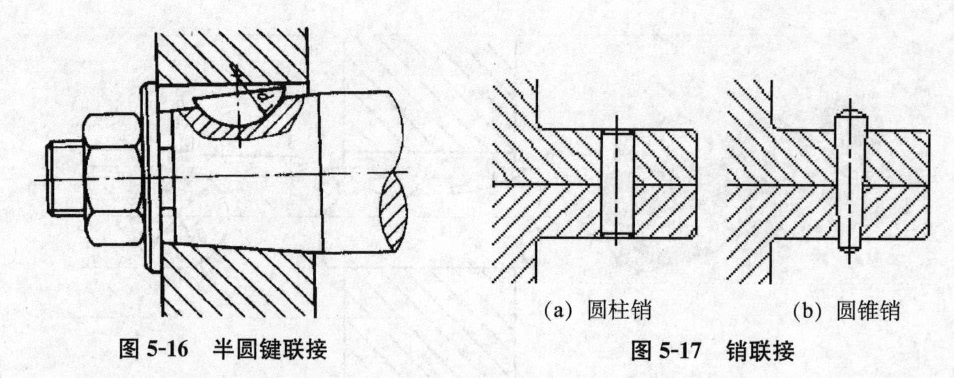

图 5-16　半圆键联接

图 5-17　销联接

(2) 胶接：胶接是用胶黏剂直接把被联接件联接在一起且具有一定强度的联接。利用胶黏剂凝固后出现的粘附力来传递载荷。

胶接的特点是重量轻；材料的利用率高；成本低；有良好的密封性、绝缘性和防腐性等，但抗剥离、抗弯曲、抗冲击及抗振动性能差；耐老化性能差；且胶黏剂对温度变化敏感，影响胶接强度等。

在机械制造中常用的胶黏剂是：环氧树脂胶黏剂、酚醛乙烯胶黏剂、聚氨酯等。

(3) 铆钉联接：见图 5-18，铆接是将铆钉穿过被联接件的预制孔中经铆合而成的联接方式。铆接的联接强度高（如武汉长江大桥的箱形结构大梁），密封性能好；但拆卸不方便、制孔精度高。

图 5-18　铆接

铆接分类：

1) 活动铆接：结合件可以相互转动，如剪刀、钳子。

2) 固定铆接：结合件不能相互活动，如桥梁建筑。

3) 密缝铆接：铆缝严密，不漏气体与液体。

二、轴

轴是用来支承转动零件，如齿轮、带轮等，并传递运动和动力。

轴的分类

(1) 按受力特点分：

1) 转轴：在工作时既受弯矩作用，又受扭矩作用，如带轮轴、齿轮轴等见图 5-19，机械中的多数轴均属于转轴。

2) 心轴：在工作时只受弯矩作用，不承受扭矩作用，如图 5-20 火车的车轮轴等。

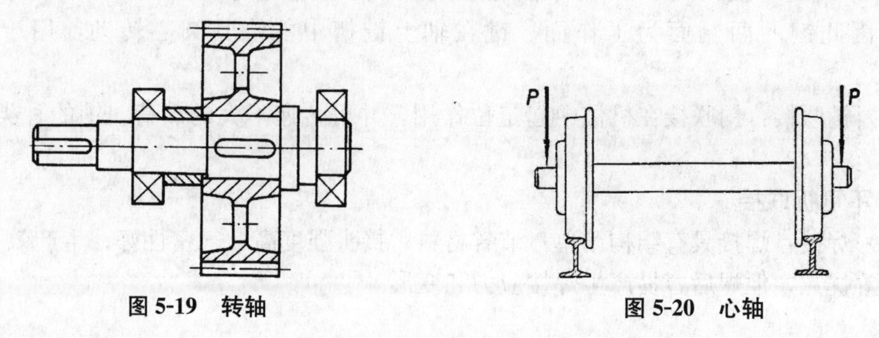

图 5-19　转轴

图 5-20　心轴

3）传动轴：只承受扭矩作用而不承受弯矩作用，如图 5-21 汽车的传动轴。

（2）按轴线的形状分：可分为直轴见图 5-19、曲轴和软轴见图 5-22。曲轴常用于内燃机中，而软轴则用于振捣器等机器中。

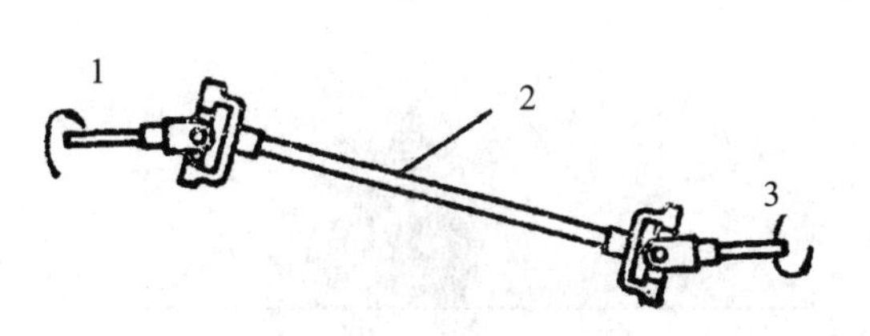

图 5-21　传动轴

1. 发动机；2. 传动轴；3. 后桥

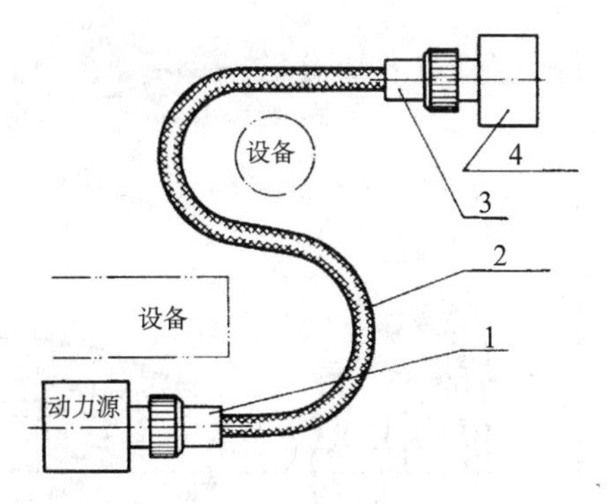

图 5-22　软轴

1. 接头；2. 钢丝软轴（外层为护套）；3. 接头；4. 被驱动装置

三、轴承

轴承在机器中起支承轴的作用，根据其工作表面摩擦性质的不同，分为滚动轴承和滑动轴承，滚动轴承已标准化。

1. 滚动轴承

（1）滚动轴承的构造：见图 5-23，滚动轴承由外圈、内圈、滚动体、保持架组成。使用时，外圈装在轴承座孔内，内圈装在轴颈上，通常内圈随轴转动，而外圈静止，保持架的作用是把滚动体均匀分开。滚动体是滚动轴承的主体，它的大小、数量和形状与轴承的承载能力密切相关。图 5-24 列出了各种滚动体的形状。

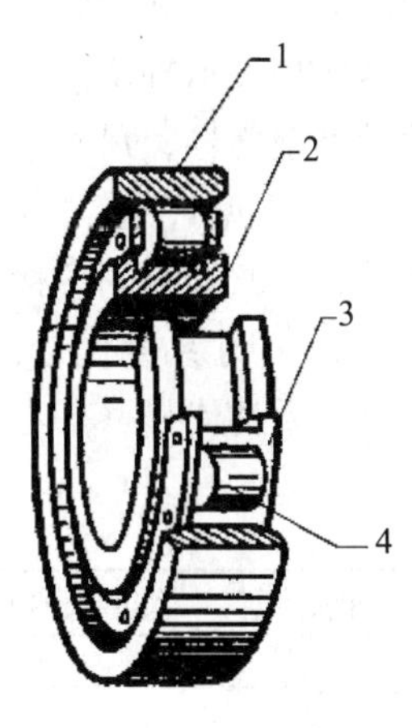

图 5-23　滚动轴承的构造

1. 外圈；2. 内圈；3. 保持架；4. 滚动体

（2）滚动轴承的主要类型和特点：

1）按承受载荷的方向分：

①向心轴承，如图 5-25（a）所示，主要承受径向载荷。

②推力轴承，如图 5-25（b）所示，只能承受轴向载荷。

③向心推力轴承，如图 5-25（c）所示，能同时承受径向和轴向载荷。

2）按滚动体的形状分：

①球轴承：其滚动体为球形，球轴承的承载力小，但极限转速高。

②滚子轴承：其滚动体的形状有圆柱形、圆锥形、鼓形等，滚子轴承的承载力大，但极限转速较低。

常用滚动轴承的类型、代号、特点及适用范围见表 5-1。

（3）滚动轴承的代号：滚动轴承的类型很多，而各类轴承又有不同的结构、尺寸，为便于组织生产和选用，国家标准规定了滚动轴承的代号。滚动轴承的代号由基本代

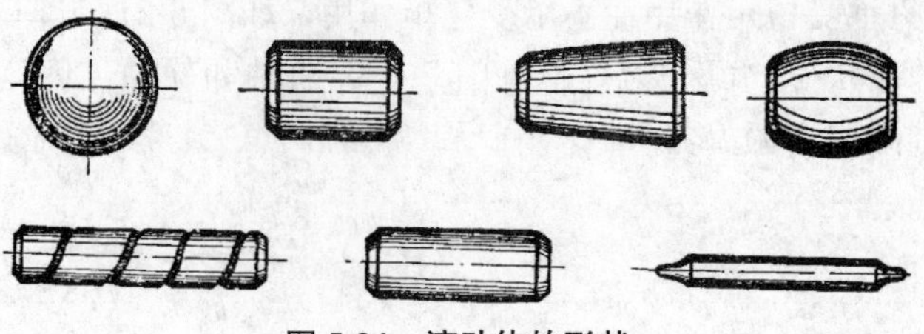

图 5-24　滚动体的形状

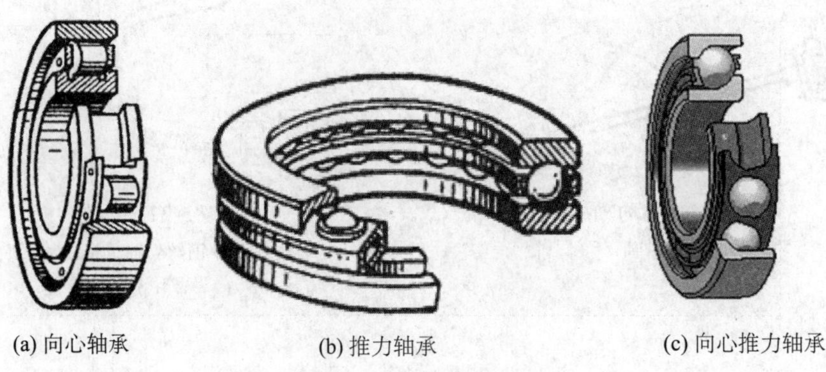

(a) 向心轴承　(b) 推力轴承　(c) 向心推力轴承

图 5-25　滚动轴承的类型

号、前置代号和后置代号构成，其排列顺序见表 5-2。下面主要介绍基本代号的含义。基本代号表示轴承的类型、结构和尺寸，是轴承代号的基础。滚动轴承的基本代号由轴承类型代号、尺寸系列代号和内径代号构成其排列顺序见表 5-3。

1）类型代号：类型代号是基本代号左起的第一位，用数字或字母表示，见表 5-2。代号为“0”（双列角接触球轴承）则省略。

2）尺寸系列代号：尺寸系列代号由轴承的宽度系列代号（基本代号左起第二位）和直径系列代号（基本代号左起第三位）组合而成。

表 5-1　常用滚动轴承的类型、特点及适用范围

轴承类型	类型代号	性能特点
调心球轴承	1	调心性能好，允许内、外圈轴线相对偏斜。可承受径向载荷及不大的轴向载荷，不宜承受纯轴向载荷
调心滚子轴承	2	性能与调心球轴承相似，但具有较高承载能力。允许内外圈轴相对偏斜
圆锥滚子轴承	3	能同时承受径向和轴向载荷，承载能力大。这类轴承内外圈可分离，安装方便。在径向载荷作用下，将产生附加轴向力，因此一般都成对使用
推力球轴承	5	只能承受轴向载荷。安装时轴线必须与轴承座底面垂直。在工作时应保持一定的轴向载荷。双向推力球轴承能承受双向轴向载荷
深沟球轴承	6	主要承受径向载荷，也可承受一定的轴向载荷，摩擦阻力小。在转速较高而不宜采用推力球轴承时，可用来承受纯轴向载荷。价廉，应用广泛
角接触球轴承	7	能同时承受径向和轴向载荷，并可以承受纯轴向载荷。在承受径向载荷时，将产生附加轴向力，一般成对使用
圆柱滚子轴承	N	能承受较大径向载荷。内、外圈分离，不能承受轴向载荷

表 5-2　滚动轴承代号的排列顺序

<table>
<tr><td>前置代号</td><td colspan="4">基本代号</td><td>后置代号</td></tr>
<tr><td>□</td><td rowspan="2">×（□）</td><td colspan="2">××</td><td>××</td><td>口或加×</td></tr>
<tr><td rowspan="2">成套轴承的分部件代号</td><td colspan="2">尺寸系列代号</td><td rowspan="2">内径代号</td><td rowspan="2">内部结构改变、公差等级及其他</td></tr>
<tr><td>类型代号</td><td>宽（高）度系列代号</td><td>直径系列代号</td></tr>
</table>

注：□—字母；×—数字。

直径系列是指同一内径的轴承有不同的外径 D 和宽度 B 见图 5-26，从而适应各种不同工况的要求。向心轴承的常用直径系列代号为：特轻（0、1）、轻（2）、中（3）、重（4）、特重（5）。

宽度系列表示同一内径和外径的轴承有各种不同的宽度。向心轴承的宽度系列代号常用的有窄（0）、正常（1）、宽（2）等。除圆锥滚子轴承外，当代号为“0”时可省略。

3）内径代号：内径代号为基本代号左起第四位和第五位数字，表示轴承公称内径尺寸，按表 5-3 的规定标注。

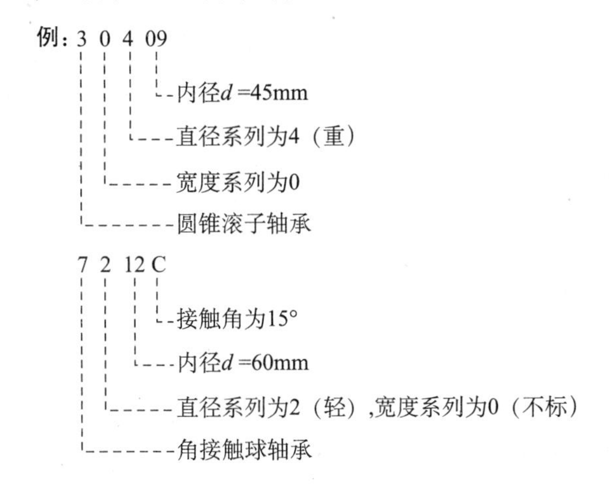

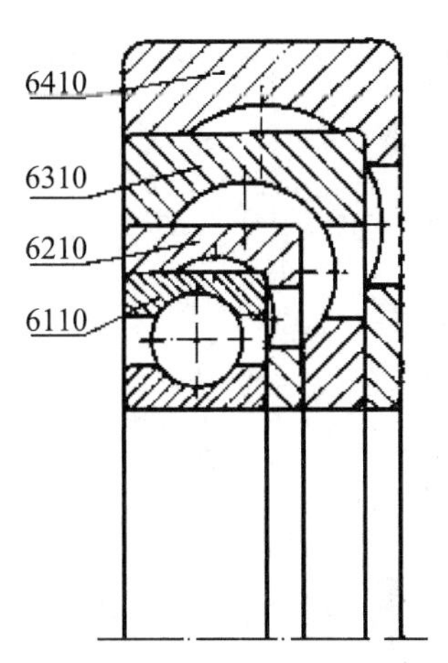

图 5-26　轴承的直径系列

表 5-3　滚动轴承的内径代号

内径代号	00	01	02	03	04～99
轴承内径/mm	10	12	15	17	数字×5

注：内径<10 mm 和>495 mm 的轴承内径代号另有规定。

2. 滑动轴承

（1）滑动轴承的组成：滑动轴承主要由轴承座和轴瓦组成。

（2）滑动轴承的分类：滑动轴承的类型按受力方向分为承受径向力的向心滑动轴承见图 5-27、承受轴向力的推力滑动轴承、既能承受径向力又能承受轴向力的向心推力滑动轴承。向心滑动轴承应用最广。

向心滑动轴承：

①整体式向心滑动轴承：见图 5-27，它由轴承座、轴瓦组成。其优点是结构简单，但轴颈只能从端部装拆，因此安装检修困难，且轴承工作表面磨损后无法调整轴承的间隙，必须更换新轴瓦，只用于轻载、低速或间歇工作的机械中，如卷扬机中。

②剖分式向心滑动轴承：见图 5-28，剖分式向心滑动轴承由轴承座、轴承盖、剖

分的上、下轴瓦及螺栓等组成。剖分面间放有调整垫片，以便在轴瓦磨损后通过减少垫片来调整轴瓦和轴颈间的间隙。这种轴承克服了整体式轴承的缺点、装拆方便，故应用广泛。

③调心式向心滑动轴承：当轴颈较长或轴的刚性较差时，造成轴颈与轴瓦的局部接触，使轴瓦局部磨损严重，这时可采用调心式向心滑动轴承。

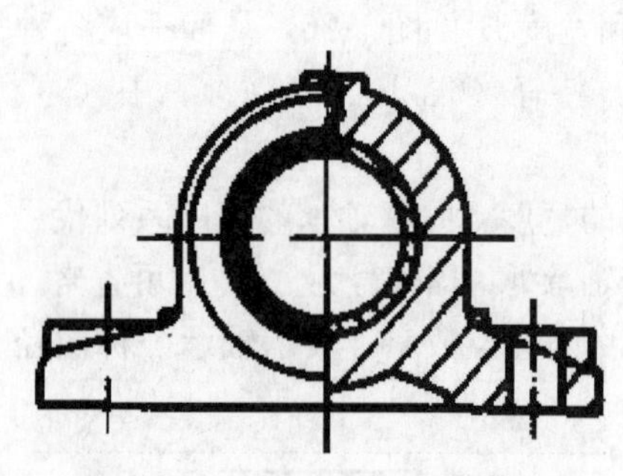

图 5-27　整体式向心滑动轴承

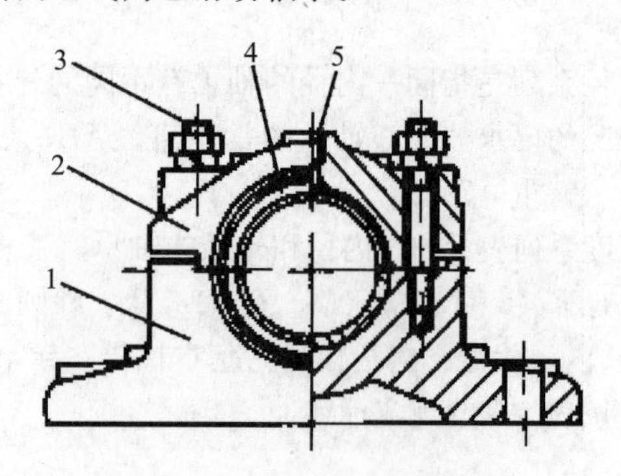

图 5-28　剖分式向心滑动轴承

1. 轴承座；2. 轴承盖；3. 螺纹联接；4. 轴瓦；5. 油孔

四、联轴器、离合器、制动器

1. 联轴器

联轴器是用来联接不同机器（或部件）的两轴，使它们一起回转并传递转矩。按结构特点不同，联轴器可分为刚性联轴器和弹性联轴器两大类。

（1）刚性联轴器：此类联轴器中全部零件都是刚性的，在传递载荷时，不能缓冲吸振。

1）固定式刚性联轴器：凸缘联轴器是固定式刚性联轴器中应用最广的一种，见图 5-29，由两个分别装在两轴端部的凸缘盘和联接它们的螺栓所组成。两凸缘盘的端部有对中止口，以保证两轴对中。凸缘联轴器结构简单，能传递较大的转矩。但要求两轴对中性好，且不能缓冲减振。

2）可移式刚性联轴器：可移式刚性联轴器允许被联接的两轴发生一定的相对位移。可移式刚性联轴器又分万向联轴器和十字滑块联轴器。

① 万向联轴器：单个万向联轴器的构造见图 5-30，它由两个叉形零件和一个十字形联接件等组成。两轴间的交角最大可达 45°，但主动轴等速转动时，从动轴的角速度不稳定。为克服这一缺点，万向联轴器可成对使用，见图 5-31。

万向联轴器结构简单，工作可靠，在汽车等设备上有广泛的应用。

② 十字滑块联轴器：见图 5-32，十字滑块联轴器是由两个端面开有凹槽的半联轴器和一个两端都有凸榫的中间圆盘组成。工作时，中间圆盘的凸榫可在凹槽中滑动，以补偿两轴的位移。

当转速高时，中间圆盘产生动载荷。所以只适用于低速、冲击载荷小的场合。如减速器的低速轴和卷扬机卷筒轴的联接。

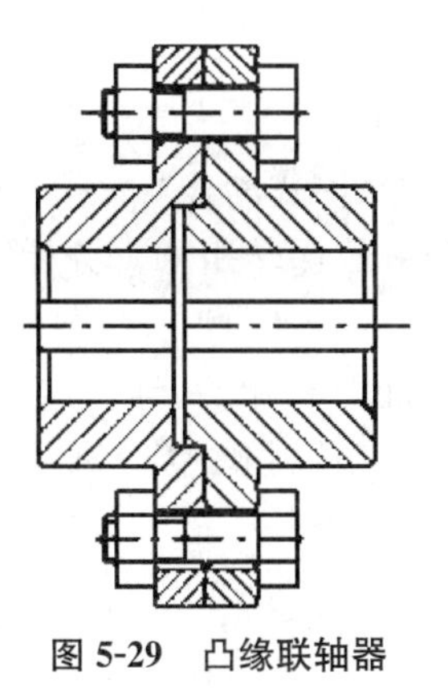

图 5-29　凸缘联轴器

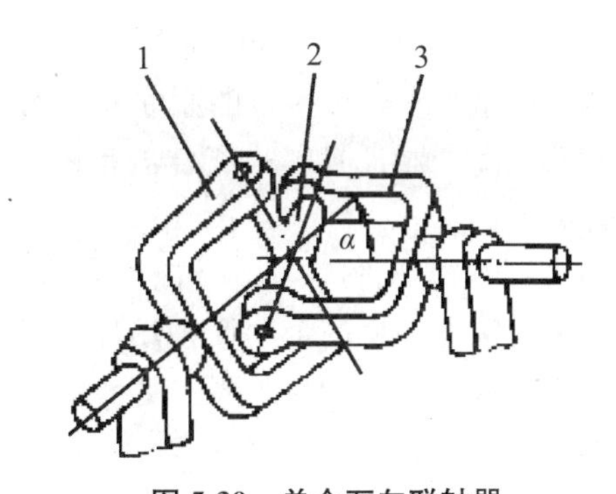

图 5-30　单个万向联轴器

1. 叉形零件；2. 十字形联接件；3. 叉形零件

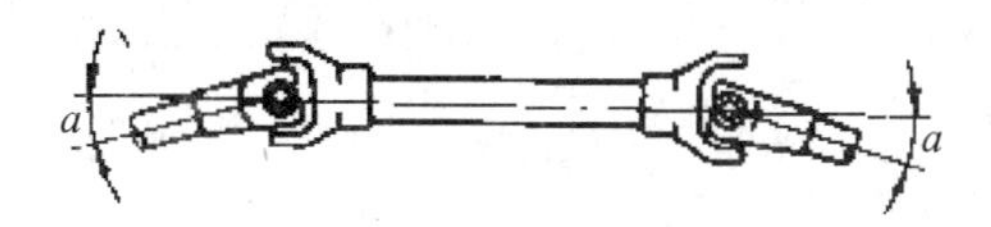

图 5-31　双万向联轴器

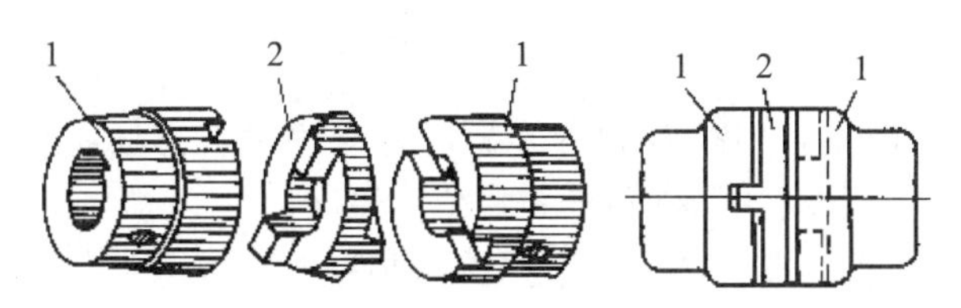

图 5-32　十字滑块联轴器

1. 半联轴器；2. 中间圆盘

（2）弹性联轴器：弹性联轴器中有弹性元件，因此不仅可以补偿两轴位移，而且有较好的缓冲和吸振能力。

1）弹性套柱销联轴器：其结构如图 5-33 所示，由弹性橡胶圈、柱销和两个半联轴器组成。弹性套柱销联轴器适用于起动频繁的高速轴联接，如电动机轴和减速箱轴的联接。

图 5-33　弹性套柱销联轴器

2）尼龙柱销联轴器：尼龙柱销联轴器和弹性套柱销联轴器相似，只是用尼龙柱销代替了橡胶圈和钢制柱销，其性能及用途与弹性套柱销联轴器相同。现已常用尼龙柱销联轴器来代替弹性套柱销联轴器。

2. 离合器

用离合器联接的两轴，在机器运转时可随时接合和分离。

离合器的类型很多，按接合的原理分嵌入式离合器和摩擦式离合器。

（1）嵌入式离合器：嵌入式离合器是依靠齿的嵌合来传递转矩的，分牙嵌离合器和齿轮离合器。

1）牙嵌离合器：见图 5-34，牙嵌离合器是由两个端面上有牙的套筒所组成。一个套筒固定在主动轴上，另一个套筒则用导向键或花键与从动轴相联接，利用操纵机构使其沿轴向移动来实现接合与分离。

图 5-34　牙嵌离合器

牙嵌离合器结构简单，但接合时有冲击，为避免齿被打坏，只能在低速或停车状态下接合。适用于主、从动轴严格同步的高精度机床。

2）齿轮离合器：齿轮离合器由一个内齿套和一个外齿套所组成。齿轮离合器除具有牙嵌离合器的特点外，其传递转矩的能力更大。

（2）摩擦式离合器：摩擦式离合器是利用接触面间产生的摩擦力传递转矩的。摩擦离合器可分单片式和多片式等。

1）多片式摩擦离合器适用的载荷范围大，所以多片式摩擦离合器广泛应用于汽车、摩托车、起重机等设备中。

2）单片式摩擦离合器见图 5-35，操纵滑环，使从动盘左移并压紧主动盘，两圆盘间产生摩擦力，离合器接合。当从动盘向右移动，离合器分离。

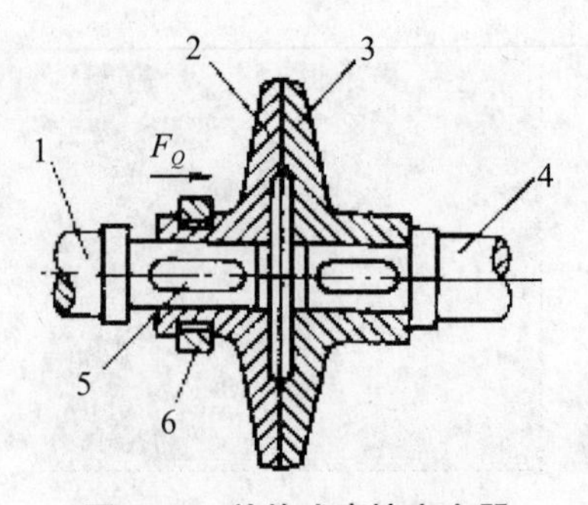

图 5-35　单片式摩擦离合器

1. 从动轴；2. 从动盘；3. 主动盘；4. 主动轴；5. 导向平键；6. 滑环

3. 制动器

制动器是利用摩擦力矩来消耗机器运动部件的动能，从而实现制动的，其动作迅速，可靠。

按照制动零件的结构特征分：有带式制动器、块式制动器、锥形制动器、蹄式制动器等。

制动器通常装在机械中转速较高的轴上，因为高速轴的转矩较小，所需制动力矩和制动器尺寸也小，结构紧凑。

(1) 块式制动器：见图 5-36，块式制动器是由制动轮 1、制动块 2 和电磁铁操纵系统等组成。机器工作时，电源接通，电磁铁线圈 6 通电，产生电磁铁的吸合力，通过推杆机构 5，克服弹簧 3 的压力作用，使制动块松开，制动器的制动轮自由回转，不产生制动力矩。当机器需要制动时，电磁线圈断电，电磁铁无吸合力，这时在弹簧 3 的作用下，两个制动块紧紧抱住制动轮，产生摩擦制动力矩，将轮制动住。

块式制动器在建筑施工机械、电梯中有广泛的应用。

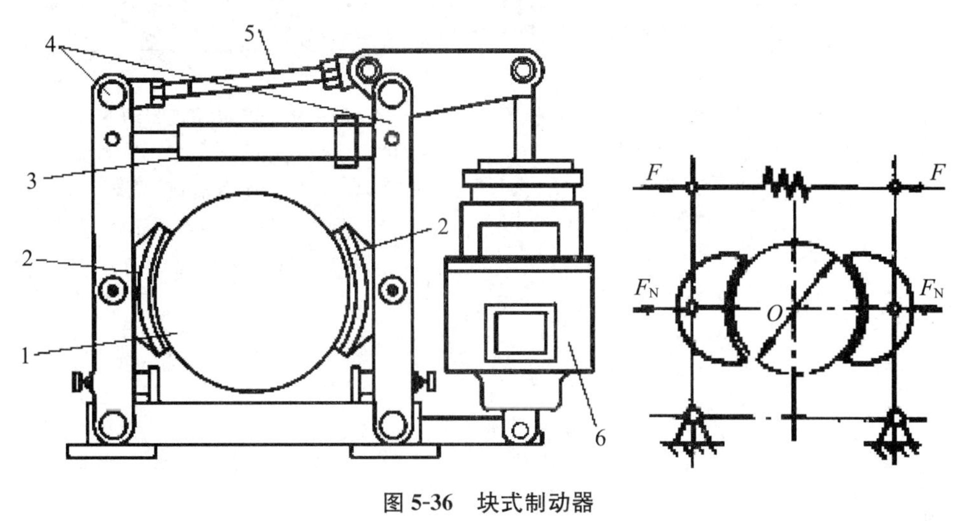

图 5-36　块式制动器

1. 制动轮；2. 制动块；3. 弹簧；4. 制动臂；5. 推杆；6. 松闸器

(2) 带式制动器：见图 5-37，带式制动器由制动轮 2、挠性带 1 和杠杆 3 等组成。当需制动时，施加向下的力，通过杠杆作用，挠性带收紧而抱紧制动轮 2，利用挠性带与制动轮之间的摩擦力矩，消耗机器的转动动能来实现降速或制动的目的。为了增加制动力矩，提高耐热性，闸带上一般铆接有耐热性好、摩擦因数大的石棉、橡胶等制成的衬带。

带式制动器具有结构简单的优点，但其制动时会产生对轴的附加弯矩和径向力，使制动轮轴承易损坏。为了减小附加弯矩和径向力的影响，这种制动器一般只用于制动力矩不大的场合。

(3) 内张蹄式制动器：内张蹄式制动器见图 5-38，不需要制动时，在弹簧 13 的作用下，制动蹄 10 与制动鼓之间有间隙，不产生制动力矩，制动鼓自由回转。当需要制动时，踩下制动踏板 1，压力油进入制动轮缸，作用在活塞 7 上的液压力克服弹簧 13 的回弹力，从而使制动蹄 10 内张紧制动鼓 8，产生摩擦制动力矩，将轮制动住。

内张蹄式制动器广泛应用于汽车车轮的制动。

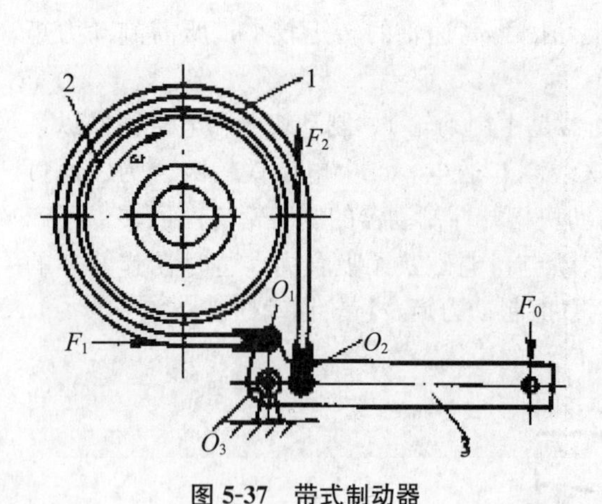

图 5-37　带式制动器

1. 挠性带；2. 制动轮；3. 杠杆

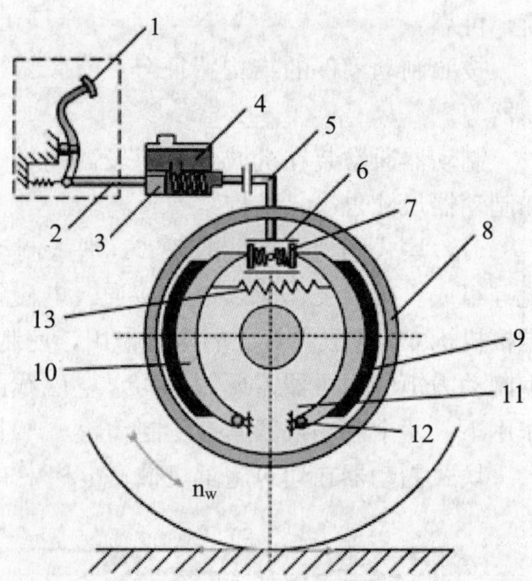

图 5-38　内张蹄式制动器

1. 制动踏板；2. 推杆；3. 主缸活塞；4. 制动主缸；5. 油管；6. 制动轮缸；7. 轮缸活塞；8. 制动鼓；9. 摩擦片；10. 制动蹄；11. 制动底板；12. 制动蹄；13. 回位弹簧

第六章　液压传动

第一节　液压传动的组成和特点

液压传动即以液体为工作介质，利用流动着液体的压力来实现运动及动力传递的传动方式。在建筑机械（如挖土机、推土机、铲运机等）中广泛使用。

一、液压传动的工作原理

以图 6-1 液压千斤顶为例，说明其工作原理图：

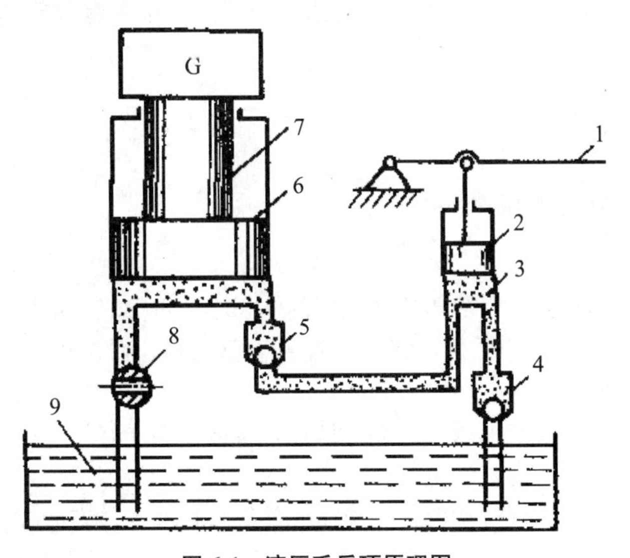

图 6-1　液压千斤顶原理图

1. 手柄；2. 小活塞；3. 小油缸；4. 进油阀；5. 单向阀；6. 大油缸；7. 大活塞；8. 放油阀；9. 油箱

1. 泵吸油过程

提起手柄，小液压缸活塞向上移动，其工作容积增加，形成真空，油箱里面的油液在大气压力的作用下，顶开单向阀进入小液压缸。

2. 泵压油和重物举升过程

压下手柄，小液压缸的活塞向下移动，挤压下面的液体，单向阀 4 自行关闭，油液压力升高，顶开单向阀 5，油液进入大液压缸，推动大活塞，从而顶起重物。

3. 重物落下过程

旋开阀门 8，大液压缸腔内的油液流回油箱，重物作用于大活塞，使其下移，千斤顶处于复位状态。

二、液压系统的组成及作用

1. 动力元件

动力元件为液压泵，它将原动机输入的机械能转换为液体的压力能，为执行元件提供压力油。

2. 执行元件

执行元件有液压缸（或液压马达），其作用是将油液的压力能转换为机械能，而对负载做功。

3. 控制元件

控制元件为各种控制阀，用以控制流体的方向、压力和流量，以保证执行元件完成预期的工作任务。

4. 辅助元件

油箱、油管、滤油器、压力表、冷却器、管件、管接头和各种信号转换器等，创造必要条件，保证系统正常工作。

5. 工作介质

工作介质是液压油。

三、液压传动的优缺点

1. 优点

（1）在同等输出功率下，液压传动装置的体积小，重量轻，结构紧凑。

（2）液压装置工作比较平稳，液压装置由于重量轻，惯性小，反应快，易于实现快速启动、制动和频繁换向。

（3）液压装置能在大范围内实现无级调速，且调速性能好。

（4）液压传动容易实现自动化。

（5）液压装置易于实现过载保护。液压元件能自行润滑，寿命较长。

（6）液压元件已实现标准化、系列化和通用化，所以液压系统的设计、制造和使用都比较方便。

2. 缺点

（1）液压传动不能保证严格的传动比。

（2）液压传动中，能量经过二次变换，能量损失较多，系统效率较低。

（3）液压传动对油温的变化比较敏感（主要是粘性），系统的性能随温度的变化而改变。

（4）液压元件要求有较高的加工精度，以减少泄漏，从而成本较高。

（5）液压传动出现故障时不易找出。

第二节　液压动力元件

液压动力元件是液压泵，它将电机的机械能转换成液体的压力能，供液压系统使用，它是液压系统的能源。

按运动部件的形状和运动方式分为齿轮泵，叶片泵（单作用、双作用），柱塞泵（径向、轴向）等。

一、齿轮泵

齿轮泵是液压传动系统中常用的液压泵。

1. 工作原理

如图 6-2 所示为外齿轮泵，泵体内有一对外啮合齿轮，齿轮两侧端盖封闭。泵体、端盖和齿轮的各个齿间槽组成了若干个密封工作容积。

当齿轮按图示方向旋转时，泵体左侧轮齿脱开啮合，密封容积由小变大，形成部分真空，油箱里的油液在大气压力的作用下，通过吸油口被吸入；随着齿轮的旋转，吸入的油液被带入右侧压油腔，其密封容积由大变小，油液受到挤压，从压油口压到系统中。

2. 优缺点

（1）优点：结构简单，尺寸小，重量轻，制造方便，自吸能力强，对油液污染不敏感，工作可靠，价格低，维护容易。

（2）缺点：效率低，流量脉动大，噪声大。

二、单作用叶片泵

按工作原理叶片泵可分为双作用和单作用。若转子每转一转，泵吸、压各两次，则为双作用；反之若转子每转一转，泵吸、压各一次，则为单作用。

1. 工作原理

见图 6-3，由定子内环、转子外表面和左右配流盘组成的密闭工作容积被叶片分割为两部分，传动轴带动转子旋转，叶片在离心力作用下紧贴定子内表面，密闭容积将随转子旋转而变化。

当转子顺时针旋转时，下侧密封容积逐渐增大，产生真空，通过配油盘上的吸油口吸油；上侧密封容积逐渐减小，通过压油口压油。

2. 优缺点

叶片泵流量均匀，运转平稳、噪声小、排量大；但对油液污染敏感。

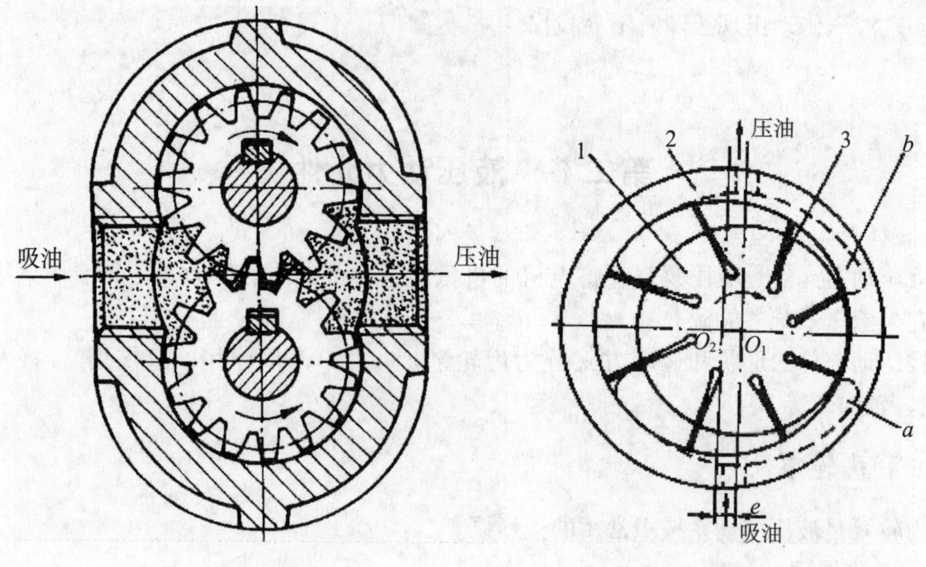

图 6-2　齿轮泵原理图

图 6-3　单作用叶片泵原理图

1. 转子；2. 定子；3. 叶片

三、柱塞泵

1. 工作原理

见图 6-4，当传动轴按图示方向旋转时，柱塞在其自下而上回转的半周内，逐渐向外伸出，密封容积不断增大，产生局部真空，油液经配流盘上的吸油窗口吸入；柱塞在其自上而下回转的半周内，又逐渐向里推入，密封容积不断减小，将油液从配流盘上的压油窗口向外压出。

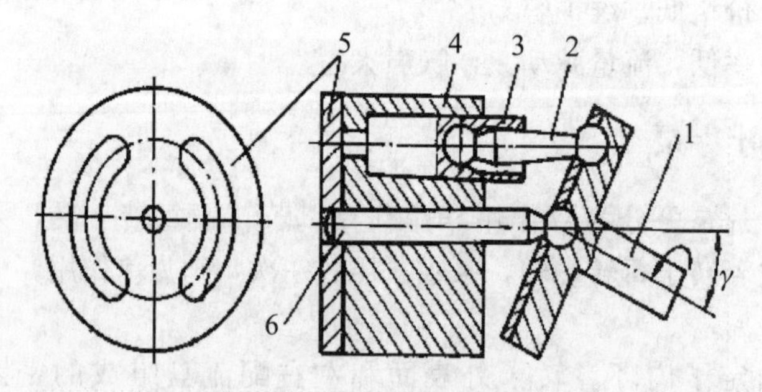

图 6-4　斜盘式柱塞泵

1. 传动轴；2. 连杆；3. 活塞；4. 缸体；5. 配流盘；6. 中心轴

2. 优缺点

柱塞泵工作压力高，流量范围大；但对油液污染敏感。柱塞泵主要用于高压、高转速的场合。

第三节　液压执行元件

执行元件的作用是把液体的压力能转换成机械能。执行元件有液压缸和液压马达，液压缸输出的是往复直线运动或摆动，而液压马达输出的是回转运动。因液压缸在土方机械和汽车起重机中广泛使用，下面介绍其分类和工作原理。

一、液压缸的类型

按照结构分：活塞式（单活塞杆、双活塞杆）液压缸、柱塞式液压缸、伸缩式液压缸等。

按照作用方式分：单作用液压缸和双作用液压缸。

下面就建筑机械中常用的类型作简要说明。

二、双作用单活塞杆液压缸

双作用液压缸即两个方向的运动都依靠液压作用力来实现，在工程机械中最为常用。

1. 活塞向右运动

见图 6-5（a），液压缸左腔进油，油压力为 p_1，流量为 Q，A_1、A_2分别为液压缸无杆腔和有杆腔的有效工作面积。

活塞产生向右推力为 $F_1=p_1A_1=p_1\frac{\pi}{4}D^2$

活塞向右移动速度为　$D_1=\frac{4Q}{\pi Q^2}$

2. 活塞向左运动

见图 6-5（b），液压缸右腔进油，活塞产生向左推力为 $F_2=p_1A_2-p_2A_1=p_1\frac{\pi}{4}(D^2-d^2)$

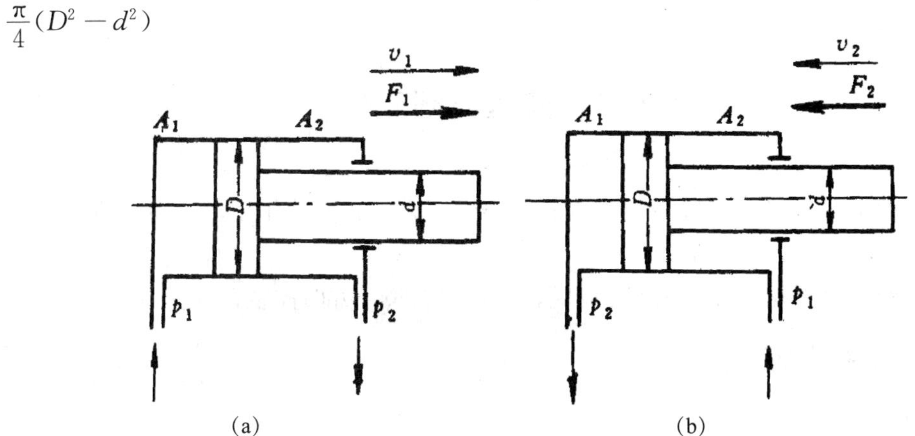

图 6-5　双作用单活塞杆液压缸原理图

活塞向左运动速度为 $v_2=\dfrac{4Q}{\pi(D^2-d^2)}$

由于 $A_1>A_2$，所以 $F_1>F_2$，$v_1<v_2$。

3. 差动连接

差动连接：单杆活塞液压缸两腔同时通入流体时，利用两端面积差进行工作的连接形式。在不增加流量的前提下，采用差动连接，可实现快速运动。

三、伸缩套筒缸（多级缸）的工作原理

1. 结构

见图 6-6，它由两个或多个活塞式缸套装而成，前一级活塞缸的活塞杆是后一级活塞缸的缸筒。

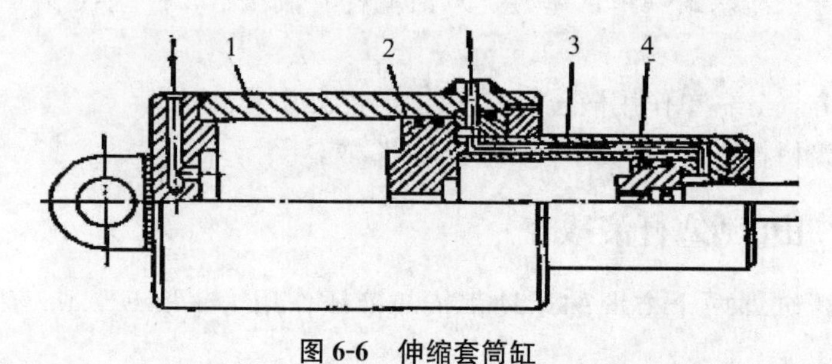

图 6-6　伸缩套筒缸

1. 一级缸体；2. 一级活塞；3. 二级缸体；4. 二级活塞

各级活塞依次伸出可获得很长的行程，当依次缩回时缸的轴向尺寸很小。

2. 工作原理

当左侧通入压力油时，活塞由大到小依次伸出；当右侧通入压力油时，活塞则由小到大依次收回。且活塞面积从大到小，速度逐渐增大，推力逐渐减小。

3. 特点应用

工作时可伸很长，不工作时缩短，占地面积小，且推力随行程增加而减小。

伸缩套筒缸广泛应用于起重机伸缩臂、自动倾卸卡车等。

第四节　液压控制元件

液压控制元件在系统中起控制液流的方向、压力、流量的作用，以满足执行元件所提出的要求。

液压控制元件按用途分：压力控制阀，流量控制阀，方向控制阀等。

一、压力控制阀

1. 作用

即控制液压系统的压力或利用压力作为信号来控制其他元件动作。

2. 分类

压力控制阀分为溢流阀、减压阀、顺序阀等。

（1）溢流阀：其基本作用是限制液压系统的最高压力，对液压系统起过载保护作用。

1）直动式溢流阀：见图 6-7，依靠系统中的压力油直接作用在阀芯上与弹簧力相平衡来控制阀芯启闭动作的溢流阀。

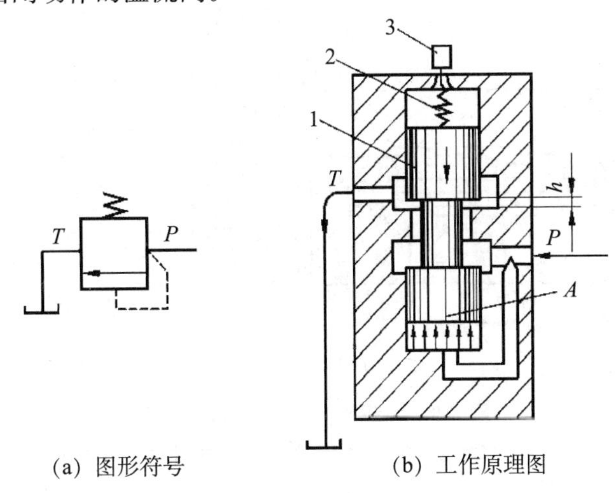

(a) 图形符号　　　　(b) 工作原理图

图 6-7　直动式溢流阀工作原理图和符号

1. 阀芯；2. 弹簧；3. 调压螺钉

2）先导式溢流阀：先导式溢流阀由先导阀和主阀两部分组成。见图 6-8，当压力油从系统流入主阀的进油口以后，部分油液进入主阀芯 1 的径向孔 *a* 后分成两路：一路经轴向小孔 *d* 流到阀芯的左端；另一路经阻尼小孔 6 流到阀芯的右端和先导锥阀芯 5 的底部（通常外控口 K_1 是被堵死的）。当作用在先导锥阀芯上的油压力小于调压弹簧 4 的作用力时，先导阀不打开，主阀芯也打不开。

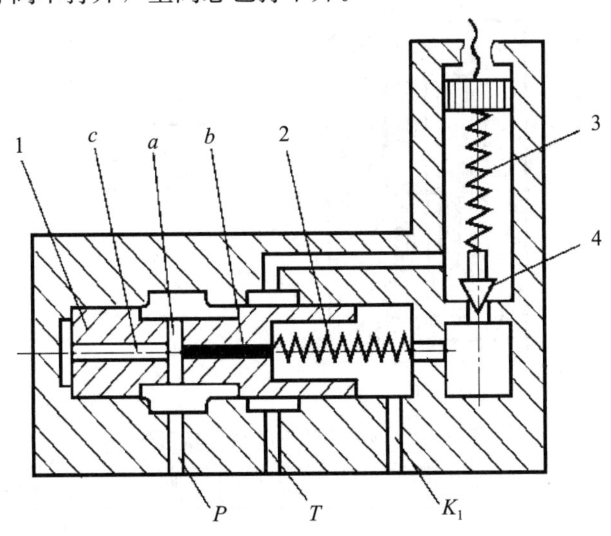

图 6-8　先导式溢流阀的工作原理图

1. 主阀芯；2. 平衡弹簧；3. 调压弹簧；4. 先导锥阀芯；

a. 径向孔；*b*. 阻尼小孔；*c*. 轴向小孔；*P*. 进油口；K_1. 外控口

（2）减压阀：见图 6-9，减压阀是利用油液流过缝隙时产生压降的原理，使系统某一支路获得比系统压力低而平稳的压力油的液压阀。

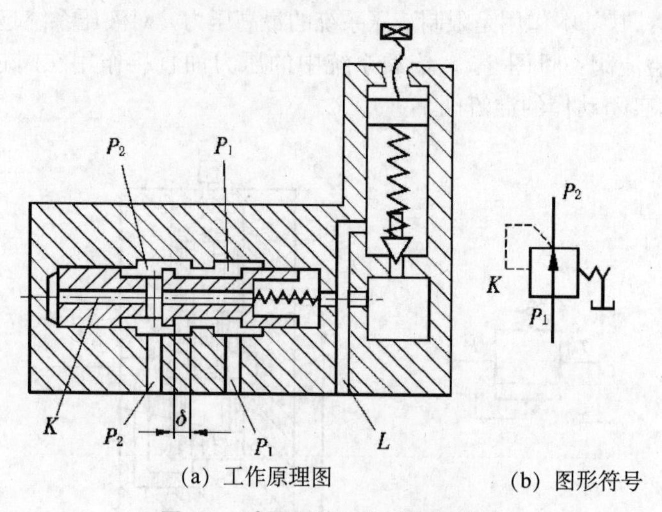

(a) 工作原理图 (b) 图形符号

图 6-9 减压阀的工作原理和符号

P_1. 进油口；P_2. 出油口；L. 泄油口

（3）顺序阀：见图 6-10，利用液压系统压力变化来控制油路的通断，从而实现多个液压油缸（或马达）按一定的顺序动作。

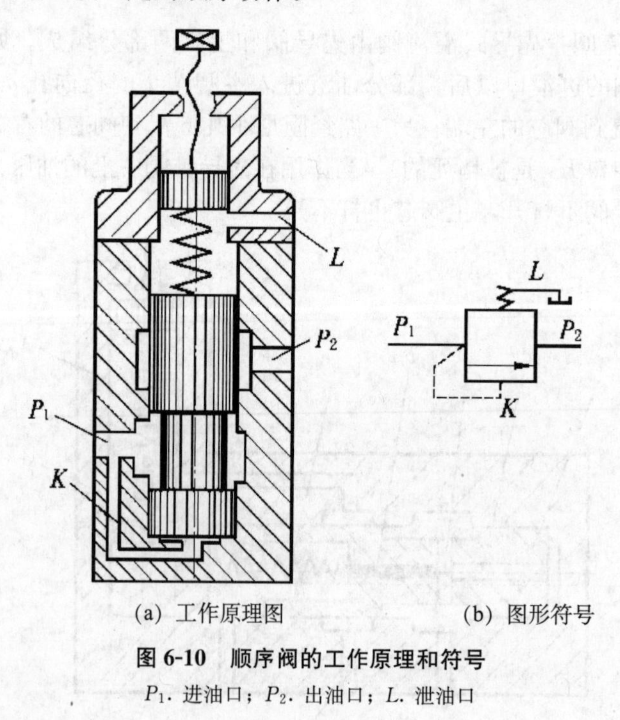

(a) 工作原理图 (b) 图形符号

图 6-10 顺序阀的工作原理和符号

P_1. 进油口；P_2. 出油口；L. 泄油口

二、流量控制阀

流量控制阀即通过调节输出流量，从而控制执行元件的运动速度，有节流阀、调速阀等。

1. 节流阀

即通过调节输出流量来控制液压油缸（或马达）的工作速度，见图 6-11。

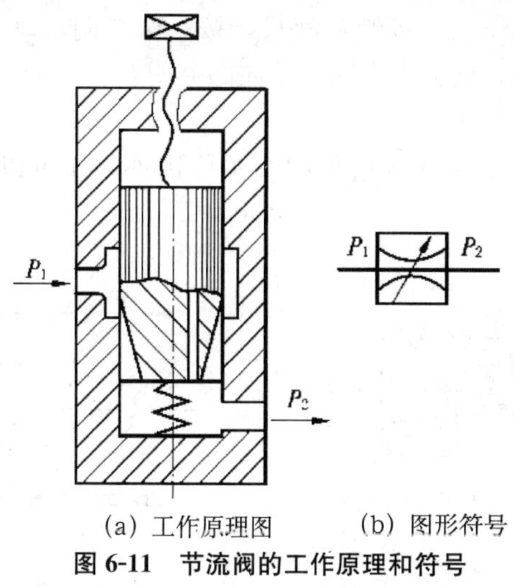

(a) 工作原理图　　(b) 图形符号

图 6-11　节流阀的工作原理和符号

P_1. 进油口；P_2. 出油口

2. 调速阀

见图 6-12，调速阀是由定差减压阀和节流阀串联而成的组合阀。节流阀用来调节通过的流量，定差减压阀则自动补偿负载变化的影响，使节流阀前后的压差为定值，消除了负载变化对流量的影响。从而保证液压油缸（或马达）的稳定工作速度，并且不受外界负载变化的影响。常用于对速度稳定性要求高的液压系统中。

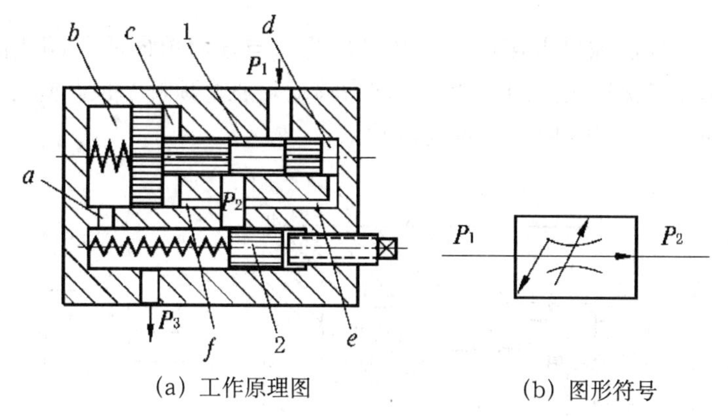

(a) 工作原理图　　(b) 图形符号

图 6-12　调速阀的工作原理和符号

1. 减压阀芯；2. 节流阀芯

三、方向控制阀

其作用是控制油液流动方向，主要有单向阀、换向阀等。

1. 单向阀

其功用是油液正向流通，反向截止。有普通单向阀（逆止阀或止回阀）、液控单向阀等。

（1）普通单向阀：其作用是控制油液只能按一个方向流动而反向截止，故又称止回阀，简称单向阀。单向阀又分为直通式单向阀见图 6-13（a）、图 6-13（b）和直角式单向阀见图 6-13（c）两种。

（2）液控单向阀：除了具有普通单向阀的作用外，还可以通过接通控制压力油，使阀反向导通。

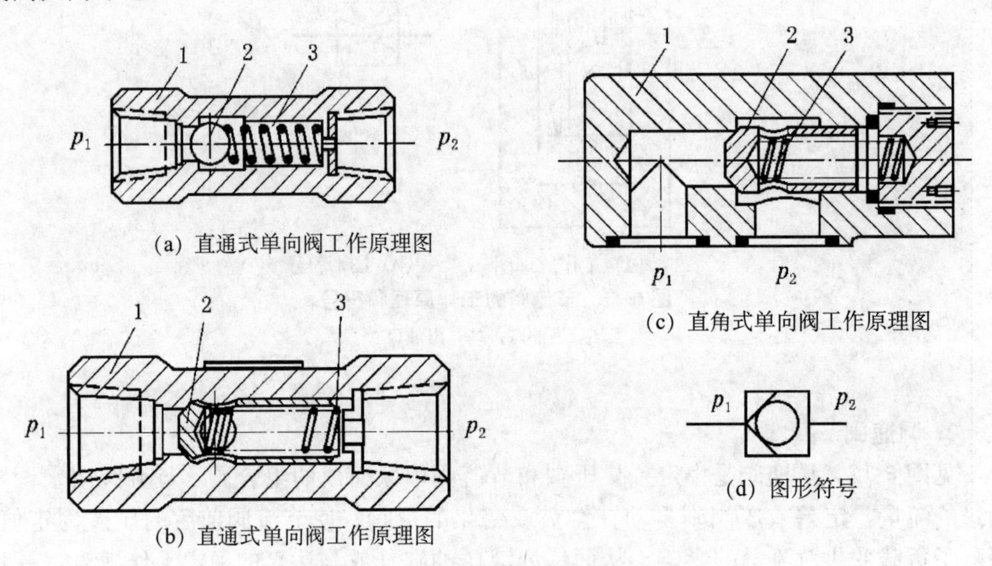

(a) 直通式单向阀工作原理图

(b) 直通式单向阀工作原理图

(c) 直角式单向阀工作原理图

(d) 图形符号

图 6-13　单向阀的工作原理图和符号

1. 阀体；2. 阀芯；3. 弹簧；p_1. 进油口；p_2. 出油口

见图 6-14，在控制油口未接通压力油时，此阀与普通单向阀作用相同。当需要反向导通时，控制油口接通压力油，活塞 1 向右移动，通过顶杆 2 顶开阀芯 3 使单向阀打开，液体从出油口 p_2 向进油口 p_1 反向流动。

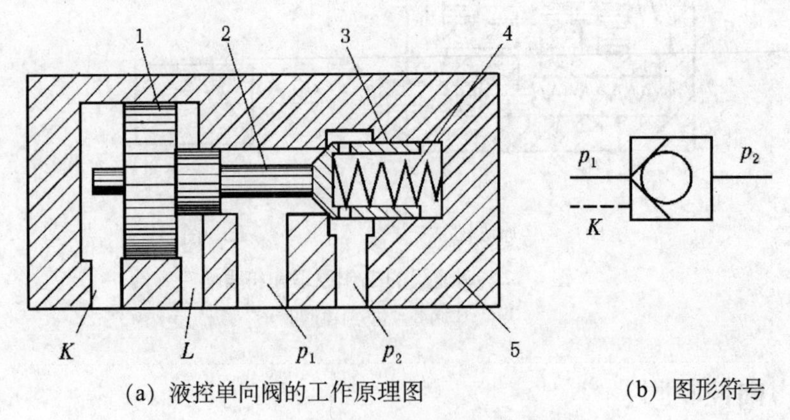

(a) 液控单向阀的工作原理图　　(b) 图形符号

图 6-14　液控单向阀的工作原理图和符号

1. 控制活塞；2. 顶杆；3. 阀芯；4. 弹簧；5. 阀体；p_1. 进油口；p_2. 出油口；K. 控制油口

2. 换向阀

换向阀的功用是改变阀芯在阀体内的位置，使阀体各油口的通断关系改变，从而改变油液的流向，实现执行元件的换向或启停。

如图 6-15 所示为几种换向阀的工作原理和图形符号。在换向阀的图形符号中，方块数代表位数，在一个方块内的连接管数代表通数，方块中的箭头表示油流方向，方块中的“⊥”符号表示该油口被截断。为了便于连接管道，将各油口标以不同字母，P 表示供油口，T 表示回油口，A 和 B 表示与执行元件相接通的油口。

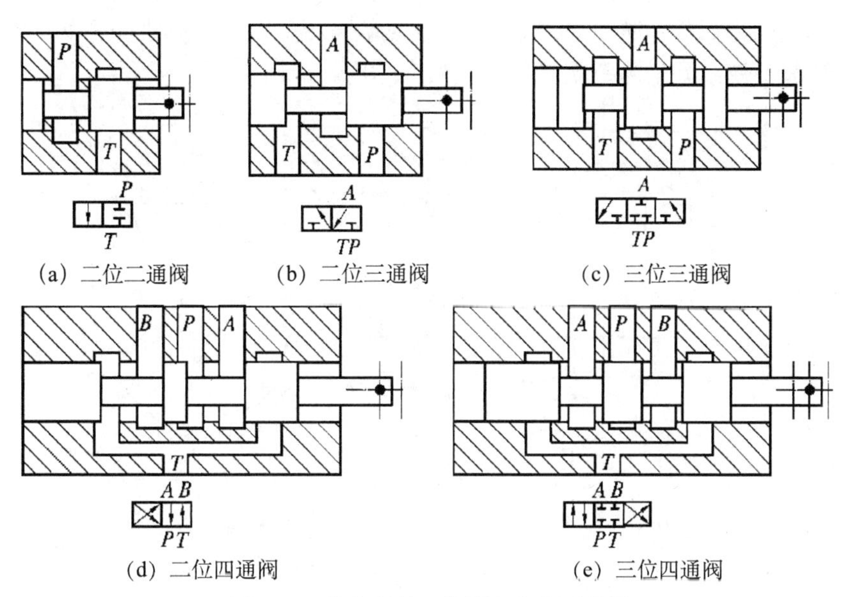

(a) 二位二通阀　(b) 二位三通阀　(c) 三位三通阀

(d) 二位四通阀　(e) 三位四通阀

图 6-15　换向阀的工作原理和图形符号

第五节　液压基本回路的组成和作用

一、压力控制回路

压力控制回路是利用压力控制阀来控制油液的压力，以达到对系统的过载保护、稳压、减压、增压、卸荷等目的。

1. 调压回路

如图 6-16 所示为二级调压回路，其中溢流阀能调定系统的最大工作压力。

溢流阀 1 的控制压力 p_1 比溢流阀 2 的控制压力 p_2 高。当二位二通电磁阀关闭时，液压系统的压力由溢流阀 1 控制，即当系统的工作压力升高到 p_1 时，阀 1 打开溢流。而当二位二通阀打开时，液压系统的压力由溢流阀 2 控制，即当系统的工作压力达到 p_2 时，阀 2 打开溢流，使系统工作压力不能继续升高。调节 p_1、p_2 即可调定系统的二级最大工作压力。

2. 减压回路

在用一个液压泵向两个以上执行元件供油的液压系统中，若某个执行元件或支路所需工作压力低于溢流阀调定的压力时，可采用减压阀组成减压回路。

见图 6-17，系统主油路的最大工作压力由溢流阀 2 调定，分支油路所需压力比主油路低，为此在支油路上串联减压阀使油压降低。调节减压阀的调压弹簧，可获得所需的较低压力。

3. 卸荷回路

为了节省能量消耗，减少系统发热，应使液压泵在无压力或很小压力下运转，这就是泵的卸荷。使泵处于卸荷状态的液压回路称为卸荷回路。

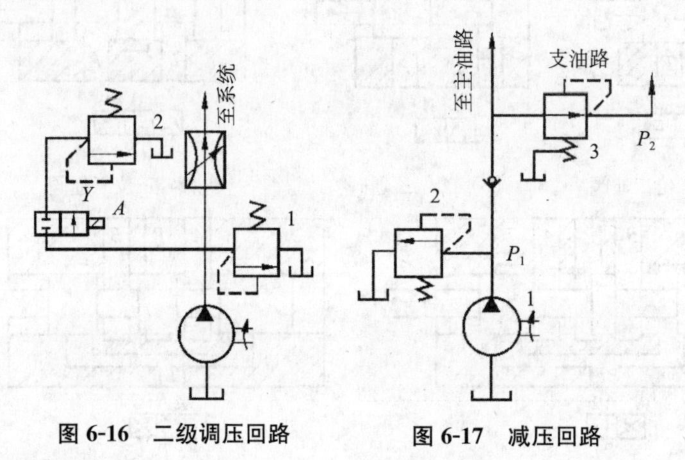

图 6-16　二级调压回路　　**图 6-17　减压回路**

(1) 利用三位换向阀中位卸荷：如图 6-18 所示为用三位四通换向阀的中位卸荷回路。这种卸荷方法结构简单，适用于低压小流量的液压系统。

(2) 利用两位两通阀卸荷：如图 6-19 所示，当液压系统工作时，两位两通电磁阀通电，阀的油路断开，油泵输出的压力油进入系统。当系统中执行元件停止运动时，两位两通电磁阀断电，油路导通，此时油泵输出的油液通过阀 2 流回油箱，使油泵卸荷。

(3) 利用溢流阀卸荷：如图 6-20 所示，断电时 p 由溢流阀调定，通电时泵卸荷，可用于大流量。

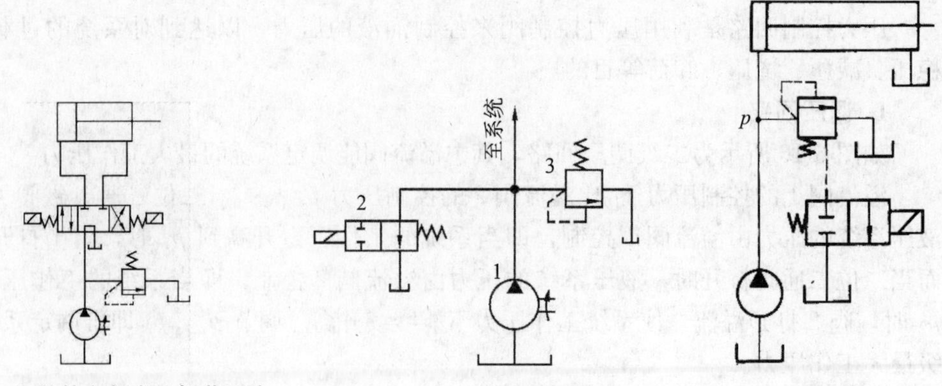

图 6-18　三位换向阀中位卸荷回路　　**图 6-19　两位两通阀卸荷回路**　　**图 6-20　溢流阀卸荷回路**

二、速度控制回路

液压传动可以在保持原动机的功率和转速不变的情况下，方便地实现大范围的调速。调速回路有节流调速和容积调速两类。

1. 节流调速回路

即依靠节流阀（或调速阀）改变管路系统中某一部分液流的阻力来改变执行元件的速度。此法比较简单，并能使执行元件获得较低的运动速度。但是，由于系统中经常有一部分高压油通过溢流阀流回油箱，因此功率损失较大，且造成了系统的发热和效率的降低。

根据节流阀安装位置的不同，可分为如图 6-21 所示的三种节流调速回路。

（1）进油节流调速回路见图 6-21（a），节流阀安装在液压缸的进油路上。

（2）回油节流调速回路见图 6-21（b），节流阀安装在回油路上。

（3）旁路节流调速回路见图 6-21（c），节流阀安装在主油路的旁路上。

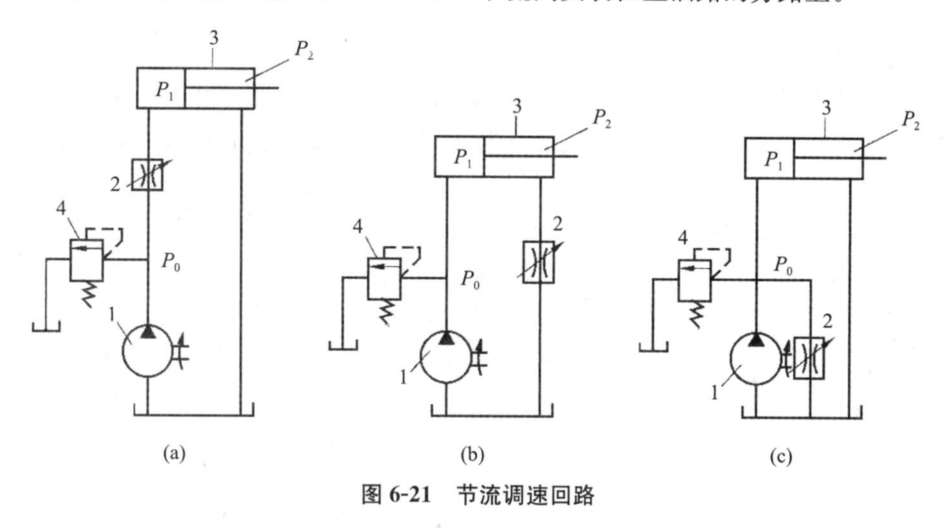

图 6-21　节流调速回路

2. 容积调速回路

容积调速依靠改变泵和马达的排量来调速，即用变量泵或变量马达来调速，如图 6-22 所示。

（1）变量泵调速回路见图 6-22（a），变量泵输出的压力油全部进入定量马达（或液压缸），调节泵的输出流量就能改变马达的转速（或速度）。系统中溢流阀起安全保护作用。

（2）变量马达调速回路见图 6-22（b），定量泵输出的压力油全部进入液压马达，输入流量不变，可通过改变马达的排量来调节它的输出转速。

（3）变量泵与变量马达调速回路见图 6-22（c）。

三、方向控制回路

控制液压系统油路的通断或换向以实现工作机构的启动、停止或变换运动方向的回路，称为方向控制回路。

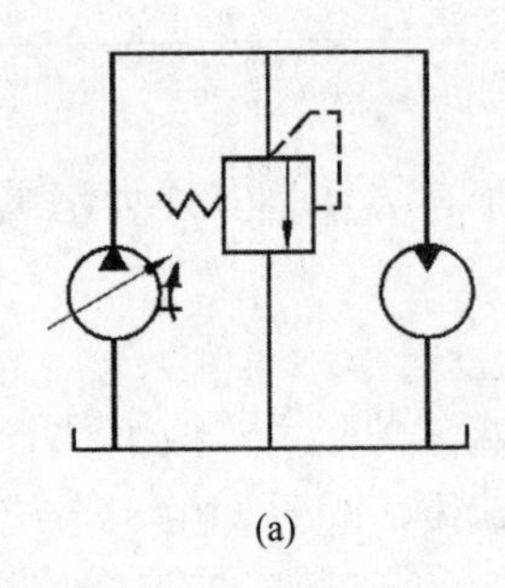

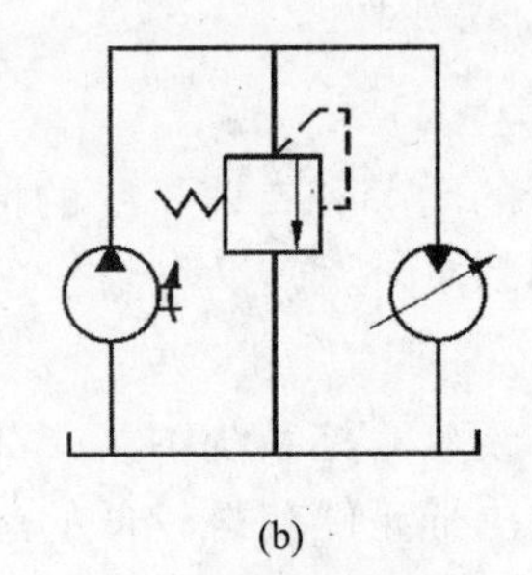

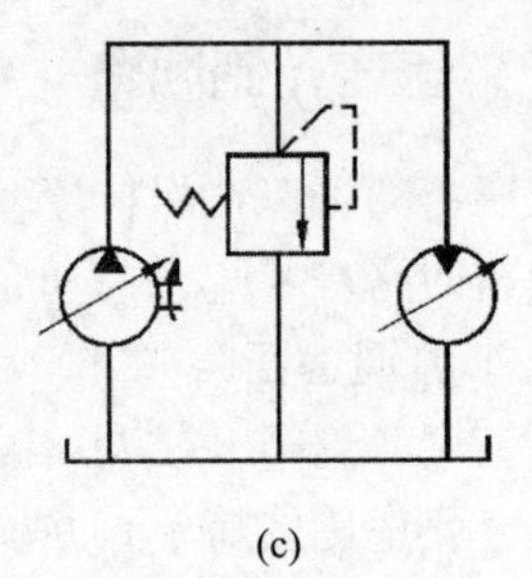

图 6-22　容积调速回路

1. 换向回路

换向回路的主要元件是换向阀。在回路中利用换向阀来改变油液的流向，以实现执行元件的往复运动。图 6-23 所示的用电磁阀实现的换向回路由固装在工作部件上的挡块碰撞行程开关来控制二位四通电磁阀，使油流方向发生改变，从而使活塞及工作部件往复运动。

2. 锁紧回路

锁紧回路是使执行元件停止在其行程中的任一位置上，防止外力作用下发生移动的液压回路。如起重机、挖掘机的液压支腿在支撑期间为了防止软腿，必须采用锁紧回路。

（1）换向阀锁紧回路：图 6-24 所示为采用三位四通换向阀的中位机能 M 型（或 O 型），使执行元件两个工作腔的油路全部封死，从而达到锁紧目的。由于滑阀式换向阀的滑动副中不可避免地有间隙存在，因此必然有泄漏，故锁紧效果较差，一般用于锁紧要求不太高的场合。

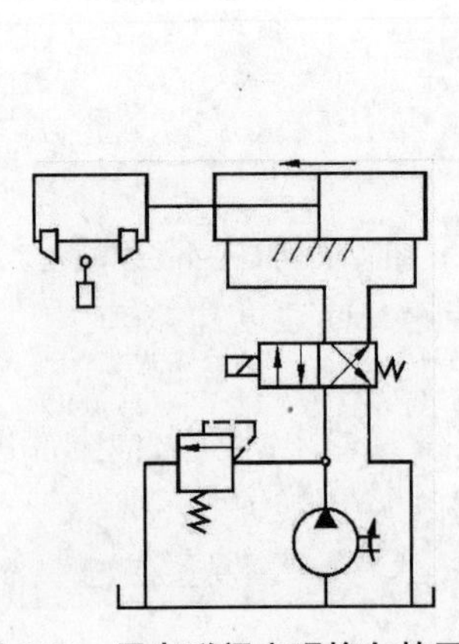

图 6-23　用电磁阀实现换向的回路

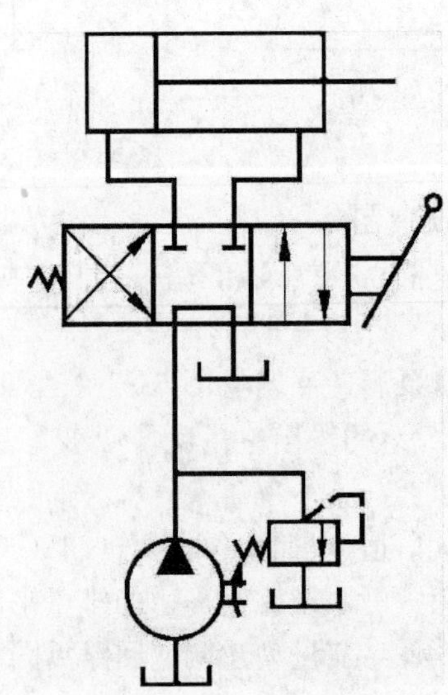

图 6-24　换向阀锁紧回路

（2）液控单向阀锁紧回路：图 6-25 所示为液控单向阀锁紧回路，又称液压锁。两个液控单向阀分别装在液压缸两端的油路上。当使三位四通换向阀左位接入系统，泵输出的油液经换向阀、液控单向阀 A 进入液压缸的左腔，同时控制油路将液控单向阀

B 打开，液压缸活塞右移，缸右腔的油液经液控单向阀 B、换向阀流回油箱。如果使换向阀中位接入系统，泵卸荷，油路中的油液无压力，A、B 两阀都关闭，这时液压缸被锁紧。液控单向阀的密封性好，故锁紧效果好，常用于锁紧要求高的场合，如起重机支腿液压缸。

四、多缸间配合动作回路

顺序动作回路的作用：控制多缸动作顺序。通常有压力控制和行程控制两种方式。行程控制顺序动作回路见图 6-26。

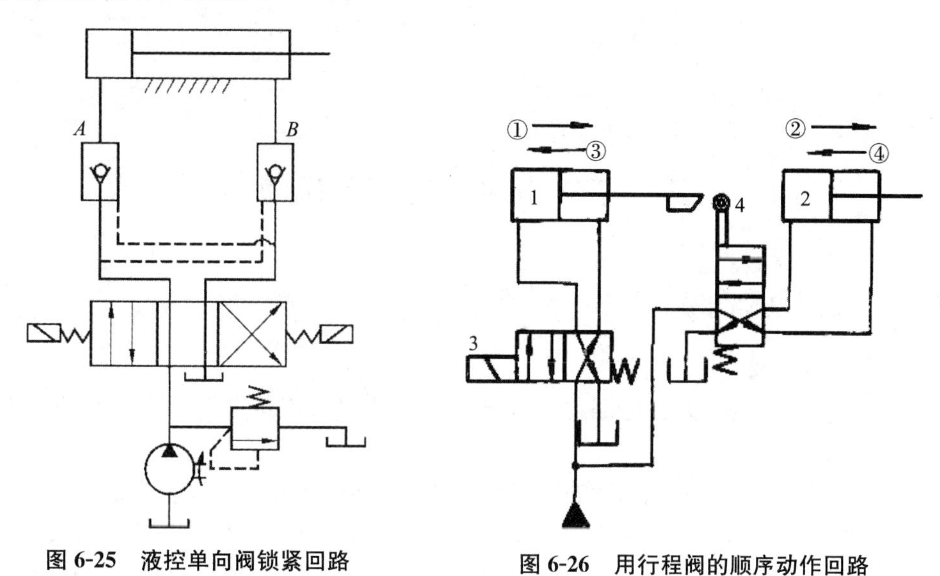

图 6-25 液控单向阀锁紧回路

图 6-26 用行程阀的顺序动作回路

第七章　电气基础常识

第一节　电路与电气基础知识

一、电路基础知识

1. 电路的组成

电流的通路称为电路。电路通常由电源、负载以及连接电源和中间环节三部分组成，其形式是多种多样的。

电源是提供电路中所需电能的装置。电源有电池、发电机、整流电源等。

负载是电路中消耗电能的器件或设备，是将电能转化为其他形式能量的装置。

中间环节是传送、分配和控制电能的部分，主要包括导线、控制与保护电器等。

2. 电路的三种状态及其特征

电路的工作时，可能出现三种状态：开路、短路、有载状态。

（1）开路（空载）状态：在图 7-1 电路中，如果开关 S 断开，电源和负载不构成闭合回路，这时电路处于空载状态，又称为开路或断路状态。

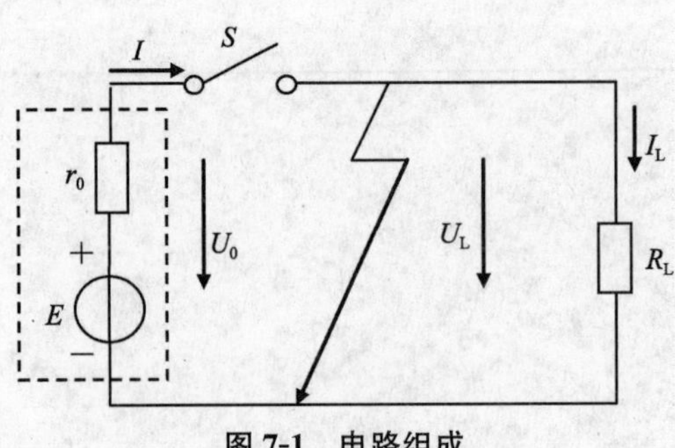

图 7-1　电路组成

（2）短路状态：在图 7-1 电路中，如果开关 S 合上时，因为某种原因负载被短接，则负载阻抗等于零。此时电流会很大，称短路电流，短路是一种严重事故，不允许出现。电路中应设置短路保护装置。

（3）负载状态：图 7-1 电路中，当开关 S 闭合时，电路接通，有电流通过负载，称为负载状态。当电源确定时，电流的大小取决于负载阻抗，阻抗大时，电流小；阻抗小时，电流大。

二、电动机的基本接线形式

1. 基本接线形式

电动机的种类有很多，而在建筑施工中最常用的电动机是三相异步电动机。它通常由定子、转子、机座接线盒等部分组成。常用的鼠笼式三相电动机只有定子绕组与电源相接，转子绕组是鼠笼式的，其内部线路在制造中就已经接好，不需要另外接线，只要在接线盒里确认每个接线端的位置就可以进行接线。

鼠笼式电动机的接线形式，见图 7-2，有星形和三角形连接两种。图中 U_1U_2、V_1V_2、W_1W_2 分别为三相绕组的首端和尾端。图（c）和图（d）分别为星形和三角形连接图，从图中可以与上面对应的接线原理图相比较，三个尾端的布局顺序进行了调整，在电动机制造时，为了方便接线将 U_1 的上方对应的是 W_2，V_1 的上方对应的是 U_2，W_1 的上方对应的是 V_2，这是在电机制造时就设计好的接线端布局。从图中可知接线方式很简单。其中图（c）是将上面三个端子接在一起，下面三个端子分别接在三相电源线上，这样的接法就形成了星形连接；而在做三角形连接时，分别将上下两个端子接在一起然后再接到电源线上，只要接线方法符合电动机铭牌上的要求电动机就可正常运转。

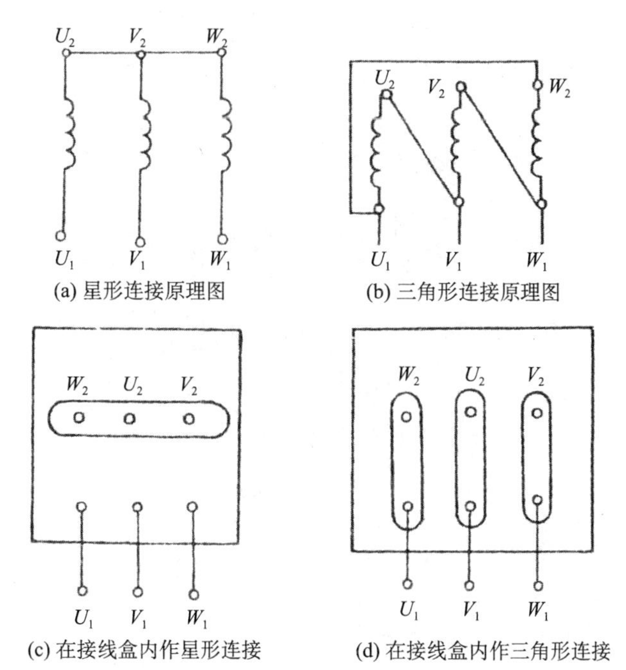

图 7-2　三相异步鼠笼式电动机接线图

2. 正反转的接线

在做好星形或三角形接线以后，要调整电动机的转动方向也很简单，只要调整三相电源线的接线顺序就可以改变电动机的转动方向。简言之，当原来的转向是顺时针转动时，要改为逆时针转动，只要任意对调两根电源线就能改变原来的转向。

三、常用低压电器

1. 控制电器

用于接通或断开不同电路的电器，它们多可以理解为电路开关，但由于电路的类型、作用不同对开关的要求不尽相同。因此，开关的种类和规格很多，常用的有如下几种。

（1）闸刀开关，见图 7-3。常见类型有胶盖式和刀熔式闸刀开关，通常闸刀开关都与熔断器组合在一起。

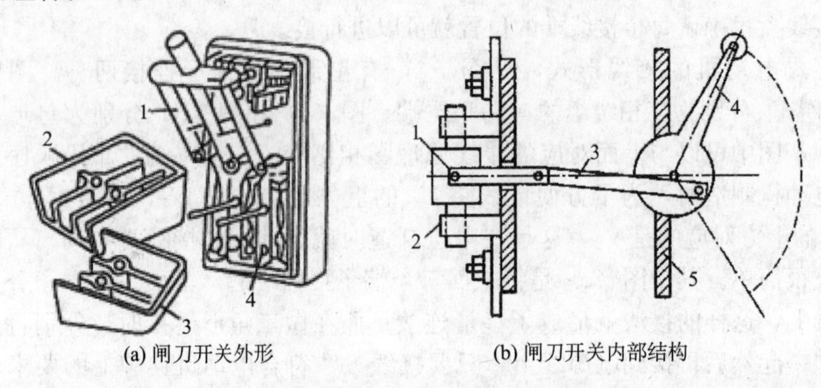

(a) 闸刀开关外形　　(b) 闸刀开关内部结构

图 7-3　闸刀开关

1. 闸刀本体；2. 上胶木盖；3. 下胶木盖；4. 接熔丝的接头；5. 胶体

（2）铁壳开关，见图 7-4。

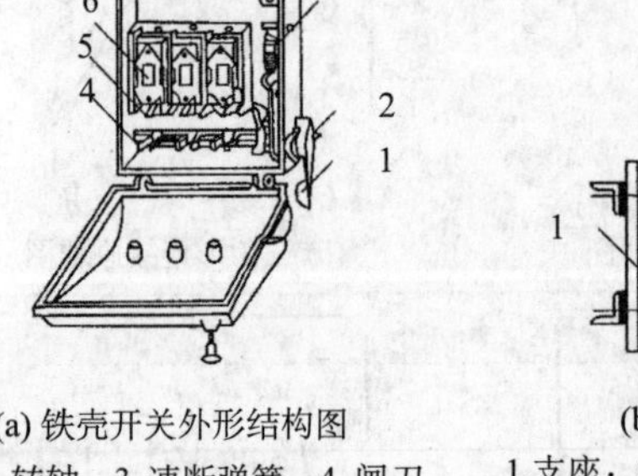

(a) 铁壳开关外形结构图
1.手柄；2.转轴；3.速断弹簧；4.闸刀；5.夹座；6.熔断器

最大分闸位置

(b) 速断装置
1.支座；2.触刀；3.分断加速弹簧；4.套架

图 7-4　铁壳开关

（3）组合开关，见图 7-5。

（4）低压断路器（空气断路器），见图 7-6。

（5）行程开关（限位开关），见图 7-7。

2. 保护电器

用于设备保护和防触电保护。在设备保护中有过载、短路、欠压、失压保护等。其中熔断器是最好用的保护电器，其主要功能是做短路保护，防止电路因电流过大而损坏用电设备，在有些场合也可以作为过载保护。低压断路器不仅具有开关控制功能，而且还具有过载、短路、欠压、失压、限位保护等功能。

（a）组合开关外形

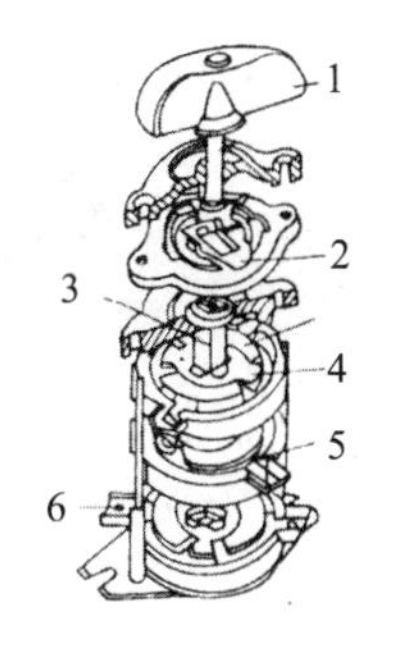

(b)组合开关的结构

图 7-5　组合开关

1. 手柄；2. 凸轮；3. 绝缘方轴；4. 动触头；5. 静触头；6. 接线端

图 7-6　低压断路器

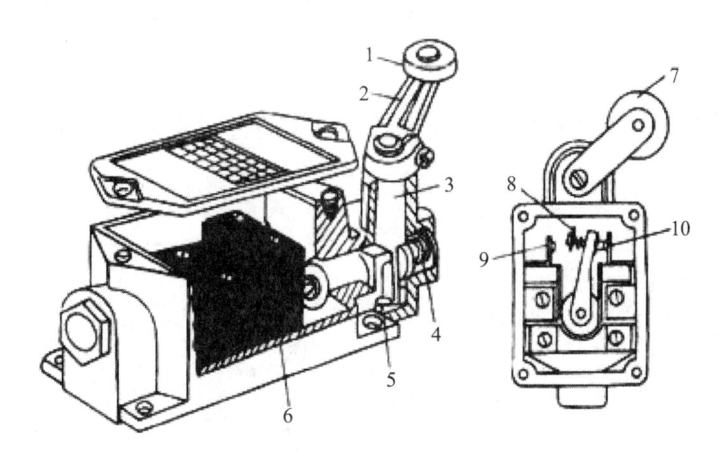

图 7-7　行程开关

1. 滚轮；2. 杠杆；3. 轴；4. 复位弹簧；5. 掉块；6. 微动开关；7. 滚轮；8. 动触头；9. 静触头；10. 静触头

（1）低压熔断器：其形式有瓷插式、螺旋式、管式等。熔断器的保护原理是利用低熔点的金属丝串联在电路中，当电路中的电流过大时产生高温使熔丝熔断而切断电路，实现保护电气设备的目的，见图 7-8。

（2）漏电保护器：漏电电流动作保护器，简称漏电保护器，又叫漏电保护开关，主要是用来在设备发生漏电故障时以及对有致命危险的人身触电进行保护。

漏电保护器主要由三部分组成：检测元件、中间放大环节、操作执行机构，见图

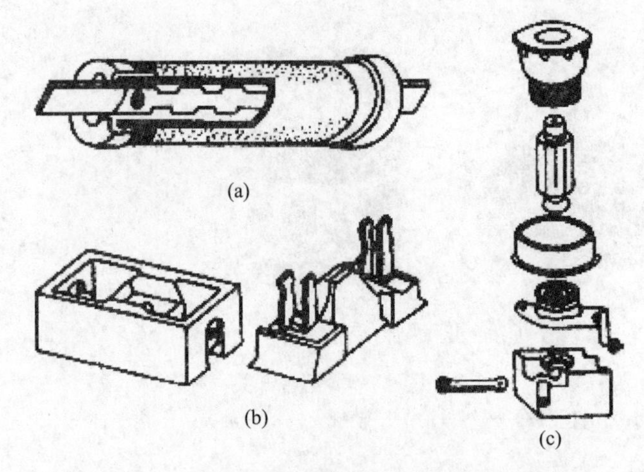

图 7-8　低压熔断器形式

7-9。其中的执行机构就是一个断路器，所以漏电保护器通常是与断路器配合使用，漏电保护器起检测作用，断路器用于切断电源。其工作原理就是在用电设备发生漏电时，漏电保护器能够检测到漏电流，同时触动断路器的脱钩装置，立即切断电源，防止触电事故。

保护器按检测元件的原理上可分为：电压动作型、电流动作型、交流脉冲型和直流动作型等多种类型。其中以电流动作型保护器性能为最好，应用最普遍。由于种类与型号较复杂，非专业电工不具备正确安装的技术能力，因此一定要由专业电工负责安装，其保护功能只有在安装正确，接线无误的情况下才能发挥作用。

3. 配电箱

配电箱是用于组装各种电器及辅助设备组装的封闭或半封闭电气柜或屏的统称，见图 7-10。

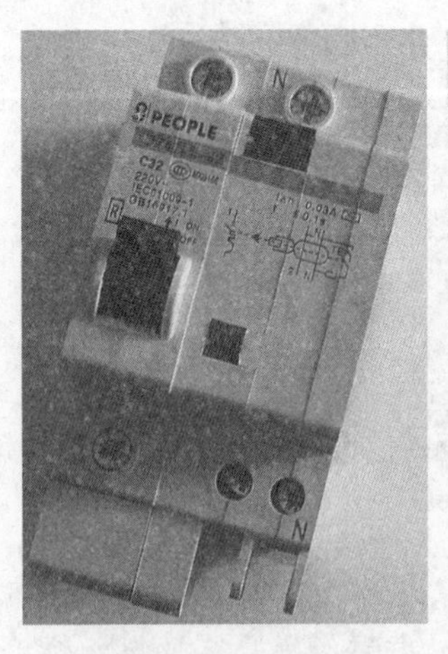

图 7-9　漏电保护器

图中左边是断路器，右边部分是漏电保护器

图 7-10　低压配电箱

第二节　设备安全用电

一、用电保护基本概念

安全用电的主要内容是保护人身和设备安全两项，二者相辅相成，设备安全是人身安全的前提，人身安全是用电安全的首要任务。

用电设备的安全是由电气设备的系统来保障，其保障措施有过载、短路、欠压、失压保护；用电的人身安全措施主要的是漏电保护。

触电，在中性点不接地的三相电源系统中，当接到这个系统上的某电气设备因绝缘损坏而使外壳带电时，如果人站在地上用手触及外壳，由于输电线与地之间有分布电容存在，将有电流通过人体及分布电容回到电源，使人体有电流流过造成触电伤害，见图 7-11。

用电保护的几个基本概念

（1）过载：是指用电设备的负荷电流较长时间超过额定电流的情况。长时间的过负荷，将使设备的载流部分和绝缘材料过度发热，从而使绝缘加速老化或遭受破坏。

（2）短路：是电气设备由于各种原因出现相线与相线之间或相线与零线之间直接相碰，电流突然增大的现象叫短路。短路的破坏作用瞬间释放很大热量，使电气设备的绝缘受到损伤，甚至把电气设备烧毁。

（3）欠压：即出现电气设备的供电电压低于它的额定电压 10%以上的情况。这种情况发生时，由于电压过低会造成电路中的电流增加，元件发热而损坏设备。

（4）过压：即出现电气设备的供电电压高于它的额定电压 10%以上的情况。这种情况发生时，由于电压过高会造成电路中的元件绝缘损坏而破坏设备。

（5）失压：即由于供电电源的原因而出现断电的情况。其造成伤害的原因在于当电源恢复供电时，如果电路上的设备没有及时断电，就会出现突然运转而造成人员伤害。

（6）漏电：因用电设备的故障原因而导致本来设备上不带电的部位带上了电的情况。当这种情况发生时，由于原来不带电的部分因漏电而带电，会造成人员触电。

（7）限位运行与限位保护

1）限位运行：根据机械操作的要求，当机械的运动部件在运行时，到达规定的运动位置能够自动停止，或者自动改变运动方向返回原来的位置的电气装置，称为限位运行。通常是在电路控制设计时，根据工艺的要求在机械装置的运行轨道的合适位置上安装限位开关。

2）限位保护：在限位运行时机械的运动部件到达规定位置，由于限位控制电路故障或者限位开关失灵，使得运动部件不能够自动停止或者返回，这时就必须有相应的电气保护措施。其作用是在限位运行开关失效情况下，能够自动切断电源，让机械迅速停止运行避免事故发生。在电气设计时，限位保护的限位开关的位置与限位运行开关的位置相近，通常限位运行开关在前，限位保护开关在后，但二者的作用完全不同，保护开关绝不是运行开关的简单重复，不应理解为保护开关是运行开关的第二个开关。运行开关触发的是工作控制电路，而保护开关触发的是电气控制的保护电路。保护电路的作用有两个方面：一是使超出运行范围的机械迅速停止运行；二是能表明电路出现故障，必须在排除故障后方能重新运行。简言之，在电气控制电路设计时，保护电路应当具备电气运行控制电路出现故障时，保护开关一旦被触发，运行控制的电源就会被自动切断，在故障没有排除的情况下，系统不能运行的功能。

过载、短路、欠压、过压、失压、运行限位开关失灵等状态都会对设备产生造成一定程度的损坏，在用电设备损坏的情况下都有可能出现漏电现象。因此，过载、短路、欠压、过压、失压、限位保护等与漏电保护都是安全用电及电气设备保护的重要内容。

二、设备用电保护

1. 用电设备的保护措施

为了防止出现过载、短路、欠压、过压、失压以及机械运动超出正常范围等现象的发生，在电气设备的线路设计时，会在电路控制线路中采用具有保护功能的电器元件组成控制电路，常用的电器元件有断路器、交流接触器、行程开关（限位开关）以及各种继电器。

2. 保护接零和保护接地

以保护人身安全为目的，把电气设备不带电的金属外壳接地或接零，叫做保护接地或保护接零，其防范措施的基本原理分别如下。

（1）保护接地

如图 7-11 所示，就是把电气设备的金属外壳用足够粗的金属导线与大地可靠地连接起来。没有保护接地的电动机发生任何一相碰壳，人体接触后所有电流都经过人体。

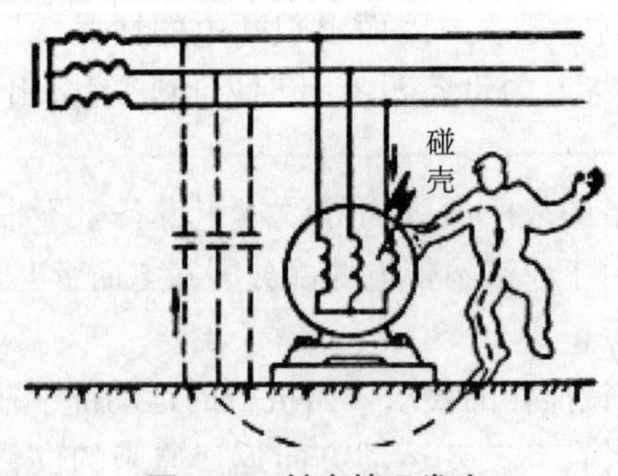

图 7-11　触电情况发生

电气设备采用保护接地措施后，设备外壳已通过导线与大地有良好的接触，则当人体触及带电的外壳时，人体与接地线对于大地而言是并联关系，见图 7-12。由于人体电阻（上千欧姆）远远大于接地电阻（几欧姆），绝大部分的漏电电流，通过接地线流向大地，所以通过人体的电流很小，达到避免人身触电伤害事故的发生。保护接地只适用于中性点不接地的配电系统中。

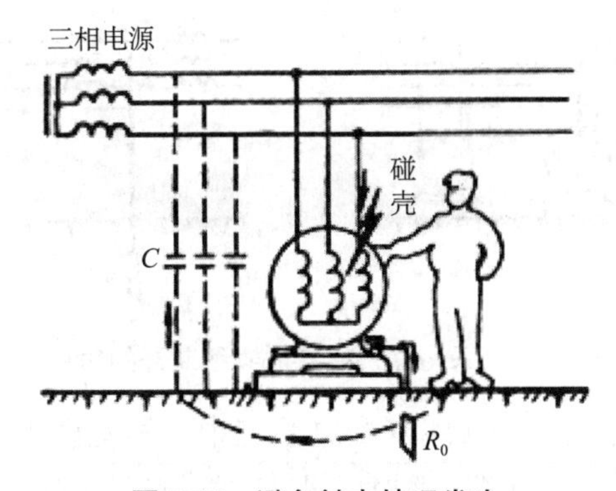

图 7-12　避免触电情况发生

（2）保护接零

1）保护接零的概念：

所谓保护接零（又称接零保护）就是在中性点接地的系统中，将电气设备在正常情况下不带电的金属部分与零线作良好的金属连接。其作用是在电气设备不带电的外壳漏电时，由于外壳与零线相接，会造成相线与零线短路，这时电路中的熔断器或断路器会自动切断电源，实现保护的目的。图 7-13 是采用保护接零时，出现故障电流会导致熔断器熔断的示意图。

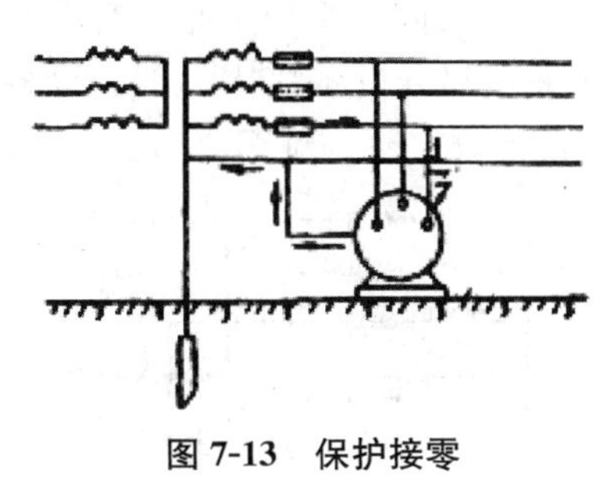
图 7-13　保护接零

保护接零用于 380/220V、三相四线制、电源的中性点直接接地的配电系统。

在电源的中性点接地的配电系统中，只能采用保护接零，如果采用保护接地则不能有效地防止人身触电事故，见图 7-14。

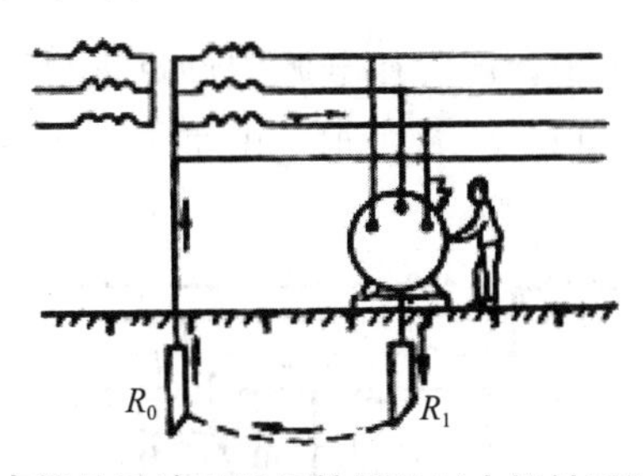

图 7-14　中性点接地系统采用保护接地时人接触后还是会发生触电

2）采用保护接零时应注意的问题：

① 在保护接零系统中，零线起着十分重要的作用。一旦出现零线断线，接在断线处后面一段线路上的电气设备，由于不能形成短路电流保护电器不能切断电源，保护接零失效，见图 7-15（a）、图 7-15（b）。

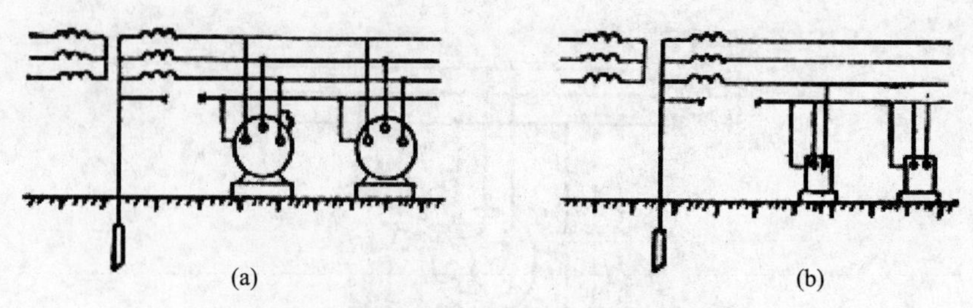

图 7-15　采用保护接零时零线断开的后果

② 电源中性点不接地的三相四线制配电系统中，不允许用保护接零，而只能用保护接地。见图 7-16，一旦出现相线掉到地上时会造成触电事故。

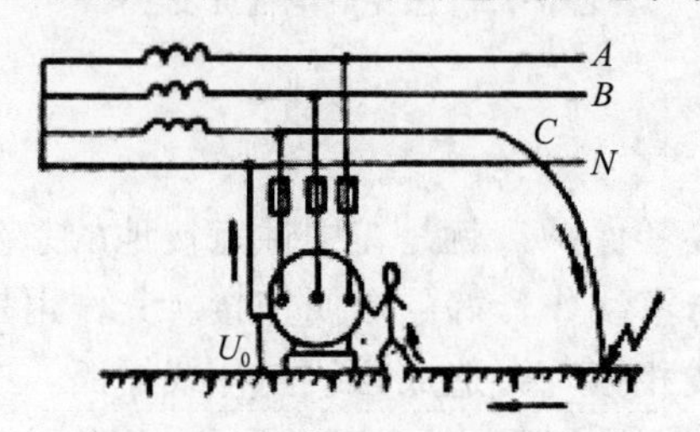

图 7-16　中性点不接地系统采用保护接零的后果

③ 在采用保护措施时，不允许在同一系统上把一部分设备接零，另一部分用电设备接地。在同一个系统上不准采用部分设备接零、部分设备接地的混合做法，即使熔丝符合能烧断的要求，也不允许混合接法，见图 7-17。

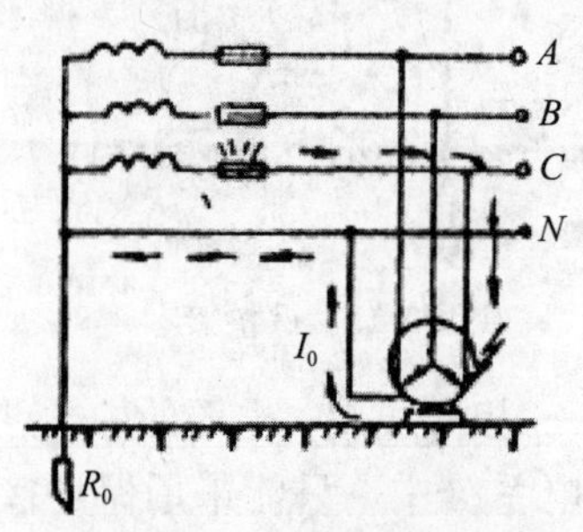

图 7-17　不正确的接零保护

④ 在采用保护接零的系统中，还要在电源中性点进行工作接地和在零线的一定间隔距离及终端进行重复接地。如图 7-18 所示，由于采用了重复接地，即使出现断线情况，也能保证保护电器产生断电动作。

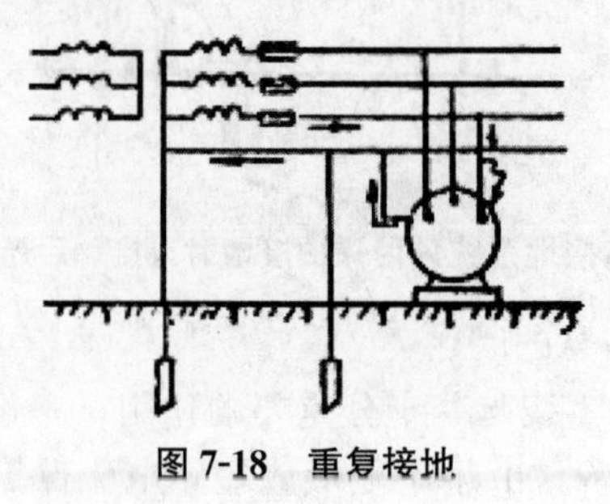

图 7-18　重复接地

（3）保护接零和保护接地的区别

1）连接部位不同：

① 保护接地是把电气设备的金属外壳用导线与大地连接起来。

② 保护接零是在中性点接地的系统中，将电气设备不带电的金属部分与零线连接。

2）作用形式不同：

① 保护接地是电气设备采用保护接地措施后，设备外壳已通过导线与大地接触。当人体触及带电的外壳时，人体与接地线对于大地而言是并联关系，由于人体电阻远远大于接地电阻，绝大部分的漏电电流通过接地线流向大地。

② 保护接零的作用是在电气设备不带电的外壳漏电时，由于外壳与零线相接，会造成相线与零线短路，这时电路中的熔断器或断路器会自动切断电源实现保护。

3. 漏电保护器的正确使用要求

（1）漏电保护器的选择

如何正确选用漏电保护器，一要充分考虑保护器的特定功能，如短路、过负荷、过压等功能；二要全面考虑保护器额定动作电流的大小，如6mA、10mA、30mA、45mA、50mA、75mA、150mA；三要综合考虑保护器安装位置的特定环境，如曝晒、雨淋、特别潮湿；四要系统考虑在实行三级保护时，漏电保护器选型配置中保护器相互之间动作电流的级差和动作（分断）时间的级差的配合。

1）按保护目的选用：

① 以防止人身触电为目的。安装在线路末端，选用高灵敏度，快速型漏电保护器。

② 以防止触电为目的与设备接地并用的分支线路，选用中灵敏度、快速型漏电保护器。

③ 用以防止由漏电引起的火灾和保护线路、设备为目的的干线，应选用中灵敏度、延时型漏电保护器。

2）按供电方式选用：

① 保护单相线路（设备）时，选用单极二线或二极漏电保护器。

② 保护三相线路（设备）时，选用三极产品。

③ 既有三相又有单相时，选用三极四线或四极产品。

（2）正确使用要求

1）漏电保护器适用于电源中性点直接接地或经过电阻、电抗接地的低压配电系统。

2）漏电保护器保护线路的工作中性线（N）要通过零序电流互感器。否则，在接通后，就会有一个不平衡电流使漏电保护器产生误动作。

3）接零保护线（PE）不准通过零序电流互感器，在出现故障时，造成漏电保护器不动作，起不到保护作用。

4）控制回路的工作中性线不能进行重复接地。

5）漏电保护器后面的工作中性线（N）与保护线（PE）不能合并为一体。

6）被保护的用电设备与漏电保护器之间的各线互相不能碰接。

4. 行程开关的安装使用要求

行程开关广泛用于各类机床和起重机械，用以控制其行程、进行终端限位保护。

在电梯的控制电路中，还利用行程开关来控制开关轿门的速度、自动开关门的限位，轿厢的上、下限位保护。

行程开关按其结构可分为直动式、滚轮式、微动式和组合式。其安装使用要求如下：

1）安装位置应能使开关正确动作，且不妨碍机械部件的运动。

2）碰块或撞杆应安装在开关滚轮或推杆的动作轴线上。对电子式行程开关应按产品技术文件要求调整可动设备的间距。

3）碰块或撞杆对开关的作用力及开关的动作行程，均不应大于允许值。

4）限位用的行程开关，应与机械装置配合调整；确认动作可靠后，方可接入电路使用。

岗位知识与专业实务篇

第八章 常用建筑施工机械的工作原理及技术性能

第一节 常用建筑施工机械设备的分类、型号

常用建筑施工机械设备的分类、型号

凡土石方施工工程、路面建设与养护、移动式起重装卸作业和各种建筑工程所需的综合性机械化施工工程所必需的机械装备，称为工程施工机械。

1. 常用建筑施工机械设备的分类

常用建筑施工机械设备按其功能主要分为六类。

（1）土石方机械：包括挖掘机械、铲土运输机械、压实机械和凿岩机械。

1）挖掘机械：如单斗挖掘机（又可分为履带式挖掘机和轮胎式挖掘机）、多斗挖掘机（又可分为轮斗式挖掘机和链斗式挖掘机）、多斗挖沟机（又可分为轮斗式挖沟机和链斗式挖沟机）、滚动挖掘机、铣切挖掘机、隧洞掘进机（包括盾构机械）等。

2）铲土运输机械：如推土机（又可分为轮胎式推土机和履带式推土机）、铲运机（又可分为履带自行式铲运机、轮胎自行式铲运机和拖式铲运机）、装载机（又可分为轮胎式装载机和履带式装载机、平地机（又可分为自行式平地机和拖式平地机）、运输车（又可分为单轴运输车和双轴牵引运输车）、平板车和自卸汽车等。

3）压实机械：如轮胎压路机、光面轮压路机、单足式压路机、振动压路机、夯实机、捣固机等。

4）凿岩机械：如凿岩台车、风动凿岩机、电动凿岩机、内燃凿岩机和潜孔凿岩机等。

（2）起重机械：如塔式起重机、自行式起重机、桅杆起重机、抓斗起重机等。

（3）桩工机械：如钻孔机、柴油打桩机、振动打桩机、压桩机等。

（4）钢筋混凝土机械：如混凝土搅拌机、混凝土搅拌站、混凝土搅拌楼、混凝土输送泵、混凝土搅拌输送车、混凝土喷射机、混凝土振动器、钢筋加工机械等。

（5）路面机械：如平整机、道碴清筛机等。

（6）其他工程机械：如架桥机、气动工具（风动工具）等。

2. 建筑工程机械产品型号的编制方法

建筑工程机械产品的型号一般由类、组、型、特性代号（其代号不得超过 3 个字

母）与主参数代号两部分组成。如需增添变型、更新代号时，其变型、更新代号置于原产品型号的尾部，见图8-1。产品型号是工程机械产品名称、结构形式与主参数的代号，它供设计、制造、使用和管理等有关部门应用。

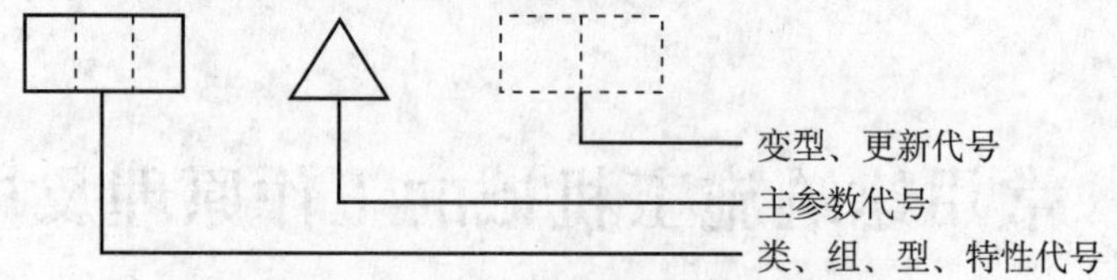

图8-1　工程机械产品型号的编制方法

(1) 产品型号编制要求：

1) 类、组、型代号与特性代号均用大写印刷体汉语拼音字母表示，该字母应是类、组、型与特性名称中有代表性汉语拼音字母。如与同类中其他型号有重复时，也可用其他字母表示。

2) 主参数用阿拉伯数字表示。

3) 当产品结构有重大改革，需重新试制和鉴定时，其变型或更新代号用大写汉语拼音字母A、B、C……表示，置于原产品型号的尾部，以区别于原型号。

4) 当产品的主参数、动力性能等有重大改变时，则应改变产品的型号。

(2) 产品型号应用举例：

工程机械产品型号编制规定，参见后续章节具体工程机械。产品型号应用示例：

1) WY25型挖掘机，表示整机质量为25 t的履带式液压单斗挖掘机；

2) QTZ80型起重机，表示额定起重力矩为80 t·m（800kN·m）的上回转自升塔式起重机；

3) GX7型铲运机，表示铲斗几何容量为7 m^3的自行轮胎式铲运机；

4) 3Y12/15型压路机，表示结构质量为12 t，加载后质量为15 t的三轮压路机；

5) Z150型搅拌机，表示额定容量为150 L的电动锥形反转出料混凝土搅拌机；

6) DZ20型打拔桩锤，表示电动机功率为20 kW的机械振动桩锤；

7) GT4/8型钢筋调直切断机，表示调直切断钢筋的直径范围是4～8 mm的钢筋调直切断机；

8) T320型推土机，表示功率为320 kW的履带式推土机；

9) LW300F装载机，表示额定载重量3 000 kg的轮式装载机；

10) XMR08压路机，表示工作质量为800 kg的震动压路机；

11) HZ500手提式吊运机，表示额定起重重量为500 kg的手提式吊运机；

12) 300型木工刨床，最大刨削宽度为300 mm的木工刨床。

第二节　常用建筑施工机械的工作原理、类型及技术性能

一、土方机械（挖掘机、铲运机、推土机、装载机、压路机）

1. 挖掘机

挖掘机是用来进行土方开挖的一种施工机械，挖掘机的作业过程是用铲斗的切削

刃切土并把土装入斗内，多斗挖掘机进行不间断的挖、装、卸，其过程连续进行；对于单斗挖掘机则在装满土后提升铲斗并回转到卸土点卸土，然后回转转台到铲装点重复上述过程。按作业特点分为周期性作业式和连续性作业式两种，前者为单斗挖掘机，后者为多斗挖掘机。

（1）类型

单斗挖掘机的种类很多，一般可以有如下几种分类方法：

1）按用途分：

① 建筑型挖掘机：它有履带式、轮胎式和汽车式等几种。其工作装置一般有正铲、反铲、拉铲、抓斗和吊钩等，其斗容量一般小于 $2m^3$，适用于挖掘和装载Ⅰ～Ⅳ级土壤或爆破后的Ⅴ～Ⅵ级岩石。

② 采矿型挖掘机：主要采掘爆破之后的矿石和岩石，一般只用正铲工作装置。按作业要求，个别还配有拉铲装置和起重装置，斗容量一般为 $2\sim8m^3$。适用于挖掘爆破后的Ⅴ～Ⅵ级的矿石和岩石。

③ 剥离型挖掘机：它有履带式和步行式两种，用于露天矿表层剥离和大型基本建设工程。履带式为正铲工作装置，采用铰接动臂或具有辅助动臂的特种结构形式，斗容量为 $4\sim53m^3$，由多台发动机驱动。

2）按动力装置分：

按动力装置分为电动机驱动式、内燃机驱动式、复合驱动式（柴油机—电力驱动、柴油机—液力驱动、柴油机—气力驱动、电力—液力驱动和电力—气力驱动）等。筑路用单斗挖掘机由于其流动性比较大，斗容量不太大，故一般都是采用内燃机驱动形式。

3）按传递动力的传动装置方式分：

① 机械传动：机械传动是指工作装置的动作是通过绞车（卷筒）、钢索和滑轮来实现的，挖掘机的动力装置通过齿轮和链条等传动件带动绞车、行走及回转等机构，并通过离合器、制动器控制其运动状态。

② 半液压传动：工作装置、回转装置、行走装置中不全是液压传动的，一般工作装置采用双作用液压油缸执行动作，行走与回转采用机械传动或只有行走采用机械传动的单斗挖掘机为半液压传动挖掘机。

③ 全液压传动：如果行走和回转采用液压马达驱动，工作装置通过油缸执行其动作，则称为全液压挖掘机。

4）按基础车的形式分：

① 履带式：具有重心低，接地比压小，通过性强等优点。

② 轮胎式：它是采用特制的增大轮距的底盘，以增加其稳定性，它又可根据需要伸出与缩回的液压支腿。其特点是机动灵活，能自行快速地转移工地且不破坏路面，但其稳定性相对较差，许多小型的液压挖掘机多采用这种行走装置。

③ 汽车式：它比轮胎式的运行速度更快，其他与轮胎式的相似。

5）根据工作装置的结构形式分：

① 正铲挖掘机：当铲斗置于停机面开始挖掘时，其斗口朝外（前），它适合挖停机面以上的工作面，对于液压操纵的正铲挖掘机可以挖停机面以下的工作面。

② 反铲挖掘机：当铲斗置于停机面开始挖掘时，其斗口朝内（后或下），工作过程

中，斗子向内转动，它适合挖停机面以下的工作面，对于液压操纵的正铲挖掘机可以挖停机面以上的工作面。

③拉铲挖掘机：其铲斗是由钢索悬吊和操纵的。铲斗在拉向机身时进行挖掘，适合开挖停机面以下的工作面，其卸土是采用抛掷卸土的方式。

④ 抓斗（铲）挖掘机：工作装置是一种带双瓣或多瓣的抓斗，对于机械操纵挖掘机，它用提升索悬挂在动臂上，斗瓣的开闭由闭合索来实现，也有液压抓斗。

6）按工作装置的操纵方式分：

按工作装置的操纵方式可分为机械—钢索操纵式、机械—液压综合式、机械—气压综合式、全液压式。

（2）工作过程

单斗挖掘机是一种循环作业式机械，每一工作循环包括挖掘、回转调整、卸料、返回调整四个过程，见图 8-2。

下面介绍机械传动式挖掘机的正铲、反铲、拉铲和抓斗的工作过程。

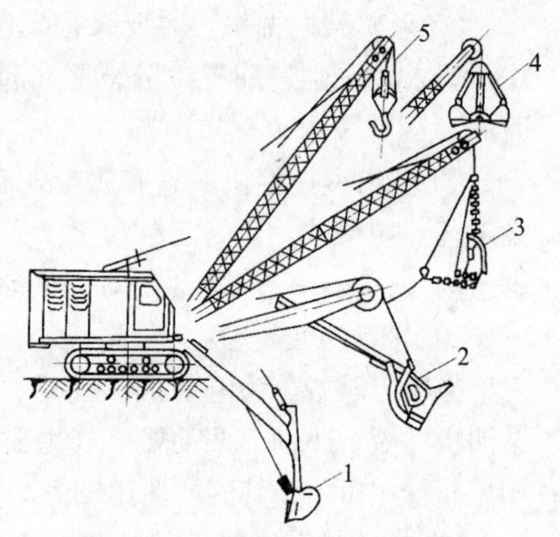

图 8-2　单斗挖掘机工作装置类型

1. 反铲；2. 正铲；3. 拉铲；4. 抓斗；5. 吊钩

1）正铲挖掘机的工作过程：见图 8-3，先将铲斗下放到工作面的底部（Ⅰ），然后在提升铲斗的同时使斗柄向前推压，于是铲斗强制切土，当铲斗上升到一定高度时装满土壤（Ⅱ→Ⅲ）。斗柄回缩离开工作面（Ⅳ），然后回转，同时调整卸料位置到卸料上方适当高度（Ⅴ），打开斗底进行卸料（Ⅵ）。卸土完毕后，回转转台，同时调整铲斗到铲土始点，重复上述过程。在铲斗放下过程中，斗底在惯性作用下使斗底自动关闭（Ⅵ→Ⅰ）。由于钢索只能传递拉力，当斗柄提升钢索彻底松开后，斗柄及铲斗在自重的作用下只能使斗口朝前，故它只能挖停机面以上的Ⅰ～Ⅳ级土壤或松散物料。

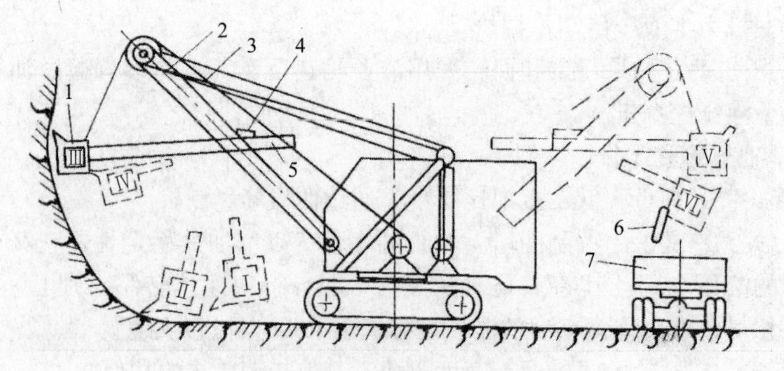

图 8-3　正铲挖掘机工作过程简图

1. 铲斗；2. 动臂；3. 铲斗提升钢索；4. 鞍形座；5. 斗杆；6. 斗底；7. 运输车；Ⅰ～Ⅳ. 挖掘过程

2）反铲挖掘机的工作过程：见图 8-4，先将铲斗向前伸出，让动臂带着铲斗落在工作面底部（Ⅰ→Ⅱ），然后将铲斗向着挖掘机方向拉转，于是它就在动臂与铲斗等重力及牵引索的拉力作用下在工作面上切下一层土壤直到斗内装满土壤，然后使铲斗离开工作面保持平移提升（III），同时回转到卸料处进行卸料。反铲铲斗有斗底可打开式和不可打开式两种。前者可实现准确卸料于运输车上（IV），后者则通过斗柄向外摆出使斗口朝下实现卸料（V）。卸完后，动臂带着铲斗回转并放下铲斗到工作面底部重复上述过程。

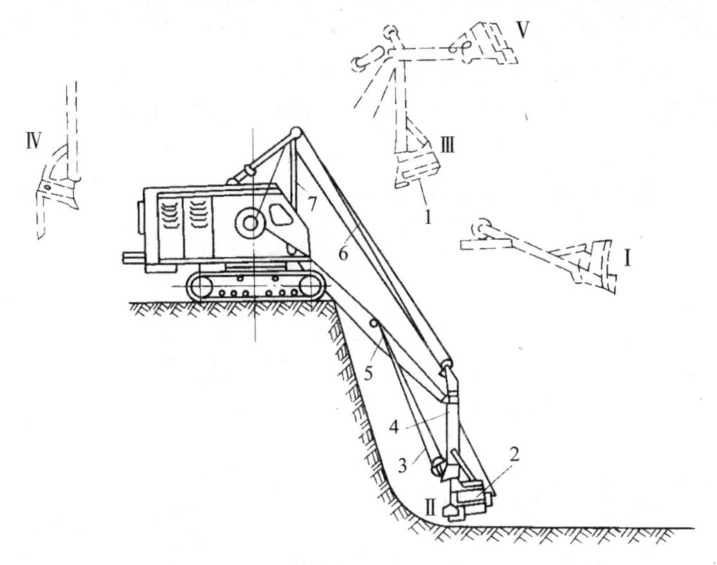

图 8-4　反铲挖掘机工作过程简图

1. 斗底；2. 铲斗；3. 牵引钢索；4. 斗柄；5. 动臂；6. 提升钢索；7. 前支架；Ⅰ～Ⅴ. 工作过程

3）拉铲挖掘机的工作过程：见图 8-5，首先将铲斗用提升钢索 2 提升到位置（I），收拉牵引索 3（视情况也可不拉），然后同时松开提升索 2 和牵引索 3，铲斗就顺势抛掷在工作面上（II→III），拉动牵引索，铲斗在自重和牵引索的作用下切下一层土壤，直到铲斗装满为止（IV），然后提升铲斗，同时适当放松牵引索，使铲斗斗底在保持与水平面成 8°～12°的前提下上升，避免土料撒出。在提升铲斗的同时将挖掘机回转至卸料处的方向，卸料时制动提升索，放松牵引索，斗内土即被抛出。卸完后转回工作面方向重复上述过程。拉铲挖掘机适宜于停机面以下的挖掘，特别适宜于开挖河道等工程。拉铲由于靠铲斗自重切土，所以只适宜于一般土料和砂砾的挖掘。

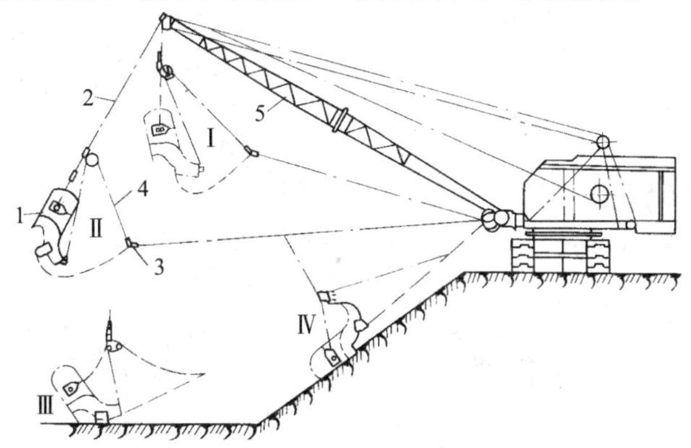

图 8-5　拉铲挖掘机工作过程简图

1. 铲斗；2. 提升钢索；3. 牵引索；4. 卸料索；5. 动臂；Ⅰ～Ⅳ. 工作过程

4）抓斗挖掘机的工作过程：见图 8-6，其工作装置是一种带双瓣或多瓣的抓斗 1，它用提升索 2 悬挂在动臂上。斗瓣的开闭由闭合索 3 来执行，为了不使斗在空中旋转并尽快使摆动停下来，通过一根定位索 5 来实现。首先固定提升索 2，松开闭合索 3 使斗瓣张开。然后同时放松 2 与 3，张开的抓斗在自重的作用下落于工作面上，并切入土中（Ⅰ），然后收紧闭合索，抓斗在闭合过程中将土料抓入斗内（Ⅱ）。当抓斗完全闭合后，以同一速度收紧提升索和闭合索，则抓斗被提起来（Ⅲ），同时使挖掘机转到卸料位置使斗高度适当，固定提升索，放松闭合索，斗瓣张开而卸出土料（Ⅳ）。抓斗挖掘机适宜停机面以上和以下的垂直挖掘，卸料时无论是卸在车辆上和弃土堆上都很方便。由于抓斗是垂直上下运动，所以特别适合挖掘桥基桩孔、陡峭的深坑以及水下土方等作业。

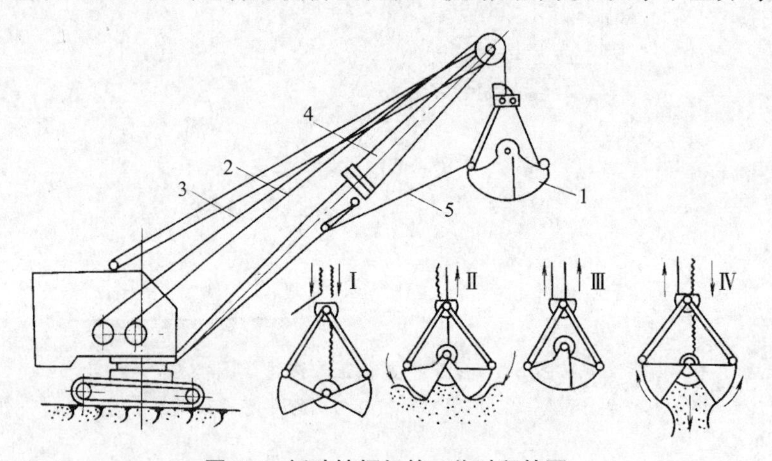

图 8-6　抓斗挖掘机的工作过程简图

1. 抓斗；2. 提升索；3. 闭合索；4. 动臂；5. 定位索；Ⅰ～Ⅳ. 工作过程

对于液压操纵的单斗挖掘机，其工作装置一般只有正铲、反铲和抓斗几种，绝大部分为正铲和反铲液压挖掘机。其工作过程与机械传动的挖掘机工作过程基本相似。由于其动作是由能传递双向力的油缸来实现，因此，其工作能力比同级机械传动的挖掘机要高。液压操纵的正、反铲挖掘机的作业范围见图 8-7，两者对停机面上、下的工作面都能挖掘。

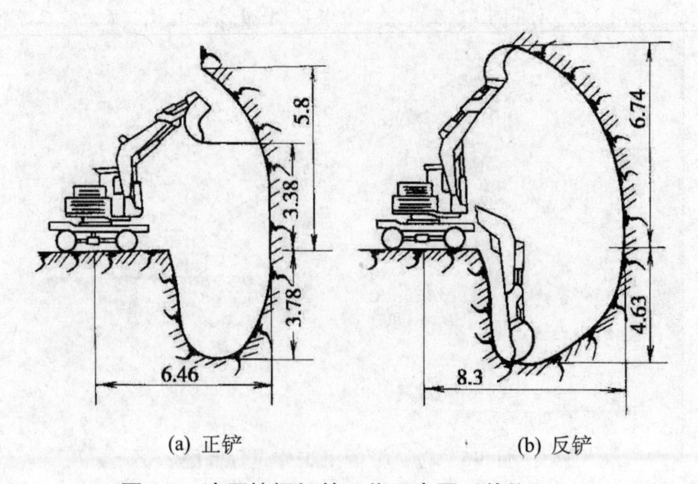

图 8-7　液压挖掘机的工作示意图（单位：m）

(3）单斗挖掘机的总体构造

不论哪种形式的单斗挖掘机其总体组成都基本相同，它主要由以下几部分组成，见图 8-8。

1）动力装置：整机的动力源，大多采用水冷却多缸柴油机。

2）传动系统：把动力传给工作装置、回转装置和行走装置。有机械传动、半液压传动与全液压传动三种形式。

3）工作装置：用来直接完成挖掘任务，包括动臂、铲斗和斗柄等。

4）回转装置：使转台以上的工作装置连同发动机、驾驶室等向左或右回转，以实现挖掘与卸料。

5）行走装置：支承全机质量，并执行行驶任务，有履带式、轮胎式和汽车式等。

6）操纵系统：操纵工作装置、回转装置和行走装置的动作，有机械式、液压式、气压式和复合式等。

7）机棚：盖住发动机、传动系统与操纵系统等，一部分作为驾驶室。

8）底座（机架）：全机的装配基础，除行走装置装在其下面外，其余组成部分都装在其上面。

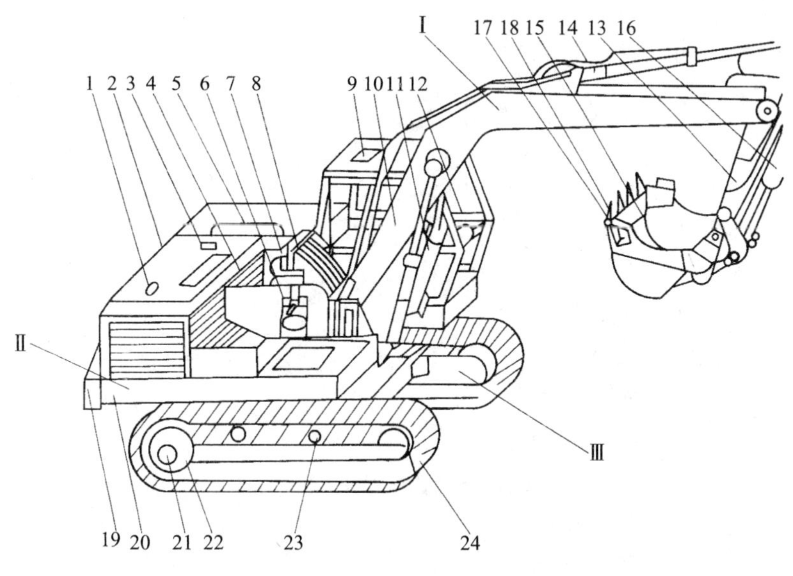

图 8-8　单斗液压挖掘机的总体结构

1. 柴油机；2. 机棚；3. 液压泵；4. 液压多路阀；5. 液压油箱；6. 回转减速器；7. 液压马达；8. 回转接头；9. 驾驶室；10、11. 动臂及油缸；12. 操纵台；13、14. 斗杆及油缸；15、16. 铲斗及油缸；17. 边齿；18. 斗齿；19. 平衡重；20. 转台；21. 行走减速器与液压马达；22. 支重轮；23. 托链轮；24. 履带；Ⅰ. 工作装置；Ⅱ. 上部转台；Ⅲ. 行走装置

(4）单斗挖掘机的工作装置

1）液压操纵的正铲工作装置：液压挖掘机的正铲工作装置的铲斗结构与前述机械挖掘机基本相似，只是斗底采用油缸来开启，见图 8-9。

为了换装方便，也有正反铲通用的铲斗。其动臂都是单梁式的，底部与回转平台铰接，顶端呈叉型，以便铰装斗柄。动臂分为双节的见图 8-9 和单节的见图 8-10 两种。双节动臂由前后两节拼装而成，根据拼装点的不同可有不同的总长度。也有将加长臂与动臂铰接而增设一辅助油缸来改变加长臂伸幅的。斗杆都是铰装在动臂的顶端，由双作用油缸执行其转动动作。斗杆油缸的一端铰接在动臂上，另一端铰装在斗杆上。

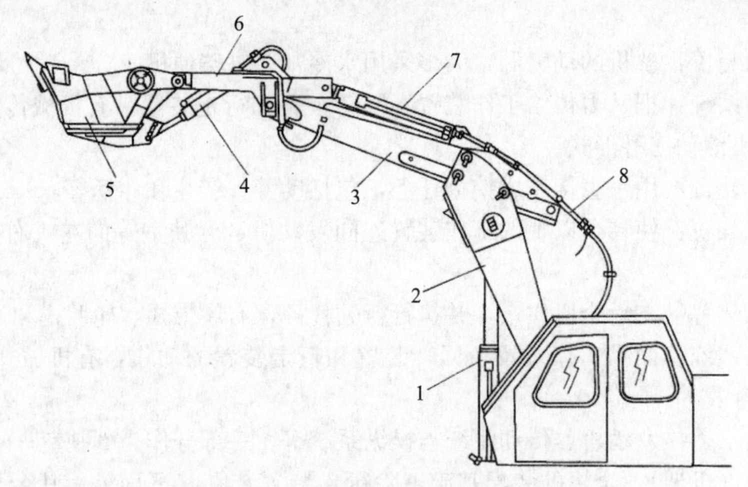

图 8-9　WY60 型液压挖掘机正铲工作装置

1. 动臂油缸；2. 动臂；3. 加长臂；4. 斗底开闭油缸；5. 铲斗；6. 斗杆；7. 斗杆油缸；8. 液压软管

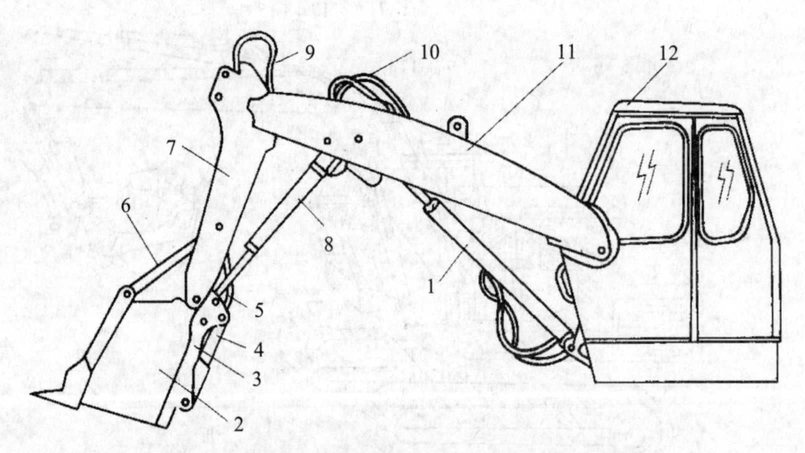

图 8-10　不带加长臂的液压挖掘机的正铲工作装置

1. 动臂油缸；2. 铲斗；3. 斗底；4. 斗底开闭油缸；5、9、10. 油管；
6. 调整杆；7. 斗柄；8. 斗柄油缸；11. 动臂；12. 驾驶室

2）液压式挖掘机的反铲工作装置：其组成部分一般都是由动臂、斗杆和铲斗等主要结构件彼此用铰销连接在一起，见图 8-11，在液压缸推（拉）力的作用下，各杆件围绕铰点摆动，完成挖掘、提升和卸料等动作。动臂是工作装置中的主要构件，斗柄的结构形式往往取决于它的结构形式，反铲动臂结构一般可分为整体式和组合式两大类。

整体式动臂有直动臂和弯动臂两种。直动臂结构简单、质量轻、布置紧凑，主要用于悬挂式液压挖掘机。但直动臂不能得到较大的挖掘深度，不适用于通用挖掘机。弯动臂是目前应用最广泛的结构形式。与同样长度的直动臂相比，它可以得到较大的挖掘深度，但降低了卸载高度，这正适合反铲作业的要求。

整体式动臂的优点是结构简单、质量轻，但缺点是替换工作装置少，通用性差。整体式动臂一般用于长期作业条件相似的场合。

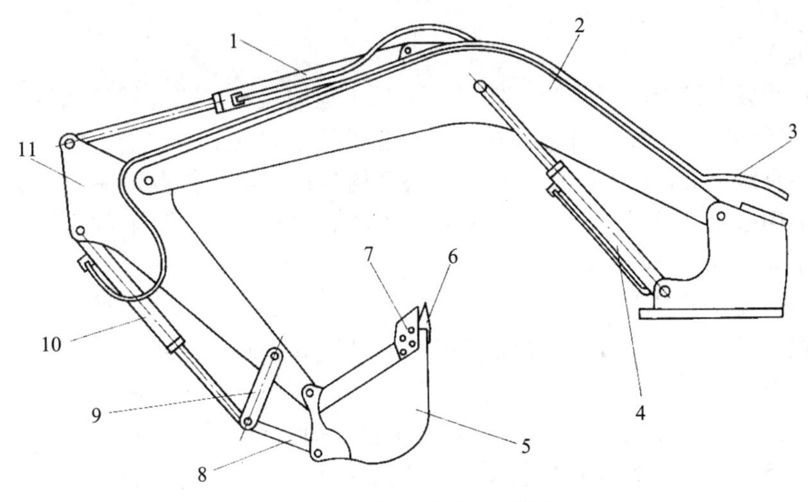

图 8-11 液压反铲工作装置

1、4、10. 双作用油缸；2. 动臂；3. 油管；5. 铲斗；6. 斗齿；7. 侧齿；8. 连杆；9. 摇臂；11. 斗杆

（5）生产率计算

$$q=3600\,V\,K_h\,K_b/t_m\,K_s\ (\mathrm{m^3/h})$$

式中：q——生产率；

V——铲斗容积；

K_h——铲斗充满系数；

K_b——时间利用系数；

K_s——土壤松散系数；

t_m——作业循环时间。

（6）与自卸汽车相配合施工的配套

运输车辆的装载容量常取挖掘机 3～4 斗的卸土容量，且应保持挖掘机连续工作，因此运输车辆的数量可按下式计算：

$$N=\frac{T}{t}$$

式中：T——运送一次循环时间，s；

t——挖掘机每装一辆所需时间，s。

（7）提高生产率的措施

提高单斗挖掘机生产率的主要方法是尽量缩短工作循环时间，一般可采用如下措施：

1）在挖土时，工作装置即斗与斗杆不要离工作面太远，如机械式的斗柄不要伸出过长，最好不超过全行程的 2/3。这样能保证铲斗具有足够的挖掘力和提升力，能缩短挖土时间。

2）保持斗齿锋利，形状正确。试验表明，磨损的斗齿虽然还能使用，但切削阻力会增加 64％～90％，因此要及时更换磨钝的斗齿。

3）采用合理的开挖方法，以获得较小的回转角，并保证适当的工作面，减少机械移位次数。

4）采用多种工序联合操纵方式。

2. 铲运机

铲运机是以带铲刀的铲斗为工作部件的铲土运输机械，兼有铲装、运输、铺卸土方的功能，铺卸厚度能够控制，主要用于大规模的土方调配和平土作业。铲运机可自行铲装Ⅰ～Ⅲ级土壤，但不宜在混有大石块和树桩的土壤中作业，在Ⅳ级土壤和冻土中作业时要用松土机预先松土。铲运机是一种适合中距离铲土运输的施工机械，其经济运距为100～2 000 m。

（1）分类和表示方法

铲运机主要根据行走方式、行走装置、装载方式、卸土方式、铲斗容量、操纵方式等进行分类。

1）按行走方式分：按行走方式不同分为拖式和自行式两种，见图8-12。

①拖式铲运机：因履带式拖拉机具有接地比压小、附着能力大和爬坡能力强等优点。

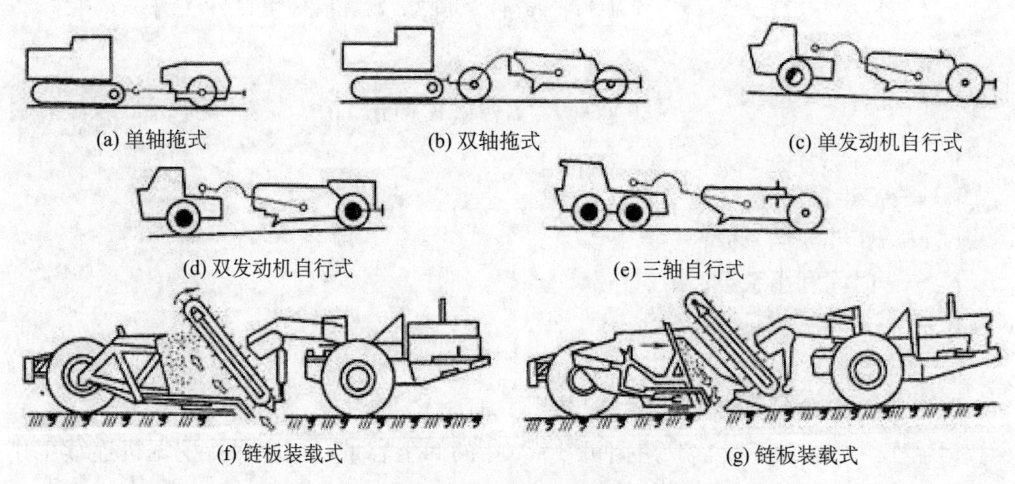

图8-12　铲运机类型

故在短运距和松软潮湿地带作业时常用履带式拖拉机作为拖式铲运机的牵引车。

②自行式铲运机：本身具有行走动力，行走装置有履带式和轮胎式两种。履带式自行铲运机又称铲运推土机，其铲斗直接装在两条履带的中间，适用于运距不长、场地狭窄和松软潮湿地带工作。轮胎式自行铲运机按发动机台数又可分为单发动机、双发动机和多发动机三种；按轴数分为双轴式和三轴式，见图8-12。轮胎式自行铲运机由牵引车和铲运斗两部分组成，大多采用铰接式连接，铲运斗不能独立工作。轮胎式自行铲运机结构紧凑，行驶速度快，机动性好，在中距离的土方转移施工中应用较多。

2）按装载方式分：按装载方式分为升运式铲运机与普通式铲运机两种。

①升运式铲运机：也称链板装载式，在铲斗铲刀上方装有链板运土机构，把铲刀切削下的土升运到铲斗内，土壤中含有较大石块时不宜使用，其经济运距在1 000 m以内。

②普通式铲运机：也称开斗铲装式，靠牵引机的牵引力和助铲机的推力，使用铲

刀将土铲切起，在行进中将土装入铲斗，其铲装阻力较大。

3）按卸土方式分：按卸土方式不同分为自由式卸土铲运机、半强制式卸土铲运机和强制式卸土铲运机，见图 8-13。

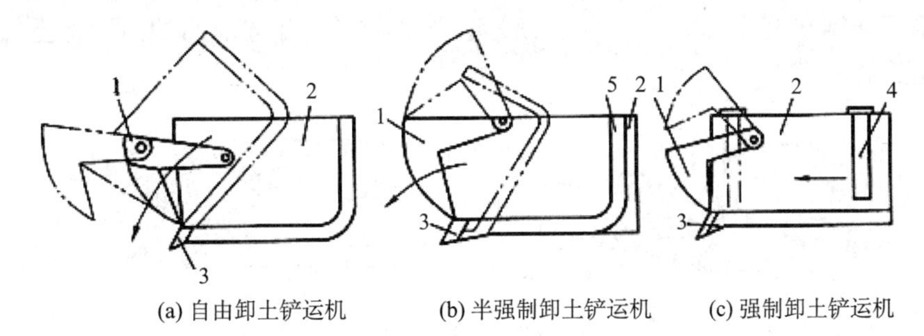

图 8-13 铲运机卸土方式

1. 斗门；2. 铲斗；3. 刀刃；4. 后斗壁；5. 斗底后壁

①自由式卸土铲运机，见图 8-13（a）。当铲斗倾斜（有向前、向后两种形式）时，土壤靠其自重卸出。一般只用于小容量铲运机。

②半强制式卸土铲运机，见图 8-13（b）。利用铲斗倾斜时土壤自重和斗底后壁沿侧壁运动时对土壤的推挤作用共同将土卸出。

③强制式卸土铲运机，见图 8-13（c）。利用可移动的后斗壁（也称卸土板）将土壤从铲斗中自后向前强制推出，故卸土效果好。

4）按工作机构的操纵方式分：按工作机构的操纵方式分为液压操纵式铲运机和电液操纵式铲运机两种。

①液压操纵式铲运机。工作装置各部分用液压操纵，能使铲刀刃强制切入土中，结构简单，操纵轻便灵活，动作均匀平稳。

②电液操纵式铲运机。操纵轻便灵活，易实现自动化，是今后的发展方向。

（2）自行式铲运机工作装置

铲斗工作装置。该装置由辕架、斗门及其操纵装置、斗体、尾架、行走机构等组成。工作时，铲斗前端的刀刃在牵引力的作用下切入土中，铲斗装满后，提斗并关闭斗门，运送到卸土地点时打开斗门，在卸土板的强制作用下将土卸出，CL9 铲运机工作装置与一般的铲斗有所不同，其斗门可帮助向铲斗中扒土，其结构见图 8-14。

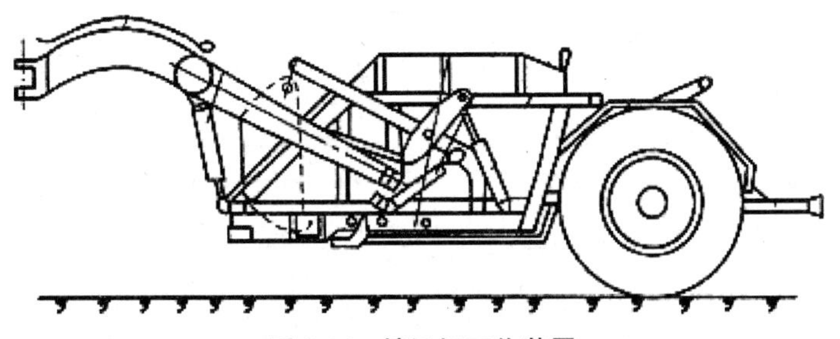

图 8-14 铲运机工作装置

（3）铲运机的工作过程

铲运机在工作过程中可独立地完成铲、运、卸三个工序，见图 8-15。工作时铲运机工作装置的斗门打开，斗体落地，斗体前部的刀片切入土壤，借助牵引力在行驶中将土铲入斗内，如图 8-15（a）所示。土装满后关闭斗门抬起斗体，使铲运机进入运输状态，如图 8-15（b）所示。到达卸土地点后，铲运机一边行驶一边打开斗门，在卸土板的作用下强制卸土，如图 8-15（c）所示。与此同时，斗体前面的刀片将土拉平，完成铲、运、卸三道工序。

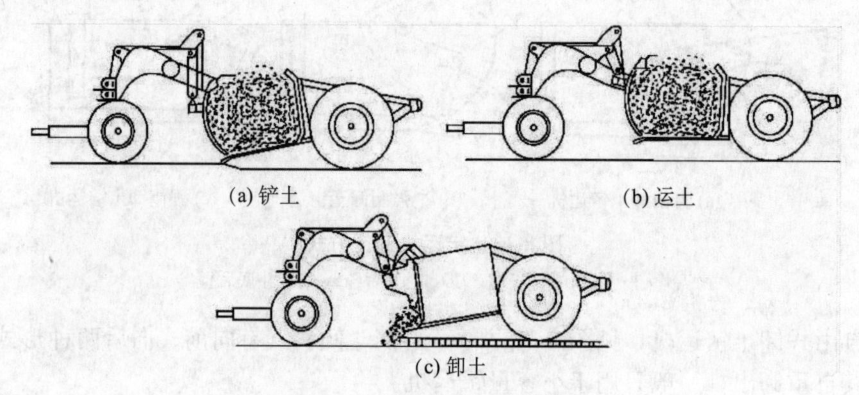

图 8-15　铲运机的工作情况

（4）铲运机的生产率 Q（m^3/h）可按下式计算：

$$Q=\frac{3600\ VK_2K_3}{TK_1}$$

式中，V——铲斗的几何容量，m^3；

K_1——土的松散系数，取 $K_1=1.1\sim1.4$；

K_2——铲斗的充盈系数，取 $K_2=0.6\sim1.25$；

K_3——时间利用系数，取 $K_3=0.85\sim0.90$；

T——每一工作循环所延续的总时间，s。

（5）铲运机的开行路线

1）环形路线：又可分为一般环形路线和大环形路线。对地形起伏不大，而施工地段又较短（50～100 m）和填方不高（0.1～1.5m）的路基、基坑及场地平整工程宜采用一般环形路线。当挖填土交替且相互间距离不大时，可采用大环形路线。

2）“8”字形路线：适用于地形起伏较大、施工地段狭长的土方工程。

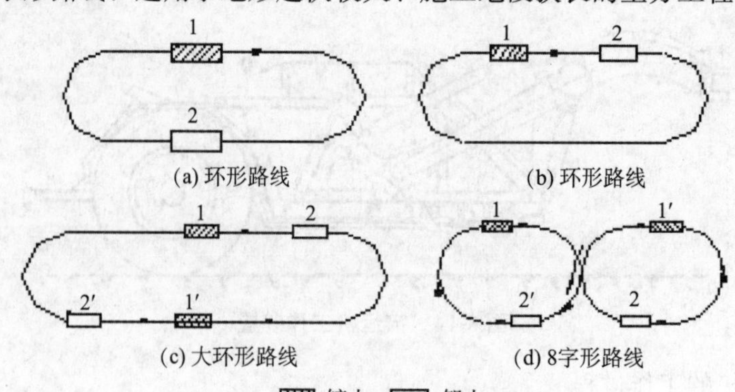

图 8-16　铲运机开行路线

(6) 提高铲运机生产率的措施

1) 下坡铲土：利用机械重力的水平分力来加大切土深度和缩短铲土时间；但纵坡不得超过25°，横坡不大于5°。

2) 挖近填远，挖远填近：即挖土先从距离填土区最近一端开始，由近而远；填土则从距离挖土区最远一端开始，由远而近。

3) 推土机助铲：在较坚硬的土层中用推土机助铲，可加大铲刀切削力、切土深度和铲土速度。助铲间歇，推土机可兼作松土、平整工作。

4) 双联铲运法：当拖式铲运机的动力有富裕时，可在拖拉机后面串联两个铲斗进行双联铲运。

5) 挂大斗铲运：在土质松软地区，可改挂大型铲土斗，充分利用拖拉机的牵引力来提高工效。

6) 跨铲法：即预留土埂，间隔铲土，以减少土壤散失；铲除土埂时，又可减少铲土阻力，加快速度。

3. 推土机

推土机是一种在履带式拖拉机或轮胎式牵引车的前面安装上推土装置及操纵机构的自行式施工机械，主要用来开挖路堑、构筑路堤、回填基坑、铲除障碍、清除积雪、平整场地等，也可完成短距离松散物料的铲运和堆集作业。推土机配备松土器，可翻松Ⅲ、Ⅳ级以上硬土、软石或凿裂层岩，以便铲运机和推土机进行铲掘作业，一般经济距离为50～100 m。

(1) 分类

1) 按行走方式分类：

①履带式推土机附着牵引力大，接地比压小（0.04～0.13MPa），爬坡能力强，但行驶速度慢。

②轮胎式推土机行驶速度快，机动灵活，作业循环时间短，运输转移方便，但牵引力小，适用于需经常变换工地和野外工作的情况。

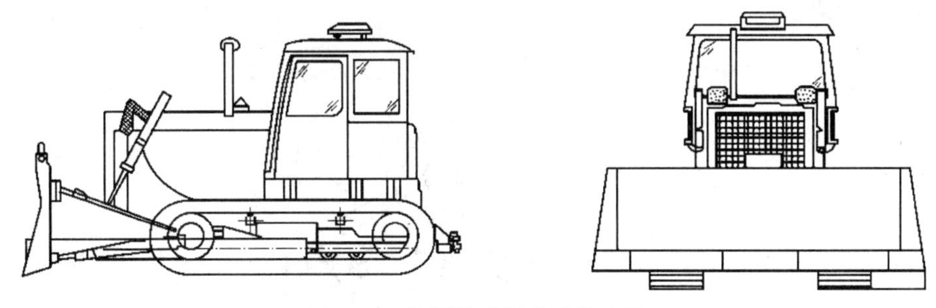

图8-17 液压传动履带式推土机

2) 按推土铲安装形式分类：

①固定式推土机：推士铲与主机纵向轴线固定为直角，也称直铲式推土机。这种结构简单，只能正对前进方向推土，作业灵活性差。

②回转式推土机：推士铲能在水平面内回转一定角度，与主机纵向轴线可以安装成固定直角或非直角，也称角铲式推土机。

3）按传动方式分类：

①机械式传动推土机：这种传动方式的推土机工作可靠，传动效率高，制造简单，维修方便，但操作费力，适应外阻力变化的能力差，易引起发动机熄火，作业效率低。

②液力机械传动推土机：采用液力变矩器与动力换挡变速器组合传动装器，可随外阻力变化自动调整牵引力和速度，换挡次数少，操纵轻便，作业效率高，是大中型推土机多采用的传动方式。缺点是采用了液力变矩器，传动效率较低，结构复杂，制造和维修成本较高。

③液压传动推土机：由液压马达驱动行走机构，牵引力和速度可无级调整，能充分利用功率。但传动效率较低，制造成本较高，受液压元件限制。

④电传动推土机：将柴油机输出的机械能先转换成电能，通过电能驱动电动机，进而由电动机驱动行走机构和工作装置。它结构紧凑，总体布置方便，操纵灵活，可实现无级变速和整机原地转向。

4）按用途分类：

①标准型推土机：这种机型一般按标准配置生产，应用范围广泛。

②专用型推土机：专用性强，适用于特殊环境下的施工作业。有湿地型推土机、高原型推土机、环卫型推土机、森林伐木型推土机、电厂（推煤）型推土机、军用高速推土机、推耙机、吊管机等。

（2）基本构造

履带式推土机主要由发动机、传动系统、工作装置、电气部分、驾驶室和机罩等组成。其中，机械及液压传动系统又包括液力变矩器、联轴器总成、行星齿轮式动力换挡变速器、中央传动、转向离合器和转向制动器、终传动和行走系统等。

1）推土机的工作装置：

推土机的工作装置主要由推土刀和支持架两部分组成。推土刀分固定式和回转式两种。如图 8-18 所示为固定式推土装置，推土铲刀与主机轴线固定成 90°。它由顶推架 1、斜撑杆 2、铲刀升降油缸 3、推土板 4 和水平撑杆 6 组成。推杆与推土铲刀铰接成一刚架装在履带架上。

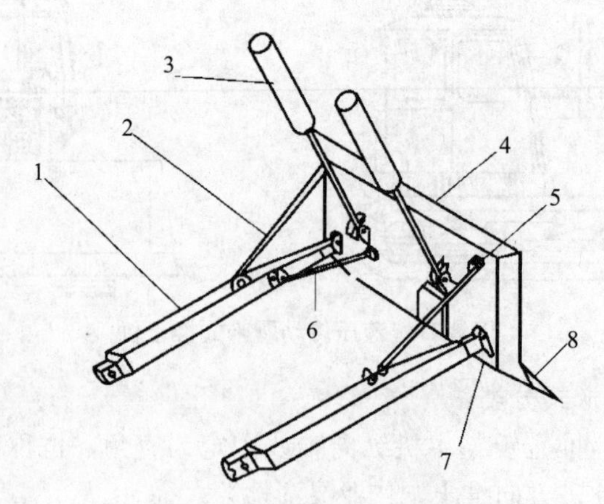

图 8-18　固定式推土装置

1. 顶推架；2. 斜撑杆；3. 铲刀升降油缸；4. 推土板；5. 球形铰；6. 水平撑杆；7. 销连接；8. 刀片

如图 8-19 所示为回转式推土装置，它通过中间球铰 4、斜撑杆 5 和下撑杆 6 与推土板 3 和顶推架 1 铰接成一个刚架。由于斜撑杆可以根据作业的需要固定在顶推架两边不同位置的耳座上，所以推土铲刀可调节成斜铲。当调节两提升缸为不同长度时，便可调成侧铲。

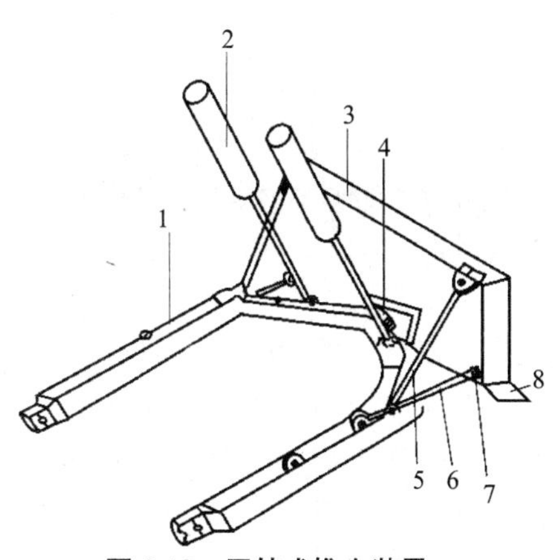

图 8-19 回转式推土装置

1. 顶推架；2. 铲刀升降油缸；3. 推土板；4. 中间球铰；5. 斜撑杆；6. 下撑杆；7. 铰接；8. 刀片

2）推土机的操纵机构：

操纵机构有液压操纵和机械钢索操纵两大类，目前多采用液压式。

图 8-20 为推土机工作装置的液压操纵系统图，它由单向定量泵、四位四通手动换向阀、溢流阀、滤油器、液压缸和管路等组成。换向阀有上升、静止、下降和浮动四个工作位置。

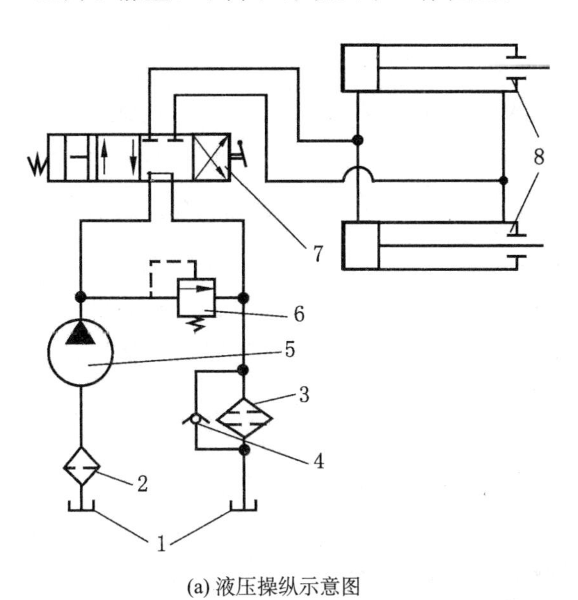

(a) 液压操纵示意图

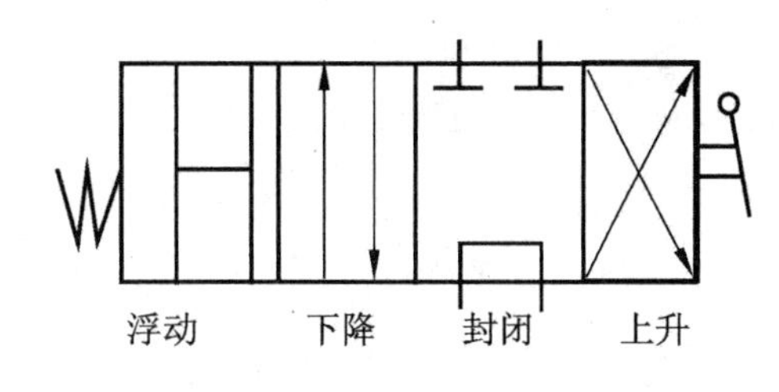

(b) 四位四通阀工作原理示意图

图 8-20 推土机工作装置的液压操纵系统图

1. 油箱；2. 粗滤器；3. 精滤器；4. 单向阀；5. 单向定量泵；6. 溢流阀；7. 四位四通换向阀；8. 液压油缸

当阀杆处于上升或下降位置时，由于阀的顶端装有弹簧复位装置，只要放松操纵杆，就能自动回到封闭（静止）位置。当阀杆处于浮动位置时，换向阀四个油口全通，油液可以自动地流入或流出液压缸的上、下腔，此时推土刀处于浮动状态（即非切土状态），推土刀可随地面阻力自动升降，以适应运土和平整作业的需要。

（3）作业过程

1）切土过程：在推土机前进的同时推土板放下切入土中，从地表切削的土屑聚集在推土板前。此时推土机采用 Ⅰ 挡行驶速度。

2）运土过程：铲土过程结束后，推土板在运行中提升到地面高度，将土推运到卸土地点。此时可采用 Ⅲ 挡的行驶速度，液压操纵系统的换向阀处于浮动状态，一般运距在 100 m 以内。

3）卸土过程：卸土方法有两种：一种是弃土法，即推土机将土运至卸土处，将推土板提升后返回，卸掉的土壤无一定的堆放要求；另一种是按施工要求分层铺卸土壤，此时推土机将土运至卸土地点后，将推土板提升一定高度，推土机继续前进，土壤即从推土板下方卸掉，然后将推土板略提高一些返回。

4）返回过程：即推土机由卸土地点以最高的速度返回铲土地点。为了缩短空行程时间，在 30～50 m 的运距内，应以最高的倒挡速度退回。

（4）推土机的生产率计算

推土机的生产率指单位时间内所完成的土方量或平整场地的面积。

推土作业生产率 Q_T（m^3/h）

$$Q_T = \frac{3600\,VK_tK_nK_y}{T}$$

式中，V——每铲最大推土量，m^3，常用经验公式计算，$V=0.86BH^2$，B 为铲刀宽度，H 为铲刀高度；

K_t——时间利用系数，取 $K_t=0.85\sim0.90$；

K_n——推土量损漏系数，取 $K_n=0.5\sim1.0$；

K_y——坡度影响系数；

T——作业循环时间，s，$T=\frac{l_1}{v_1}+\frac{l_2}{v_2}+\frac{l_1+l_2}{v_3}+2t_5+t_6$。

（5）提高生产率的作业方法

1）下坡推土法：在斜坡上，推土机顺下坡方向切土与堆运见图 8-21，借机械向下的重力作用切土，增大切土深度和运土数量，可提高生产率 30%～40%，但坡度不宜超过 15°，避免后退时爬坡困难。

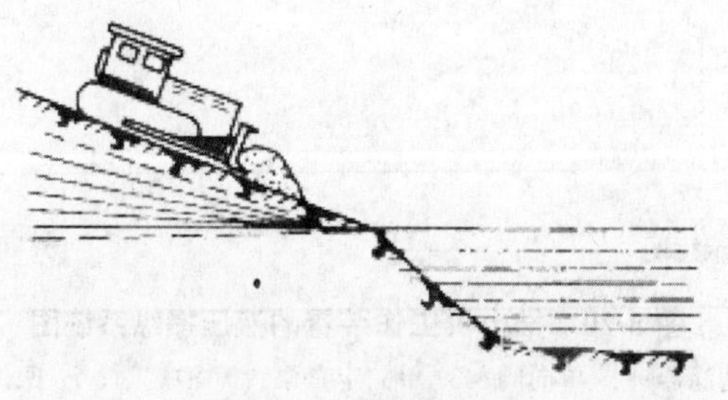

图 8-21　下坡推土法

2）槽形挖土法：推土机重复多次在一条作业线上切土和推土，使地面逐渐形成一条浅槽，见图 8-22，再反复在沟槽中进行推土，以减少土从铲刀两侧漏散，可增加 10%～30%的推土量。槽的深度以 1 m 左右为宜，槽与槽之间的土坑宽约 50 m。适于运距较远，土层

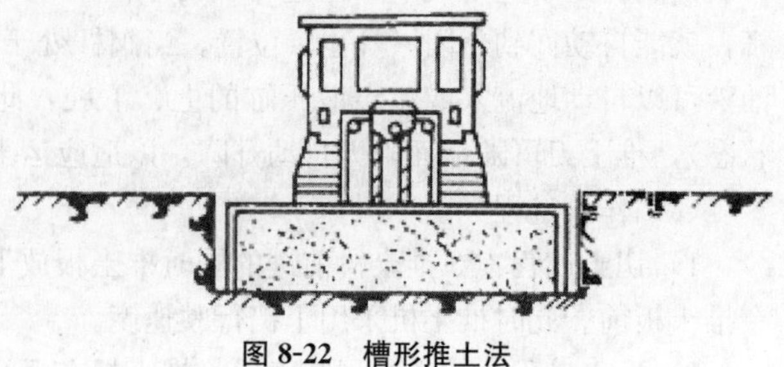

图 8-22　槽形推土法

较厚时使用。

3）并列推土法：用2～3台推土机并列作业，见图8-23，以减少土体漏失量。铲刀相距15～30cm，一般采用两机并列推土，可增大推土量15%～30%。适于大面积场地平整及运送土用。

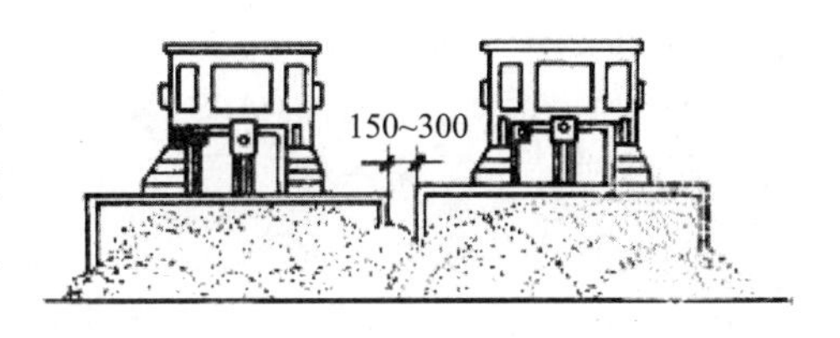

图8-23 并列推土法

4）分堆集中，一次推送法：在硬质土中，切土深度不大，将土先积聚在一个或数个中间点，然后再整批推送到卸土区，使铲刀前保持满载。堆积距离不宜大于30m，推土高度以2m内为宜。本法能提高生产效率15%左右。适于运送距离较远，而土质又比较坚硬，或长距离分段送土时采用。

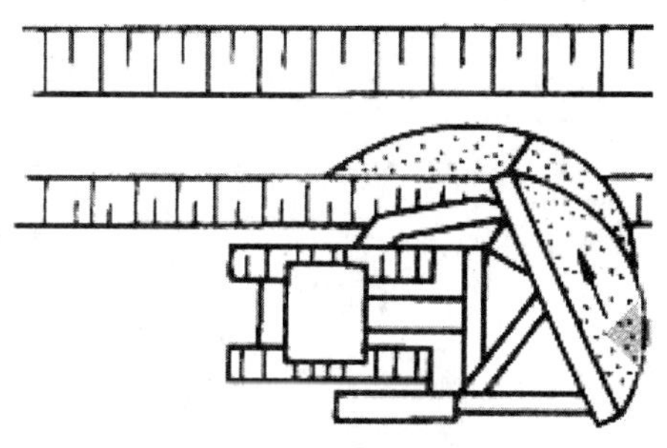

图8-24 斜角推土法

5）斜角推土法：将铲刀斜装在支架上或水平放置，并与前进方向成一倾斜角度（松土为60°，坚实土为45°）进行推土，见图8-24。本法可减少机械来回行驶，提高效率，但推土阻力较大，需较大功率的推土机。适于管沟推土回填、垂直方向无倒车余地或在坡脚及山坡下推土用。

4. 装载机

装载机主要用来铲、装、卸、运散装物料（土、砂、石、煤、矿等），也可对岩石、硬土进行轻度铲掘作业，短距离转运工作，在较长距离的物料转运工作中，它往往与运输车辆配合，以提高工作效率；如果换不同工作装置，见图8-25，还可以扩大其使用范围，完成推土、起重、装卸其他物料或货物的工作，由于它具有作业速度快、效率高、操作轻便等优点。

（1）分类

装载机按照不同的方式有不同的分法。

1）按发动机功率分：

①小型装载机：功率<74kW（100.677马力）。

②中型装载机：功率为74～147kW（100～200马力）。

③大型装载机：功率为147～515kW（200～700马力）。

④特大型装载机：功率>515kW。

2）按传动形式分为机械传动、液力机械传动、液压传动和电传动四种基本形式。

①机械传动装载机：结构简单、制造容易、成本低，使用维修较容易；传动系冲击振动大，功率利用差。仅小型装载机采用。

②液力机械传动装载机：传动系冲击振动小，传动件寿命高，车速随外载自动调节，操作方便，减少驾驶员疲劳。大中型装载机多采用。

③液压传动装载机：无级调速，操作简单；起动性差，液压元件寿命较短。仅小型装载机上采用。

④电传动装载机：无级调速，工作可靠，维修简单；设备质量大、费用高。大型装载机上采用。

3）按行走装置及结构分为轮胎式和履带式，而轮胎式又有按车架形式和转向方式等几种分法。

①轮胎式装载机：质量小，速度快，机动灵活，效率高，不易损坏路面，接地比压大；通过性差，稳定性差，对场地和物料块度有一定要求，见图 8-25。

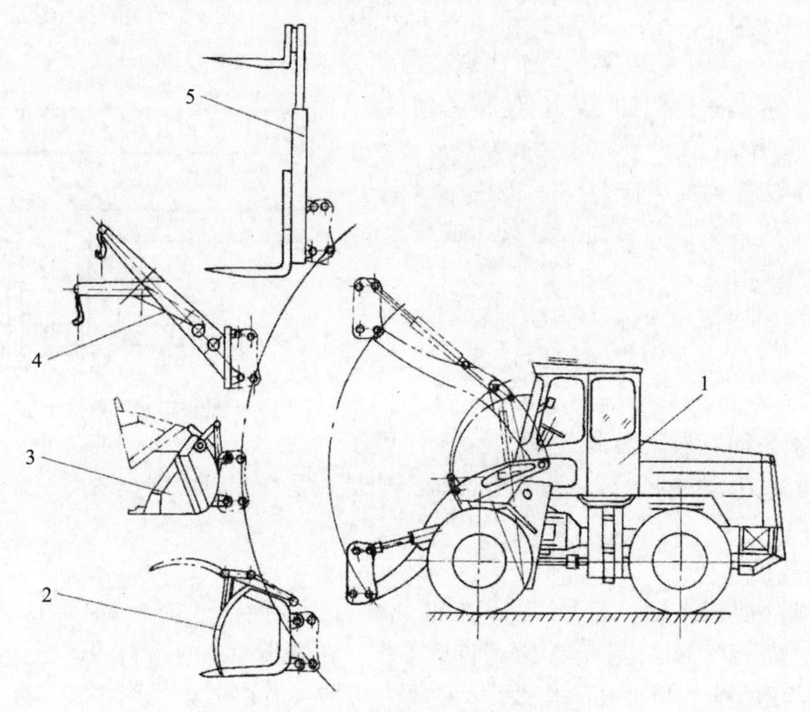

图 8-25　装载机可换工作装置

1. 基础车；2. 夹装圆木用的工作装置；3. 物料装载斗；4. 起重装置；5. 叉式装卸装置

图 8-26　轮胎式装载机外貌图

a. 铰接式车架装载机：车架分前后两部分，它们之间采用竖向销子铰接，折腰转向；转弯半径小，纵向稳定性好，生产率高。

b. 整体式车架装载机：车架是一个整体，转向方式有偏转车轮转向（后轮转向、前轮转向、全轮转向）及差速转向两种方式。

②履带式装载机（整体式车架）：接地比压小，通过性好，重心低，稳定性好，附着性能好，附着牵引力大，切入力大，速度低，机动灵活性差，制造成本高，行走时易损坏路面，转移场地需托运。用在工程量大，作业点集中，路面条件差的场合，见图 8-27。

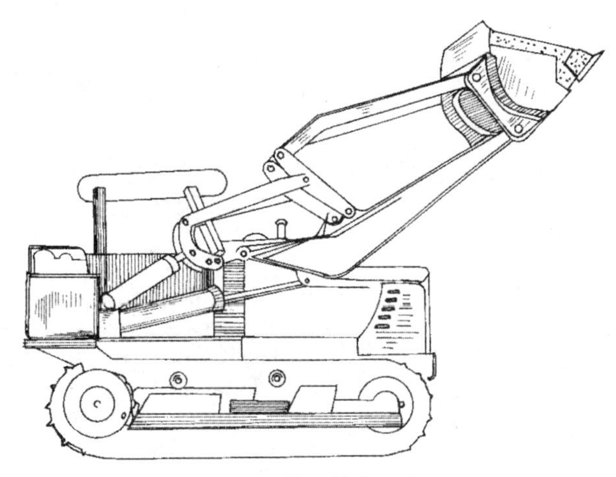

图 8-27　履带式装载机外貌图

4）按装（卸）载方式分有前卸式、后卸式和侧卸式装载机三种。

①前卸式装载机：前端铲装卸载，结构简单，工作可靠，视野好，适用于各种作业场地，应用广泛。

②后卸式装载机：前端装料，后端卸料，作业效率高，作业安全性差，应用不广。

③侧卸式装载机：前端装料，斗子向一侧翻转卸料，适合于挖山洞作业。

5）按回转性分有非回转式、全回转式和半回转式装载机三种。非回转式装载机其动臂只作升降运动，铲斗可前后翻转而不能回转。全回转式装载机的工作装置安装在转台上，可回转 360°，它适用于狭窄场地工作，作业效率较高；但因增设回转装置，结构复杂。半回转式装载机的工作装置可回转 240°，其结构与全回转式相似。

（2）工作过程

单斗装载机的工作过程由铲装、转运、卸料和返回四个过程组成一个工作循环。

1）铲装过程：斗口朝前平放地面，机械前行使斗插入料堆，若遇较硬土壤，则机械前行同时边收斗边升动臂到斗满时斗口朝上为止。

2）转运调整过程：若向自卸车卸料，则在转运过程中调整卸料高度和对准性。

3）卸料过程：向前翻斗卸料于车上。

4）返回过程：返回途中调整铲斗位置至铲装开始处重复上述过程。

（3）装载机的总体构造

装载机是由动力装置、传动系统、转向系统、制动系统、行走装置、工作装置、操纵系统和机架等部分组成。ZL50 型装载机传动系统及“三合一”机构如图 8-28 所示。

1）传动系统

其动力传动路线为发动机→液力变矩器 1→双涡轮→齿轮（外涡齿轮通过单向离合器）→变速器齿轮 8→齿轮 10→前（后接合）→主减速器→差速器（及锁）→轮边行星减速器→驱动轮。动力反传路线为齿轮 10→滑套 7 左移→齿轮 6→齿轮 5→超越离合器与齿轮 4→3→2→泵轮→发动机。

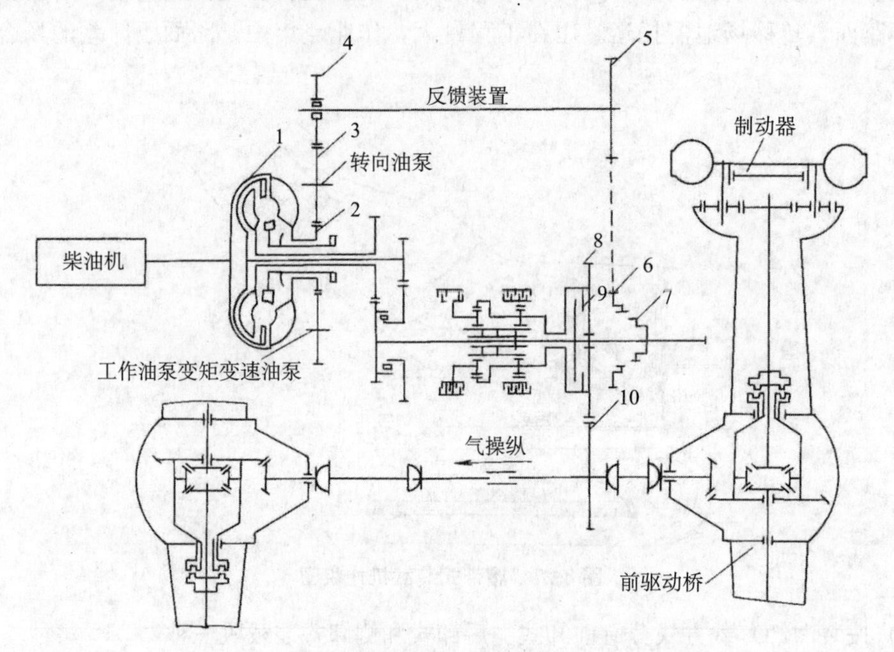

图 8-28　ZL50 型装载机传动系统及“三合一”机构

1. 液力变矩器；2、3、5、6、8、10. 传动齿轮；4. 超越离合器；7. 离合器滑套；9. 摩擦离合器

2）“三合一”机构及超越离合器

①拖（溜坡）起动：通过动力反传实现发动机起动，当发动机起动后，由于超越离合器的作用而避免了发动机反过来带动轮子出现撞车事故。

②熄火转向：当发动机在拖起转动过程或由于故障不能着车而又需拖行时能够顺利转向，反传机构能使转向泵正常工作。

③排气制动：为在下长坡时节约燃料，避免制动器因长时间制动而发热和缩短制动器的使用寿命，该发动机上装有排气制动器，当装载机滑坡时，关闭发动机油门，利用发动机的排气阻力来实现制动的效果。

（4）装载机常用的作业方式

1）“V”型作业法：自卸汽车与工作面之间呈 50°～55°的角度，对于履带式装载机和刚性车架后轮转向的轮胎式装载机，作业时装载机装满铲斗后，在倒车驶离工作面的过程中调头 50°～55°，使装载机垂直于自卸汽车，然后驶向自卸汽车卸载。

2）“I”型作业法：自卸汽车平行于工作面并适时地前进和倒退，而装载机则垂直于工作面穿梭地进行前进和后退，所以亦称之为穿梭作业法。

3）“L”型作业法：自卸汽车垂直于工作面，装载机铲装物料后倒退并调转 90°，然后驶向自卸汽车卸载；卸载后倒退并调转 90°驶向料堆，进行下次铲装作业。

4）“T”型作业法：自卸汽车平行于工作面，但距离工作面较远，装载机在铲装物料后倒退并调转 90°，然后再反方向调转 90°并驶向自卸汽车卸料。

（5）提高装载机生产率的措施

1）尽可能地缩短作业循环时间，减少停车时间。疏松的物料，用推土机协助装填铲斗，可在某些作业中，降低少量循环时间。

2）运输车辆不足时，装载机应尽可能进行一些辅助工作，如清理现场，疏松物料等。

3）尽量保证运输车辆的停车位置距离装载机在 25m 的合理范围内。

4）装载机与运输车辆的容量应尽量选配适当。

5）作业循环速度不宜太快，否则不能装满斗。每个作业现场的装载作业应平稳而有节奏。

6）大功率装载机宜作装运岩石之用，小功率装载机宜作装运松散物料。

7）行走速度要合理选择。装载机行走速度增加 1km/h，其生产能力就会提高12％～21％。

5. 压路机

（1）静力碾压式压实机械

利用碾轮的重力作用，使被压层产生永久变形而密实。其碾轮分为光碾、槽碾、羊脚碾和轮胎碾等。见图 8-29，它是借助滚轮自重的静压力作用对被压层进行压实工作的，一般用于分层压实。常用于碾压路基、路面、广场和其他各类工程的地基。

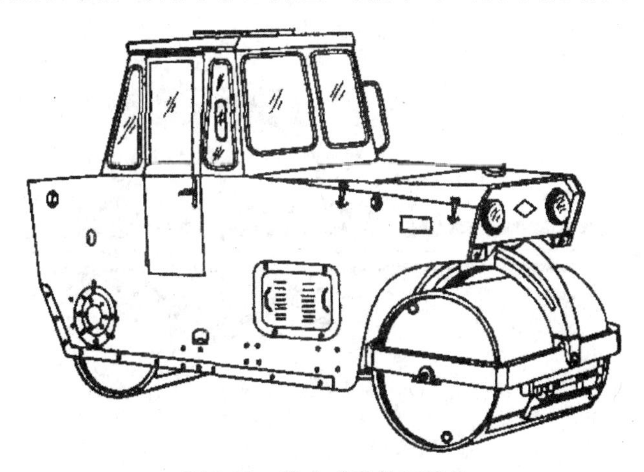

图 8-29　静力式光轮压路机

1）按结构重量分有小型压路机（3～5t）、轻型压路机（5～8t）、中型压路机（8～10t）、重型压路机（10～15t）和超重型压路机（>15t）五种类型。

2）按碾压轮的结构特点可以分为刚性光轮压路机、羊脚碾压路机及凸块压路机。

3）按行走方式可以分为自行式压路机和拖式压路机。

4）按碾压轮和轮轴的数目可分为两轮两轴式压路机、三轮两轴式压路机和三轮三轴式压路机三种类型。

5）按驱动轮的数量可以分为单轮驱动压路机和双轮驱动压路机。

6）按动力行走方式可以分为机械传动式压路机、液力机械传动式压路机和全液压传动式压路机。

小型压路机是两轮两轴式，宜用于压实人行道或沥青混凝土路面的修补等养路工程；轻型压路机多是两轮两轴式，宜用于压实轻型沥青混凝土路面和广场等工程；中型压路机有两轮两轴式和三轮两轴式两种，宜用于压实路基、地基及初压铺砌层等工程；重型压路机有三轮两轴式和三轮三轴式两种，宜用于压实路基和砾石、碎石及沥青混凝土路面的最终压实；超重型压路机都是三轮三轴式，它宜用于路基的最终压实及重型石砌层和路面的压实见图 8-30。

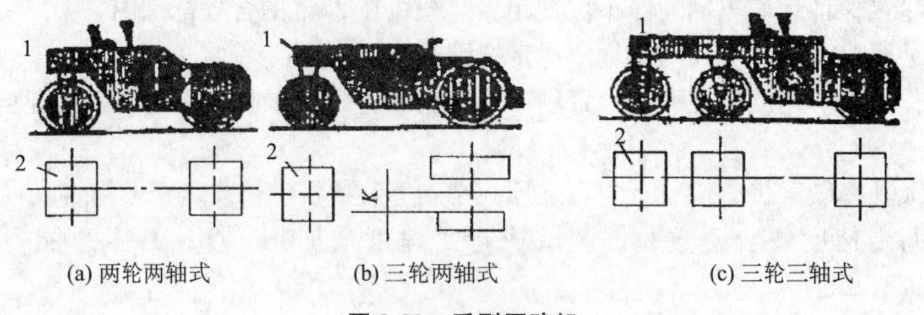

图 8-30　重型压路机

1. 机身；2. 碾压轮

如图 8-31 所示，在光轮压路碾的表面上安装了许多凸爪。压实效果和压实深度均较同重量的光轮压路机高（重型羊脚碾的压实厚度可达 30～50 cm）。很适合对含水量较大且新填的黏性土进行压实，但不能用来压实砂土和工程的表面层。

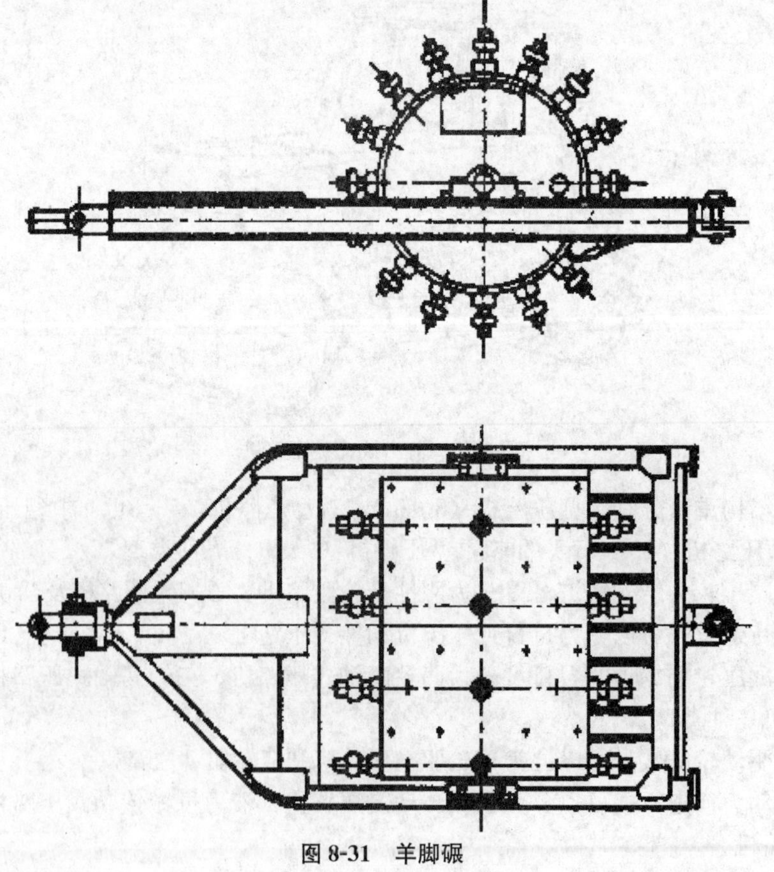

图 8-31　羊脚碾

羊脚碾可分拖式和自行式两种类型，常用的羊脚碾多为拖式单滚羊脚碾。羊脚的形状如图 8-32 所示。

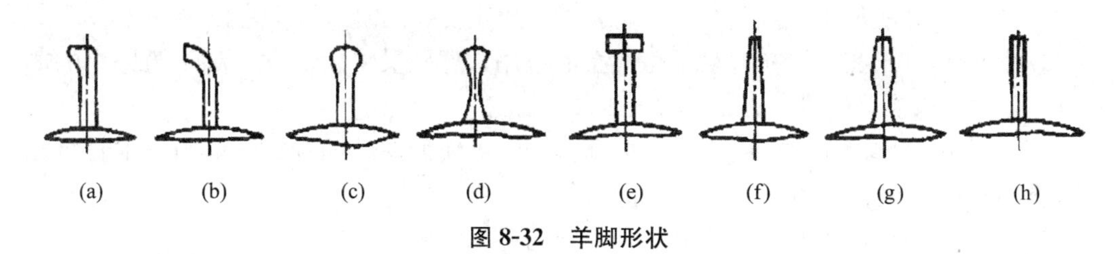

图 8-32　羊脚形状

（2）轮胎式压路机

轮胎压路机是由多个充气轮胎对道路进行密实作业的一种机械。轮胎压路机碾轮采用充气轮胎，一般装前轮 3～5 个，后轮 4～6 个。轮胎式压路机采用液压、液力或机械传动系统，单轴或全轴驱动，宽基轮胎铰接式车架结构三点支承。压实过程有揉搓作用，使压实层颗粒不破坏而相嵌，均匀密实。机动性好，行驶速度快（可达 25 km/h），见图 8-33。

图 8-33　轮胎压路机

我国轮胎压路机应用较多的主要有 9～16t、16～25t、20～30t 等系列压路机，适用于各种土质条件的压实工作，可以碾压沥青混凝土、干硬性水泥混凝土等路面铺层，也可以碾压黏性、半黏性、沙性混合料等基础层材料，广泛应用于公路、机场跑道、市政广场等工程的施工。

当轮胎充气压力为定值时，轮胎的负荷越大，其压实力影响的范围就越大，并且向深层扩展，压实深度就越深。以目前国内轮胎压路机为例，其充气压力为 0.2～0.8MPa，正常情况取 P=0.35MPa。

（3）振动式压实机械

振动式压实机械是利用偏心块（或偏心轴）高速旋转时所产生的离心力作用而对材料进行振动压实的，振动压路机具有以下优点：

1）同样质量的振动压路机比静作用压路机的压实效果好；压实后的基础压实度高；稳定性好。

2）振动压路机的生产效率高。当所要求的压实度相同时，压实遍数少。

3）由于机载压实度计在振动压路机上的应用，驾驶员可及时发现施工道路中的薄弱点，随时采取补救措施，从而大大减少质量隐患。

4）压实沥青混凝土面层时，由于振动作用，可使面层的沥青材料能与其他骨料充分渗透、柔和。故路面耐磨性好，返修率低。

5）压实沥青混凝土时，允许沥青混凝土的温度较低。

6）可以压实大粒径的回填石等静作用压路机难以压实的物料。

7）由于其振动作用，可压实干硬性水泥混凝土。

8）当压实效果相同时，振动压路机在结构质量上可比静作用压路机轻一倍，发动机的功率可降低30%左右。

二、桩工机械

在桩基础施工中所采用的各种机械，通称为桩工机械。桩工机械按其工作原理分为冲击式、振动式、静压式和成孔灌注式四类，常用的有柴油打桩机、液压打桩机、振动打桩机、静力压桩机、各种成孔机、连续墙挖槽机以及与桩锤配套使用的各种桩架等。

1. 柴油打桩锤

柴油打桩锤简称“柴油锤”，工作原理类似柴油机，按结构不同可分为导杆式和筒式两种。柴油锤具有以下特点：

①构造简单，维修使用较方便。

②安装拆卸方便，便于移动，生产效率较高。

③有噪声和废气排出，振动较大。

④使用中易受地层的影响，当地层较硬时，沉桩阻力较大，桩锤的反弹力越大跳起的高度越大；当地层较软时，桩下沉量大，燃油不能爆发或爆发无力，桩锤因而不能被提起，使工作停止，这时只好重新起动。

⑤柴油锤的有效功率比较小，用来打桩的动能只有40%～50%，另外的50%～60%消耗在燃油压缩的过程中。

（1）筒式柴油锤

1）筒式柴油锤的结构和工作原理：筒式柴油锤依靠活塞上下跳动来锤击，其构造如图8-34所示，由锤体、燃料供给系统、冷却系统、起动系统等构成。

2）筒式柴油锤的工作过程：其工作过程分为如下几个阶段，见图8-35。

①扫气、喷油：上活塞在重力作用下降落，清扫汽缸内的废气。当上活塞继续下降触碰油泵的曲臂时，燃油泵就将一定量的燃油注入下活塞。

②压缩：上活塞继续下降，将吸排气口关闭，汽缸内的空气被压缩，空气的压力和温度升高。

③冲击：上活塞下降，与下活塞相碰撞产生强大的冲击力使桩下沉，这是使桩下沉的主要作用力。

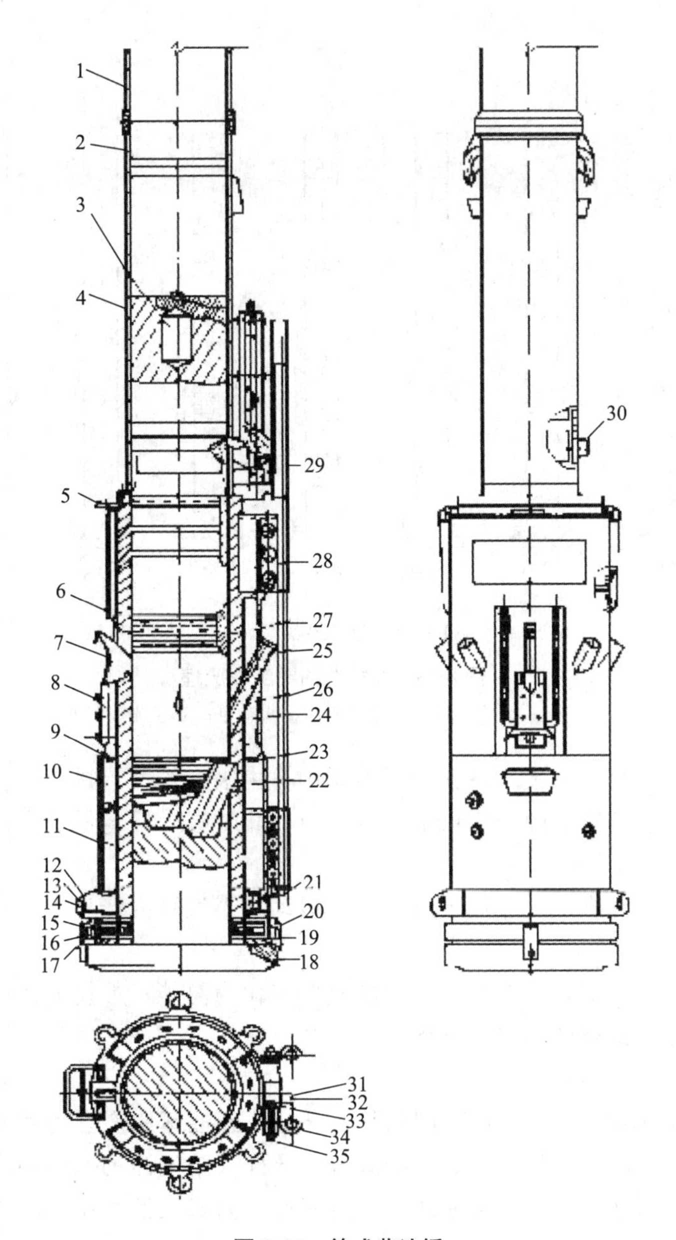

图 8-34　筒式柴油锤

1. 导向缸；2. 上汽缸；3. 润滑油室；4. 上活塞；5. 燃油箱；6. 燃油滤清器；7. 输油管；8. 燃油泵；9. 下汽缸；10. 下水箱；11. 下活塞；12. 锥头螺栓 13. 锥形螺母；14. 月牙垫；15. 半圆铜套；16. 连接盘；17. 缓冲胶垫；18. 螺钉；19. 连接套；20. 卡板；21. 润滑油泵；22. 活塞环；23. 阻挡环；24. 上水箱；25. 进排气管；26. 盖；27. 导向环；28. 润滑油箱；29. 起落架；30. 安全螺钉；31. 固定螺栓；32. 圆头螺栓；33. 垫圈；34. 导向板；35. 锥形螺母

④爆发：在上活塞冲击下活塞的同时，下活塞中的燃油被雾化，雾化的燃油与高温气体混合而燃烧，爆发出很大的压力，一方面使桩再次下沉，另一方面使活塞向上跳起。

⑤排气：上活塞因燃油爆发燃烧产生的压力作用而上升至一定高度时，吸气口和

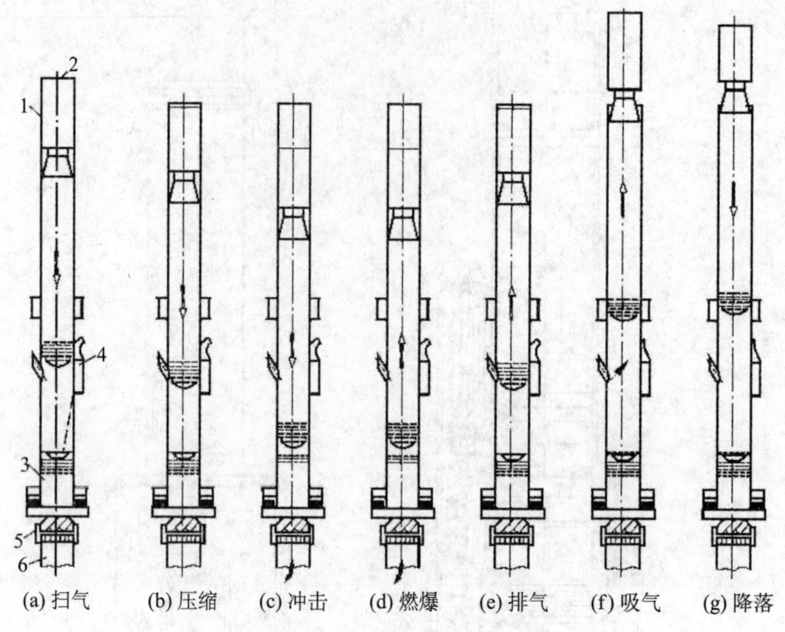

图 8-35 筒式柴油锤工作原理

1. 汽缸；2. 上活塞；3. 下活塞；4. 燃油泵；5. 桩帽；6. 桩

排气口都打开。燃烧过的废气在膨胀压力作用下由吸、排气口排出。当上活塞上升越过油泵的曲臂后，曲臂在弹簧作用下恢复原位，此时吸入一定量的燃油，为下一次喷油做好准备。

⑥吸气：上活塞在惯性作用下继续向上运动，当汽缸内产生负压时，汽缸内又吸入新鲜的空气。

⑦降落：再次下降，将上活塞的动能全部转化为势能，重复上述过程。这个过程往复进行，便是筒式柴油锤的工作循环。

（2）导杆式柴油锤

导杆式柴油锤和筒式柴油锤不同的是：导杆式柴油锤用汽缸为锤击部分作升降运动，而筒式柴油锤则以上活塞作为锤击部分；导杆式柴油锤的燃油用高压雾化，筒式柴油锤则用冲击雾化；导杆式柴油锤的打击能量比筒式柴油锤小，一般用于小型轻质桩的施工。

1）导杆式柴油锤结构：导杆式柴油锤的构造如图 8-36 所示，缸锤是活动部分，可沿导杆上下运动。作业时，将桩就位，把柴油锤置于桩的顶部，用桩帽卡在桩上。将起落架落下，钩住桩锤，将其提升到一定高度，自动脱钩，缸锤靠自重落下，柴油锤即开始工作。

2）导杆式柴油锤的工作过程：如图 8-37（a）所示相当于工作行程开始，此时，汽缸上升到最高点，在自重的作用下降落。图 8-37（b）为汽缸落下套着活塞时，封在活塞头部与汽缸间的空气被压缩，温度升高到 500～700℃时，压缩结束，柴油通过喷油器以雾状喷入汽缸中。柴油与高温空气混合自行燃烧膨胀，将使汽缸沿导杆上升。图 8-37（c）为汽缸脱离活塞时，废气排出进入大气，汽缸内吸入新鲜空气。当汽缸升

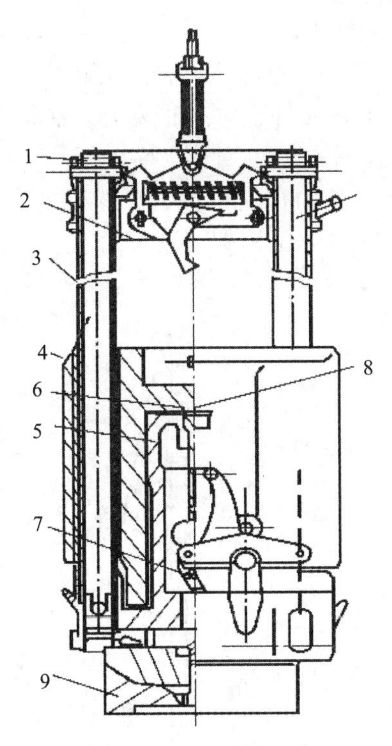

图 8-36　导杆式柴油锤

1. 顶梁；2. 吊架；3. 导杆；4. 缸锤；5. 活塞；6. 喷油嘴；7. 油泵；8. 燃烧室；9. 桩帽

到最高时就停止，又开始下降打击桩头，再重复以上工作过程。

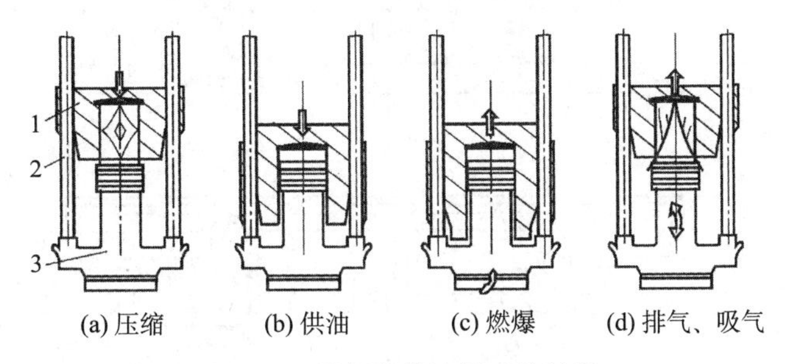

(a) 压缩　(b) 供油　(c) 燃爆　(d) 排气、吸气

图 8-37　导杆式柴油锤工作过程

1. 缸锤；2. 导杆；3. 活塞

通过改变高压油泵的供油量，可调节汽缸行程的长短，导杆式柴油锤每分钟的冲击次数为 55～60 次。

2. 静力压桩机

对桩施加持续静压力把桩压入土中，这种施工方法噪声极小，无空气污染，桩头不受损坏。静力压桩机分为机械式和液压式两种。全液压静力压桩机与传统的打桩机相比有下列特点：

1）全液压静力压桩机操作灵敏、安全，有辅桩工作机吊桩就位，不用另配起重机吊桩。

2）因为是静力压桩，施工中无噪声、振动和废气污染，适用于城区内医院、学校及精密工作区、车间等桩基的施工。

3）能避免因连续打击桩身而引起桩头和桩身的破坏。

其缺点是油管与油路、组合元件很多且很复杂，油料泄漏的可能性相应增多，维修的技术含量高。

全液压静力压桩机主要由长船行走机构、短船行走及回转机构、支腿平台机构、夹持机构、配重铁、操作室、导向压桩架、液压总装室、液压系统和电器系统组成，见图 8-38。

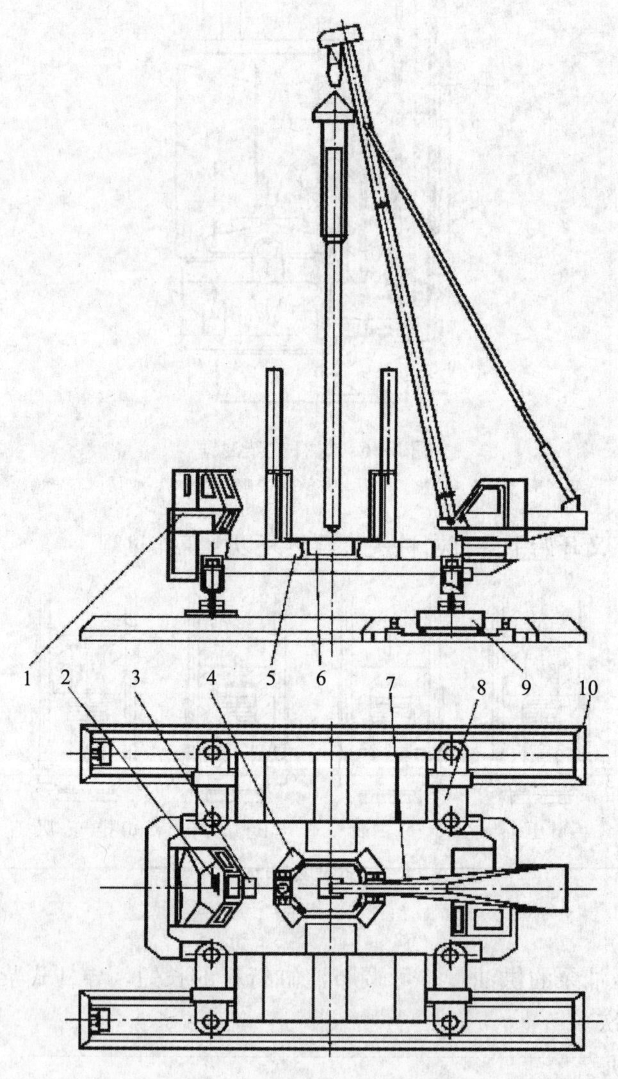

图 8-38　全液压静力压桩机外形

1. 操纵室；2. 电气操纵室；3. 液压系统；4. 导向架；5. 配重铁；6. 夹持机构；
7. 辅桩工作机；8. 支腿平台；9. 短船行走及回转机构；10. 长船行走机构

工作原理如图 8-39 所示，全液压静力压桩机工作时由辅桩工作机将桩吊入夹持槽梁内，夹持液压缸 2 伸程加压将桩段 3 夹持。压桩液压缸做伸程动作，将桩锤徐徐压入地面。压桩液压缸的支承反力由桩机自重或配重铁 5 来平衡。WJY160 全液压静力压桩机夹持力可达 5 000kN。

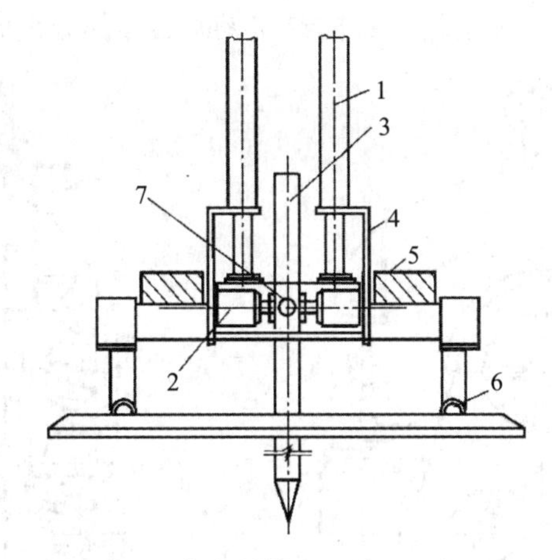

图 8-39　全液压静力压桩机工作原理

1. 压桩液压缸；2. 夹持液压缸；3. 预制桩；4. 导向架；5. 配重铁；6. 行走机构；7. 夹持槽梁

3. 振动锤

振动锤利用激振器产生垂直定向振动，使桩在自重或附加压力的作用下沉入土中。其沉桩效率高，费用低，不需辅助设备，桩头不易损坏。振动锤可以用来沉预制桩，也可用来拔桩。

（1）振动锤的分类

振动锤按工作原理不同分为柔式振动锤、刚式振动锤、冲击式振动锤。

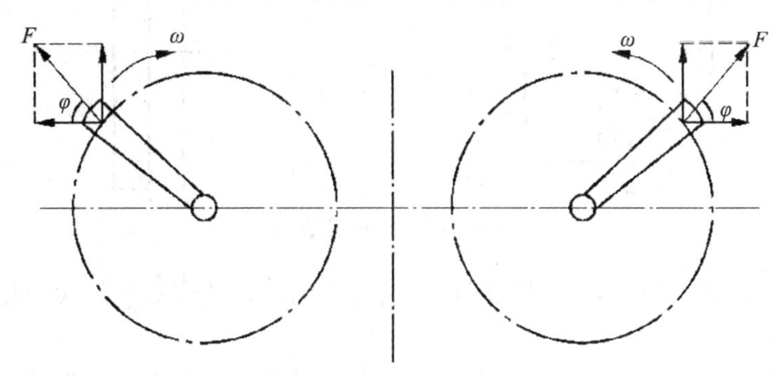

图 8-40　振动锤的工作原理图

1）柔式振动锤：柔式振动锤的特点是电机与振动器用减振弹簧隔开，电机不参加振动，但其自重仍然通过弹簧作用在桩上，能加大桩的下沉力度。电机使用条件较安全，不易损坏。

2）刚式振动锤：刚式振动锤的主要特点是电机和振动器为刚性连接，其打桩效果好。电机在工作时参加振动，其振动体系的质量增加，使振动幅度减小而降低了功效，且因电机不避振而易损坏，必须应用耐振电动机。

3）冲击式振动锤：冲击式振动锤的特点是振动器产生的振动是通过冲击钻作用在桩体上的，使桩受到连续冲击，避免了直接的传递，一般用于黏性土和坚硬土层上的打桩和拔桩。其缺点是冲击时噪声较大，电机工作时因承受冲击而易损坏。

（2）振动锤的组成

振动锤主要由电动机、振动器、夹桩器和吸振器等部分组成，见图 8-41。

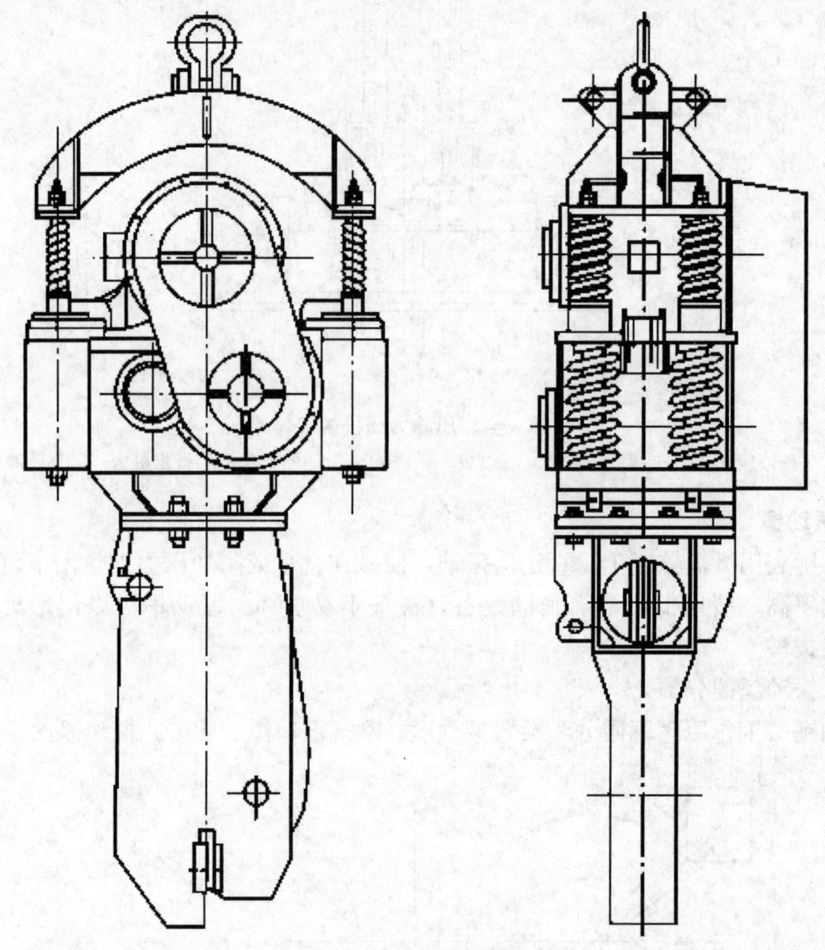

图 8-41　DZ60 振动锤

1）电动机：振动锤一般要采用耐振性强的电动机，并应具有较大的超载能力和很高的起动能力。

2）振动器：振动锤常采用二轴振动器，也有采用四轴或六轴的振动器，每对轴上都安装有做同步反向旋转而数量相同的偏心块。

3）夹桩器：夹桩器用来与桩刚性连接，使桩与振动锤连成一体，夹桩器适用于夹持型钢和板桩。桩的形状改变时，夹桩器就应相应地变换。

4）吸振器：吸振器是安装在振动锤上部的弹性悬挂装置，防止振动器的振动传递到悬吊它的桩架起重机上。一般由压缩螺旋弹簧组成。在小型振动锤上可用橡胶作为吸振元件。

振动锤在使用时不损伤桩头，不排出有害气体，对灌注桩、混凝土预制桩、钢板桩和钢管桩都适用。其缺点是打桩性能易受到土质的限制，对黏土层或坚硬地层，其桩尖阻力较大，沉桩速度较慢或者不能打入；其产生的振动力对周围建筑有不利影响，特别是强迫振动频率与周围建筑物产生共振时将会有一定的破坏作用。振动锤常用来沉入预制桩，也可用于灌注桩，目前用于灌注桩的振动锤更多。

4. 灌注桩成孔机械

在施工现场就地成孔，浇注钢筋混凝土或素混凝土就称为灌注桩成孔，取土成孔的主要设备有很多，常用的有螺旋钻机成孔、钻扩机成孔、冲抓成孔、回转斗钻孔、冲击式钻孔、套管钻机成孔、旋转钻机成孔、潜水钻机成孔等。挤土成孔的机械有打桩锤和振动锤，其施工方法见图 8-42。这种挤土成孔法只适用于直径在 500 mm 以下的桩。

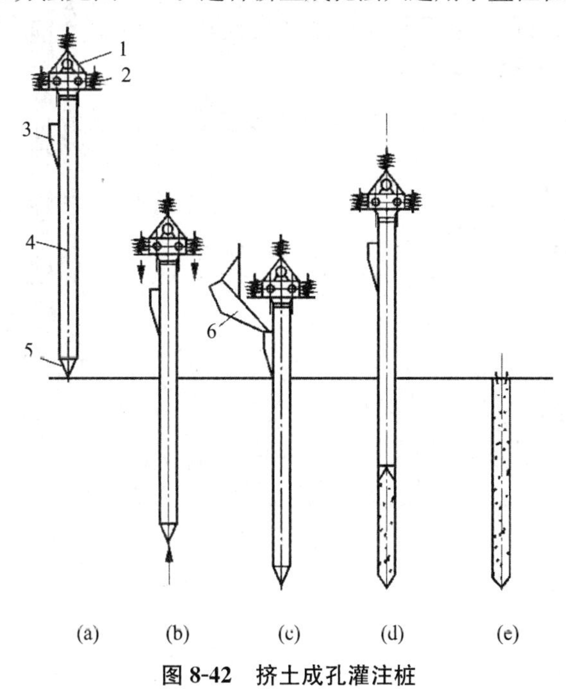

图 8-42 挤土成孔灌注桩

1. 振动锤；2. 减振弹簧；3. 加料口；4. 桩管；5. 活瓣管尖；6. 上料斗

螺旋钻机成孔是钻的下部有切削刀，切下来的土沿钻杆上的螺旋叶片上升并从地面排出，其作用与麻花钻相似，连续地切土和取土，成孔速度快。螺旋钻孔机在我国北方使用得较多。

螺旋钻孔机包括长螺旋钻孔机（最大钻深可达 20m)、短螺旋钻孔机（最大钻深可达 5m)、双螺旋钻扩机（钻深可达 4～5m，这种钻机一般用于冻土地带）三种。

（1）长螺旋钻孔机

见图 8-43，长螺旋钻孔机整体构造不复杂，成孔效率高，在灌注桩的成孔中应用得较多。长螺旋钻孔机按钻杆结构的不同有整体式和装配式两种，按行走机构的不同有履带式和汽车式两种。

长螺旋钻孔机常用多能桩架和起重式桩架。在建筑工地上，常用履带式桩架与长螺旋钻具配套，组成履带式长螺旋钻机，使用较为方便。

长螺旋钻孔机由电动机 1、减速器 2、钻杆 3 和钻头 4 等组成，整套钻孔机通过滑车组悬挂在桩架上，钻孔机的升架、就位由桩架控制。钻具上的电机适合于在满载的情况下运转，同时具有较好的过载保护装置。减速器大都采用立式行星减速器。为保证钻杆钻进时的稳定性和初钻时的准确性，在钻杆长度的 1/2 处安装有中间稳杆器，它用钢丝绳悬挂在钻孔器的动力头上，并随动力头沿桩架立柱上下移动。在钻杆下部装有导向圈，导向圈固定在桩架立柱上，钻杆是一根焊有螺旋叶片的钢管，长螺杆的钻杆多分段制作。

钻孔时，孔底的土片沿着钻杆的螺旋叶片上升，把土卸于钻杆周围的土地上，或是通过出料斗卸在翻斗车等运输工具中运走。长螺旋钻孔机钻孔的孔径不大于 1m，为适应不同地层的钻孔需要，配备有各种不同的钻头，适用于地下水位较低的黏土及砂土层施工。

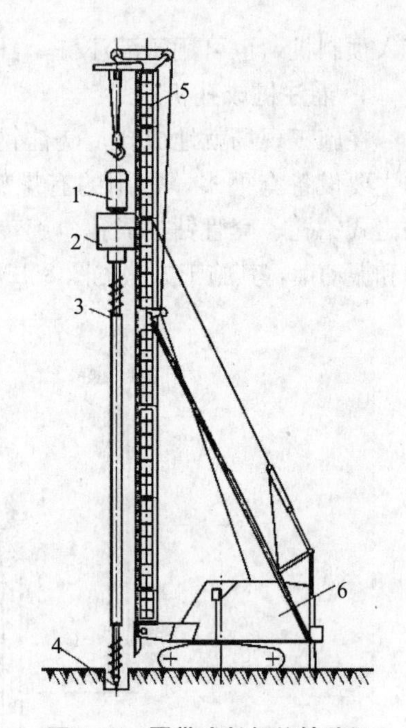

图 8-43 履带式长螺旋钻孔机

1. 电动机；2. 减速器；3. 钻杆；4. 钻头；5. 钻架；6. 履带式起重机底盘

(2) 短螺旋钻孔机

见图 8-44，短螺旋钻孔机的切土原理与长螺旋钻孔机相同，但排土方法不一样。短螺旋钻孔机向下切削一段距离后，切削下的土壤堆积在螺旋叶片上，由桩架卷扬机与短螺旋连接的钻杆，连同螺旋叶片上的土壤一起提升。到钻头超过地面，整个桩架平台旋转一个角度，短螺旋钻孔机反向旋转，将螺旋叶片上的碎土甩到地面上。故短螺旋钻孔机钻孔直径可达 2 m，甚至更大。用伸缩钻杆与短螺旋连接，钻孔深度可达78 m。

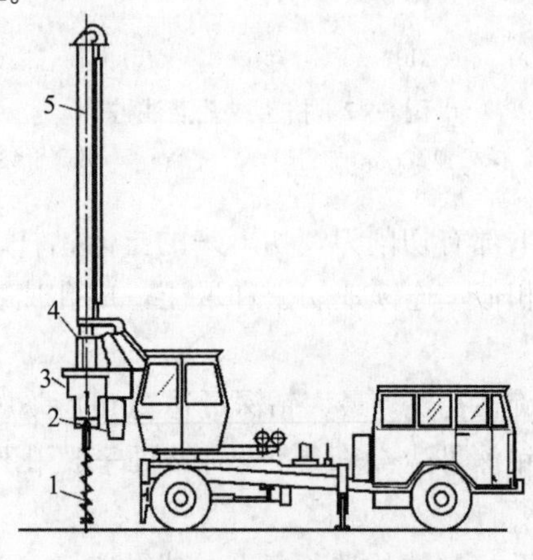

图 8-44 短螺旋钻孔机

1. 螺旋叶片；2. 液压马达；3. 变速箱；4. 加压液压缸；5. 钻杆护套

三、混凝土机械

1. 混凝土搅拌机

混凝土搅拌机是把水泥、砂石骨料和水混合并拌制成混凝土混合料的机械。主要由拌筒、加料和卸料机构、供水系统、原动机、传动机构、机架和支承装置等组成。

(1) 混凝土搅拌机的分类

1) 按工作性质分：

①周期性工作搅拌机。

②连续性工作搅拌机。

2）按搅拌原理分：

①自落式搅拌机，见图 8-45。

②强制式搅拌机，见图 8-46。

3）按搅拌桶形状分：

①鼓筒式搅拌机。

②锥式搅拌机。

③圆盘式搅拌机。

另外，搅拌机还分为裂筒式和圆槽式（即卧轴式）搅拌机。

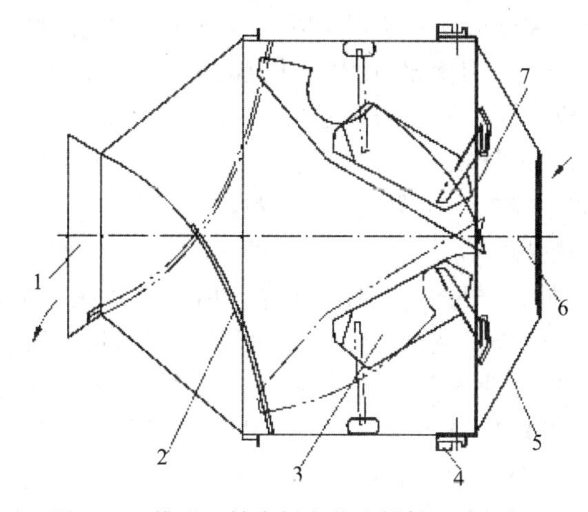

图 8-45　锥形反转出料自落式搅拌机的搅拌筒

1. 出料口；2. 出料叶片；3. 高位叶片；4. 驱动齿圈；5. 搅拌筒体；6. 进料口；7. 低位叶片

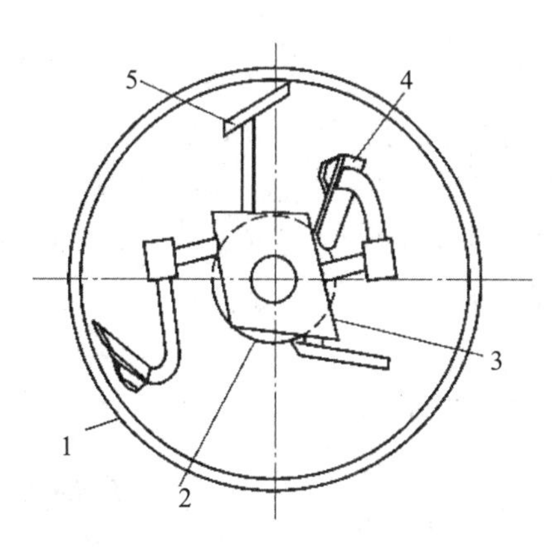

图 8-46　涡桨式强制式搅拌机简图

1. 搅拌盘外环；2. 搅拌盘内环；3. 转子；4. 搅拌叶片；5. 刮板

卧轴强制式混凝土搅拌机有单卧轴和双卧轴。双卧轴搅拌机生产的效率高，能耗低，噪声小，搅拌效果比单卧轴好，但结构复杂，适用于较大容量的混凝土搅拌作业，一般用作搅拌楼（站）的配套主机或用于大、中型混凝土预制厂。

（2）混凝土搅拌机的主要组成部分

1）搅拌机构；

2）上料机构；

3）卸料机构；

4）传动机构；

5）配水系统。

（3）混凝土搅拌机的选择

1）按工程量和工期要求选择：混凝土工程量大且工期长时，宜选用中型或大型固定式混凝土搅拌机群或搅拌站。如混凝土工程量小且工期短时，宜选用中小型移动式搅拌机。

2）按设计的混凝土种类选择：搅拌混凝土为塑性半塑性式时，宜选用自落式搅拌机。如搅拌混凝土为高强度、干硬性或为轻质混凝土时，宜选用强制式搅拌机。

3）按混凝土的组成特性和稠度方面选择：如搅拌混凝土稠度小且骨料粒度大时，宜选用容量较大的自落式搅拌机。如搅拌稠度大且骨料粒度大的混凝土时，宜选用搅拌筒转速较快的自落式搅拌机。如稠度大而骨料粒度小时，宜选用强制式搅拌机或中、小容量的锥形反转出料的搅拌机。

混凝土搅拌站和搅拌楼系统的区别：搅拌站由五大系统构成，如物料供给系统、计量系统、搅拌系统、电气控制系统等组成，而搅拌楼则相对简单一些。其次是搅拌楼的骨料仓在上面，骨料经计量后直接进入搅拌机搅拌装置；而搅拌站的骨料仓在下面，骨料计量后需经过斜皮带（也有一部分使用提升机的）输送后进入搅拌机。运行中由于搅拌站的斜皮带频繁启动，能耗与故障率就会增加，而搅拌楼能耗与故障率相对的低些，适用于建筑施工现场；而搅拌楼体积大，生产率高，只能作为固定式的搅拌装置，适用于大型水利工程或产量大的商品混凝土供应。

2. 混凝土输送设备

（1）混凝土泵

混凝土泵是利用活塞在缸体内的往复运动，将混凝土拌合物通过管路连续压送到浇筑工作面的机械。它能同时完成水平输送和垂直输送，其工作可靠，输送距离长，费用低，质量好。其最大水平输送距离可达 800 m，垂直距离可达 300 m。现在的高层建筑工地，混凝土的浇筑都是用混凝土泵来分担的。

1）混凝土泵的分类

①活塞式混凝土泵：其有液压传动式和机械传动式。液压传动式混凝土泵由料斗、液压缸和活塞、混凝土缸、分配阀、Y 形管、冲洗设备、液压系统和动力系统等组成。液压系统通过压力推动活塞往复运动。活塞后移时吸料，前推时经过 Y 形管将混凝土缸中的混凝土压入输送管。泵送混凝土结束后，用高压水或压缩空气清洗泵体和输送管。

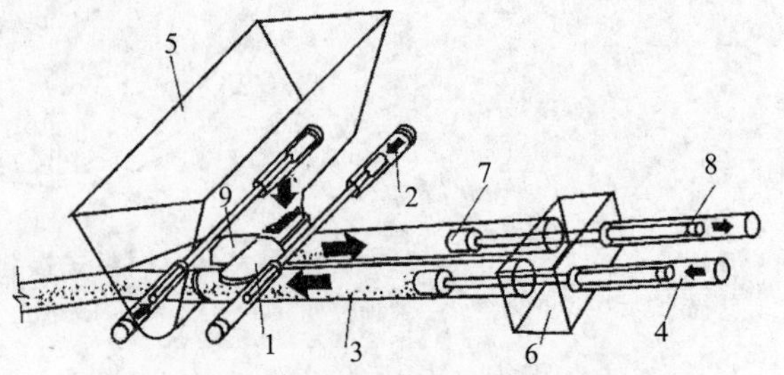

图 8-47　双缸油压活塞式混凝土泵

1. 进料闸板分配阀；2. 控制油缸；3. 混凝土缸；4. 主油缸；5. 料斗；6. 水箱；7. 混凝土活塞；8. 液压缸活塞；9. 出料闸板分配阀

活塞式混凝土泵的排量，取决于混凝土缸的数量和直径、活塞往复运动速度和混凝土缸吸入的容积效率等。

双缸油压活塞式混凝土泵结构：双缸油压活塞式混凝土泵主要由动力源、液压传动系统、推送机构、混凝土分配机构、集料斗搅拌机构、润滑系统、电气控制系统和输送管道等部件组成，见图 8-47。

双缸油压活塞式混凝土泵工作原理：液压驱动的主油缸 4 与混凝土工作缸 3 串联，两个液压缸活塞 8 驱动两个混凝土工作活塞 7，交替地实现吸进和排出混凝土。进料口和出料口设置在混凝土缸的前端，分别与料斗 5 和 Y 形管相通。进料闸板分配阀 1 和出料闸板分配阀 9 也分别由两个控制油缸驱动，与混凝土缸的活塞行程相配合，控制其进出料的“接通”和“切断”两种状态。

水箱 6 将液压缸与混凝土工作缸分开，可防止液压油进入混凝土缸并及时发现漏油、漏浆等问题。两个液压缸常处于相反的工作状态，即一缸在吸料时，另一缸必然在排料。两缸交替地工作以使输送连续平稳，生产率高。液压活塞式混凝土泵具有易于实现过载保护、能实现无级调节、易于控制等优点。

②挤压式混凝土泵：其有转子式双滚轮型、直管式三滚轮型和带式双槽型三种。转子式双滚轮型混凝土泵，由料斗、泵体、挤压胶管、真空系统和动力系统等组成。泵体密封，泵体内的转子架上装有两个行星滚轮，泵体内壁衬有橡胶垫板，垫板内周装有挤压胶管。动力装置驱动行星滚轮回转，碾压挤压胶管，将管内的混凝土挤入输送管排出。真空系统使泵体内保持一定的真空度，促使挤压胶管碾压后立即恢复原状，并使料斗中的混凝土加快吸入挤压胶管内。挤压式混凝土泵的排量，取决于转子的回转半径和回转速度，挤压胶管的直径和混凝土吸入的容积效率，见图 8-48。

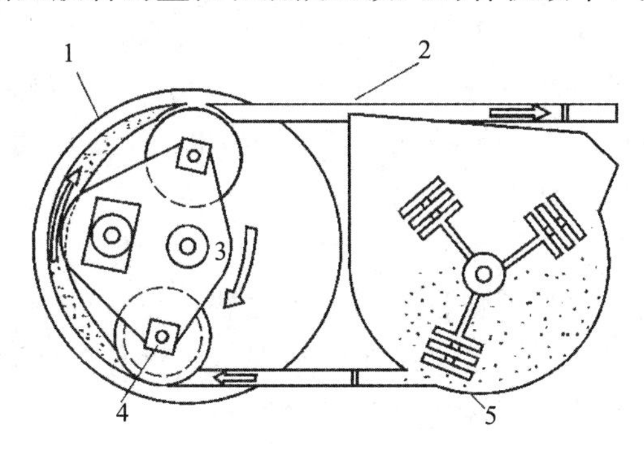

图 8-48　挤压式混凝土泵工作原理

1. 泵壳；2. 橡胶软管；3. 转子；4. 滚轮；5. 集料斗

挤压式混凝土泵的壳体 1 内安装有橡胶软管，同时在回转的转子 3 上安装有两个滚轮 4。因滚轮挤压软管，使滚轮前方的混凝土拌合物被压出，而滚轮后方胶管则由于形成负压而把集料斗中的混凝土拌合物吸入，使两个滚轮保证输送基本连续。

③水压隔膜式混凝土泵：其由料斗、泵体、隔膜、控制阀、水泵和水箱等组成。隔膜在泵体内，当水泵将隔膜下方的水经控制阀抽回水箱时，隔膜下陷，料斗中的混凝土压开单向阀进入泵体；当水泵将水箱中的水经控制阀抽回泵体时，压力水使隔膜升起，关闭单向阀，将混凝土压入输送管排出。

④柱塞式灰浆泵：利用柱塞在密闭缸体里的往复运动，压送灰浆。由柱塞、缸体、

阀门、动力装置、稳压装置和安全装置等组成。柱塞由曲柄连杆机构带动，柱塞缩回时，灰浆经吸入阀进入缸体；柱塞推出时，灰浆经排出阀压出。有单柱塞式和双柱塞式两种。为了保持灰浆料流的稳定，单柱塞式灰浆泵上装有空气稳压室。双柱塞式灰浆泵依靠工作柱塞和补偿柱塞的交替运动保持灰浆料流的稳定。单柱塞式灰浆泵适用10层以下楼层的灰浆输送和喷涂抹灰，要求砂子符合级配要求，且不宜全部使用破碎砂；双柱塞式灰浆泵压力高，适用于30层以下楼层的灰浆输送和喷涂抹灰，其适应性比单柱塞泵强，只对砂子的级配和粒径有要求、对几何形状没有要求，可全部使用破碎砂。

⑤隔膜式灰浆泵：其工作原理和适用范围与单柱塞式灰浆泵相同，利用往复运动的柱塞通过中间液体（通常用水）使橡胶隔膜变形，当隔膜向泵缸方向鼓起时，把灰浆压入输送管道，当隔膜收缩时，从容器中把新的灰浆吸入。其特点是柱塞不与灰浆直接接触，从而可以延长柱塞的使用寿命，但结构比较复杂，橡胶隔膜容易磨损。

⑥气动式灰浆泵：其利用压缩空气压送灰浆，主体是一个卧式压力缸，顶部装有压盖。缸内装有一根带搅拌叶片的水平搅拌轴，由电动机或柴油机经减速箱驱动。这种泵通常配有空压机、液压加料斗、拉铲、行走装置等。灰浆可由自身的搅拌装置制备，也可将制备好的灰浆直接装入缸内，然后将盖压紧，接通压缩空气将其送入密闭的压力缸内，使用时打开出料口，即可将灰浆压出。该机用途广泛，除了用做灰浆输送泵和灰浆搅拌机外，还可以用来搅拌和输送细石混凝土或干料。

⑦螺杆式灰浆泵：其利用螺旋转子在弹性定子中转动，推动灰浆沿螺旋运动方向连续输送。分干式和湿式两种。干式螺杆泵适用于预拌干料的场合，泵的进料端装有搅拌器，其上有加水口，能将干料拌制成灰浆后送入泵体；湿式螺杆泵和其他形式的灰浆泵一样，只能输送搅拌好的灰浆。螺杆泵结构紧凑，重量轻，料流稳定。但定子易磨损，要求使用卵形砂。其压力较低，适用于输送高度不大的场合，也可放在中间楼层作接力泵，以提高送料高度。

（2）混凝土泵车

混凝土泵车经过铺设的管道输送混凝土拌合物，在管道末端有易弯曲的软管，以便于布料，见图8-49。臂架式混凝土泵车是将混凝土泵和布料装置（由折叠式臂架和装在其上的输送管道，以及回转装置组成）装在汽车底盘上，因此具有机动性强、布料灵活、浇灌作业的平面与空间铺盖面积大、减轻工人劳动强度等优点。泵车的布料杆在一个固定点的某一平面内的工作范围内，臂架可360°全回转，实际上形成了一个立体空间。混凝土泵车特别适用于基础工程、地下室工程、六层以下的公共建筑物以及烟筒、水塔等的混凝土浇灌。

混凝土泵车是利用压力将混凝土沿管道连续输送的机械，由泵体和输送管组成。按结构形式分为活塞式、挤压式、水压隔膜式。

1）泵车系统组成：由臂架、泵送、液压、支撑、电控五部分组成，见图8-49。

2）使用要点：

①混凝土泵车的操作人员需经专业培训后方可上岗操作。

②所泵送的混凝土应满足混凝土泵车的可泵性要求。

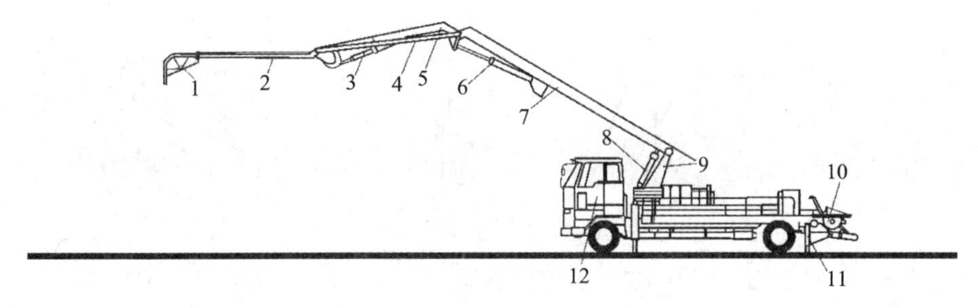

图 8-49　混凝土泵车基本构造

1. 臂端软管；2. 上臂架；3. 上臂架油缸；4. 输送管；5. 中臂架；6. 中臂架油缸；7. 下臂架；8. 下臂架油缸；9. 回转装置；10. 混凝土泵；11. 支腿；12. 汽车底盘

③混凝土泵车泵送工作要点可参照混凝土泵的使用。

④整机水平放置时所允许的最大倾斜角为 30°，更大的水平倾斜角会使布料的转向齿轮超载，并危及机器的稳定性。如果布料杆在移动时其中的某一个支腿或几个支腿曾经离过地，就必须重新设定支腿，直至所有的支腿都能始终可靠地支撑在地面上。

⑤泵送停止 5 min 以上时，必须将末端软管内的混凝土排出。否则由于末端软管内的混凝土脱水，再次泵送作业时混凝土就会猛烈地喷出，向四处喷溅，那样末端软管很容易受损。

⑥为了改变臂架或混凝土泵车的位置而需要折叠、伸展或收回布料杆时，要先反泵 1～2 次后再动作，这样可防止在动作时输送管道内的混凝土落下或喷溅。

3）防止泵送故障的措施：

①要有合理的施工布置，包括输送管道，混凝土泵及供料系统的合理布置。

②泵送混凝土的配比要合理，质量要好。

③保持泵机的良好技术状况，料斗、Y 形管、阀箱及管道内无干结混凝土，管道、管卡部位处密封良好；及时更换磨损件和调整磨损间隙；按规定做好维护保养工作。

④泵送中断的时间不要太长。

⑤正确操作。

⑥做好输送管道的维护工作，不使用严重损坏的或未清洗干净的管件。

（3）混凝土搅拌运输车

混凝土搅拌运输车可以对混凝土拌合物搅拌或水平输送，是运送混凝土的专用设备。在对混凝土拌合物输送时，有下面两点要求：一是不产生离析现象，保证配合比设计的混凝土拌合物稠度在允许的范围内，要在混凝土初凝之前能有充分的时间浇筑和捣实。二是泵送混凝土浇筑施工时，要防止流动阻力增大，堵塞管道，所以必须配备专门的配套设备，满足泵送施工对混凝土的特殊要求。

搅拌运输车有多种机型，现以 JC6 型为例，说明其构造。JC6 型搅拌运输车是容量为 $6m^3$ 的混凝土搅拌运输车，该车由上车（混凝土搅拌部分）和下车（汽车底盘部分）组成。上车由搅拌筒、进出料装置、传动系统、供水系统和操纵系统等组成，见图 8-50。

搅拌筒为固定倾角斜置的反转出料梨形结构，见图 8-51。搅拌筒通过底端中心轴 6 和环形滚道 8 支承在机架上的调心轴承和一对支承滚轮上。搅拌筒内焊有两条相隔

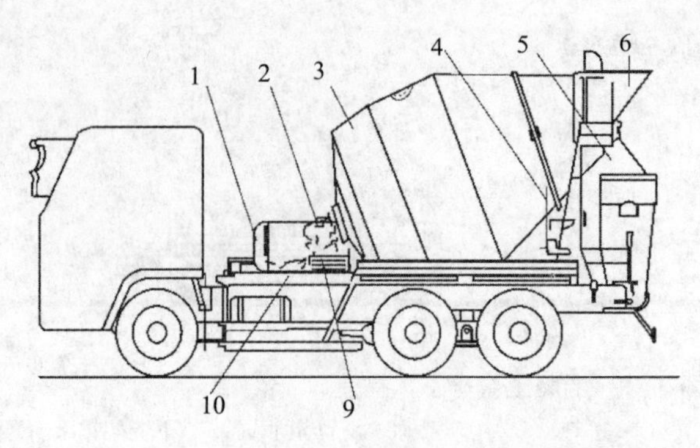

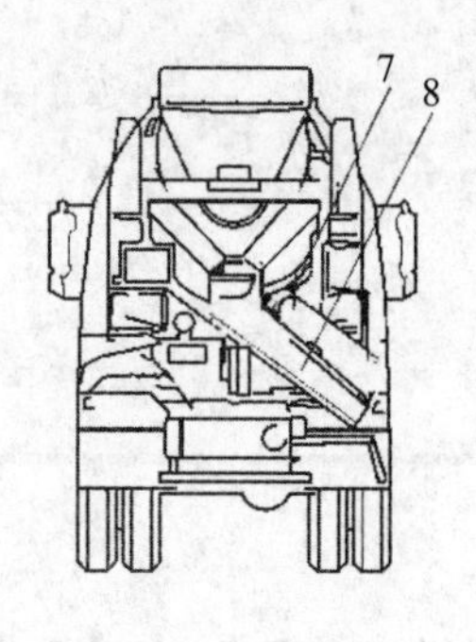

图 8-50　JC6 搅拌运输车

1. 水箱；2. 减速器；3. 搅拌筒；4. 操作手柄；5. 固定卸料槽；6. 进料斗；7. 托轮；8. 活动卸料槽；9. 液压马达；10. 液压泵

180°的螺旋形叶片，在叶片的顶部焊有耐磨钢丝。当搅拌筒正转时，物料落入筒的下部进行搅拌；当搅拌筒反转时，已拌好的混凝土则沿着螺旋叶片向外卸出。

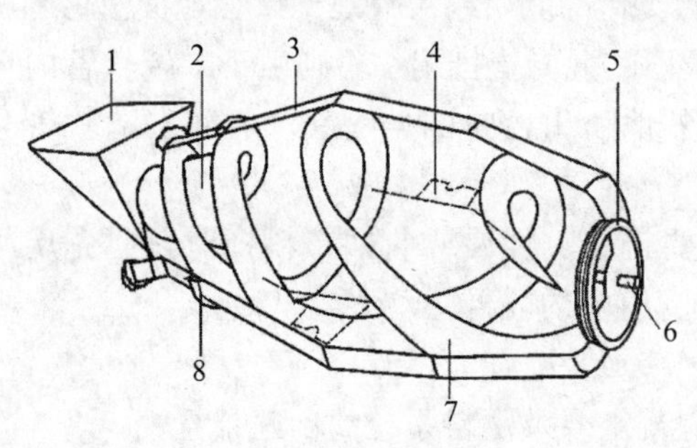

图 8-51　搅拌筒

1. 加料斗；2. 进料导管；3. 壳体；4. 辅助搅拌叶片；5. 链轮；6. 中心轴；7. 带状螺旋叶片；8. 环形滚道

(4) 混凝土振捣器

拌和好的混凝土浇筑构件时，必须排除其中气泡，进行捣固，使混凝土密实结合，消除混凝土的蜂窝麻面等现象，以提高其强度，保证混凝土构件的质量。混凝土振捣器就是机械化捣实混凝土的机具。

1) 混凝土振捣器的分类

混凝土振捣器的种类较多，常用的分类方法有以下几种。

① 按传递振动的方法分类：有内部振捣器、外部振捣器和表面振捣器三种。

a. 内部振捣器，又称插入式振捣器，见图 8-52。工作时振动头插入混凝土内部，将其振动波直接传给混凝土。

这种振捣器多用于振压厚度较大的混凝土层，如桥墩、桥台基础以及基桩等。它的优点是重量轻，移动方便，使用很广泛。

b. 外部振捣器，又称附着式振捣器，是一台具有振动作用的电动机，在该机的底面安装了特制的底板，工作时底板附着在模板上，振捣器产生的振动波通过底板与模板间接地传给混凝土。这种振捣器多用于薄壳构件、空心板梁、拱肋、T 形梁等地施工。

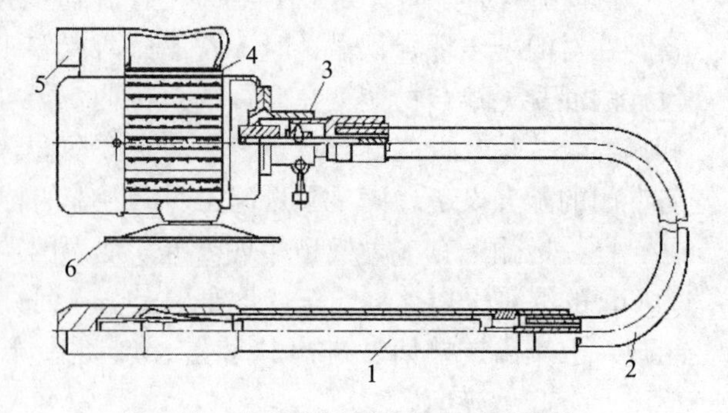

图 8-52　电动软轴行星插入式振动器

1. 振动棒；2. 软轴；3. 防逆装置；4. 电动机；5. 电器开关；6. 电机支座

c. 表面振捣器，见图 2-53，是将它直接放在混凝土表面上，振捣器 2

产生地振动波通过与之固定的振捣底板 1 传给混凝土。由于振动波是从混凝土表面传入，故称表面振捣器。工作时由两人握住振捣器的手柄 4，根据工作需要进行拖移。它适用于厚度不大的混凝土路面和桥面等工程的施工。按表面振捣器的动力来源分为电动式、内燃式和风动式三种，以电动式应用最广。

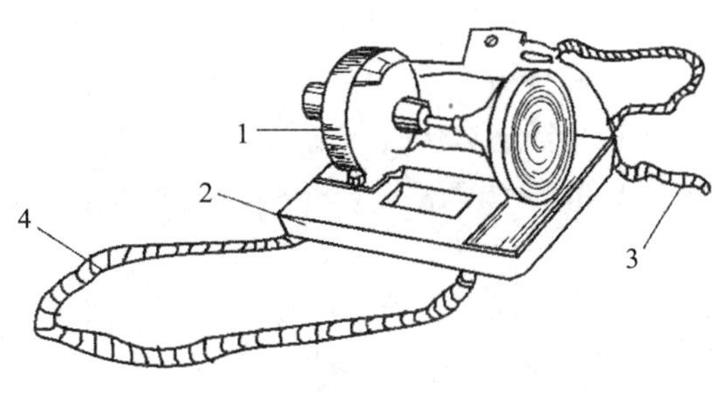

图 8-53　表面振动器外形

1. 电机振子；2. 底板；3. 橡胶电缆；4. 拉绳

② 按振捣器的振动频率分：有低频式振捣器、中频式振捣器和高频式振捣器三种。

a. 低频式振捣器的振动频率为 25～50Hz（1500～3000r/min）；

b. 中频式振捣器的振动频率为 83～133Hz（5000～8000r/min）；

c. 高频式振捣器的振动频率为 167Hz（10000r/min）以上。

③ 按振捣器产生振动的原理分类：有偏心式振捣器和行星式振捣器两种。

偏心式振捣器是利用振动棒中心安装的具有偏心质量的转轴，在高速旋转时产生的离心力通过轴承传递给振动棒壳体，从而使振动棒产生圆周振动的。

行星式振捣器的激振原理是利用振动棒中一端空悬的转轴，在它旋转时，其下垂端的圆锥部分沿棒壳内的圆锥面滚动，从而形成滚动体的行星运动以驱动棒体产生圆周振动。

2）混凝上振捣器的使用要求

① 使用前检查各部应连接牢固，旋转方向正确。

② 混凝土振捣器不得放在初凝的混凝土、地板、脚手架、道路和干硬的地面上进行试振。如检修或作业间断时，应切断电源。

③ 插入式振捣器软轴的弯曲半径不得小于 50 cm，并不得多于两个弯，操作时振动棒应自然垂直地沉入混凝土，快插慢拔，不得用力硬插、斜推或使钢筋夹住棒头，也不得全部插入混凝土中。

④ 混凝土振捣器应保持清洁，不得有混凝土粘结在电动机外壳上妨碍散热。

⑤ 作业转移时电动机的导线应保持有足够的长度和松度。严禁用电源线拖拉振捣器。

⑥ 用绳拉平板振捣器时，拉绳应干燥绝缘，移动或转向时，严禁用脚踢电动机。

⑦ 混凝土振捣器与平板应保持紧固，电源线必须固定在平板上，电器开关应装在手把上。

⑧ 在一个构件上同时使用几台附着式振捣器工作时，所有振捣器的频率必须相同。

⑨ 操作人员必须穿戴胶鞋和绝缘手套。

⑩ 作业后必须做好清洁、保养工作。混凝土振捣器要放在干燥处。

四、钢筋及预应力机械

钢筋及预应力机械用于钢筋除锈、冷拉、冷拔等原料加工，调直、剪切等配料加工和弯曲、点焊、对焊等成型加工，它包括钢筋加工机械和钢筋焊接机械两大类。钢筋加工机械指钢筋的冷拉、冷拔等钢筋强化机械和钢筋的调直、剪切、弯曲等钢筋成型机械；钢筋焊接机械指钢筋的对焊、点焊等连接机械。

1. 钢筋调直机、切断机、弯曲机

（1）调直机

圆盘钢筋与直条钢筋在使用前都要进行调直。另外，调直过程中还可对钢筋除锈。

钢筋调直切断机是调直细钢筋和冷拔钢丝的一种专用机床，它能自动调直和切断钢筋。钢筋调直切断机按其切断机构的不同有下切式剪刀型和旋转式剪刀型两种，而下切式剪刀型又由于切断控制装置的不同还可分为机械控制式和光电数控式两种。按调直原理的不同，钢筋调直切断机还可分为孔模式和斜辊式两种。

孔模式钢筋调直切断机有多种型号，常见的有 GT3/8 型、GT6/12 型和 GT10/16 型等。图 8-54 为 GT3/8A 型钢筋调直切断机，它由导向装置、调直装置、切断装置、牵引装置、定尺装置、电动机、变速箱、机架等组成。

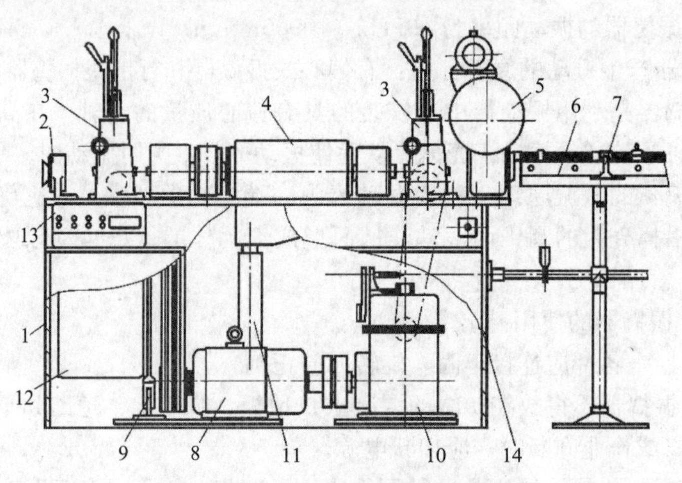

图 8-54　GT3/8A 型钢筋调直切断机

1. 机架；2. 导向装置；3. 牵引装置；4. 调直装置；5. 切断装置；6. 承料架；7. 定尺装置；8. 电动机；9. 制动装置；10. 变速箱；11. 集尘漏斗；12. 电控箱；13. 控制盒；14. 急停按钮

（2）钢筋切断机

钢筋切断机是按照钢筋混凝土结构所需的钢筋原材在调直后根据其下料长度将钢筋切断的专用机械。

它按结构形式分为卧式和立式；按传动方式可分为机械式和液压式，机械式又分为曲柄连杆式和凸轮式。

1）曲柄连杆式钢筋切断机：如图 8-55 所示为曲柄连杆式钢筋切断机，它是机械传动，由装在偏心轴上的连杆带动滑块和动刀片在机座的滑道中做往复运动，与固定在机座上的定刀片相配合来切断钢筋。

2）电动液压移动式钢筋切断机：如图 8-56 所示为 DYJ-32 型液压式钢筋切断机的结构，它主要由电动机、柱塞式高压油泵、液压缸、活塞、活动和固定刀片、机座等组成。

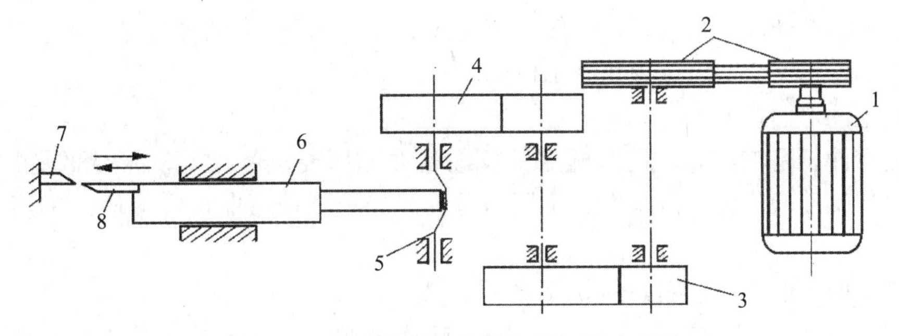

图 8-55　曲柄连杆式钢筋切断机传动系统

1. 电动机；2. 皮带轮；3、4. 减速齿轮；5. 偏心轴；6. 连杆；7. 定刀片；8. 动刀片

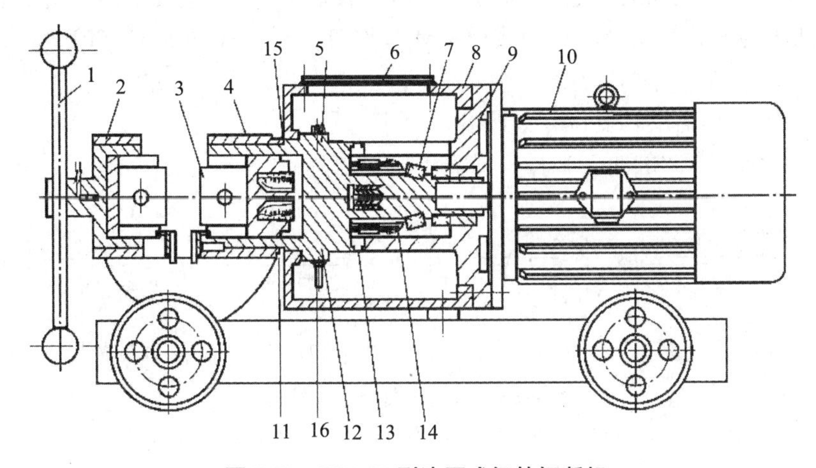

图 8-56　DYJ-32 型液压式钢筋切断机

1. 手柄；2. 支座；3. 主刀片；4. 活塞；5. 定位螺钉；6. 观察玻璃；7. 偏心轴；8. 油箱；9. 连接架；10. 电动机；11. 皮碗；12. 缸体；13. 液压缸；14. 柱塞；15. 中心阀柱；16. 中心油孔

3）电动液压手持式钢筋切断机：如图 8-57 所示为 GQ20 型电动液压手持式钢筋切断机，它主要由超载 2.6 倍、轴速 22000 r/min 的单相串激电动机、油箱、油泵和工作头等组成，可切断 20 mm 以下的单根钢筋。

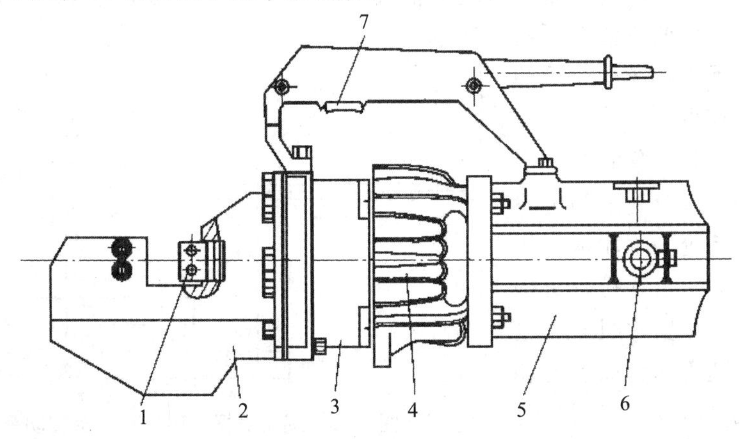

图 8-57　GQ20 型电动液压手持式钢筋切断机

1. 活动刀头；2. 工作头；3. 机体；4. 油箱；5. 电动机；6. 碳刷；7. 开关

手持式钢筋切断机自重轻，一般不超过 0.15 kN，操作工可将其跨在肩上到各施工点剪断钢筋，适用于高空、现场施工作业。

（3）钢筋弯曲机

钢筋弯曲机是将调直、切断配好的钢筋弯曲成所要求的尺寸和形状的专用设备。常用的台式钢筋弯曲机按传动方式不同可分为机械式钢筋弯曲机和液压式钢筋弯曲机两类。

钢筋弯曲机的工作过程如图 8-58 所示。

1）装料：将钢筋放在工作盘的心轴和成型轴之间，开动弯曲机使工作盘转动，如图 8-58（a）所示。

2）弯曲：因为钢筋的一端被挡铁轴挡住，所以钢筋被成型轴推压，绕心轴进行弯曲。当达到所要求的角度时，自动或手动使工作盘停止。如图 8-58（b）、图 8-58（c）所示。

3）复位：工作盘反转复位，如图 8-58（d）所示。

如果改变钢筋弯曲的曲率半径，只需更换不同直径的心轴。

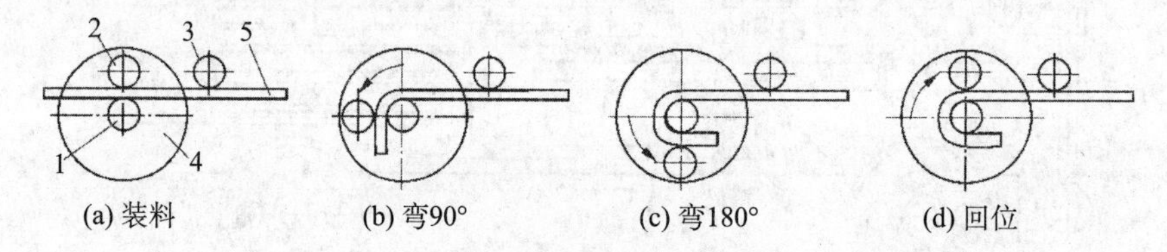

图 8-58　钢筋弯曲机工作过程

1. 心轴；2. 成型轴；3. 挡铁轴；4. 工作盘；5. 钢筋

机械式钢筋弯曲机按传动方式的不同又分为蜗轮蜗杆式钢筋弯曲机、齿轮式钢筋弯曲机等形式。

1）蜗轮蜗杆式钢筋弯曲机：蜗轮蜗杆式钢筋弯曲机的传动系统如图 8-59 所示，由电动机经三角皮带传动、两对齿轮传动和蜗轮蜗杆传动组成。

在工作盘上有 9 个轴孔，中心孔用来插心轴，周围的 8 个孔用来插成型轴。当工作盘转动时，心轴的位置不变，而成型轴绕着心轴作圆弧运动，通过调整成型轴位置即可将被加工的钢筋弯曲成所需要的形状。更换配换齿轮，可使主轴的工作盘获得不同转速。

2）齿轮式钢筋弯曲机：齿轮式钢筋弯曲机以全封闭的齿轮减速箱代替了传统的蜗轮蜗杆传动，并增加了角度自动控制机构及制动装置。它主要由机架、电动机、齿轮减速箱、台面系统和电气控制系统等组成，如图 8-60 所示。

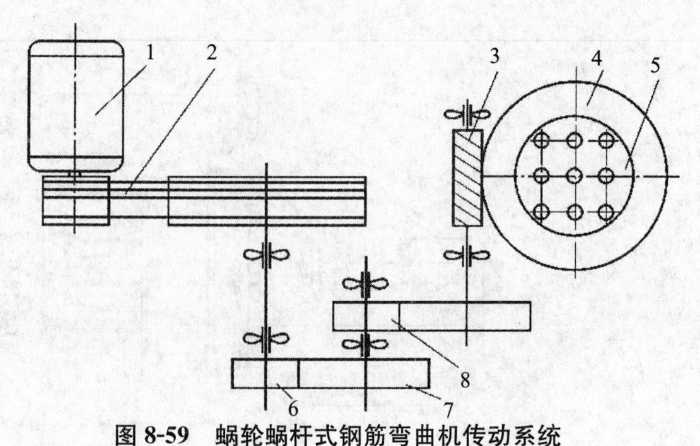

图 8-59　蜗轮蜗杆式钢筋弯曲机传动系统

1. 电动机；2. 三角皮带；3. 蜗杆；4. 蜗轮；5. 工作盘；6、7. 齿轮；8. 配换齿轮

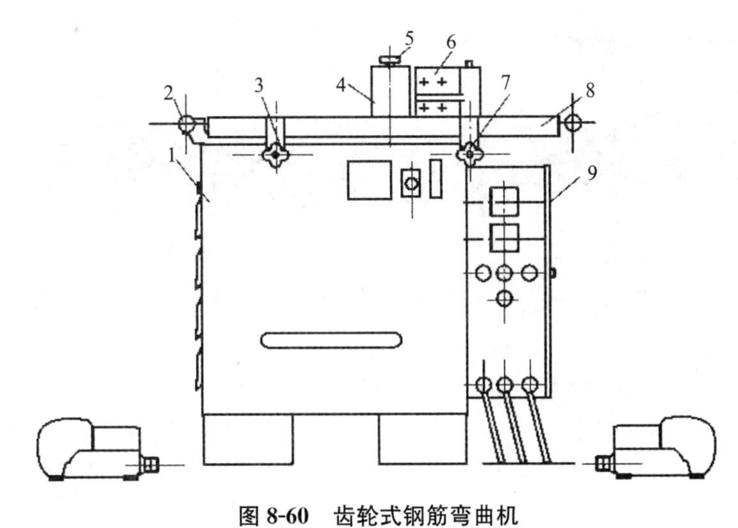

图 8-60　齿轮式钢筋弯曲机

1. 机架；2. 滚轴；3、7. 调节手轮；4. 转轴；5. 紧固手柄；6. 夹持器；8. 工作台；9. 控制配电箱

（4）钢筋焊接机械

在钢筋预制加工及现场施工中，目前普遍采用闪光对焊接、电渣压力焊接和气压焊接。传统的电弧焊接劳动强度大、施工速度慢、钢材耗用多，而且由于节点钢筋有搭接，配筋密集，影响混凝土浇捣质量，在施工现场已较少采用。

1）钢筋对焊机：对焊属于塑性压力焊接，它是利用电能转化成的热能将对接的钢筋端头部位加热到近于熔化的高温状态，并施加一定压力实行顶锻而达到连接的一种工艺。

钢筋对焊适用于水平钢筋的预制加工。对焊焊接比搭接焊接对钢筋混凝土结构性能和施工较为有利，并能节约钢材，应用较为普遍。

对焊机的分类：按焊接方式不同分为电阻对焊、连续闪光对焊和预热闪光对焊，按结构形式分为弹簧顶锻式、杠杆挤压弹簧顶锻式、电动凸轮顶锻式和气压顶锻式。

图 8-61 为 UN1 系列对焊机的外形和工作原理图。它主要由焊接变压器、固定电极、活动电极、加压机构、控制系统和冷却系统等组成。

2）钢筋点焊机：钢筋点焊机的工作原理与对焊机基本相同，它是将相互交叉的钢筋在接触处牢固地焊接上的一种压力焊接方法。钢筋点焊机适合于钢筋预制加工中焊接各种形式的钢筋网。

钢筋点焊机的分类：按结构形式分为固定式和悬挂式；按压力传动方式分为杠杆式、气动式和液压式；按电极类型分为单头、双头和多头等形式。

图 8-62 为点焊机的外形和工作原理示意图。点焊时，将表面清理好的钢筋交叉叠合在一起，放在两个电极之间紧密接触（两根钢筋交叉点）并预压夹紧。接通电路后，两根钢筋接触处在极短的时间里产生大量的电阻热，使钢筋熔化，在电极电压下形成焊点。杠杆式单点焊机的特点是电极压紧钢筋是通过脚踩杠杆机构来完成的，并靠弹簧的张力使电极回位。其通电焊接时间由人工掌握，操作繁重，故采用不多。

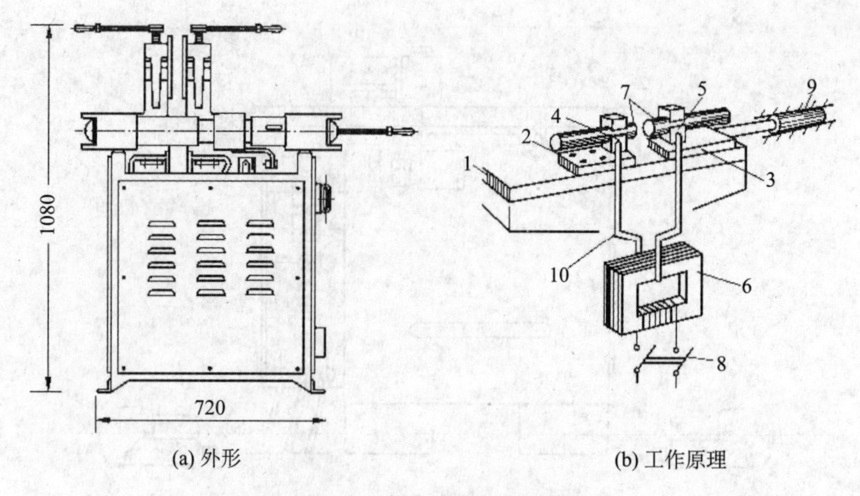

(a) 外形　　(b) 工作原理

图 8-61　UN1 系列对焊机

1. 机身；2. 固定平板；3. 滑动平板；4. 固定电极；5. 活动电极；6. 变压器；
7. 待焊钢筋；8. 开关；9. 加压机构；10. 变压器次级线圈

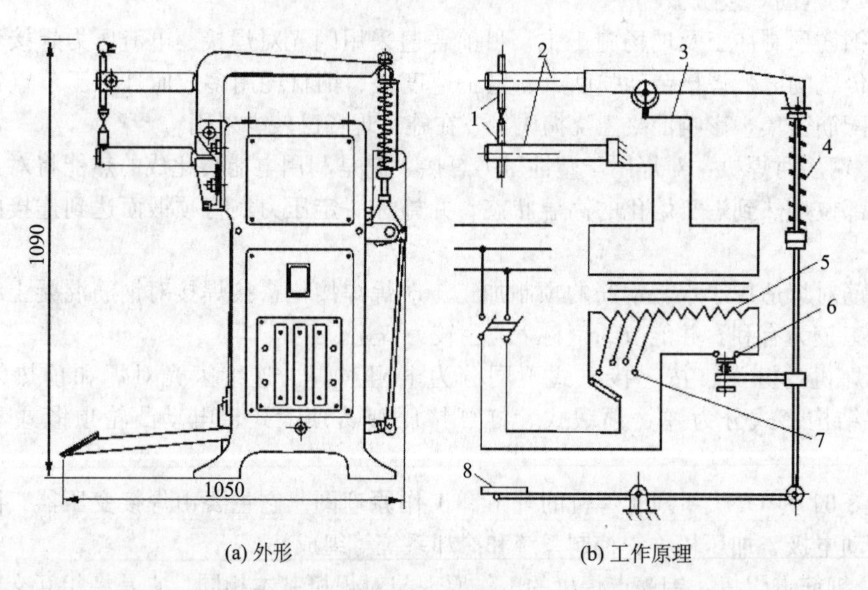

(a) 外形　　(b) 工作原理

图 8-62　点焊机

1. 电极；2. 电极卡头；3. 变压器次级线圈；4. 加压机构；5. 变压器初级线圈；6. 时间调节器；
7. 变压器调节级数开关；8. 脚踏板

压气传动式点焊机是靠压缩空气使电极压紧钢筋，汽缸上下移动即可使加压臂上下移动，使两个电极相互张开或靠拢。此点焊机可准确地调节电焊时间和电极压紧力，能保证焊接质量，可焊接大型钢筋网。其应用较广泛，但结构较复杂。

多点焊机一次可焊 6～12 个焊点，生产效率比单点焊机高。其传动形式为气压传动式，适用于点焊各种钢筋网片。

3）钢筋电渣压力焊机：钢筋电渣压力焊机是目前兴起的一种钢筋连接技术，它具有生产率高、施工简便、节能节材、质量好、成本低等优点，适用于现浇钢筋混凝土结构中竖向和斜向钢筋的连接。一般可焊Ⅰ、Ⅱ级（14～40mm）的钢筋，采取一定措施后也可焊接Ⅲ级（16～40 mm）的钢筋。

钢筋电渣压力焊工作原理如图 8-63 所示。

钢筋电渣压力焊机的分类：按控制方式不同分为手动式、半自动式和自动式；按手动方式不同分手摇齿轮式和手压杠杆式。

钢筋压力焊机的焊接电源宜采用 BX2-1000 型焊接变压器，也可采用较小容量的同型号焊接变压器并联使用。焊接要经过引弧、电弧、电渣、挤压四个过程，其中引弧、挤压过程很短，对焊件加热有重要影响的是电弧和电渣过程，要注意的问题是要掌握好顶压钢筋的规律。钢筋熔化剂接近规定熔化量时，即切断电源，迅速顶压钢筋，在持续数秒钟后，待钢筋接头初步冷却再松开操作杆，以保证钢筋的焊接质量。

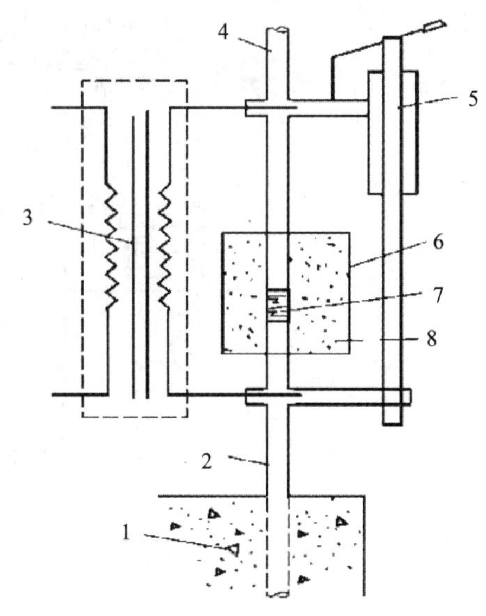

图 8-63　钢筋电渣压力焊工作原理示意图

1. 混凝土；2. 下钢筋；3. 电源；4. 上钢筋；5. 夹具；6. 焊剂盒；7. 铁丝球；8. 焊剂

4）钢筋气压焊接设备：钢筋气压焊接不仅适用于竖向钢筋的焊接，也适用于各种方向布置的钢筋。适用范围为（16～40 mm）的Ⅰ、Ⅱ级钢筋。不同直径的钢筋焊接时，两钢筋直径之差不得大于 7mm。

图 8-64 为钢筋气压焊设备的工作示意图。钢筋气压焊设备具有设备投资少、施工安全、节约钢材和电能等优点，但对操作人员的技术要求较严。

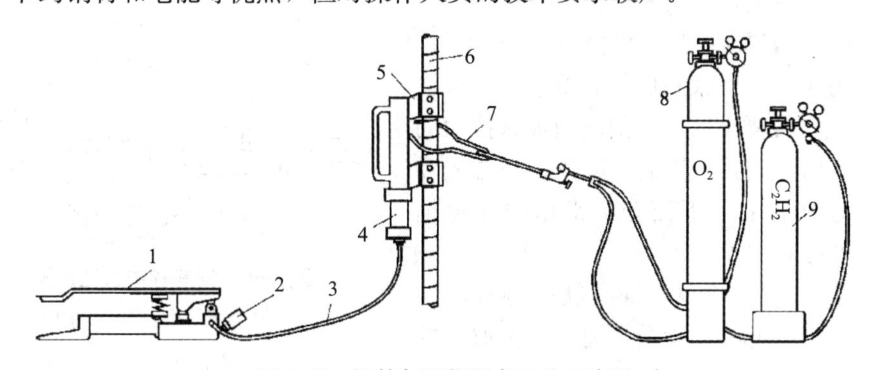

图 8-64　钢筋气压焊设备工作示意图

1. 脚踏液压泵；2. 压力表；3. 液压胶管；4. 油缸；5. 钢筋夹具；6. 被焊接钢筋；7. 多火口烤钳；8. 氧气瓶；9. 乙炔瓶

（5）钢筋机械连接设备

钢筋挤压连接是将需要连接的螺纹钢筋插入特制的钢套管内，利用挤压机压缩钢套管，使之产生塑性变形，靠变形后的钢套管与钢筋的紧固力来实现钢筋的连接。此种连接方法的特点是节约钢材，节省电能，不受季节影响，不用明火，施工简便，工艺性能良好，接头强度高等，适用于任何直径的螺纹钢筋的连接。钢筋的挤压连接技术有径向挤压工艺和轴向挤压工艺之分。

1）钢筋径向挤压连接：钢筋径向挤压连接是利用挤压机将钢套管沿直径方向挤压变形，使之紧密地咬住钢筋的横筋，实现两根钢筋的连接，见图 8-65。径向挤压方法适用于连接（12～40 mm）的Ⅱ、Ⅲ级钢筋。

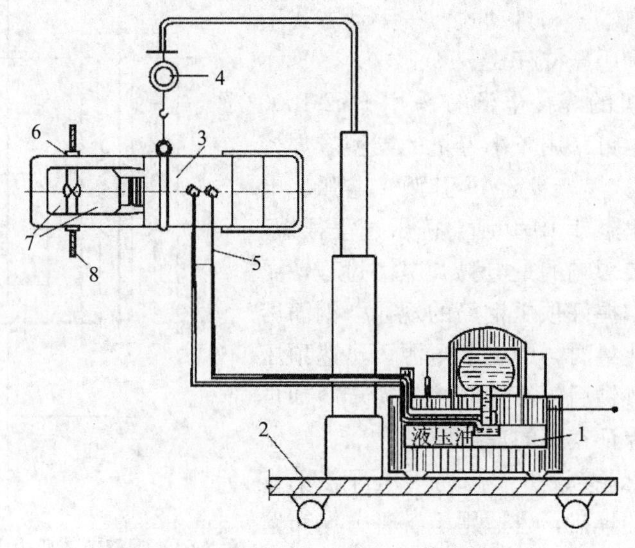

图 8-65　钢筋径向挤压连接设备示意图

1. 超高压泵站；2. 吊挂小车；3. 挤压钳；4. 平衡器；5. 软管；6. 钢套管；7. 压模；8. 钢筋

2）钢筋轴向挤压连接：钢筋轴向挤压连接是采用挤压机和压模沿钢筋轴线方向压钢套管，使套管和插入套管里的两根待接钢筋紧密咬合成一体。轴向挤压方法适用于连接Ⅱ、Ⅲ级钢筋，见图 8-66。

（6）预应力混凝土加工机械

预应力张拉分先张和后张。预应力张拉机械是对预应力混凝土构件中钢筋施加张拉力的专用机械。常用的张拉机械有液压式张拉机和机械式张拉机两种。下面介绍常用的几种锚具、夹具及张拉机械。

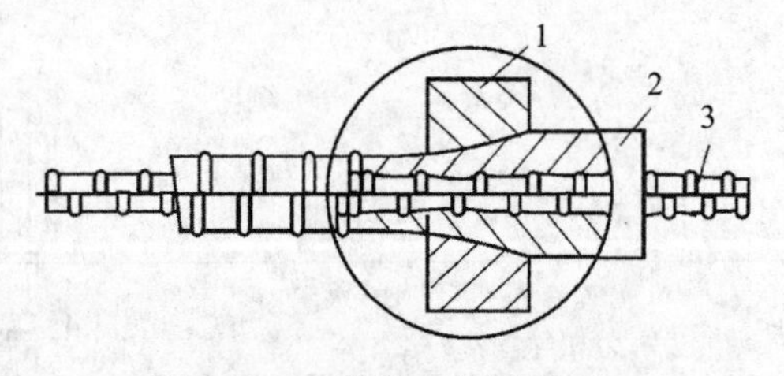

图 8-66　钢筋轴向挤压连接

1. 压模；2. 钢套管；3. 钢筋

1）张拉锚具、夹具：锚具就是将构件与构件端部连在一起共同承受拉力并不再取下的钢筋端部紧固件，多用于后张法。夹具是用于夹持钢筋以便张拉，预应力构件制成后取下来再重复使用的钢筋端部紧固件。

锚具、夹具的种类较多，见图 8-67。

2）张拉机械：张拉机由千斤顶、高压油泵、油管和各种附件组成。液压千斤顶是液压张拉机的主要设备，按构造和工作特点分为台座式、拉杆式、穿心式和锥锚式四种，后三种有时称为液压拉伸机。

①台座式千斤顶：这是一种普通式油压千斤顶，须和台座、横梁和张拉架等装置配合才能进行张拉工作，主要用于张拉粗钢筋。

②拉杆式千斤顶：它是以活塞杆为拉杆的单作用液压张拉千斤顶，主要由液压缸、活塞、活塞杆、螺纹张拉头等构成，适用于张拉带有螺纹端杆的粗钢筋和夹具的细钢筋束。

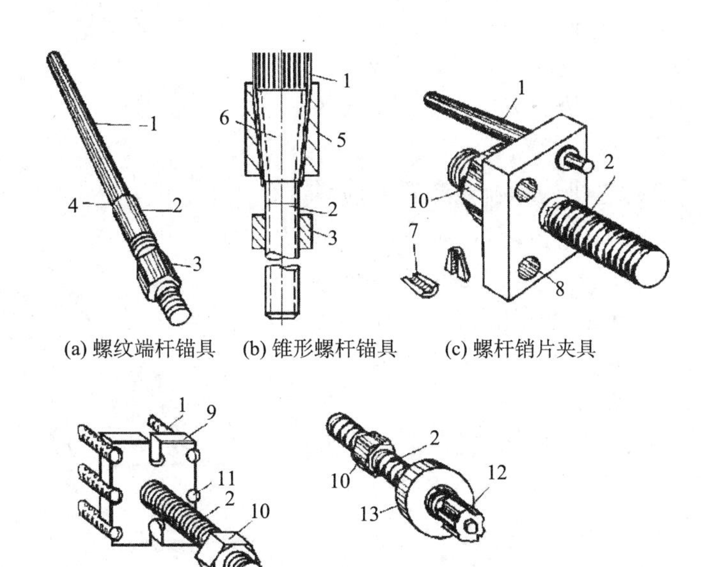

(a) 螺纹端杆锚具　(b) 锥形螺杆锚具　(c) 螺杆销片夹具

(d) 螺杆镦头夹具　(e) 螺杆锥形头夹具

图 8-67　螺杆类锚具、夹具

1. 钢筋；2. 螺纹端杆（与张拉机连接）；3. 锚固用螺母；4. 焊接接头；5. 套筒；6. 带单向齿（用以夹紧钢筋）的锥形杆；7. 锥片（两半合拢后将钢筋夹紧，外观为截锥体）；8. 锥形孔；9. 锚板；10. 螺母；11. 钢筋端部的镦粗头；12. 锥形螺母（外圆上的槽为夹持钢筋用）；13. 夹套（内为锥形圆孔）

③穿心式千斤顶：此种千斤顶分为单作用式和双作用式，其构造特点是沿轴承有一穿心孔道供穿入钢筋或穿入钢筋拉杆用，可张拉钢筋束，也可张拉单根钢筋。其张拉力很大，有 20t、60t、90t 等数种，应用较广。

④锥锚式千斤顶：它是双作用的液压千斤顶，工作原理与穿心式千斤顶相似，适用于张拉钢丝束。

机械式张拉机是采用机械传动的方法张拉预应力钢筋的设备。其张拉力没有液压式张拉机大，多用在承载能力不很大的混凝土构件中。

五、起重机械

1. 履带式起重机

履带式起重机，是一种高层建筑施工用的自行式起重机，是利用履带行走的动臂旋转起重机。其履带接地面积大，通过性好，适应性强，可带载行走，适用于建筑工地的吊装作业。

履带起重机的特点：起重能力强，爬坡能力大，接地比压小，能在高低不平、松软、泥泞的地面上行驶作业。其优点是作业时支承面大，稳定性好，不设支腿，能在原地转弯，带载行驶，使用广泛。其缺点是行驶速度慢，易损坏路面。

履带式起重机由动力装置、工作机构以及动臂、转台、底盘等组成，见图 8-68。

1）动臂：为多节组装桁架结构，调整节数后可改变长度，其下端铰装于转台前部，顶端用变幅钢丝绳滑轮组悬挂支承，可改变其倾角。

2）转台：通过回转支承装在底盘上，其上装有动力装置、传动系统、卷扬机、操纵机构、平衡重和机棚等。动力装置通过回转机构可使转台作 360°回转。回转支承由上、下滚盘和其间的滚动件（滚球、滚柱）组成，可将转台上的全部重量传递给底盘，并保证转台的自由转动。

3）底盘：包括行走机构和行走装置，前者使起重机作前后行走和左右转弯；后者由履带架、驱动轮、导向轮、支重轮、托链轮和履带轮等组成。动力装置通过垂直轴、水平轴和链条传动使驱动轮旋转，从而带动导向轮和支重轮，使整机沿履带滚动而行走。

履带式起重机的安全防护装置、维护保养见第十章。

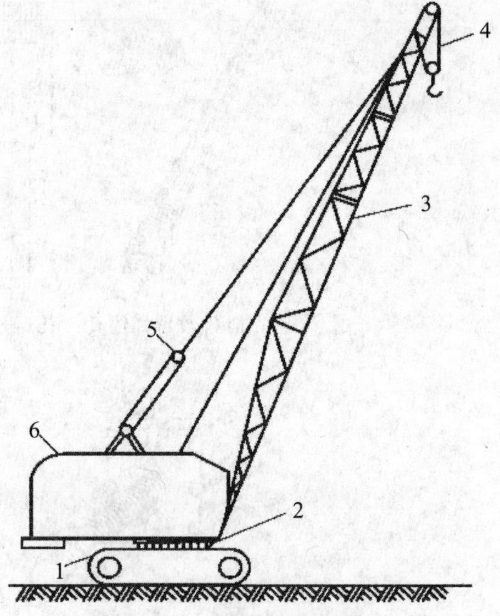

图 8-68　履带式起重机

1. 底盘；2. 回转支承；3. 动臂；4. 钢丝绳滑轮；5. 钢丝绳；6. 转台

2. 汽车起重机

汽车起重机是装在普通汽车底盘或特制汽车底盘上的一种起重机，其行驶驾驶室与起重操纵室分开设置。这种起重机的优点是机动性好，转移迅速。缺点是工作时须支腿，不能负荷行驶，也不适合在松软或泥泞的场地上工作。起重量的范围很大，可从 8～1000 t，底盘的车轴数，可从 2～10 根。

（1）分类

1）按起重量分类：轻型汽车起重机（起重量在 5 t 以下）、中型汽车起重机（起重量在 5～15 t）、重型汽车起重机（起重量在 5～50 t）、超重型汽车起重机（起重量在 50 t以上）。近年来，由于使用要求，其起重量有提高的趋势，如已生产出 50～100 t 的大型汽车起重机。

2）按支腿形式分：蛙式支腿、X 型支腿、H 型支腿。蛙式支腿跨距较小，仅适用于较小吨位的起重机；X 型支腿容易产生滑移，也很少采用；H 型支腿可实现较大跨距，对整机的稳定有明显的优越性，所以中国目前生产的液压汽车起重机多采用 H 型支腿。

3）按传动装置的传动方式分：机械传动、电传动、液压传动三类。

4）按起重装置在水平面可回转范围（即转台的回转范围）分：全回转式汽车起重机（转台可任意旋转 360°）和非全回转汽车起重机（转台回转角小于 270°）。

5）按吊臂的结构形式分：折叠式吊臂、伸缩式吊臂和桁架式吊臂汽车起重机。

（2）汽车起重机的基本构造

汽车起重机主要由起升、变幅、回转、起重臂和汽车底盘组成，见图 8-69。液压汽车起重机的液压系统采用液压泵、定量或变量马达实现起重机起升回转、变幅、起重臂伸缩及支腿伸缩并可单独或组合动作。马达采用过热保护，并有防止错误操作的安全装置。大吨位的液压汽车起重机选用多联齿轮泵，合流时还可实现上述各动作的加速。在液压系统中设有自动超负荷安全阀、缓冲阀及液压锁等，以防止起重机作业时过载或失速及油管突然破裂引起的意外事故发生。汽车起重机装有幅度指示器和高度限位器，防止超载或超伸距，卷筒和滑轮设有防钢丝绳跳槽的装置。

对于 16 t 以下的起重机要求设置起重显示器，16 t 及 16 t 以上的起重机设置力矩

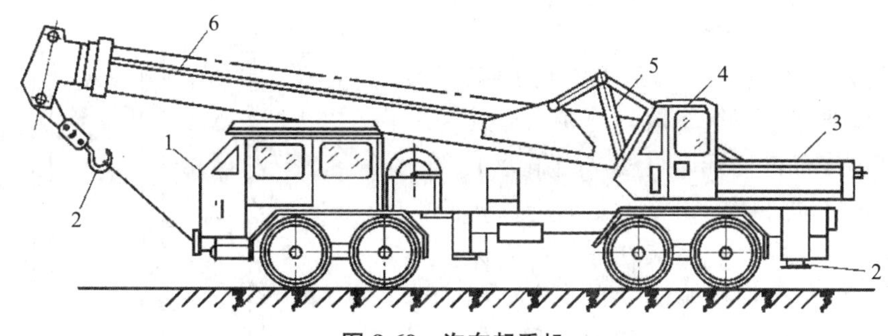

图 8-69 汽车起重机

1. 汽车驾驶室；2. 吊钩；3. 液压泵；4. 起重机驾驶室；5. 变量马达；6. 起重臂

限制器，且有报警装置。液压汽车起重机的起重臂由多节臂段组成，可以根据对起升高度的不同要求设计。起重臂的伸缩方式一种是顺序伸缩，另一种是同步伸缩。大吨位的起重机为了提高起重能力大多数都采用同步伸缩。各臂段的伸缩由油压控制，伸缩自如。带副臂的起重机，在行驶状态时，副臂一般安置于主臂的侧方或下方。转台主要用来布置起升机构、回转机构、起重臂及变幅油缸的下支点和操纵装置。对于中、大吨位的起重机，有的还在转台上安置发动机。转台与底架之间用能承受垂直载荷、水平载荷及倾覆力矩的回转支承连接。为了防止在行驶时转台发生滑转，设有转台锁定装置。回转机构由定量马达驱动。回转机构的输出齿轮与回转支承齿轮啮合。实现起重机转台沿回转中心作 360°回转。起重臂的变幅，由单只或双只液压油缸通过油液控制完成。起重机构由油液控制变量或定量马达通过减速机驱动卷筒。由于采用液力变矩器，起重机各机构的运动能无级变速，可使载荷在微动速度下由动力控制下降。为了防止过卷，设有钢丝绳三圈保护装置及报警装置。中、大吨位的汽车起重机可根据需要配置副起升机构，以供双钩作业。

六、垂直运输机械

1. 施工升降机

施工升降机又叫建筑用施工电梯，是建筑中经常使用的载人载货施工机械，由于其独特的箱体结构使其乘坐起来既舒适又安全，施工升降机在工地上通常是配合塔吊使用，一般载重量在 1～3 t，运行速度为 1～60 m/min。在高层建筑施工中，它是一种重要的机械设备。

国产施工电梯分为三类，是齿轮齿条驱动（SC）施工电梯，绳轮驱动（SS）施工电梯，混合驱动（SH）施工电梯。多数高层建筑施工均采用齿轮齿条驱动施工电梯，施工电梯由塔架、吊箱、地面停机站、驱动机组、安全装置、电控柜站、门机电连锁盒、电缆、电缆接受筒、平衡重、安装小吊杆等组成。按吊箱数量区分，它可分为单箱式和双箱式。

（1）施工升降机组成

一般来说，施工升降机都由钢结构、传动系统、电气系统及安全控制系统等几部分组成，具体如下：

1）吊笼：吊笼是施工升降机的核心部件，为焊接钢结构体，周围有钢丝防护网，前后分别安装单、双开吊笼门，顶上安装护身拉杆。吊笼的立柱上有传动机构和限速器底板安装孔，导向滑轮组也安装在立柱上。

2）外笼：外笼主要由底盘、防护围杆及一节基础标准节等组成。外笼入口处有外笼门并装有自动开门机构，当吊笼上升时，外笼自动关闭。吊笼着地时，外笼门能自动打开。底盘装有缓冲弹簧，以保证吊笼着地时能柔性接触。

3）标准节：标准节由无缝钢管和角钢等焊接而成。标准节上安装齿条，多节标准节用螺栓相接组成导轨架，通过附墙架和建筑物固定，作为吊笼上下运转的导轨。

4）对重：对重用以平衡吊笼的自重，从而提高电动机功率利用率和吊笼载重，并可改善结构受力情况。对重由钢丝绳通过导轨架顶部的天轮与吊笼上下运转的导轨。

5）附墙架：附墙架用来使导轨架与建筑物附着连接，以保证导轨架的稳定性。

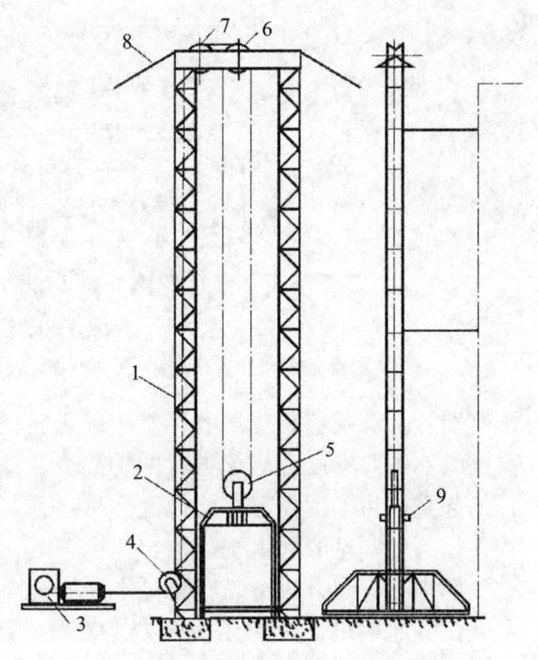

图 8-70　双导架式升降机外形示意图

1. 导架；2. 起重平台；3. 卷扬机；4、5、6、7. 滑轮；8. 缆风绳；9. 滚轮

(2) 传动系统：施工升降机的传动系统由电动机、联轴器、减速器和安装在减速器输出轴上的齿轮等组成，采用双电机驱动，使齿轮齿条受力均匀。

(3) 电气设备：每个吊笼有一套电气设备，包括电源箱、电控箱、操纵盒等，可在吊笼内用手柄或按钮操纵吊笼升降运行，在任何位置均可随时停车。

施工升降机的安全防护装置、维护保养见第十章。

2. 塔式起重机

塔式起重机是动臂装在高耸塔身上部的旋转起重机。它的适用范围广，回转半径大，起升高度大，操作简便，工作效率高，目前应用很广，主要用于房屋建筑施工中物料的垂直和水平输送及建筑构件的安装。其结构由金属结构、工作机构和电气系统三部分组成，金属结构包括塔身、动臂和底座等；工作机构有起升、变幅、回转和行走四部分；电气系统包括电动机、控制器、配电柜、连接线路、信号及照明装置等。

(1) 设备特点：

1）具有较大的作业范围和较高的吊装高度。

2）具有可靠的自平衡性，吊运性能好，能同时进行垂直和水平吊运，并作 360°的回转运动。

3）具有多种工作速度，机械化程度高，工作平稳，安全可靠，生产效率高。

4）驾驶室视野开阔，操作条件比较好。

5）结构较简单，维护容易，可靠性比较好。

6）机体庞大，运输和转移时间长，安装、拆卸费时间。轨道式塔式起重机铺设轨道费工、费时，成本高。

(2) 塔式起重机的分类：

1) 按回转支承位置分类，塔式起重机可以分为上回转塔式起重机和下回转塔式起重机。

上回转塔机的起重臂、平衡臂、塔帽、起升机构、回转机构、变幅机构、电控系统、驾驶室、平衡重都在回转支承以上。它的自身不平衡力矩和起重力矩，就作用在塔身顶部，所以塔身以受弯为主，受压力为辅。正是依靠塔身，把力矩和压力从上面一直传到底部。上回转塔机的突出优点是可以随时加节升高。这是我国目前用得最多的塔机。

下回转塔式起重机除承载能力大之外，还具有以下特点：由于平衡重放在塔身下部的平台上。所以整机重心较低，安全性高，由于大部分机构均安装在塔身下部平台上，使维护工作方便，减少了高空作业。但由于平台较低，为使起重机回转方便，必须安装在离开建筑物有一定安全距离的位置处。

2) 按臂架结构方式分类，分为小车变幅式塔式起重机、动臂变幅式塔式起重机和折臂变幅塔式起重机。

小车变幅式塔机的起重臂固定在水平位置上，变幅是通过起重臂上的运行小车来实现的，它能充分利用幅度，起重小车可以开到靠近塔身的地方，变幅迅速，但不能调整仰角。动臂变幅式塔机的吊钩滑轮组的定滑轮固定在吊臂头部，起重机变幅由改变起重臂的仰角来实现，这种塔式起重机可以充分发挥起重高度。折臂变幅式塔机的基本特点是小车变幅式，同时吸收了动臂变幅式的某些优点。它的吊臂由前后两段（前段吊臂永远保持水平状态，后段可以俯仰摆动）组成，也配有起重小车，构造上与小车变幅式的吊臂、小车相同。

3) 按安装方式不同，可分为能进行折叠运输，自行整体架设的快速安装塔式起重机和非快速安装式起重机。

4) 按底架是否移动分为固定式塔式起重机和行走式塔式起重机。

固定式塔机固定在专门制作的基础上进行定点作业。这类塔机不设行走机构，但在实际使用中，也有的塔机将行走台车固定在轨道上，作为固定式塔机使用。固定式塔机有的采用整体式基础，将塔身底部与基础中的连接件连接，这应根据塔机整体抗倾覆稳定性的要求计算确定。

行走式塔机根据其工作时的行走方式的不同又可分为轨道式、履带式、轮胎式和汽车式四种。目前在建筑工地上应用较多的是轨道式。轨道式塔机可以带载行走，工作效率高，行走平稳，容易就位，但需铺设专用轨道基础。

5) 按升高方式分固定高度、自升式（附着式、内爬式）塔式起重机。

无附着装置安装到一个固定的独立高度使用及所有附着式塔式起重机在无附着的时候都可称为固定高度的塔式起重机，另外快装式塔式起重机，均为固定高度的塔式起重机。附着式塔机安装在建筑物的一侧，底座固定在专门的基础上或将行走台车固定在轨道上，随着塔身的自行加节升高，每间隔一定高度用专用杆件将塔身与建筑物连接，依附在建筑物上。

附着式塔机是我国目前应用最广泛的一种安装形式，塔机由其他起重设备安装至基本高度后，即可由自身的顶升机构，随建筑物升高将塔身逐节接高，附着和顶升过程可利用施工间隙进行，对工程进度影响不大，且建筑物仅承受由塔机附着杆件所传递的水平载荷，一般无须特别加固。

内爬式塔机安装在建筑物内部，支承在建筑物电梯井内或某一开间内，依靠安装在塔身底部的爬升机构，使整机沿建筑物内通道上升。

6）按有无塔尖的结构可分为塔头塔式起重机和平头塔式起重机。

平头式塔机没有传统塔机那种塔头、平衡臂、吊臂及拉杆之间的铰接连接方式，因此平头塔机安装拆卸简单、容易、快捷、省时，由于取消了塔头，安装高度节省了6 m以上，实际上降低了安装起重机械的要求。平头塔式起重机是最近几年发展起来的一种新型塔式起重机，其特点是在原自升式塔机的结构上取消了塔帽及其前后拉杆部分，增强了大臂和平衡臂的结构强度，大臂和平衡臂直接相连，其优点是：

①整机体积小，安装便捷安全，降低运输和仓储成本。

②起重臂耐受性能好，受力均匀一致，对结构及连接部分损坏小。

③部件设计可标准化、模块化、互换性强，减少设备闲置，提高投资效益。

其缺点是在同类型塔机中平头塔机价格稍高。

（3）塔式起重机的型号编制方式

1）根据《建筑机械与设备产品型号编制方法》（JG/T 5093—1997）的规定，我国塔式起重机型号编制图示如下：

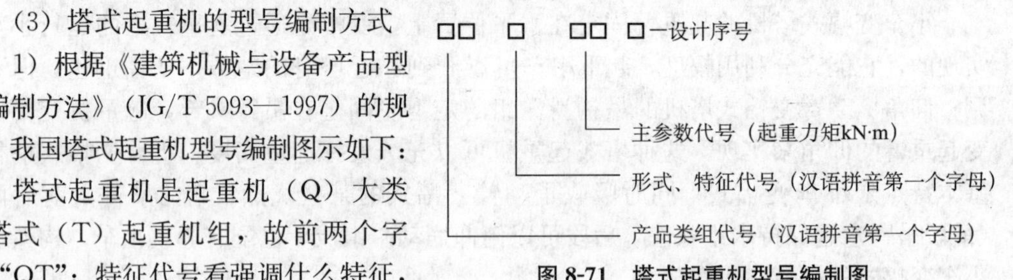

图 8-71　塔式起重机型号编制图

塔式起重机是起重机（Q）大类的塔式（T）起重机组，故前两个字母“QT”；特征代号看强调什么特征，如快装式用“K”，自升式用“Z”，固定式用“G”，下回转用“X”等。

例如：

QTZ80——代表起重力矩 800kN · m 的自升式塔机；

QTK40——代表起重力矩 400kN · m 的快装式塔机；

QTK80B——代表起重力矩 800kN · m 的自升式塔机，第二次改装型设计。

①QT：上回转塔式起重机；

②QTZ：上回转自升式塔式起重机；

③QTX：下回转式塔式起重机；

④QTS：下回转自升式塔式起重机；

⑤QTG：固定式塔式起重机；

⑥QTP：爬升式塔式起重机；

⑦QTL：轮胎式塔式起重机；

⑧QTU：履带式塔式起重机。

2）现在有的塔机厂家，根据国外标准，用塔机最大臂长（m）与臂端（最大幅度）处所能吊起的额定重量（kN）两个主参数来标记塔机的型号。

如中联的 QTZ100 又一标记为 TC5613，其意义：

T——塔的英语第一个字母（Tower）；

C——起重机英语第一个字母（Crane）；

56——最大臂长 56m；

13——臂端起重量 13kN（1.3t）。

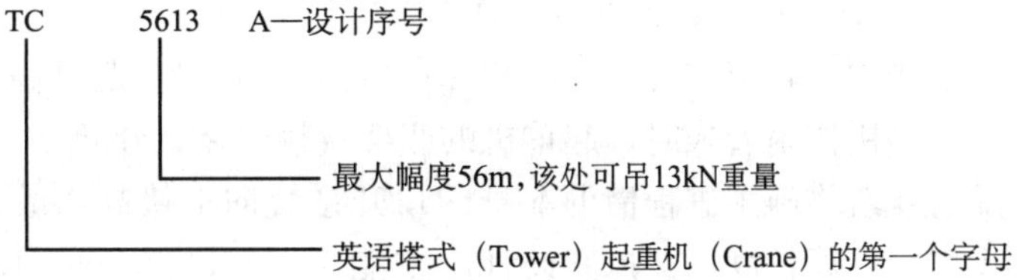

TC 5613 A—设计序号

最大幅度56m，该处可吊13kN重量

英语塔式（Tower）起重机（Crane）的第一个字母

图 8-72 塔机的型号

（4）塔式起重机的构造

以 QTZ80 型塔式起重机为例，见图 8-73。

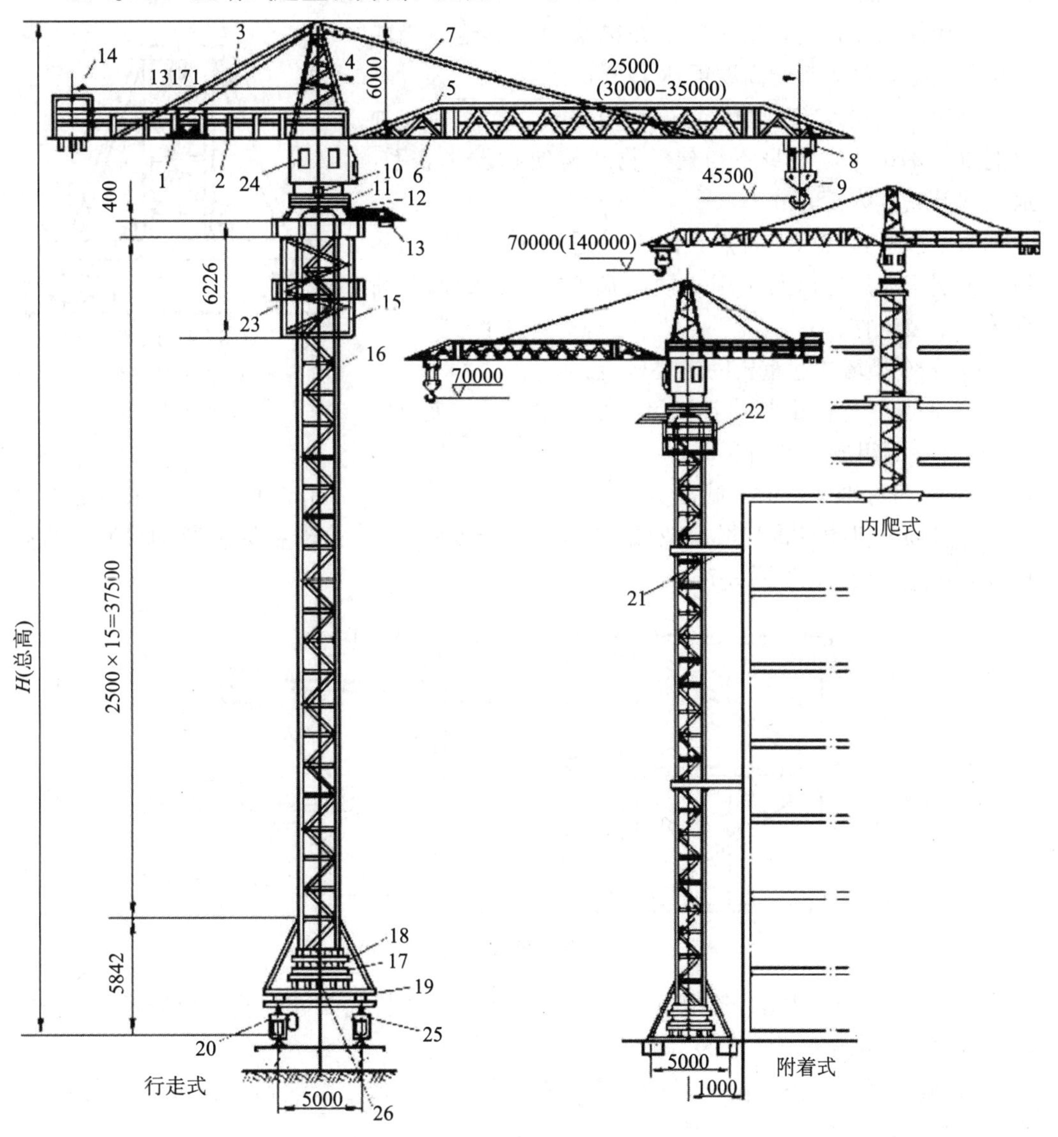

图 8-73 QTZ80 型塔式起重机简图

1. 起升机构；2. 平衡臂；3. 平衡臂拉索；4. 塔帽；5. 起重臂；6. 小车牵引机构；7. 起重臂拉索；8. 起重小车；9. 吊钩滑轮；10. 回转机构；11. 回转支承；12. 下支座；13. 引进小车；14. 平衡重；15. 顶升架；16. 塔身；17、18. 压重；19. 底架；20. 主动台车；21. 附着装置；22. 平台；23. 液压顶升机构；24. 操纵室；25. 被动台车；26. 电缆卷筒

QTZ80 型塔式起重机的基本性能如下：

当用作轨道式时，轨距与轴距均为 5m，最大起升高度为 45.5m。

当用作附着式时，起重机的底架直接安装在建筑物或构筑物近旁的混凝土基础上，随着建筑物施工进程借助本身的顶升系统向上接高，最大起升高度可达 70m。为了减少塔身计算长度以保持其设计起重能力，它设有两套附着装置，一套附着装置距地面 25m，另一套附着装置距第一套附着装置附着点 20m。起重机悬高（第二附着点至起重臂根部铰接点距离）不大于 27m。附着点的高度允许根据楼层高作适当调整。

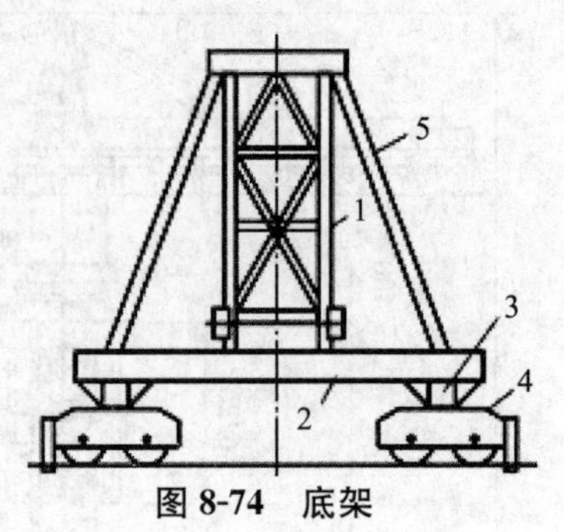

图 8-74　底架

1. 基础节；2. 纵梁；3. 横梁；4. 夹轨器；5. 撑杆

当用作内爬式时，塔机安装在电梯井或其他适当的结构部位上，最大起升高度可达 140m。

当用作独立固定式时，起重机的底架直接安装在独立混凝土基础上，塔身不与建筑物或构筑物发生联系，最大起升高度为 45.5m。

由于该机具有以上特点，因而它适用于高层民用建筑、多层工业厂房以及采用滑模法施工的高大烟囱及筒仓等的吊装工作。

QTZ80 型塔式起重机的主要构造：

1）底架：底架由基础节 1、纵梁 2、横梁 3、夹轨器 4 和撑杆 5 等组成，见图 8-74。

2）塔身标准节：塔身截面为 1.8m×1.8m，每节长 2.5m。标准节要求具有互换性，通过顶升机构可将其增加或减少，使塔达到所需的高度。各标准节均设有垂直扶梯 3 和休息平台 4，见图 8-75。

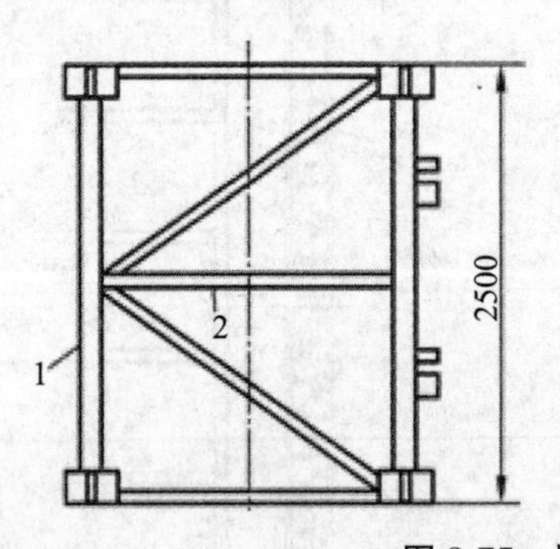

图 8-75　塔身标准节

3）顶升套架：主要由套架 1、平台 2 和液压顶升装置 3 等组成。套架套在塔身标准节顶端，上部用螺栓与上支承座相连，见图 8-76。

4）旋转塔架：由塔帽 1、司机室 2 和平台 3 等组成，上端通过拉索 4 与起重臂、平衡臂相连，见图 8-77。

5）臂架：起重臂架是由无缝钢管与槽钢组成的三角形截面构件。第一节 5.4m，其余 5m，共有六节，总长 30.4m。下弦杆由槽钢加钢板封焊成矩形结构，作为牵引小车轨道，其上有钢板网走道板，便于安装、检查及维修。臂根部一节与塔身铰接，在该节上放置有小车牵引机构。

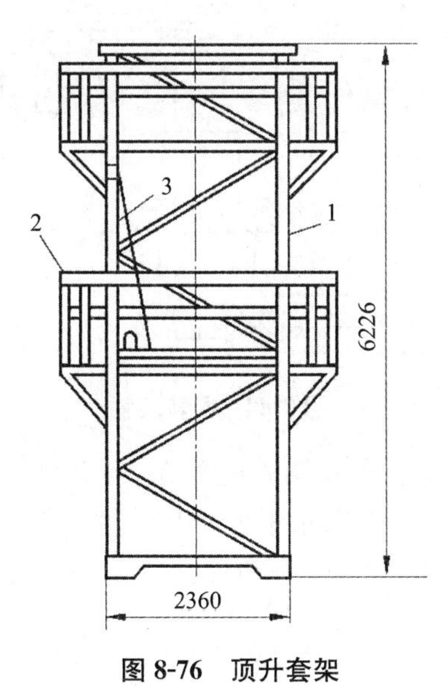

图 8-76 顶升套架

1. 套架；2. 平台；3. 液压顶升装置

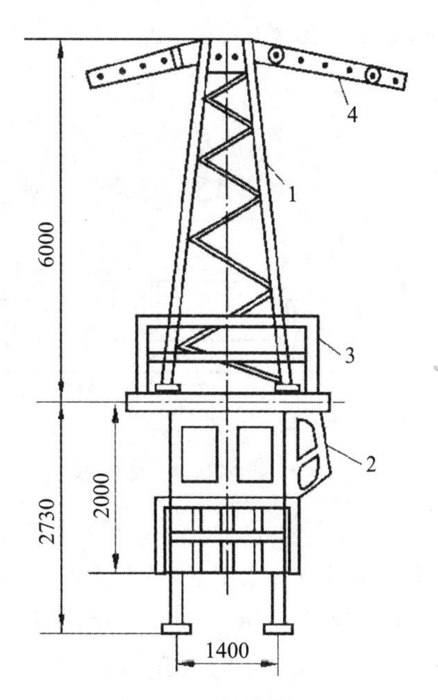

图 8-77 旋转塔架

1. 塔帽；2. 司机室；3. 平台；4. 拉索

6）平衡臂：平衡臂与塔身铰接，上有扶栏和走道板。平衡重根据起重臂长度而定。

7）附着装置：附着装置由四个撑杆和一套环梁等组成，见图 8-78，它主要是把塔机与建筑物固定，起依附作用。使用时环梁套在标准节上，四角用八个调节螺栓通过顶块将标准节顶着。

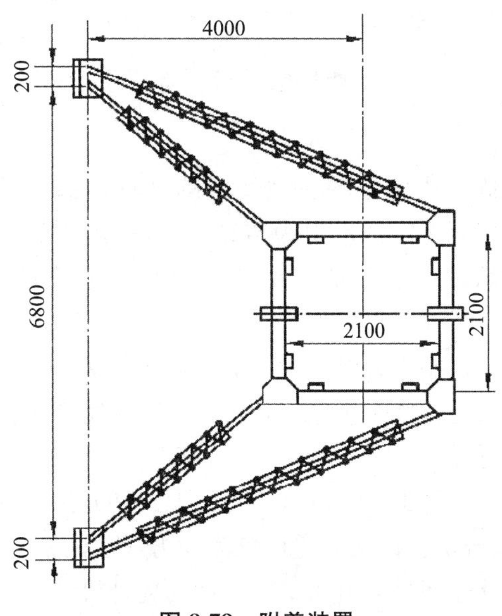

图 8-78 附着装置

8）上支承座：见图 8-79，上部①处用高强度螺栓与旋转塔架相连，下部与回转支承的内圈连接。在支座两侧②处对称地安装两套回转机构，回转机构下部的小齿轮与回转支承外齿圈啮合，见图 8-80。

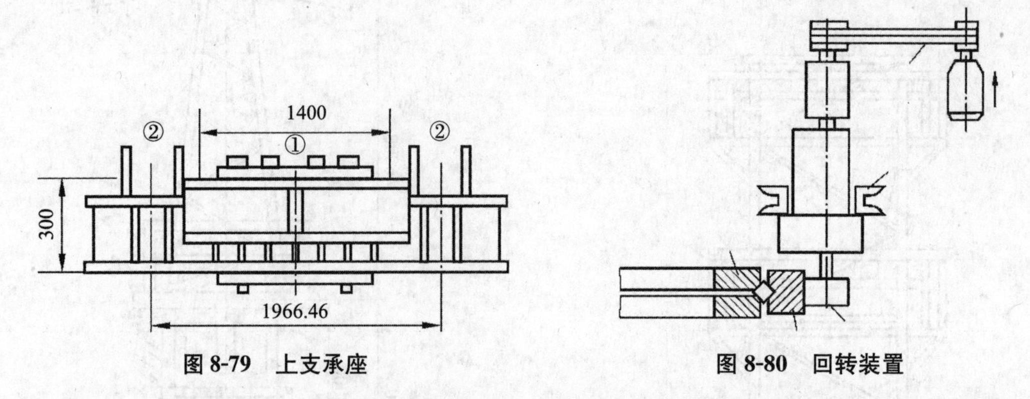

图 8-79　上支承座　　　　图 8-80　回转装置

9）下支承座：它的上部联接旋转塔架，下部联接顶升套架的过渡节。上部平面用螺栓与回转支承装置的外齿圈联接，支承上部结构；下部四角平面用高强度螺栓与顶升套架、塔身标准节相连，见图 8-81。下支承座一侧有一根由两槽钢焊成的小车引进梁，为引进标准节接高塔身之用。

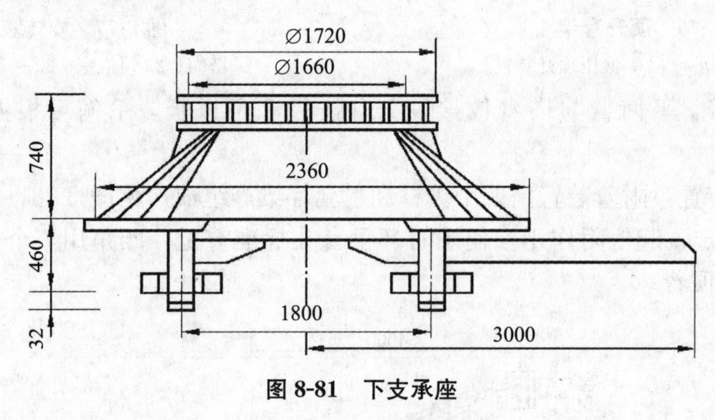

图 8-81　下支承座

3. 物料提升机

物料提升机是建筑施工中常用的一种物料的垂直运输设备。它以卷扬机为动力，以底架、立柱及天梁为架体，以钢丝绳为传动，以吊笼（吊篮）为工作装置。在架体上装设滑轮、导轨、导靴、吊笼、安全装置等和卷扬机配套，构成完整的垂直运输体系。

物料提升机构造简单，制作容易，安装拆卸和使用方便，价格低，是一种投资少、见效快的装备机具，因而受到施工企业的欢迎，近几年得到了快速发展。

（1）物料提升机的分类

按结构形式的不同，物料提升机可分为龙门架式和井架式物料提升机。

1）龙门架式物料提升机：以地面卷扬机为动力，由两根立柱与天梁构成门架式架体、吊篮（吊笼）在两立柱间沿轨道作垂直运动的提升机。

2）井架式物料提升机：以地面卷扬机为动力，由型钢组成井字形架体、吊笼（吊篮）在井孔内或架体外侧沿轨道作垂直运动的提升机。

（2）物料提升机的结构

物料提升机由架体、提升与传动机构、吊笼（吊篮）、稳定机构、安全保护装置和电气控制系统组成。

1）架体

架体的主要构件有底架、立柱、导轨和天梁。

①底架：架体的底部设有底架，用于立柱与基础的连接。

②立柱：由型钢或钢管焊接组成，用于支承天梁的结构件，可分为单立柱、双立柱或多立柱。立柱可由标准节组成，也可以由杆件组成，其断面可组成三角形、方形。当吊笼在立柱之间，立柱与天梁组成龙门形状时，称为龙门架式；当吊笼在立柱的一侧或两侧时，立柱与天梁组成井字形状时，称为井架式。

③导轨：导轨是为吊笼提供导向的部件，可用工字钢或钢管。导轨可固定在立柱上，也可直接用立柱主肢作为吊笼垂直运行的导轨。

④天梁：安装在架体顶部的横梁，是主要的受力构件，承受吊笼（吊篮）自重及所吊物料重量，天梁应使用型钢，其截面高度应经计算确定，但不得小于 2 根[14 槽钢。

2）提升与传动机构

①卷扬机：卷扬机（或拽引机）是物料提升机主要的提升机构。不得选用摩擦式卷扬机。所用卷扬机应符合《建筑卷扬机》（GB/T 1955—2008）的规定，并且应能够满足额定起重量、提升高度、提升速度等参数的要求。在选用卷扬机时宜选用可逆式卷扬机。

②滑轮与钢丝绳：装在天梁上的滑轮称天轮、装在架体底部的滑轮称地轮，钢丝绳通过天轮、地轮及吊篮上的滑轮穿绕后，一端固定在天梁的销轴上，另一端与卷扬机卷筒锚固。滑轮按钢丝绳的直径选用。

③导靴：导靴是安装在吊笼上沿导轨运行的装置，可防止吊笼运行中偏移或摆动，保证吊笼垂直上下运行。

④吊笼（吊篮）：吊笼（吊篮）是装载物料沿提升机导轨作上下运行的部件。

（3）物料提升机的稳定

物料提升机的稳定性能主要取决于物料提升机的基础、附墙架、缆风绳及地锚。

①基础：物料提升机的基础应能承受最不利工作条件下的全部荷载，30m 及以上物料提升机的基础应进行设计计算。30m 以下物料提升机的基础，当设计无要求时，应符合下列规定：基础土层的承载力，不应小于 80kPa；基础混凝土强度等级不应低于 C20，厚度不应小于 300 mm；基础表面应平整，水平度不应大于 10mm；基础周边应有排水设施。

②附墙架：当导轨架的安装高度超过设计的最大独立高度时，必须安装附墙架。宜采用制造商提供的标准附墙架，当标准附墙架结构尺寸不能满足要求时，可经设计计算采用非标附墙架，并应符合相关标准规定。

③缆风绳：当物料提升机安装条件受到限制不能使用附墙架时，可采用缆风绳，但当物料提升机安装高度大于或等于 30m 时，不得使用缆风绳。缆风绳的设置应符合说明书的要求，并应符合相关标准规定：每一组四根缆风绳与导轨架的连接点应在同一水平高度，且应对称设置；缆风绳与导轨架的连接处应采取防止钢丝绳受剪破坏的措

施；缆风绳宜设在导轨架的顶部；当中间设置缆风绳时，应采取增加导轨架刚度的措施；缆风绳与水平面夹角宜在45°～60°之间，并应采用与缆风绳等强度的花篮螺栓与地锚连接。

④地锚：地锚是固定缆风绳于地面的装置。地锚的受力情况，埋设的位置如何都直接影响着缆风绳的作用，常常因地锚角度不够或受力达不到要求发生变形，而造成架体歪斜甚至倒塌。地锚应根据导轨架的安装高度及土质情况，经设计计算确定。30 m以下物料提升机可采用桩式地锚。当采用钢管（48mm×3.5mm）或角钢（75mm×6mm）时，不应少于 2 根；应并排设置，间距不应小于 0.5m，打入深度不应小于1.7m；顶部应设有防止缆风绳滑脱的装置。

物料提升机的安全保护装置、维护保养见第十章。

第三节　常用建筑小型施工机具的技术性能

一、装修机具

1. 混凝土开洞、整修机具

（1）电锤：主要用于混凝土等结构表面剔、凿和打孔作业。作冲击钻使用时，则用于门窗、吊顶和设备安装中的钻孔，埋置膨胀螺栓。

（2）冲击电钻：当利用其冲击功能，装上硬质合金冲击钻头时，可以对混凝土、砖墙等进行打孔、开槽作业；若利用其纯旋转功能，可以当做普通电钻使用。

（3）风镐：直接利用压缩空气作介质，通过气动元件和控制开关，冲击汽缸活塞，带动钎头，实现钎头机械往返和回转运动，对工作面进行作业。由于风镐冲击力较大，被广泛用于修凿、开洞作业。

（4）混凝土钻孔机：通过空心钻头直接切削钢筋混凝土块，完成在墙面或地面的打孔工作。钻孔尺寸准确，孔壁光滑，特别是对周围的钢筋及混凝土无伤害，同时，大大减轻人工开孔的劳动强度，是机电管线安装开孔的理想机具。

（5）混凝土顶棚磨光机：对现浇钢筋混凝土楼板底面进行表面修整、磨光的机具。

2. 金属加工安装机具

（1）型材切割机：对金属型材高效切割的机具，利用砂轮磨削原理，调整旋转砂轮片实现切割。

（2）电剪刀：剪切镀锌铁皮、薄钢板等板材的有效机具。

（3）角向磨光机：主要用于金属的钻孔和磨削两用工具。

（4）手电钻：对金属、塑料、木材等进行钻孔作业。

（5）电动角向磨光机：供磨削用的常用工具。

（6）射钉枪：一种直接完成坚固技术的工具。利用射钉枪击发射钉弹，使火药燃烧，释放出能量，把射钉钉在混凝土、砖砌体、钢铁、岩石上，将需要固定的构件，如管道、电缆、钢铁件、龙骨、吊顶、门窗、保温板、隔音层、装饰物等永久性的或临时固定上去。

3. 木材装饰机具

(1) 电锯：对木材、纤维板、塑料和软电缆进行切割的工具。

(2) 电刨：刨削木材表面的专用工具。

(3) 打钉机：用于木龙骨上钉各种木夹板、纤维板、石膏板、刨花板及线条的作业，所用钉子有直型和U型等几种。

(4) 打砂纸机：用于高级木装饰面进行磨光作业。

(5) 磨腻子机：用于木器等行业产品外表腻子、涂料的磨光作业。特别适宜于水磨作业。将绒布代替砂纸则可进行抛光打蜡作业。

(6) 地板刨平机和磨光机：地板刨平机用于木地板表面精加工，保证安装的地板表面初步达到平整，是进一步磨光和装饰的机具。地板精磨由磨光机完成。

(7) 电动打蜡机：用于木地板、石材或锦面地板的表面打蜡。

4. 石材、陶瓷施工机具

(1) 石材切割机：用于切割大理石、花岗石等板材。

(2) 手提电动石材切割机：适用于瓷片、瓷板及水磨石、大理石等板材的切割。

(3) 磨石机：修整石材地面的主要机械。盘式磨石机主要用于大面积水磨石地面的磨平和磨光；小型侧卧式磨石机主要用于踢脚、踏步等小面积地方；手提式磨石机则对较难施工的角落等处磨光。

5. 装饰涂料喷涂机具

(1) 涂料搅拌器：通过搅拌头的高速转动，使涂料（或油化）拌和均匀，满足涂料的稠度和颜色一致。

(2) 高压无气喷涂机：利用高压泵直接向喷嘴供应高压涂料，特殊喷嘴把涂料雾化，实现高压无气喷涂工艺的新型设备。

(3) 罐式喷涂机：由特制的压力罐和喷枪组成。使用时，涂料装于罐内，压缩空气的同时作用于喷枪和压力罐。罐内高压空气起到压缩涂料作用。当喷枪出气阀打开时，涂料在两个方向气流作用下喷出，罐式喷涂机适用于大面积的建筑装饰施工，生产效率高，喷涂质量好。

(4) 喷漆枪：油漆作业的常用工具。

6. 装修抹灰施工机具

(1) 淋灰机：用来制备抹灰石灰膏的机械设备。

(2) 纸筋灰拌和机：将纸筋、麻石等纤维与灰膏搅拌在一起的专用设备。

(3) 砂浆搅拌机：是建筑装饰抹灰的常用机具。

(4) 灰浆泵：用于装饰喷涂抹灰中的灰浆输送，它与输送管道、喷枪和操作机械手等组成成套灰浆喷涂系统，用于大面积喷涂抹灰。

7. 装饰作业架设机具

(1) 电动吊篮：用于建筑物外装饰作业的载人起重设备。

(2) 液压平台：高空装饰作业的理想机具。升降平衡，移动方便，安全可靠。

(3) 门式脚手架：用钢管焊接而成的钢架，通过剪刀撑、钢脚手板组成基本的架体。

二、木工机具

1. 原木加工机械

原木加工机械是对原木进行初道加工处理的机械，如锯切、去木皮、除湿等需要的大型圆锯机、皮带锯、旋切机等。

2. 板材制造机械

板材制造机械是实木板及人造板的制造机械，并对板材的表面进行处理，以供家具加工所用板材的前道加工程序用的机械，如拼板机、指接机、冷热压机、覆面机、表面涂装设备等。

3. 家具制造机械

家具制造机械包括板式家具、办公家具、实木家具、橱柜、木门等从锯切、成型、仿形、钻孔、开榫槽、拼接组合、涂胶、上漆到包装等各道工序中所用的机械。

4. 地板、墙裙板、墙板的生产设备

地板、墙裙板、墙板的生产设备有单片锯、四面刨、双头铣床、砂光机、滚涂机。

第九章　机械设备管理相关规定和标准

为了防止和减少生产安全事故，保障人民生命和财产安全，国家制定了较完善的法律法规，《中华人民共和国安全生产法》、《中华人民共和国建筑法》、《中华人民共和国行政许可法》、《中华人民共和国产品质量法》、《中华人民共和国节约能源法》；《建设工程安全生产管理条例》（国务院令第 393 号）、《特种设备安全监察条例》（国务院令第 373 号）、《安全生产许可证条例》、《关于特大安全事故行政责任追究的规定》都有和建筑施工机械设备管理相关法律规定。国务院和湖南省住房和城乡建设主管部门颁发了一系列建筑施工机械设备管理的行政规章、规范性文件和技术规程。

第一节　建筑施工机械安全监督管理有关规定

（1）住房和城乡建设部颁布的建筑施工机械安全监督管理的主要行政规章有：

1）《建筑起重机械安全监督管理规定》（建设部令 166 号）；

2）《建筑起重机械备案登记办法》（建质［2008］176 号）；

3）《建筑施工特种作业人员管理规定》（建质［2008］75 号）。

（2）湖南省住房和城乡建设厅颁布的主要规范性文件有：

1）《湖南省建筑起重机械安全生产管理办法》（湘建［2009］340 号）；

2）《湖南省建筑施工起重机械设备和自升式架设设施以及施工临建设施安全生产管理暂行办法》（湘建建［2007］390 号）；

3）《湖南省建筑起重机械特种作业人员管理规定》（湘建人教［2009］98 号）。

一、建筑起重机械安全监督管理规定

《建筑起重机械安全监督管理规定》（建设部令 166 号）（以下简称《规定》）适用于建筑起重机械的租赁、安装、拆卸、使用及其监督管理，《湖南省建筑起重机械安全生产管理办法》根据其规定制定湖南省相关监督管理办法。主要内容有：

1.《规定》明确了管理的责任主体安全责任

（1）安全监督管理责任主体：国务院建设主管部门对全国建筑起重机械的租赁、安装、拆卸、使用实施监督管理，县级以上建设主管部门对本区域内的建筑起重机械的租赁、安装、拆卸、使用实施监督管理。相关责任主体是：出租单位、安装拆卸活

动的单位（简称安装单位）、使用单位、施工总承包单位、检验检测机构、监理单位。

（2）施工总承包单位安全职责：

1）向安装单位提供拟安装设备位置的基础施工资料，确保建筑起重机械进场安装、拆卸所需的施工条件。

2）审核建筑起重机械的特种设备制造许可证、产品合格证、制造监督检验证明、备案证明等文件。

3）审核安装单位、使用单位的资质证书、安全生产许可证和特种作业人员的特种作业操作资格证书。

4）审核安装单位制定的建筑起重机械安装、拆卸工程专项施工方案和生产安全事故应急救援预案。

5）审核使用单位制定的建筑起重机械生产安全事故应急救援预案。

6）指定专职安全生产管理人员监督检查建筑起重机械安装、拆卸、使用情况。

7）施工现场有多台塔式起重机作业时，应当组织制定并实施防止塔式起重机相互碰撞的安全措施。

（3）使用单位的安全职责：

1）根据不同施工阶段、周围环境以及季节、气候的变化，对建筑起重机械采取相应的安全防护措施。

2）制定建筑起重机械生产安全事故应急救援预案。

3）在建筑起重机械活动范围内设置明显的安全警示标志，对集中作业区做好安全防护。

4）设置相应的设备管理机构或者配备专职的设备管理人员。

5）指定专职设备管理人员、专职安全生产管理人员进行现场监督检查。

6）建筑起重机械出现故障或者发生异常情况的，立即停止使用，消除故障和事故隐患后，方可重新投入使用。

使用单位应当对在用的建筑起重机械及其安全保护装置、吊具、索具等进行经常性和定期的检查、维护和保养，并做好记录；在建筑起重机械租期结束后，应当将定期检查、维护和保养记录移交出租单位。建筑起重机械租赁合同对建筑起重机械的检查、维护、保养另有约定的，从其约定。

2. 建立建筑起重机械动态管理安全保证制度

（1）备案制度：出租单位在建筑起重机械首次出租前，自购建筑起重机械的使用单位在建筑起重机械首次安装前，应当持建筑起重机械特种设备制造许可证、产品合格证和制造监督检验证明到本单位工商注册所在地县级以上地方人民政府建设主管部门办理备案。

（2）安装拆卸告知制度：安装单位安装拆卸施工前应将建筑起重机械安装、拆卸工程专项施工方案，安装、拆卸人员名单，安装、拆卸时间等材料报施工总承包单位和监理单位审核后，告知工程所在地县级以上地方人民政府建设主管部门。

（3）检验检测验收制度：建筑起重机械安装完毕后，安装单位应当按照安全技术标准及安装使用说明书的有关要求对建筑起重机械进行自检、调试和试运转。自检合格的，应当出具自检合格证明，并向使用单位进行安全使用说明。使用单位应当组织出租、安装、监理等有关单位进行验收，或者委托具有相应资质的检验检测机构进行验收。建筑起重机械经验收合格后方可投入使用，未经验收或者验收不合格的不得使用。建筑起重机械在验收前应当经有相应资质的检验检测机构监督检验合格。

（4）使用登记制度：使用单位应当自建筑起重机械安装验收合格之日起30日内，将建筑起重机械安装验收资料、建筑起重机械安全管理制度、特种作业人员名单等，向工程所在地县级以上地方人民政府建设主管部门办理建筑起重机械使用登记。登记标志置于或者附着于该设备的显著位置。

3. 界定了起重机械设备准入、市场准入、从业准入条件

（1）设备准入：出租单位出租的建筑起重机械和使用单位购置、租赁、使用的建筑起重机械应当具有特种设备制造许可证、产品合格证、制造监督检验证明。有下列情形之一的建筑起重机械，不得出租、使用：

1）属国家明令淘汰或者禁止使用的。

2）超过安全技术标准或者制造厂家规定的使用年限的。

3）经检验达不到安全技术标准规定的。

4）没有完整安全技术档案的。

5）没有齐全有效的安全保护装置的。

（2）市场准入：安装单位应当依法取得建设主管部门颁发的相应资质和建筑施工企业安全生产许可证，并在其资质许可范围内承揽建筑起重机械安装、拆卸工程。

（3）从业人员准入：建筑起重机械安装拆卸工、起重信号工、起重司机、司索工等特种作业人员应当经建设主管部门考核合格，并取得特种作业操作资格证书后，方可上岗作业。

4. 规定了各责任主体违规处罚

出租单位、安装单位、使用单位、施工总承包单位、建设单位、监理单位未履行《规定》明确的安全责任，由县级以上地方人民政府建设主管部门责令限期改正，予以警告，并处罚款及其他处罚。建设主管部门的工作人员有违规行为，依法给予处分；构成犯罪的，依法追究刑事责任。

二、建筑起重机械备案登记管理规定

《建筑起重机械备案登记办法》（建质［2008］76号）根据《建筑起重机械安全监督管理规定》制定，备案登记包括建筑起重机械备案、安装（拆卸）告知和使用登记。《湖南省建筑起重机械安全生产管理办法（试行）》结合本省实际，对相关事宜作出具体规定。

1. 备案

建筑起重机械出租单位或者自购建筑起重机械使用单位（以下简称“产权单位”）在建筑起重机械首次出租或安装前，应当向本单位工商注册所在地县级以上地方人民政府建设主管部门（以下简称“设备备案机关”）办理备案。

产权单位办理建筑起重机械备案时，应向设备备案机关提交以下资料：

①《湖南省建筑起重机械备案申请表》；

② 产权单位法人营业执照副本；

③ 建筑起重机械特种设备制造许可证；

④ 产品合格证；

⑤ 制造监督检验证明；

⑥ 建筑起重机械设备购销合同、发票或相应有效凭证；

⑦ 设备备案机关规定的其他资料。

所有证件、证明、合同等应提供原件和复印件，原件当场核对后退回，复印件加盖产权单位公章。

设备备案机关对符合备案条件且资料齐全的建筑起重机械进行编号，向产权单位核发建筑起重机械备案证明和备案牌。设备备案机关应当在备案证明和备案牌上注明备案有效期限。首次备案的建筑起重机械备案有效期限不得超过制造厂家或安全技术标准规定的生产使用年限，已投入使用的年限应当扣除。建筑起重机械备案牌应当固定在建筑起重机械的显著位置，不得随意拆取，不得转借。

建筑起重机械超过备案有效期限但确因使用状态良好，并经具有相应资质的检验检测机构检测合格并出具延续使用检验检测报告的，可以由产权单位向原设备备案机关申请延续备案。

允许延续使用期限应当在延续使用检验检测报告中明确。

单台建筑起重机械延续备案不得超过两次。

产权单位办理建筑起重机械延续备案时，应向设备备案机关提交以下资料：

①《湖南省建筑起重机械延续备案申请表》；

② 产权单位法人营业执照副本；

③ 具有相应资质的检验检测机构出具的延续使用检验检测报告；

④ 原备案证明和备案牌；

⑤ 设备备案机关规定的其他资料。

设备备案机关在收到产权单位提交的延续备案资料之日起 7 个工作日内，应当对符合延续备案条件且资料齐全的建筑起重机械进行实物查验确认，收回原备案证明和备案牌，并向产权单位重新核发备案证明和备案牌。重新核发的备案证明和备案牌上应当注明设备的延续备案有效期限。延续备案有限期限不得超过延续使用检验检测报告所明确的允许延续使用期限。

建筑起重机械有下列情形之一的，设备备案机关不予备案和延续备案，产权单位应当及时采取解体等销毁措施予以报废；已办理备案和延续备案的，应向原设备备案机关办理备案注销手续。

① 属国家和地方明令淘汰或者禁止使用的；

② 超过制造厂家或者安全技术标准规定的使用年限，且未经具有相应资质的检验检测机构检验检测后允许延续使用的；

③ 超过具有相应资质的检验检测机构出具的延续使用检验检测报告允许延续使用期限的；

④ 经检验达不到安全技术标准规定的。

建筑起重机械因机械质量原因发生生产安全事故的，设备备案机关应当暂时收回备案证明及备案牌。

建筑起重机械重新启用时，必须经取得相应资质的检验检测机构重新检验检测合格后，向设备备案机关申请返还备案证明及备案牌。

建筑起重机械产权单位变更时，变更单位双方应当持起重机械原备案申请表、备案证明、备案牌和建筑起重机械备案变更申请表及产权变更证明到原设备备案机关办理备案变更手续，原产权单位应当将建筑起重机械的原始资料及安全技术档案移交给现产权单位。

超过备案有效期限以及处于延续备案有效期内的建筑起重机械，产权单位不得变更，不得办理备案变更手续。

2. 安装（拆卸）告知

从事建筑起重机械安装、拆卸活动的单位（以下简称“安装单位”）办理建筑起重机械安装（拆卸）告知手续前，应当将以下资料报送施工总承包单位、监理单位审核：

① 建筑起重机械备案证明；

② 安装单位资质证书、安全生产许可证副本；

③ 安装单位特种作业人员证书；

④ 建筑起重机械安装（拆卸）工程专项施工方案；

⑤ 安装单位与使用单位签订的安装（拆卸）合同及安装单位与施工总承包单位签订的安全协议书；

⑥ 安装单位负责建筑起重机械安装（拆卸）工程专职安全生产管理人员、专业技术人员名单；

⑦ 建筑起重机械安装（拆卸）工程生产安全事故应急救援预案；

⑧ 辅助起重机械资料及其特种作业人员证书；

⑨ 施工总承包单位、监理单位要求的其他资料。

施工总承包单位、监理单位应当在收到安装单位提交的齐全有效的资料之日起2个工作日内审核完毕，并签署意见。安装单位应当在建筑起重机械安装（拆卸）前2个工作日内通过书面形式、传真或者计算机信息系统告知工程所在地县级以上地方人民政府建设主管部门，同时按规定提交经施工总承包单位、监理单位审核合格的有关资料。

3. 使用登记

建筑起重机械使用单位在建筑起重机械安装验收合格之日起30日内，向工程所在地县级以上地方人民政府建设主管部门（以下简称“使用登记机关”）办理使用登记。

使用单位在办理建筑起重机械使用登记时，应当向使用登记机关提交下列资料：

① 建筑起重机械备案证明；

② 建筑起重机械租赁合同；

③ 建筑起重机械检验检测报告和安装验收资料；

④ 使用单位特种作业人员资格证书；

⑤ 建筑起重机械维护保养等管理制度；

⑥ 建筑起重机械生产安全事故应急救援预案；

⑦ 使用登记机关规定的其他资料。

使用登记机关应当自收到使用单位提交的资料之日起7个工作日内，对于符合登记条件且资料齐全的建筑起重机械核发建筑起重机械使用登记证明。

有下列情形之一的建筑起重机械，使用登记机关不予使用登记并有权责令使用单位立即停止使用或者拆除：

① 违反国家和省有关规定的；

② 未经检验检测或者经检验检测不合格的；

③ 未经安装验收或者经安装验收不合格的。

使用登记机关应当在安装单位办理建筑起重机械拆卸告知手续时，注销建筑起重机械使用登记证明。

三、特种机械设备操作人员的管理规定

适用特种机械设备操作人员的管理规定有住房和城乡建设部《建筑施工特种作业人员管理规定》(建质［2008］75号)、《湖南省建筑起重机械特种作业人员管理规定》(湘建人教［2009］98号)。湖南省内建筑起重机械特种作业人员的培训、考核、发证、从业和监督管理有以下规定。

1. 建筑起重机械特种作业人员界定

建筑施工特种作业人员是指在房屋建筑和市政工程施工活动中，从事可能对本人、他人及周围设备设施的安全造成重大危害作业的人员。建筑起重机械特种作业人员指在房屋建筑和市政工程施工活动中，从事起重机械作业的人员，包括：

① 建筑起重信号司索工；

② 建筑起重机械司机；

③ 建筑起重机械安装拆卸工。

建筑起重机械包括建筑施工现场的塔式起重机、施工升降机、物料提升机。

2. 建筑起重机械特种作业人员持证上岗规定

建筑起重机械特种作业人员必须经建设主管部门考核合格，取得建筑施工特种作业人员操作资格证书（以下简称“资格证书”），方可上岗从事相应作业。县级以上地方人民政府建设主管部门及其建设工程安全生产监督机构按照工程项目监管权限，对施工现场建筑起重机械特种作业人员持证上岗及作业情况实施监督。

3. 建筑起重机械特种作业人员培训考核

申请从事建筑起重机械特种作业的人员，应当具备下列基本条件：

① 年满18周岁且不超过55岁；

② 近三个月内经二级乙等以上医院体检合格且无妨碍从事相应特种作业的疾病和生理缺陷；

③ 初中及以上学历；

④ 符合相应建筑起重机械特种作业需要的其他条件。

首次申请从事建筑起重机械特种作业的人员，应当经具备资格的培训机构培训后方可参加考核。

建筑起重机械特种作业人员考核按照住房和城乡建设部颁布的《建筑施工特种作业人员安全技术考核大纲（试行）》和《建筑施工特种作业人员安全操作技能考核标准（试行）》进行，包括安全技术理论考核和安全操作技能考核。

4. 建筑起重机械特种作业人员证书管理

资格证书使用期为6年，使用期满后应到市（州）建设主管部门换领新证。使用期内证书有效期为2年，有效期满应进行延期复核。在使用期内资格证书需要延期的，持证人应当于期满前3个月内向原发证机关申请办理延期复核手续。

资格证书由国家建设主管部门规定统一的样式，在全国通用。

第二节　建筑施工机械安全技术规程、规范

一、建筑施工机械设备强制性标准的管理规定

1. 标准、规范、规程释义

标准是为在一定的范围内获得最佳的秩序，对活动或其结果规定共同的和重复使用的规则、导则或特性的文件。规范一般是在工农业生产和工程建设中，对设计、施工、制造、检验等技术事项所做的一系列规定。规程则是对作业、安装、鉴定、安全、管理等技术要求和实施程序所做的统一规定。标准、规范、规程都是标准的一种表现形式，习惯上统称为标准，只有针对具体对象才加以区别。

2. 工程建设强制性标准释义

工程建设标准分国家标准、行业标准、地方标准、企业标准。工程建设勘察、规划、设计、施工（包括安装）及验收等综合性标准和重要的质量标准，有关安全、卫生和环境保护的标准是工程建设标准的主要内容。按标准的权威程度，国家、行业发布的标准分强制性标准、推荐性标准。《标准化法》规定：保障人体健康、人身财产安全的标准和法律、行政法规规定强制执行的标准是强制性标准，其他标准是推荐性标准。

3. 建筑施工机械设备强制性标准的管理规定

2000年8月，原建设部发布《实施工程建设强制性标准监督规定》（建设部令81号），明确了工程建设强制性标准是指直接涉及工程质量、安全、卫生及环境保护等方面的工程建设标准强制性条文，从而确立了强制性条文的法律地位。2002年发布的《工程建设标准强制性条文》（以下简称《强制性条文》）共十五部分，包括城乡规划、城市建设、房屋建筑、工业建筑、水利工程、电力工程、信息工程、水运工程、公路工程、铁道工程、石油和化工建设工程、矿山工程、人防工程、广播电影电视工程和民航机场工程，覆盖了工程建设的各主要领域。《强制性条文》2009年修订，修订版整理颁布2008年12月31日以前发布的行业标准中的强制性条文。房屋建筑部分强制性条文主要内容是现行房屋建筑工程国家标准和行业标准中直接涉及人民生命财产安全、人身健康、节能、节水、节材、环境保护和其他公众利益以及保护资源、节约投资、提高经济效益和社会效益等政策要求的条文，直接涉及施工机械设备的强制性条文在第10篇《施工安全》中载明，尔后相继发布的行业标准，公告中均明确建筑施工机械设备必须严格执行的强制性条文。

二、塔式起重机的安装、使用和拆卸的安全技术规程要求

《建筑施工塔式起重机安装、使用、拆卸安全技术规程》（JGJ 196—2010）规定了塔式起重机的安装、使用和拆卸的基本技术要求，适用于房屋建筑工程、市政工程所用塔式起重机的安装、使用和拆卸。

1. 基本规定

（1）起重设备安装与拆卸企业资质和人员要求

1）起重设备安装与拆卸企业资质等级的规定

起重设备安装与拆卸企业资质分三级。

① 一级企业可承担各类起重设备的安装与拆卸；

② 二级企业可承担 1000kN·m 及以下塔式起重机等起重设备、120t 及以下起重机和龙门吊的安装与拆卸；

③ 三级企业可承担 800kN·m 及以下塔式起重机等起重设备、60t 及以下起重机和龙门吊的安装与拆卸。

顶升、加节、降节等工作均属于安装、拆卸范畴。

2）塔式起重机安装、拆卸作业人员配备要求

塔式起重机安装、拆卸作业应配备下列人员：

① 持有安全生产考核合格证书的项目负责人和安全负责人、机械管理人员；

② 具有建筑施工特种作业操作资格证书的建筑施工塔式起重机械安装拆卸工、塔式起重机信号工、塔式起重机司机、塔式起重机司索工等特种作业操作人员。

（2）禁止使用的塔式起重机产品的规定

有下列情况的塔式起重机严禁使用：

① 国家明令淘汰的产品；

② 超过规定使用年限经评估不合格的产品；

③ 不符合国家或行业标准的产品；

④ 没有完整安全技术档案的产品。

（3）安装拆卸塔式起重机专项施工方案的规定

塔式起重机安装、拆卸前，应编制专项施工方案，指导作业人员实施安装、拆卸作业。专项施工方案应根据塔式起重机使用说明书和作业场地的实际情况编制，并应符合国家现行相关标准的规定。专项施工方案应让由本单位技术、安全、设备等部门审核、技术负责人审批后，经监理单位批准实施。

1）塔式起重机安装专项施工方案应包括下列内容：

① 工程概况；

② 安装位置平面和立面图；

③ 所选用的塔式起重机型号及性能技术参数；

④ 基础和附着装置的设置；

⑤ 爬升工况及附着节点详图；

⑥ 安装顺序和安全质量要求；

⑦ 主要安装部件的重量和吊点位置；

⑧ 安装辅助设备的型号、性能及布置位置；
⑨ 电源的设置；
⑩ 施工人员配置；
⑪ 吊索具和专用工具的配备；
⑫ 安装工艺程序；
⑬ 安全装置的调试；
⑭ 重大危险源和安全技术措施；
⑮ 应急预案等。

2）塔式起重机拆卸专项方案应包括下列内容：
① 工程概况；
② 塔式起重机位置的平面和立面图；
③ 拆卸顺序；
④ 部件的重量和吊点位置；
⑤ 拆卸辅助设备的型号、性能及布置位置；
⑥ 电源的设置；
⑦ 施工人员配置；
⑧ 吊索具和专用工具的配备；
⑨ 重大危险源和安全技术措施；
⑩ 应急预案等。

（4）塔式起重机与架空输电线的安全距离的规定

塔式起重机与架空输电线的安全距离应符合现行国家标准《塔式起重机安全规程》（GB 5144—2006）的规定，见表 9-1。

表 9-1　塔式起重机与架空输电线的安全距离

电压/kV		<1	1～15	20～40	60～110	>220
安全距离	沿垂直方向/m	1.5	3.0	4.0	5.0	6.0
	沿水平方向/m	1.0	1.5	2.0	4.0	6.0

（5）多台塔式起重机交叉作业安全距离的规定

当多台塔式起重机在同一施工现场交叉作业时，应编制专项方案，并应采取防碰撞的安全措施。任意两台塔式起重机之间的最小架设距离应符合下列规定：

1）低位塔式起重机的起重臂端部与另一台塔式起重机的塔身之间的距离不得小于 2m。

2）高位塔式起重机的最低位置的部件（吊钩升至最高点或平衡重的最低部位）与低位塔式起重机中处于最高位置部件之间的垂直距离不得小于 2m。

（6）结构件、零部件安装使用技术标准的规定

塔式起重机在安装前和使用过程中，发现有下列情况之一的，不得安装和使用：

1）结构件上有可见裂纹和严重锈蚀的；
2）主要受力构件存在塑性变形的；
3）连接件存在严重磨损和塑性变形的；

4）钢丝绳达到报废标准的；

5）安全装置不齐全或失效的。

2. 塔式起重机的安装

（1）安装条件：塔式起重机安装前，必须经维修保养全面的检查合格后方可安装。塔式起重机的基础承载力应符合说明书和设计要求，验收合格后方能安装。基础周围应有排水设施。行走式塔式起重机的轨道及基础应按说明书的要求进行设置。内爬式塔式起重机的基础、锚固、爬升支承结构等应根据产品说明书提供的荷载进行设计计算，并应对内爬式塔式起重机的建筑承载结构进行验算。

（2）安装作业基本要求：安装前应根据专项施工方案，对塔式起重机基础进行检查，确认合格后方可实施。安装作业应根据专项施工方案要求实施，安装作业人员应分工明确、职责清楚、安装前应对安装作业人员进行安全技术交底。安装作业中应统一指挥，明确指挥信号。当视线受阻、距离过远时，应采用对讲机或多级指挥。

（3）安装作业技术要求：

1）塔式起重机的独立高度、悬臂高度应符合产品说明书的要求。

2）雨雪、浓雾天气严禁进行安装作业，且安装当天风速不得超过12m/s。

3）不宜在夜间进行安装作业，特殊情况下应保证有足够的照明。

4）当安装作业不能连续进行时，必须将已安装的部位固定牢靠并达到安全状态，经检查确认无隐患后，方可停止作业。

5）电气设备应按产品说明书的要求进行安装，安装的电源线路应符合《施工现场临时用电安全技术规范》（JGJ 46—2005）的要求。

6）（强制性条文）塔式起重机的安全装置必须齐全，按程序进行调试合格。联接件及其防松防脱件严禁用其他代用品代用。联接件及其防松防脱件应使用力矩扳手或专用工具紧固连接螺栓。

7）安装完毕后，应对安装质量进行自检并填写自检报告书后，应委托具有资质的检测机构进行检测，并出具检测报告书。自检报告书和检测报告书应存入设备档案。经自检、检测合格后，应由总承包单位组织出租、安装、使用、监理等单位验收合格后方可使用。

8）塔式起重机停用6个月以上的，在复工前，应由总承包单位组织有关单位按本规程重新进行验收，合格后方可使用。

（4）自升式塔式起重机的顶升加节技术要求

自升式塔式起重机的顶升加节，应符合下列要求：

1）顶升系统必须完好。

2）结构件必须完好。

3）顶升前，塔式起重机下支座与顶升套架应可靠连接，并确保顶升横梁搁置正确，将塔式起重机配平，顶升过程中，应确保塔式起重机的平衡。

4）顶升加节的顺序，应符合产品说明书的规定。

5）顶升过程中，不应进行起升、回转、变幅等操作。

6）顶升结束后，应将标准节与回转下支座可靠连接。

7）塔式起重机加节后需进行附着的，应按照先安装附着装置、后顶升加节的顺序进行，其位置和支撑点的强度应符合要求。

3. 塔式起重机的使用

（1）塔式起重机使用强制性条文：

1）塔式起重机使用前，应对起重司机、起重信号工、司索工等作业人员进行安全技术交底。

2）塔式起重机的力矩限制器、重量限制器、变幅限位器、行走限位器、高度限位器等安全保护装置不得随意调整和拆除，严禁用限位装置代替操纵机构。

（2）使用作业主要技术要求：

1）起吊前，应对安全装置、吊具与索具进行检查，确认合格后方可起吊；塔式起重机回转、变幅、行走、起吊动作前应示意警示。

2）下列情况下不得起吊：

① 当指挥信号不清楚时；

② 当吊物与地面或其他物件之间存在吸附力或摩擦力而未采取处理措施时；

③ 重量超过额定载荷的吊物；

④ 重量不明的吊物。

3）在吊物荷载达到额定载荷的90%时，应先将吊物吊离地面200～500mm后，检查机械状况、制动性能、物件绑扎情况等，确认无误后方可起吊。

4）作业中遇突发故障，应将吊物降落到安全地点，严禁吊物长时间悬挂在空中。6级以上风速或大雨、大雪、大雾等恶劣天气时应停止作业。夜间施工应有足够照明。

5）应将物体绑扎牢固，标有绑扎位置或记号的物件，应按标明位置绑扎，钢丝绳与物件的夹角宜为45°～60°，且不得小于30°；不得在吊物上堆放或悬挂其他物件；零星材料起吊时，必须用吊笼或钢丝绳绑扎牢固。吊索与吊物棱角之间应有防护措施。

6）塔式起重机使用高度超过30m时应配置障碍灯，起重臂根部铰点高度超过50m时应配备风速仪。严禁在塔式起重机塔身上附加广告牌或其他标语牌。

7）塔式起重机工作完成后，应松开回转制动器，各部件应置于非工作状态，控制开关应置于零位，并应切断总电源。行走式塔式起重机停止作业时，应锁紧夹轨器。

8）每班作业应做好日常例行保养，并应做好记录。记录的主要内容应包括结构件外观、安全装置、传动机构、连接件、制动器、索具、夹具、吊钩、滑轮、钢丝绳、液位、油位、油压、电源、电压等。

9）实行多班作业的设备，应执行交接班制度，认真填写交接班记录，接班司机经检查确认无误后，方可开机作业。塔式起重机转场时，应做转场保养，并有记录。

4. 塔式起重机的拆卸

塔式起重机拆卸应符合与安装对应条款的规定。塔式起重机拆卸作业宜连续进行；当遇特殊情况拆卸作业不能继续时，应采取保证塔式起重机处于安全状态。拆卸主要技术要求：

（1）拆卸前应检查主要结构件、连接件、电气系统、起升机构、回转机构、变幅机构、顶升机构等项目。发现隐患应采取措施，解决后方可进行拆卸作业。

（2）附着式塔式起重机应明确附着装置的拆卸顺序和方法。自升式塔式起重机每次降节前，应检查顶升系统和附着装置的连接等，确认完好后方可进行作业。拆卸时应先降节、后拆除附着装置。

5. 吊索具的使用

（1）起重吊具、索具的要求：吊具与索具产品应符合《起重机械吊具与索具安全规程》（LD48—93）的规定；作业前应对吊具、索具进行检查；承载时不得超过额定起重量，吊钩的吊点应与重心在同一条直线上。新购的吊具、索具应进行检查，确认合格后再使用。吊具与索具每半年进行定期检查，并应做好记录。

（2）钢丝绳：钢丝绳作吊索时，其安全系数不得小于6倍。钢丝绳的端部采用编结固接时，编结部分的长度不得小于钢丝绳直径的20倍，并不应小于300mm，插接绳股应拉紧，凸出部分应光滑平整，且应在插接末尾留出适当长度，用金属丝扎牢，插接方法符合《起重机械吊具与索具安全规程》（LD48—93）要求。用其他方法插接的，应保证其插接连接强度不小于该绳最小破断拉力的75％。

当采用绳夹固接时，钢丝绳吊索固接应满足表9-2的要求。

表9-2　对应不同钢丝绳直径的绳夹最少数量

钢丝绳直径/mm	≤18	18～26	26～36	36～44	44～60
最少绳卡数	3	4	5	6	7

绳夹压板应在钢丝绳受力绳一边，绳夹间距A不应小于钢丝绳直径的6倍，见图9-1。

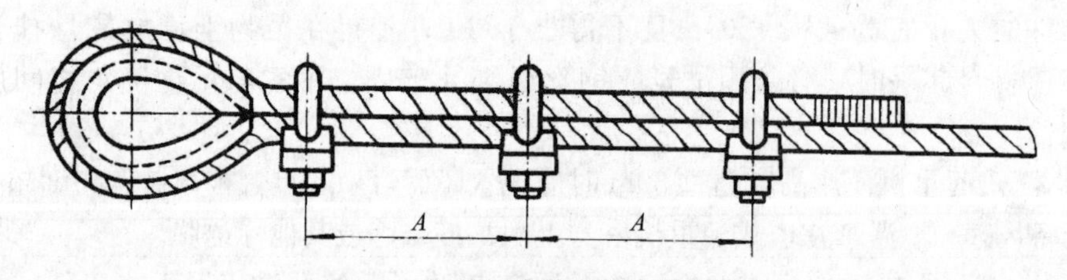

图9-1　钢丝绳夹的正确布置方法

吊索必须由整根钢丝绳制成，中间不得有接头。环形吊索只允许有一处接头。采用两点吊或多点起吊时，吊索数宜与吊点数相符，且各根吊索的材质、结构尺寸、索眼端部固定连接、端部配件等性能应相同。钢丝绳严禁采用打结方式系结吊物。当吊索弯折曲率半径小于钢丝绳公称直径的2倍时，应采用卸扣将吊索与吊点拴接。卸扣应无明显变形、可见裂纹和弧焊痕迹。销轴螺纹应无损伤现象。

（3）吊钩与滑轮：吊钩表面有裂纹或磨损量大于10％、危险截面及钩筋有永久性变形、开口度比原尺寸增加15％和钩身的扭转角超过10％时应予以报废。滑轮有裂纹或轮缘破损、轮槽不均匀磨损达3mm、滑轮绳槽壁厚磨损量达原壁厚的20％、铸造滑轮槽底磨损达钢丝绳原直径的30％；焊接滑轮槽底磨损达钢丝绳原直径的15％予以报废。滑轮、卷筒均应设有钢丝绳防脱装置；吊钩应设有钢丝绳防脱钩装置。

三、施工升降机的安装、使用和拆卸的安全技术规程要求

《建筑施工升降机安装、使用、拆卸安全技术规程》（JGJ 215—2010）适用于房屋建筑工程、市政工程所用的齿轮齿条式、钢丝绳式人货两用施工升降机，不适用于电梯、矿井提升机、升降平台。

1. 基本规定

（1）安装与拆卸企业资质和人员要求

1）施工升降机安装单位应具备建设行政主管部门颁发的起重设备安装工程专业承包资质和建筑施工企业安全生产许可证。

2）施工升降机安装、拆卸项目应配备与承担项目相适应的专业安装作业人员以及专业安装技术人员。施工升降机的安装拆卸工、电工、司机等应具有建筑施工特种作业操作资格证书。

（2）施工升降机设备准入要求

施工升降机应具有特种设备制造许可证、产品合格证、使用说明书、起重机械制造监督检验证书，并已在产权单位工商注册所在地县级以上建设行政主管部门备案登记。

（3）施工升降机安装、拆卸专项施工方案要求

1）施工升降机安装作业前，安装单位应编制施工升降机安装、拆卸工程专项施工方案，由安装单位技术负责人批准后，报送施工总承包单位或使用单位、监理单位审核，并告知工程所在地县级以上建设行政主管部门。

2）施工升降机安装、拆卸工程专项施工方案应根据使用说明书的要求、作业场地及周边环境的实际情况、施工升降机使用要求等编制。当安装、拆卸过程中专项施工方案发生变更时，应按程序重新对方案进行审批，未经审批不得继续进行安装、拆卸作业。

3）施工升降机安装、拆卸工程专项施工方案应包括下列主要内容：

① 工程概况；

② 编制依据；

③ 作业人员组织和职责；

④ 施工升降机安装位置平面、立面图和安装作业范围平面图；

⑤ 施工升降机技术参数、主要零部件外形尺寸和重量；

⑥ 辅助起重设备的种类、型号、性能及位置安排；

⑦ 吊索具的配置、安装与拆卸工具及仪器；

⑧ 安装、拆卸步骤与方法；

⑨ 安全技术措施；

⑩ 安全应急预案。

（4）对施工总承包单位的工作要求

安装、拆卸施工升降机时，施工总承包单位进行的工作应包括下列内容：

1）向安装单位提供拟安装设备位置的基础施工资料，确保施工升降机进场安装所需的施工条件；

2）审核施工升降机的特种设备制造许可证、产品合格证、起重机械制造监督检验证书、备案证明等文件；

3）审核施工升降机安装单位、使用单位的资质证书、安全生产许可证和特种作业人员的特种作业操作资格证书；

4）审核安装单位制定的施工升降机安装、拆卸工程专项施工方案；

5）审核使用单位制定的施工升降机安全应急预案；

6）指定专职安全生产管理人员监督检查施工升降机安装、使用、拆卸情况。

2. 施工升降机的安装

（1）安全技术规定

1）禁止安装使用的施工升降机产品的规定

有下列情况之一的施工升降机不得安装使用：

①属国家明令淘汰或禁止使用的施工升降机；

②超过规定使用年限的施工升降机；

③检验达不到安全技术标准规定的施工升降机；

④无完整安全技术档案的施工升降机；

⑤无齐全有效的安全保护装置的施工升降机。

2）施工升降机的防坠安全器安全技术要求：施工升降机的防坠安全器应在一年有效标定期内使用。超载保护装置在载荷达到额定载重量的110％前应能中止吊笼启动，载荷达到额定载重量的90％时应能给出报警信号。

3）施工升降机附墙架安全技术要求：附墙架附着点处的建筑结构承载力、附墙架形式、附着高度、垂直间距、附着点水平距离、附墙架与水平面之间的夹角、导轨架自由端高度和导轨架与主体结构间水平距离等均应符合使用说明书的要求。当附墙架不能满足施工现场要求时，应对附墙架另行设计。安装前应做好施工升降机的保养工作。

（2）安装作业技术规定

安装作业人员应按施工安全技术交底内容进行作业。技术人员、专职安全生产管理人员应进行现场监督。安装作业中应统一指挥，明确分工。当指挥信号传递困难时，应使用对讲机等通信工具进行指挥。

遇大雨、大雪、大雾或风速大于13m/s等恶劣天气时，应停止安装作业。

电气设备安装应按规定进行，其金属结构和电气设备金属外壳均应接地，接地电阻不应大于4Ω。

安装作业过程中安装作业人员和工具等总载荷不得超过施工升降机的额定安装载重量。当需安装导轨架加厚标准节时，应确保普通标准节和加厚标准节的安装部位正确，不得用普通标准节替代加厚标准节。导轨架安装时，应对导轨架的垂直度进行测量校准，偏差应符合规定要求。每次加节完毕后，应对导轨架的垂直度进行校正，并重新设置行程限位和极限限位，经验收合格后方能运行。

对有预紧力要求的连接螺栓，应使用扭力扳手或专用工具，按规定的拧紧次序将螺栓准确地紧固到规定的扭矩值。安装标准节连接螺栓时，螺杆在下，螺母在上。施工升降机最外侧边缘与外面架空输电线路的边线之间，应保持安全操作距离。

（3）安装自检和验收规定

施工升降机安装完毕且经调试后，安装单位应对安装质量进行自检，并应向使用单位进行安全使用说明。安装单位自检合格后，应经有相应资质的检验检测机构监督检验。检验合格后，使用单位应组织租赁单位、安装单位和监理单位等进行验收。实行施工总承包的，应由施工总承包单位组织验收。使用单位应自施工升降机安装验收合格之日起 30 日内，将施工升降机安装验收资料、施工升降机安全管理制度、特种作业人员名单等，向工程所在地县级以上建设行政主管部门办理使用登记备案。安装自检表、检测报告和验收记录等应纳入设备档案。

3. 施工升降机的使用

施工升降机司机应持有建筑起重机械特种作业操作证。使用单位应对施工升降机司机进行书面安全技术交底，交底资料应留存备查。

（1）使用安全技术规定

施工升降机额定载重量、额定乘员数标牌应置于吊笼醒目位置。

不得使用有故障的施工升降机；严禁施工升降机使用超过有效标定期的防坠安全器；严禁在超过额定载重量或额定乘员数的情况下使用施工升降机。

当电源电压值与施工升降机额定电压值的偏差超过±5%，或供电总功率小于施工升降机的规定值时，不得使用施工升降机。

应在施工升降机作业范围内设置明显的安全警示标志，应在集中作业区做好安全防护。

施工升降机地面通道上方应搭设防护棚。当建筑物高度超过 24m 时，应设置双层防护棚。应根据不同的施工阶段、环境、季节和气候，对施工升降机采取相应的安全防护措施。

应在现场设置相应的设备管理机构或配备专职的设备管理人员，并指定专职设备管理人员、专职安全生产管理人员进行监督检查。

当遇大雨、大雪、大雾、施工升降机顶部风速大于 20m/s 或导轨架、电缆表面结有冰层时，不得使用施工升降机。严禁用行程限位开关作为停止运行的控制开关。

使用单位应对施工升降机定期进行保养。在施工升降机基础周边 5m 以内不得开挖井沟，不得堆放易燃易爆物品及其他杂物。

施工升降机运行通道内不得有障碍物。不得利用施工升降机的导轨架、横竖支撑、层站等牵拉或悬挂脚手架、施工管道、绳缆标语、旗帜等。

在建筑物内部井道中安装施工升降机时，应在通道四周搭设封闭屏障。

夜班作业或光线灰暗时，应在全行程装设明亮的楼层编号标志灯，作业区应有足够的照明。

施工升降机不得使用脱皮、裸露的电线、电缆。吊笼底板应保持干燥整洁。各层站通道区域不得有物品长期堆放。

施工升降机司机严禁酒后作业，工作时间内不得与其他人员闲谈，应遵守安全操作规程和安全管理制度。操作人员执行交接班制度，填写交接班记录表，接班司机应进行班前检查，确认无误后，方能开机作业。每天第一次使用前，应将吊笼升离地面 1～2m，停车试验制动器的可靠性，发现问题，应经修复合格后方能运行。

施工升降机每3个月进行1次1.25倍额定载重量的超载试验，确保制动器性能安全可靠。严禁利用机电联锁开动或停止施工升降机。层门门栓宜设置在靠施工升降机一侧，且应处于常闭状态。未经操作人员许可，不得启闭层门。运载物料的尺寸不应超过吊笼的界限。

专用开关箱应设置在导轨架附近便于操作的位置，配电容量应满足施工升降机直接启动的要求。当运行中由于断电或其他原因中途停止时，可进行手动下降，吊笼手动下降速度不得超过额定运行速度。

作业结束后应将施工升降机返回最底层停放，各控制开关拨到零位，切断电源，锁好开关箱、吊笼门和地面防护围栏门。

(2) 检查、保养和维修规定

每次交接班前，操作人员应按操作要求对施工升降机进行检查。发现问题应及时处理并报告。使用单位应每月组织专业技术人员按规程对施工升降机进行检查，应将各种与施工升降机检查、保养和维修相关的记录纳入安全技术档案，并在施工升降机使用期间内在工地存档。

对保养和维修后的施工升降机，要进行额定载重量试验。双吊笼施工升降机应对左右吊笼分别进行额定载重量试验。每3个月应按规定要求进行不少于一次的额定载重量坠落试验。检修时应切断电源，并应设置醒目的警示标志。

严禁在施工升降机运行中进行保养、维修作业。

施工升降机保养过程中，对磨损、破坏程度超过规定的部件，应及时进行维修或更换，并由专业技术人员检查验收。

4. 施工升降机的拆卸

拆卸前应对施工升降机的关键部件进行检查，拆卸作业应符合拆卸工程专项施工方案的要求。应在拆卸场地周围设置警戒线和醒目的安全警示标志，并应派专人监护。夜间不得进行施工升降机的拆卸作业。

拆卸附墙架时应确保与基础相连的导轨架在最后一个附墙架拆除后，仍能保持各方向的稳定性。施工升降机拆卸应连续作业。当拆卸作业不能连续完成时，应根据拆卸状态采取相应的安全措施。吊笼未拆除之前，非拆卸作业人员不得在地面防护围栏内、施工升降机运行通道内、导轨架内以及附墙架上等区域活动。

四、物料提升机安全技术规范要求

《龙门架及井架物料提升机安全技术规范》(JGJ88—2010) 适用于建筑工程和市政工程所使用的以卷扬机或拽引机为动力、吊笼沿导轨垂直运行的物料提升机的设计、制作、安装、拆除及使用。不适用于电梯、矿井提升机及升降平台。物料提升机的设计、制作、安装、拆除及使用，除应符合本规范外，尚应符合国家现行有关标准的规定。

《龙门架及井架物料提升机安全技术规范》(JGJ88—2010) 有8项强制性条文，摘录如下，各条目数字序号后括号内为规范文本代号。

1) (5.1.5) (卷扬机) 钢丝绳在卷筒上应整齐排列，端部应与卷筒压紧装置连接牢固。当吊笼处于最低位置时，卷筒上的钢丝绳不应少于3圈。

2）（5.1.7）物料提升机严禁使用摩擦式卷扬机。

3）（6.1.1）当荷载达到额定起重量的90％时，起重量限制器应发出警示信号；当荷载达到额定起重量的110％时，起重量限制器应切断上升主电路电源。

4）（6.1.2）当吊笼提升钢丝绳断绳时，防坠安全器应制停带有额定起重量的吊笼，且不应造成结构损坏。自升平台应采用渐进式防坠安全器。

5）（8.3.2）当物料提升机安装高度大于或等于30m时，不得使用揽风绳。

6）（9.1.1）安装、拆除物料提升机的单位应具备下列条件：

① 安装、拆除单位应具有起重机械安拆资质及安全生产许可证；

② 安装、拆除作业人员必须经专门培训，取得特种作业资格证。

7）（11.0.2）物料提升机必须由取得特种作业操作证的人员操作。

8）（11.0.3）物料提升机严禁载人。

五、建筑机械使用安全技术规程要求

《建筑机械使用安全技术规程》（JGJ 33—2012）适用于建筑施工中各种类型建筑机械的使用与管理，包括动力与电气装置、建筑起重机械、土石方机械、运输机械、桩工机械、混凝土机械、钢筋加工机械、木工机械、地下施工机械、焊接机械和其他中小型机械等11类机械的使用安全技术规程。建筑机械的使用与管理，除应执行本规程外，尚应符合国家现行有关标准的规定。本规范共17项强制性条文，本书摘录其中一般规定、建筑起重机械、土石方机械、混凝土机械部分强制性条文如下，各条目数字序号后括号内为《建筑机械使用安全技术规程》（JGJ 33—2012）代号。

1. 一般规定（适用于各种类型建筑机械）

1）（2.0.1）特种设备操作人员应经过专业培训、考核合格取得建设行政主管部门颁发的操作证，并应经过安全技术交底后持证上岗。

2）（2.0.2）机械必须按照出厂使用说明书规定的技术性能、承载能力和使用条件，正确操作，合理使用，严禁超载、超速作业或任意扩大使用范围。

3）（2.0.3）机械上的各种安全防护及保险装置和各种安全信息装置必须齐全有效。

4）（2.0.21）清洁、保养、维修机械或电气装置前，必须先切断电源，等机械停稳后再进行操作。严禁带电或采用预约停送电时间的方式进行检修。

2. 建筑起重机械

1）（4.1.11）建筑起重机械的变幅限位器、力矩限制器、起重量限制器、防坠安全器、钢丝绳防脱装置、防脱钩装置以及各种行程限位开关等安全保护装置，必须齐全有效，严禁随意调整或拆除。严禁利用限制器和限位装置代替操纵机构。

2）（4.1.14）在风速达到9.0m/s及以上或大雨、大雪、大雾等恶劣天气时，严禁进行建筑起重机械的安装拆卸作业。

3）（4.5.2）桅杆式起重机专项方案必须按规定程序审批，并应经专家论证后实施。施工单位必须指定安全技术人员对桅杆式起重机的安装、使用和拆卸进行现场监督和监测。

3. 土石方机械

包括各种类型的挖掘机、装载机、推土机、铲运机、平地机和压实夯实机械。

1）（5.1.4）（土石方机械）作业前，必须查明施工场地明、暗铺设的各类管线等设施，并应采用明显记号标识。严禁在离地下管线、承压管道 1m 以内进行大型机械作业。

2）（5.1.10）机械回转作业时，配合人员必须在机械回转半径以外工作。当需在回转半径以内工作时，必须将机械停止回转并制动。

3）（5.5.6）（拖式铲运机）作业中，严禁人员上下机械，传递物件，以及在铲斗内、拖把或机架上坐立。

4）（5.10.20）（轮胎式）装载机转向架未锁闭时，严禁站在前后车架之间进行检修保养。

5）（5.13.7）（强夯机械作业）夯锤下落后，在吊钩尚未降至夯锤吊环附近前，操作人员严禁提前下坑挂钩。从坑中提锤时，严禁挂钩人员站在锤上随锤提升。

4. 混凝土机械

（8.2.7）（混凝土搅拌机作业）当料斗升起时，人员严禁在料斗下停留或通过；当需要在料斗下方进行清理或检修时，应将料斗提升至上止点，并必须用保险销锁牢或用保险链挂牢。

六、施工现场机械设备检查技术规程要求

《施工现场机械设备检查技术规程》（JGJ160－2008）适用于新建、改建和扩建的工业与民用建筑及市政基础设施施工现场使用的机械设备检查。主要技术内容包括施工现场动力设备及低压配电系统、土方及筑路机械、桩工机械、起重机械与垂直运输机械、混凝土机械、焊接机械、钢筋加工机械、木工机械及其他机械、装修机械、掘进机械检查技术规程。规程中强制性条文共 20 项，摘录如下，各条目数字序号后括号内为规范序号。

1）（3.1.5）发电机组电源必须与外电线路电源连锁，严禁与外电线路并列运行；当 2 台及 2 台以上发电机组并列运行时，必须装设同步装置，并应在机组同步后再向负载供电。

2）（3.3.2）施工现场临时用电的电力系统严禁利用大地和动力设备金属结构体作相线或工作零线。

3）（3.3.4）用电设备的保护地线或保护零线应并联接地，严禁串联接地或接零。

4）（3.3.5）每台用电设备应由各自专用的开关箱，严禁用同一个开关箱直接控制 2 台及 2 台以上用电设备（含插座）。

5）（3.3.12）开关箱中必须安装漏电保护器，且应装设在靠近负荷的一侧，额定漏电动作电源不应大于 30mA，额定漏电动作时间应大于 0.1s；潮湿或腐蚀场所应采用防溅型产品，其额定漏电动作电源不应大于 15mA，额定漏电动作时间应大于 0.1s 。

6）（6.1.17）塔式起重机的主要承载结构件出现下列情况之一时应报废：

① 塔式起重机的主要承载结构件失去整体稳定性，日不能修复时；

② 塔式起重机的主要承载结构件，由于腐蚀而使结构的计算应力提高，当超过原

计算应力的 15%时；对无计算条件的，当腐蚀深度达厚度的 10%时；

③ 塔式起重机的主要承载结构件产生无法消除裂纹影响时。

7）（6.5.3）动臂式和尚未附着的自升式塔式起重机，塔身上不得悬挂标语牌。

8）（6.5.7）塔式起重机安装到设计规定的基本高度时，在空载无风状态下，塔身轴心线对支承面的侧向垂直度偏差不应大于 0.4%；附着后，最高附着点以下的垂直度偏差不应大于 0.2%。

9）（6.5.16）塔式起重机金属结构、轨道及所有电气设备的金属外壳、金属管线，安全照明的变压器低压侧等应可靠接地，接地电阻不应大于 4Ω；重复接地电阻不应大于 10Ω。

10）（6.5.20）当塔式起重机的起重力矩大于相应工况下的额定值并小于额定值的 110%时，应切断上升和幅度增大方向的电源，但机构可作下降和减少幅度方向的运动。

11）（6.5.21）塔式起重机的吊钩装置起升到下列规定的极限位时，应自动切断起升的动作电源：

① 对于动臂变幅的塔式起重机，吊钩装置顶部至臂架下端的极限距离应为 800mm；

② 对于上回转的小车变幅的塔式起重机，吊钩装置顶部至小车架下端的极限位置应符合下列规定：

a. 起升钢丝绳的倍率为 2 倍率时，其极限位置应为 1000mm；

b. 起升钢丝绳的倍率为 4 倍率时，其极限位置应为 700mm。

③对于下回转的下车变幅的塔式起重机，吊钩装置顶部至小车架下端的极限位置应符合下列规定：

a. 起升钢丝绳的倍率为 2 倍率时，其极限位置应为 800mm；

b. 起升钢丝绳的倍率为 4 倍率时，其极限位置应为 400mm。

12）（6.5.22）塔式起重机应安装起重量限制器。当起重量大于相当挡位的额定值并小于额定值的 110%时，应切断上升方向的电源，但机构可作下降方向的运动。

13）（6.6.14）施工升降机安全防护装置必须齐全，工作可靠有效。

14）（6.6.15）施工升降机防坠安全器必须灵敏有效、动作可靠，且在检定有效期内。

15）（6.7.1）卷扬机不得用于运送人员。

16）（6.9.2）严禁使用倒顺开关作为物料提升机卷扬机的控制开关。

17）（6.9.5）附墙架与物料提升机架体之间及建筑物之间应采用刚性连接；附墙架及架体不得与脚手架连接。

18）（6.11.4）吊篮的安全锁应灵敏可靠，当吊篮平台下滑速度大于 25m/min 时，安全锁应在不超过 100mm 距离内自动锁住悬吊平台的钢丝绳；安全锁应在有效检定期内。

19）（6.12.3）附着整体升降脚手架应具有安全可靠的防倾斜装置、防坠落装置以及保证架体同步升降机和监控升降载荷的控制系统。

20）（8.9.7）严禁使用未安装减压器的氧气瓶。

七、施工现场临时用电安全技术规范要求

《施工现场临时用电安全技术规范》(JGJ 46—2005) 运用于新建、改建和扩建的工业与民用建筑和市政基础设施施工现场临时用电工程中的电源中性点直接接地的220/380V三相四线制低压电力系统的设计、安装、使用、维修和拆除。施工现场临时用电，除应执行本规范的规定外，尚应符合国家现行有关强制性标准的规定。

1. 临时用电管理

施工现场临时用电设备在5台及以上或设备总容量在50kW及以上者，应编制用电组织设计。临时用电组织设计及变更时，必须履行“编制、审核、批准”程序，由电气工程技术人员组织编制，经相关部门审核及具有法人资格企业的技术负责人批准后实施。变更用电组织设计时应补充有关图纸资料。临时用电工程图纸，主要包括用电工程总平面图、配电装置布置图、配电系统接线图、接地装置设计图。临时用电工程必须经编制、审核、批准部门和使用单位共同验收，合格后方可投入使用。

施工现场临时用电必须建立安全技术档案，安全技术档案应由主管该现场的电气技术人员负责建立与管理，在临时用电工程拆除后统一归档。临时用电工程定期检查应按分部、分项工程进行，对安全隐患必须及时处理，并应履行复查验收手续。

2. 配电线路、配电箱、开关箱设置要求

建筑施工现场临时用电工程专用的电源中性点直接接地的220/380V三相四线制低压电力系统，必须符合下列规定：

(1) 采用三级配电系统。配电系统应设置配电柜或总配电箱、分配电箱、开关箱，实行三级配电。总配电箱以下可设若干分配电箱；分配电箱以下可设若干开关箱，且动力与照明应分路设置。总配电箱应设在靠近电源的区域，分配电箱应设在用电设备或负荷相对集中的区域，分配电箱与开关箱的距离不得超过30m，开关箱与其控制的固定式用电设备的水平距离不宜超过3m。每台用电设备必须有各自专用的开关箱，严禁用同一个开关箱直接控制2台及2台以上用电设备（含插座)。

(2) 采用中性点直接接地，工作零线与保护零线严格分开TN-S接零保护系统。

(3) 采用二级漏电保护系统。总配电箱和开关箱设置漏电保护器，形成两级漏电保护。

配电系统宜使三相负荷平衡。220V或380V单相用电设备宜接入220/380V三相四线系统，当单相照明线路电流大于30A时，宜采用220/380V三相四线制供电。

3. 保护接地与接地电阻

(1) 在施工现场专用变压器供电的TN-S接零保护系统中，电气设备的金属外壳必须与保护零线连接。保护零线应由工作接地线、配电室（总配电箱）电源侧零线或总漏电保护器电源侧零线处引出，见图9-2。

(2) 施工现场与外电线路共用同一供电系统时，电气设备的接地、接零保护应与原系统保持一致。不得一部分设备做保护接零，另一部分设备做保护接地。

(3) 采用TN-S系统做保护接零时，工作零线（N线）必须通过总漏电保护器，保护零线（PE线）必须由电源进线零线重复接地处或总漏电保护器电源侧零线处，引出形成局部TN-S接零保护系统，见图9-3。

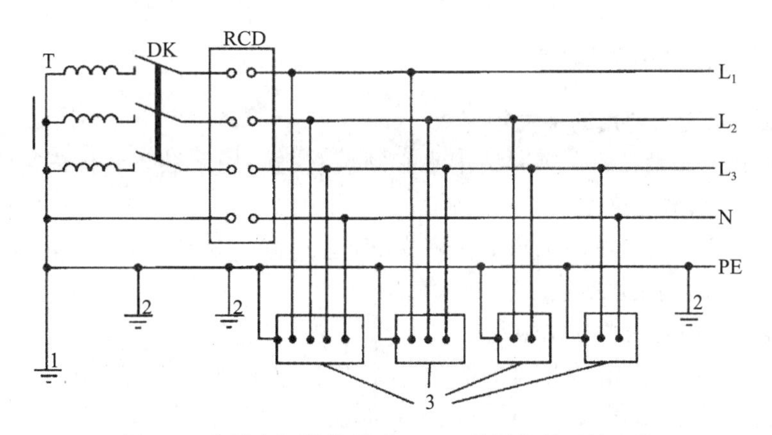

图 9-2　专用变压器供电时 TN－S 接零保护系统示意

1. 工作接地；2. PE 线重复接地；3. 电气设备金属外壳（正常不带电的外露可导电部分）；L_1、L_2、L_3. 相线；N. 工作零线；PE. 保护零线；DK. 总电源隔离开关；RCD. 总漏电保护器（兼有短路、过载、漏电保护功能的漏电断路器）；T. 变压器

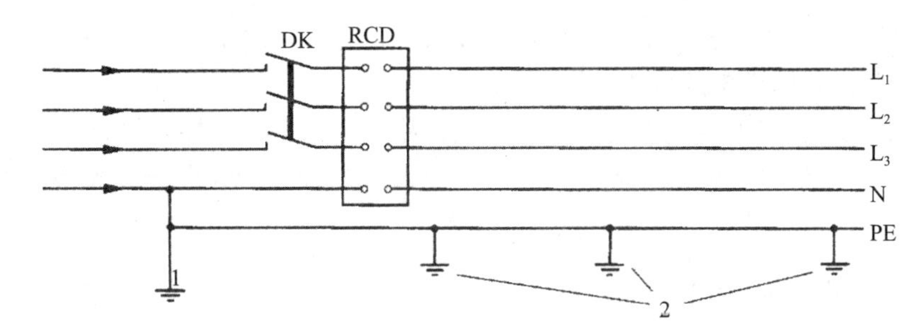

图 9-3　三相四线供电时局部 TN－S 接零保护系统保护零线引出示意

1. NPE 线重复接地；2. PE 线重复接地；L_1、L_2、L_3. 相线；N. 工作零线；PE. 保护零线；DK. 总电源隔离开关；RCD. 总漏电保护器（兼有短路、过载、漏电保护功能的漏电断路器）

（4）TN－S 系统中的保护零线除必须在配电室或总配电箱处做重复接地外，还必须在配电系统的中间处和末端处做重复接地。

（5）在 TN－S 系统中，严禁将单独敷设的工作零线再做重复接地。

（6）各接地装置工作接地电阻值必须符合规范标准。

第三节　施工机械资源节约和环境保护措施及规定

2007 年，建设部印发《绿色施工导则》（建质［2007］223 号）；2010 年 11 月，住房和城乡建设部和国家质监总局联合发布了《建筑工程施工绿色评价标准》（GB/T 50640—2010），绿色施工是指工程建设中，在保证质量、安全等基本要求的前提下，通过科学管理和技术进步，最大限度地节约资源与减少对环境负面影响的施工活动，实现“四节一环保”（节能、节地、节水、节材和环境保护）。绿色施工标准直接涉及现场施工机械设备的要求有：

一、资源节约相关规定

1. 节水与水资源利用的相关规定

1）现场机具、设备、车辆冲洗用水必须设立循环用水装置，优先采用非传统水源，尽量不使用市政自来水。

2）混凝土搅拌站点等用水集中的区域和工艺点进行专项计量考核。施工现场建立雨水、中水或可再利用水的搜集利用系统。

2. 节能与能源利用的相关规定

1）优先使用国家、行业推荐的节能、高效、环保的施工设备和机具，如选用变频技术的节能施工设备；国家、行业、地方政府明令淘汰的施工设备、机具和产品不应使用。

2）在施工组织设计中，合理安排施工顺序、工作面，以减少作业区域的机具数量，相邻作业区充分利用共有的机具资源。安排施工工艺时，应优先考虑耗用电能的或其他能耗较少的施工工艺。

3）选择功率与负载相匹配的施工机械设备，避免大功率施工机械设备低负载长时间运行或超负荷使用设备的现象。

4）主要耗能施工设备应设有节能的控制措施；定期进行耗能计算核算；

5）建立施工机械设备管理制度，开展用电、用油计量，完善设备档案，及时做好维修保养工作，使机械设备保持低耗、高效的状态。

二、环境保护的相关规定

1. 扬尘控制

1）运送土方、垃圾、设备及建筑材料等，不污损场外道路。运输容易撒落、飞扬、流漏的物料的车辆，必须采取措施封闭严密，保证车辆清洁。施工现场出口应设置洗车槽。

2）土方机械作业，采取洒水、覆盖等措施，达到作业区目测扬尘高度小于1.5m，不扩散到场区外；构筑物机械拆除前，做好扬尘控制计划，可采取清理积尘、拆除体洒水、设置隔档等措施。

2. 噪声与振动控制

1）使用低噪声、低振动的机具，采取隔声与隔振措施，避免或减少施工噪声和振动。现场噪声排放不得超过国家标准《建筑施工场界环境噪声排放标准》（GB 12523—2011）的规定。

2）产生噪声较大的机械设备，应尽量远离施工现场办公区、生活区和周边住宅区。

3）混凝土输送泵、电锯房等应设有吸音降噪屏或其他降噪措施。

4）吊装作业指挥应使用对讲机传达指令。

3. 光污染控制

1）尽量避免或减少施工过程中的光污染。夜间室外照明灯加设灯罩，透光方向集中在施工范围。

2）夜间焊接作业时，应采取挡光措施。

4. 废气、废弃物排放控制

1）进出场车辆及机械设备废气排放应符合国家年检要求。

2）电焊烟气的排放应符合现行国家标准《大气污染物综合排放标准》(GB 16297—1996)的规定。

3）施工机械现场产生的有毒有害的废弃物应封闭回收。

第十章　施工机械设备安全运行和维护保养

第一节　施工机械设备安全管理基本制度

一、“三定”责任制

在机械设备使用中定人、定机、定岗位责任，通常称“三定”制度，把机械设备使用、维护、保养等各环节的要求都落实到具体责任人，是行之有效的一项基本管理制度。

1.“三定”制度的主要内容

“三定”制度的主要内容包括坚持人机固定原则、实行机长负责制和岗位责任制。

人机固定原则：把每台机械设备和它的操作者相对固定下来，不得随意变动。当机械设备在企业内部调拨时，原则上人随机走。

机长负责制：对按规定应配备两名以上操作人员的机械设备，应任命一人为机长来全面负责机械设备的使用、维护、保养和安全。若一人操作一台或多台机械设备，该人就是这些机械设备的机长。对于无法固定操作人员的小型机械，应明确机械所在班组的班组长为机长，即每一台设备都有明确的负责人。

岗位责任制：包括机长责任制和机组操作人员责任制，并对机长和机组操作人员的职责作出详细的规定，责任落实到人。机长是机组的领导者和组织者，全体机组人员都要服从其指挥和领导。

2.“三定”制度的形式

根据机械类型的不同，定人定机有下列三种形式：

1）单人操作的机械，实行专机专责制，其操作人员承担机长职责。

2）多班作业或多人操作的机械，均应组成机组，实行机组负责制，其机组长即为机长。

3）班组共同使用的机械以及一些不固定操作人员的设备，应指定专人或小组负责保管和保养，限定具有操作资格的人员进行操作。实行班组长领导下的分工负责制。

3. 机长职责

机长是不脱产的操作人员，除履行操作人员职责外，还应做到：

1）组织并敦促检查全组人员对机械的正确使用、保养和保管，保证完成施工生产任务。

2）检查并汇总各项原始记录和报表，及时准确上报。组织机组人员进行单机核算。

3）组织并检查交接班制度执行的情况。

4）组织本机组人员的技术业务学习和安全交底，对他们的技术考核提出意见。

5）组织好本机组内部及其他机组之间的团结协作竞赛。

拥有机械设备的班组，其班组长也应履行上述职责。

4. 操作人员职责

1）努力钻研技术，熟悉本机的构造原理、技术性能、安全操作规程及各项保养规则等，达到相应技术级别应知应会的要求。

2）正确操作和使用机械，发挥机械效能，完成各项指标，保证安全生产，降低各项消耗成本。对违反操作规程可能引起危险的指挥，有权拒绝并立刻报告。

3）精心保管和保养机械设备，做好例保和一保作业，使机械设备经常处于整洁、润滑良好、调整适当、紧固件无松动等良好的技术状态。保持机械的附属装置、备件、随机工具等完好无损。

4）及时正确填写各项原始记录和统计报表。

5）严格执行岗位责任制等各项管理制度。

二、交接班制

1. 机械使用中的班组交接和临时替班的交接

（1）交接的主要内容

1）生产任务完成情况。

2）机械运转、保养情况和存在的问题。

3）随机工具和附件情况。

4）燃油消耗和准备情况。

5）交接人填写的本班运转记录。

（2）交接记录应交机械管理部门存档，机械管理部门应及时检查交接制度执行情况。

（3）由于交接不清或未办交接造成机械事故，按机械事故处理办法对当事人双方进行处理。

2. 机械设备调拨的交接

1）机械设备调拨时，调出单位应保证机械设备技术状况的完好，不得拆换机械零件，并将机械的随机工具、机械履历书和技术档案一并交接。

2）遇特殊情况，如附件不全或技术状况很差的设备，交接双方先协商取得一致后，按双方协商的结果交接，并将机械状况和存在的问题、双方协商解决的意见等报上级主管部门核准备案。

3）机械设备调拨交接时，原则上规定机械操作人员随机调动，遇不能随机调动的操作人员应将机械附件、机械技术状况、原始记录、技术资料作出书面交接。

4）机械交接时必须填写交接单，对机械状况和有关资料逐项填写，最后由双方经办人和单位负责人签字，作为转移固定资产和有关资料转移的凭证，机械交接单一式四份，见表 10-1。

表 10-1　机械交接单

调动依据：　　　　　　编号：　　　　　　交接日期：　　年　　月　　日

<table>
<tr><td>管理编号</td><td>机械名称</td><td colspan="2">厂　牌</td><td>型号规格</td><td>出厂年月</td><td>出厂编号</td><td>其　他</td></tr>
<tr><td colspan="8">交接情况：　　　　机械履历表一本</td></tr>
<tr><td>项目</td><td colspan="4">技术状况</td><td rowspan="5"></td><td>项　目</td><td>技术状况</td></tr>
<tr><td rowspan="2">动力部分</td><td>厂型</td><td></td><td>编号</td><td></td><td rowspan="2">操作工作部分</td><td rowspan="2"></td></tr>
<tr><td></td><td></td><td></td><td></td></tr>
<tr><td rowspan="2">底盘行走部分</td><td>厂型</td><td></td><td>编号</td><td></td><td>仪表、照明及信号装置</td><td></td></tr>
<tr><td></td><td></td><td></td><td></td><td>附件及随机工具</td><td></td></tr>
</table>

<table>
<tr><td>交机单位</td><td></td><td>交机负责人</td><td></td><td>交机经手人</td><td></td><td>接机单位</td><td></td><td>接机负责人</td><td></td><td>接机经手人</td></tr>
</table>

3. 新机械交接

新购、新租赁机械或经过大修、改装、改造、重新安装的机械，按机械验收、试运转规程规定办理（见第十一章第三节），交接手续同上。

三、机械管理使用监督检查制

1. 监督检查的形式

1）日常检查。机组人员每天开工前对设备完好状况的检查。

2）定期检查。定期检查是对机械设备的性能、安全装置、人员上岗情况、运行记录等全方位的检查，如每两个月进行一次综合考评检查，由设备管理和质量安全部门组织。

3）专项检查、季节性及节假日后的安全检查。针对某突发事件由相关的管理部门组织现场安全员、机械员的专项检查；在特殊恶劣气候以及节假日后、开工前的安全检查。

2. 监督检查的内容

设备管理和质量安全部门组织的检查主要内容：

1）机械设备管理的规章制度、标准、规范和操作规程的落实执行的情况。

2）对管理人员、操作人员进行安全教育培训，以及对违章指挥、违章操作整改情况。

3）对机械设备维护保养制度的执行，尤其对带病运转的机械设备采取的技术措施落实情况。

3. 监督检查结果的处理

1）监督检查发现不遵守规程、规范使用机械设备的情况，在管理劝阻无效时，监督检查部门有权责令其停止作业，并下达整改通知单，如违章单位或违章人员未按照整改通知单的规定期限内整改到位，应按照情节，依据情节轻重给予处罚或停机整改。

2）监督检查人员应向企业主管部门反映机械设备管理、使用中存在的问题和提出改进意见。

3）经监督检查人员提出的整改通知单，拒不执行不整改，又造成事故的单位和个人，应严格按照事故进行处理，还应追究其责任，视情节给予处罚，直至追究刑事责任。

第二节　施工机械设备的安全防护装置

一、施工机械的安全防护装置

1. 安全防护措施与基本要求

（1）安全防护装置

施工机械设备的安全防护，常采用安全装置、防护装置及其他安全措施。

1）防护装置：防护装置是通过设置物体障碍，将人与危险隔离的专门装置，如防护罩、围栏等。防护装置按结构方式分为固定式和活动式两种：固定防护装置是指用永久固定方式或借助紧固件固定的防护装置；活动防护装置指用滑轨、铰链固定，防护构件可作一定范围运动的防护装置，活动防护装置与安全装置连锁，当活动防护装置开启时被控制的危险机械的功能应不能执行或停止执行。

2）安全装置：是用于消除或减小机械伤害风险的单一装置或与防护装置联用的保护装置，如起重机械的起重力矩限制器、极限位置限制器等。安全装置是通过自身的结构功能限制或防止机械的限制运动速度、压力等危险因素。常见的安全装置如下：

①连锁装置：通常把安全防护装置与设备运转连锁，保证安全防护装置未起作用以前，设备不能运转。

②止动装置：一种手动操纵装置，只有当手对操纵器作用时，机器才能起动并保持运转；当手离开操纵器时，该操纵装置则自动恢复到停止位置。

③自动停机装置：一种利用光电式、感应式的安全防护装置，当人某一部位超越安全极限时，能使机器或其零部件停止运转。

④运动控制装置：也称行程限制装置，只允许机械零部件在有限的距离内动作。

（2）安全防护装置的一般安全要求

安全防护装置必须满足与其保护功能相适应的安全技术要求，结构必须有足够的强度、刚度、稳定性；安装可靠，不易拆卸；必须与设备运转连锁，保证安全防护装置未起作用前，设备不得运转。

2. 采取安全措施应遵照的原则

1）安全先于经济：当安全卫生技术措施与其他利益发生冲突时，应以安全第一。

2）设计先于使用：安全决策应在机械的设计阶段确定，以避免将危险遗留给用户或使用中，另外还可减少安全整改造成的浪费。

3）设计措施不应留给用户：应该由设计阶段采用的安全措施，绝不能留给使用阶段才去解决。只有当设计采用的措施无效或不完全有效时，其遗留风险可通过使用阶段采用补救安全措施解决。

4）设计缺陷不可用信息弥补：使用信息只起提醒和警告的作用，不得以信息代替应由设计技术手段解决的安全问题。

5）选择安全技术措施的顺序：应按照直接安全技术措施、间接安全技术措施、指示性安全技术措施和附加预防措施的顺序进行。

二、建筑起重机械的安全防护装置

本节主要介绍塔式起重机、施工升降机、物料提升机的安全防护装置。

1. 塔式起重机的安全防护装置

（1）载荷限制装置

1）起重力矩限制器

起重力矩限制器的保护对象是塔机钢结构。因此，使起重力矩限制器限位开关动作的信息，来源于钢结构的弹性变形。常见的起重力矩限制器如图 10-1 所示。

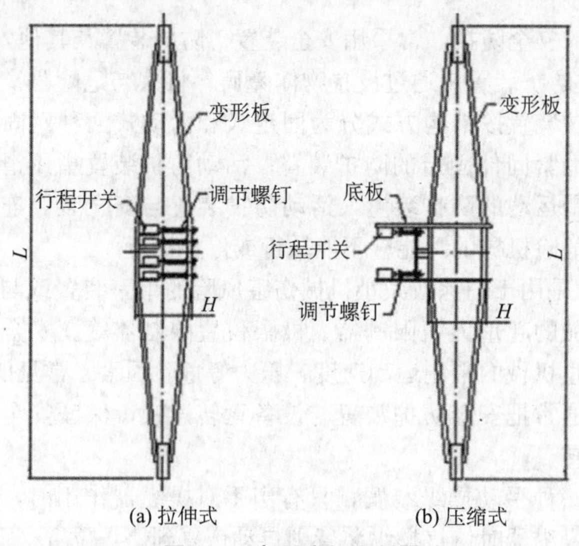

图 10-1　起重力矩限制器

图 10-1（a）所示的是拉伸式力矩限制器，适用于塔帽式的塔机，它焊接在塔帽的后弦杆上。吊重时，塔帽的后弦杆受拉延伸，力矩限制器变形板的尺寸 L 伸长，尺寸 H 变小，当超过设定的起重力矩值时，调节螺钉触及行程开关，行程开关动作切断所控制电路的电源。

图 10-1（b）所示的是压缩式力矩限制器，焊接在塔帽的前弦杆，或桅杆式塔机平衡臂的上弦杆上。吊重时，塔帽的前弦杆，或桅杆式塔机平衡臂的上弦杆受压缩短，L 尺寸也相应缩短，H 尺寸增大，行程开关随着底板向右移动，调节螺钉向左移动。

现行国家规范要求每套力矩限制器一般设置两只限位开关，分别用于 90％力矩报警和超力矩切断相应动作的电流。当起重力矩大于额定起重力矩而小于额定起重力矩的 110％时，限位开关应切断吊钩上升和幅度增大方向的电源，但机构可作下降和减小幅度方向的运动。

对于变幅小车运行速度超过 40m/min 的塔机，必须在力矩限制器上再增加一只限位开关。在小车向外运行，且起重力矩达到额定起重力矩的 80%时，这只限位开关应动作，把变幅小车的运行速度自动转换为慢速运行。

2）起重量限制器

起重量限制器的保护对象是塔机的起升机构。因此，使起重量限制器限位开关动作的信息，来源于起升钢丝绳的张力，起重量愈大钢丝绳的张力愈大。

起重量限制器有多种型式，图 10-2 是其中两种。图 10-2（a）中的起重量限制器悬挂在塔帽上，起升钢丝绳张力的合力使转向滑轮向下位移，测力环变形，两弹簧片之间的间距变小，当吊物重量超过设定值时，调节螺钉触及微动开关的触头，切断起升机构上升方向的电源。

图 10-2（b）中起重量限制器安装在起重臂的根部。起升钢丝绳张力的合力推动杠杆按逆时针方向转动，杠杆拉动螺杆向左移动，当吊物重量超过设定值时，螺杆上的撞块触及行程开关的滚轮，行程开关动作，切断起升机构上升方向的电源。

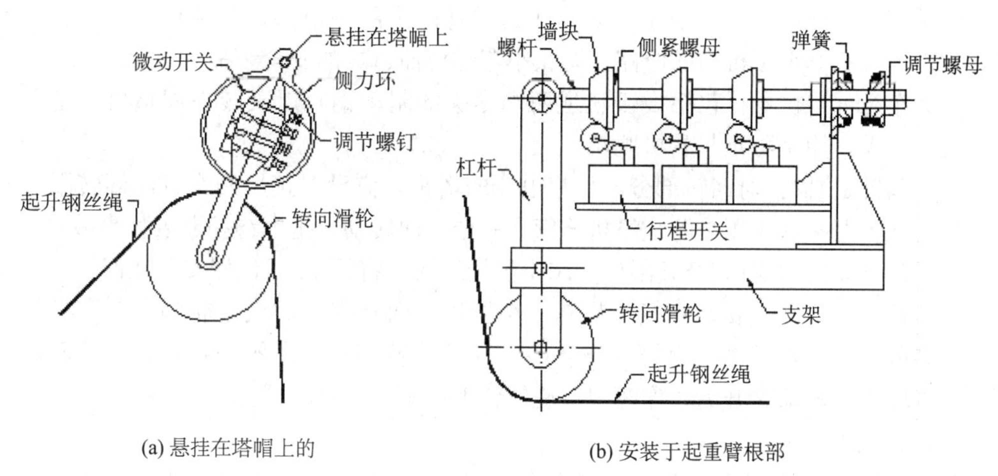

(a) 悬挂在塔帽上的　　(b) 安装于起重臂根部

图 10-2　起重量限制器

起重量限制器至少设置 3 只限位开关，分别用于限制最大起重量、90%起重量报警、重载换速。当吊物重量达到最大起重量的 100%～110%时，限制最大起重量开关切断吊钩上升方向的电源，但吊钩可以下降。当吊物重量达到最大起重量的 90%时，90%起重量报警开关动作，声光报警装置发出断续的报警信号，提醒塔机操作人员注意。

由于塔机起升机构有“轻载高速，重载低速”的特性，当吊物重量超过相应挡位允许的吊重值时，超重换速限位开关切断高速挡的电源，自动转换成低一挡的速度运行。对于起升机构挡位多于两挡的塔机，起重量限制器中限位开关的数量应多于 3 只。

（2）运行限位装置

固定式塔机的运行限位装置主要包括：起升高度限位器、幅度限位器、行程限位器、回转限位器。

目前这些限位器的功能基本上都是通过配套使用一种 DXZ（多功能行程开关）限位器来实现。DXZ 限位器由蜗轮蜗杆减速器、调整轴、记忆凸轮、微动开关组成。当输入轴上的蜗杆转动时，带动蜗轮转动从而再带动其上的记忆凸轮转动，凸轮上的凸块碰触到微动开关的触头，使微动开关断开相对应动作的电流。

1）起升高度限位器：起升高度限位器用于防止在吊钩提升或下降时可能出现的操作失误。当吊钩滑轮组上升接近载重小车时，应停止其上升运动；当吊钩滑轮组下降接近地面时，应停止其下降运动，以防止卷筒上的钢丝绳松脱造成乱绳甚至以相反方向缠绕在卷筒上及钢丝绳跳出滑轮绳槽。相关国家标准要求吊钩装置顶部升至小车架下端的最小距离为800mm处之前，应能停止起升运动，但应有下降运动。

2）幅度限位器：幅度限位器的作用是限制载重小车在吊臂的允许范围内运行，限制小车最大幅度位置的是前限位，限制小车最小幅度位置的是后限位。幅度限位器也是将DZX限位器安装在变幅卷筒的一侧，其工作原理、调试方法与起升高度限位器相同。根据现行国家标准规定，限位开关动作后应保证小车停车时其端部距缓冲装置最小距离为200mm。

3）行程限位器

①小车行程限位器：设于小车变幅式起重臂的头部和根部，包括终点开关和缓冲器，用来切断小车牵引机构的电路，防止小车越位而造成的安全事故。

②大车行程限位器：包括设于轨道两端尽头的制动钢轨以及装在起重机行走台车上的终点开关，用于防止起重机脱轨。

4）回转限位器：对回转部分不设集电器的塔机，应设置正反两个方向回转限位开关。回转限位开关的作用是防止塔机连续向一个方向转动，把电缆扭断发生事故。

常见的回转限位器由DXZ限位器和小齿轮组成。将DXZ限位器安装在回转的支座上，限位器的输入轴上安装一只小齿轮，小齿轮与回转支承的大齿轮啮合。塔机转动时，回转限位器随着塔机上部结构绕着回转支承公转，而小齿轮则在自转，从而带动限位器的输入轴转动。开关动作时臂架旋转角度应不大于±540°。

（3）其他安全装置

1）夹轨钳：装设于行走底架（或台车）的金属结构上，用来夹紧钢轨，防止起重机在大风吹动而行走造成塔机出轨倾翻事故。

2）小车断绳保护装置：小车变幅塔机应设置双向小车断绳保护装置。其工作原理是，当变幅钢丝绳折断时，安装于变幅小车上的断绳保护装置在重力的作用下，自动翻转成垂直状态，受到起重臂底面缀条的阻挡，使小车不能沿着起重臂轨道向前或向后滑行。

3）小车防坠落装置：小车变幅塔机应设置小车防坠落装置，即使小车车轮失效，小车也不得脱离臂架坠落。其结构原理是，在小车上焊接4个悬挂装置，小车正常运行时，这4个悬挂装置位于起重臂轨道的上方，当小车轮轴折断时，悬挂装置搁置在起重臂轨道上，使小车不致坠落。

4）钢丝绳防脱槽装置：滑轮、起升卷筒均应设有钢丝绳防脱装置，该装置表面与滑轮或卷筒侧板边缘间的间隙不应超过钢丝绳直径的20%，装置可能与钢丝绳接触的表面不应有棱角。

5）吊钩保险装置：吊钩应设有防脱钩保险装置，以防止吊物过程中，挂物绳因种种原因脱出吊钩，造成吊物坠落。

6）安全警示装置

①电笛：电笛或电铃起提示、提醒作用。用笛声告诉现场作业人员塔机即将作业或吊物将至，提醒他们注意避让。

②障碍指示灯：当塔顶高度大于 30m 且高于周围建筑物的塔机，必须在起重机的最高部位（臂架、塔帽或人字架顶端）安装红色障碍指示灯，并应保证该指示灯的供电不受停机的影响。

③风速仪：起重臂根部铰点高度超过 50m 时应配备风速仪。当风速大于工作允许风速时，应能发出停止作业的警报。

2. 施工升降机的安全防护装置

（1）防坠安全器

防坠安全器是施工升降机主要安全装置。防坠安全器限制梯笼的运行速度，防止坠落。安全器应能保证升降机吊笼出现不正常超速运行时及时动作，将吊笼制停。

防坠安全器的工作原理：当吊笼沿导轨架上、下移动时，齿轮沿齿条滚动。当吊笼以额定速度工作时，齿轮带动传动轴及其上的离心块空转。一旦驱动装置的传动件损坏，吊笼将失去控制并沿导轨架快速下滑（当有配重，而且配重大于吊笼一侧载荷时，吊笼在配重的作用下，快速上升）。随着吊笼的速度提高，防坠安全器齿轮的转速也随之增加，当转速增加到防坠安全器的动作转速时，离心块在离心力和重力的作用下与制动轮的内表面上的凸齿相啮合，并推动制动轮转动。制动轮尾部的螺杆使螺母沿着螺杆做轴向移动，进一步压缩碟形弹簧组，逐渐增加制动轮与制动毂之间的制动力矩，直到将工作笼制动在导轨架上为止。在防坠安全器左端的下表面上，装有行程开关，当导板向右移动一定距离后，与行程开关触头接触，并切断驱动电动机的电源。

防坠安全器动作后，吊笼应不能运行。只有当故障排除，安全器复位后吊笼才能正常运行。

（2）缓冲弹簧

安装在升降机底座上用以减缓冲击的装置。当吊笼发生坠落事故时，减轻吊笼的冲击。

（3）上、下限位开关

上、下限位开关，安装在导轨架和吊笼上，为自动复位型。

在吊笼上升时，为了防止误操作引起吊笼冒顶，在距塔帽安全距离处装有上限位开关。当发生误操作时，吊笼斜尺首先碰撞行程开关，切断控制电路，使卷扬机停止转动。

（4）上、下极限开关

吊笼运行超出限位开关和越程后，极限开关将切断总电源而使吊笼停车。极限开关为非自动复位型，动作后只能通过手动复位才能使吊笼重新启动。极限开关安装在导轨架和吊笼上。

1）上极限开关：在正常工作状态下，上极限开关与上限位开关之间的越程距离应符合标准规定值。若上限位开关控制系统失灵，经一段越程距离后，吊笼斜尺碰撞上极限开关，整个升降机总电源切断，卷扬机停止工作，保证升降机工作安全。

2）下极限开关：在正常工作状态下，吊笼碰到缓冲器之前，下极限开关首先动作，即下极限开关的安装位置介于下限位开关与缓冲器之间。若下限位开关控制系统失灵，经一段越程距离后，吊笼斜尺碰撞下极限开关，整个升降机总电源切断，卷扬机停止工作，保证钢丝绳不呈松弛状态。

（5）安全钩

为防止吊笼到达预定位置而上限位器、上极限限位器未能及时动作，吊笼继续向上运行，将导致吊笼冲击导轨架顶部而发生倾覆坠落事故，设置安全钩。安全钩安装在吊笼上部的传动系统齿轮和安全器齿轮之间，当传动系统齿轮脱离齿条后，安全钩钩住导轨架，保证吊笼不发生倾覆坠落事故。

（6）断绳保护装置（用于钢丝绳式施工升降机）

当驱动吊笼的钢丝绳松弛或断裂时，镶有非金属摩擦材料的制动斜块在弹簧的作用下向上托起，与导轨架摩擦而实现制动，将吊笼停止在导轨架上。当驱动吊笼的钢丝绳张紧并向上拉时，制动斜块对导轨产生的压力消除，回到原位。制动斜块与导轨无缝钢管间平时应保持3～4mm间隙，保证吊笼可以上、下自由运动。制动斜块与滑道间要定期加油、经常活动，以防止生锈，保证动作的灵活性。

（7）吊笼门、底笼门连锁装置

吊笼门、底笼门均装有电气连锁开关，防止因吊笼门、底笼门未关闭就启动运行而造成人员坠落和物料滚落，只有当吊笼门、底笼门完全关闭施工升降机才能启动运行。

（8）急停开关

吊笼运行中发生紧急情况，司机应能及时按下急停开关，使吊笼立即停止运行，防止事故发生。急停开关必须是非自行复位的电气安全装置。

（9）楼层通道门

在各楼层与施工升降机运料和人员进出的通道，应设置楼层通道门。楼层通道门在吊笼上下运行时处于常闭状态，楼层内的人员无法打开，只有在吊笼停稳时才能由吊笼内的人打开，确保不出现无防护的危险边缘。

3. 物料提升机的安全防护装置

物料提升机的安全防护装置主要包括：安全停层装置、断绳保护装置、载重量限制装置、上极限限位器、下极限限位器、吊笼安全门、缓冲器和通信信号装置等（见《龙门架及井架物料提升机安全技术规范》（JGJ 88—2010））。

（1）安全停层装置

当吊笼停靠在某一层时，能使吊笼稳妥的支靠在架体上的装置，防止因钢丝绳突然断裂或卷扬机抱闸失灵时吊篮坠落。其装置有制动和手动两种，当吊笼运行到位，由弹簧控制或人工扳动，使支承杆伸到架体的承托架上，其荷载全部由承托架负担，钢丝绳不受力。安全停层装置应能可靠承担吊笼自重、额定荷载及运料人员等全部工作载荷。吊笼停层后底板与停层平台的垂直偏差不应大于50mm。

（2）断绳保护装置（防坠安全器）

吊笼装载额定载重量，悬挂或运行中发生断绳时，断绳保护装置必须可靠地把吊笼刹制在导轨上，最大制动滑落距离应不大于1m，并且不应对结构件造成永久性损坏。

（3）载重量限制装置

当提升机吊笼内载荷达到额定载重量的90%时，应发出报警信号；当吊笼内载荷达到额定载重量110%时，应切断提升机工作电源。

（4）上极限限位器

上极限限位器应安装在吊笼允许提升的最高工作位置，吊笼的越程（指从吊笼的最高位置与天梁最低处的距离）应不小于3m。当吊笼上升达到限定高度时，限位器即行动作切断电源。

（5）下极限限位器

下极限限位器应能在吊笼碰到缓冲装置之前动作，当吊笼下降至下限位时，限位器应自动切断电源，使吊笼停止下降。

（6）缓冲器

缓冲器应装设在架体的底坑里，当吊笼以额定荷载和规定的速度作用到缓冲器上时，应能承受相应的冲击力。缓冲器的形式可采用弹簧或弹性实体。

（7）通信信号装置

信号装置是由司机控制的一种音响装置，其音量应能使各楼层使用提升机装卸物料的人员清晰听到。当司机对吊笼升降运行、停层平台观察视线不清时，必须设置通信装置。通信装置应同时具备语音和影像显示功能。

（8）防护围栏和吊笼安全门

地面进料口应设置防护围栏；吊笼的上料口处应装设安全门。安全门宜采用连锁开启装置。安全门连锁开启装置，可为电气连锁，如果安全门未关，可造成断电，提升机不能工作；也可为机械连锁，吊笼上行时安全门自动关闭。

物料提升机额定起重量不宜超过160kN；安装高度不宜超过30m。当安装高度超过30m时，物料提升机除应具有起重量限制、防坠保护、停层及限位功能外，还应符合下列规定：

1）吊笼应有自动停层功能，停层后吊笼底板与停层平台的垂直高度偏差不应超过30mm；

2）防坠安全器应为渐进式；

3）应具有自升降安拆功能；

4）应具有语音及影像信号。

4. 履带式起重机的安全装置

（1）起重量指示器（角度盘，也叫重量限位器）

装在臂杆根部接近驾驶位置的角度指示，它随着臂杆仰角而变化，反映出臂杆对地面的夹角，显示了臂杆不同位置的仰角，根据起重机的性能表和性能曲线，就可知在某仰角时的幅度值、起重量、起升高度等各项参考数值。

（2）过卷扬限制器（也称超高限位器）

装在臂杆端部滑轮组上限制钩头起升高度，防止发生过卷扬事故的安全装置。它保证吊钩起升到极限位置时，能自动发出报警信号或切断动力源停止起升，以防过卷。

（3）力矩限制器

力矩限制器是当荷载力矩达到额定起重力矩时就自动切断起升或变幅动力源，并发出禁止性报警信号的安全装置，是防止超载造成起重机失稳的限制器。

（4）防臂杆后仰装置和防背杆支架

防臂杆后仰装置和防背杆支架，是当臂杆起升到最大额定仰角时，不再提升的安全装置，它防止臂杆仰角过大时造成后倾。

第三节　施工机械设备的维护保养和故障排除

一、施工机械设备的损坏规律

零件的磨损是造成机械设备技术状况变坏的主要原因。如果能够掌握零件磨损的规律；适时采取相应的措施，就可以降低零件的磨损速度，延长机械设备的使用寿命。深入研究零件磨损规律，对制定科学的保养规程和修理制度具有重要的意义。机械零件在工作过程中的磨损具有一定的规律性，在正常情况下磨损量随工作时间而变化。机械零件磨损分为磨合阶段、正常工作阶段和事故性损坏阶段三个磨损阶段。

磨合阶段：机械加工表面必然存在一定的微观不平度，所以，在磨合开始时，磨损量增长非常迅速。当零件表面加工的凸峰逐渐磨平时，磨损量的增长率逐渐降低，达到某一程度后趋向稳定，这时第一阶段结束。这时的磨损量称为初期磨损量。正确使用和维护在磨合期的机械设备，可以减少初期磨损量，从而延长机械的使用寿命。

正常工作阶段：其工作表面达到相当光洁的程度，润滑条件已有相当改善，因此，磨损量增长缓慢，但到后期，磨损量会逐渐增大。在此期间内，合理地使用、认真地进行维护与修理，就能降低磨损量的增长率，进一步延长机械的使用寿命。

事故性磨损阶段：事故性磨损阶段是达到极限磨损点以后的时段。因零件的磨损增加到极限磨损量时，间隙增大而使冲击载荷增加，同时润滑条件恶化，使零件的磨损急剧增加，甚至导致零件损坏，还可能引起其他零件或总体的损坏。

二、一般机械设备的日常维护保养要求

1. 机械设备的日常维护保养的一般规定

（1）施工机械日常保养和定期保养

1）日常保养：又称例行保养，是指在每班机械运行的前、后和运行过程中的保养作业。其中心内容是“十字作业”方针即“清洁、紧固、润滑、调整、防腐”，听、看、摸检查。如机械部件的完整情况，油、水数量；仪表指示值，操纵和安全装置（转向、制动等）的工作情况，关键部位的紧固情况以及电器运行等情况。必要时添加燃料、润滑油料和冷却水，确保机械正常运行。每班保养由操作人员执行。

2）定期保养：是指机械运行一定时间后需要进行的保养检查，它以专业维修人员为主，操作人员为辅，定期对机械设备进行检查和维修。

定期保养一般分为三个级别：

①一级保养：是指以润滑、紧固为中心，通过检查紧固连接件，并按润滑图表加

注润滑脂润滑油，清洗滤清器或更换滤芯等。

②二级保养：是以检查、调整为中心。除执行一级保养的全部内容外，还要检查动力装置、操纵、传动、转向、制动、变速、行走等机构的工作情况，必要时进行调整，并排除所发现的故障。

结构简单的中小型机械实行一级或二级保养制，如钢筋切断机、钢筋弯曲机的保养。

③三级保养：是指以消除隐患为目的的保养。除进行一、二级保养的全部内容外，还应对主要部位进行检查。必要时对应检查部位进行局部拆解检查内部零件的紧固、间隙和磨损等情况，发现和消除隐患。保养中不宜大拆大卸，以免损伤零件。

根据施工机械分散的特点，保养作业应尽可能在机械所在地进行。一级保养和中、小型机械的各级保养都应由操作人员承担，对于操作人员不能胜任的保养作业由维修人员协助。二级以上保养应由承修人员承担，操作人员协助。

（2）几种特殊情况下的保养

1）停放保养：是指机械在停放期间至少每月一次的保养，重点是清洁和防腐。由操作或保管人员进行。

2）走合期保养：它是指机械在走合期内和走合期完毕后的保养，内容是加强检查，提前更换润滑油，分析油质以了解机械的磨合情况。

3）换季保养：它是指机械进入夏季或冬季前的保养，主要是更换适合季节的润滑油，调整蓄电池比重，采取防寒或降温措施。这项保养应尽可能结合定期保养进行。

4）转移前保养：它是根据行业特点在机械转移工地前，进行一次相当于二级保养的作业，以利于机械进入新工地后能立即投入施工生产。

2. 常用机械设备的保养规程

任何机械设备的使用说明书中都必须有维护保养的标准，以下列举的几种设备保养规程的内容仅供参考，读者必须针对具体设备阅读其使用说明书。

（1）卷扬机维护保养规程

1）日常保养：

①清洁机体，按润滑表加注规定的油料。

②检查各部件连接螺栓，应完整无缺、紧固牢靠。

③检查钢丝绳有无断丝变形现象，各连接处要紧固可靠，钢丝绳应排列整齐、润滑良好。

④检查电路和控制设备，各接头应连接可靠，保险丝应符合规定。清除开关、磁力起动器或凸轮控制的灰尘和脏物。电气设备应防雨防潮、接地良好、工作可靠。

⑤检查制动器和离合器，操纵手柄位置应准确，拉杆销轴应牢固，各开口销不得缺损，制动瓦（带）应保持清洁无油。制动应可靠，分离要彻底，防护罩应完好。

⑥检视运转情况，应无冲击、振动与过大的噪声。

2）一级保养：

卷扬机一级保养，每隔 300 工作小时进行。

①进行每班保养的全部作业。

②清除电动机滑环和炭刷架上的灰尘，炭刷、滑环应转动灵活，压力均匀，接触良好（鼠笼式电动机无此项工作）。

③检查开式齿轮，不得有破损断裂现象。

④清洗减速箱，将减速箱内的脏油放出后再加入适量柴油，运转 3～5min 将其放出，洗涤干净后再加注新润滑油至规定的液面高度。

3）二级保养：

卷扬机二级保养，每隔 600 工作小时进行。

①进行一级保养的全部工作。

②清除凸轮控制器及其触头的灰尘污垢并修磨平整，以保持触点的正确接触面。检查线路是否完好，转动部分要加油润滑，保持运转灵活。

③用 500V 摇表测量电动机的绝缘电阻值，应不低于 0.5 MΩ，否则应予干燥。清除定子绕组上的污垢，检查定子与转子间有无摩擦痕迹，清洗轴承，加注新润滑油脂。

④拆检制动器、离合器，清除污垢，检查磨蚀程度。制动瓦（带）与轮的接触面积不应小于 80%，否则应予调整或更换。

⑤拆检清洗开式齿轮，齿厚磨损不能大于 20%～25%，轴和铜套的间隙不应大于 0.4mm；滚动轴承的径向间隙应为 0.16～0.20mm，否则应予修复或更换。

⑥检查减速箱是否漏油。清洗减速箱齿轮、轴承及油道，齿轮的侧面向间隙不能大于 1.8mm，滚动轴承的径向间隙不应超过 0.16～0.20mm，轴颈与铜套的间隙不能大于 0.3mm。加注新润滑油后，油封处不应渗油。

⑦检查钢丝绳接头是否牢固，当钢丝绳磨损已达到规程规定程度应予更换。进行满载和超载试验（超载量为 10%），各部分应符合要求、工作可靠。

4）卷扬机的常见故障及排除：

卷扬机的常见故障及排除方法，见表 10-2。

表 10-2 卷扬机的常见故障及排除方法

故障现象	故障原因	排除方法
卷筒不转或达不到额定转速	1. 超载作业； 2. 制动器间隙过小； 3. 电磁制动器没有脱开； 4. 卷筒轴承缺油	1. 减载； 2. 调整间隙； 3. 检查电源电压及线路系统，排除故障； 4. 清洗后加注润滑油
制动器失灵	1. 制动带（片）有油污； 2. 制动带与制动鼓的间隙过大或接触面过小； 3. 电磁制动器弹簧张力不足或调整不当	1. 清洗后吹干； 2. 调整间隙，修整制动带，使接触面达到 80%； 3. 调整或更换弹簧
减速器温升过高或有噪声	1. 齿轮损坏或啮合间隙不正常； 2. 轴承磨损过甚或损坏； 3. 超载作业； 4. 润滑油过多或缺少； 5. 制动器间隙过小	1. 修复损坏齿轮，调整啮合间隙； 2. 更换轴承； 3. 减载； 4. 使润滑油达到规定油面； 5. 调整间隙

续表

故障现象	故障原因	排除方法
轻载时吊钩下降阻滞	1. 制动器间隙过小； 2. 导向滑轮转动不灵； 3. 卷筒轴轴承缺油	1. 调整间隙； 2. 清洗并加注润滑油； 3. 清洗并加注润滑油

(2) 搅拌机的维护保养规程

1) 日常保养：

①检查机器安装是否平稳，支腿支承是否牢固，底部是否垫实。

②检查钢丝绳结头是否损坏，刹车带是否完好，螺栓是否松动。

③检查机器空运转是否正常。

④将水泵注满引水，起动水泵电机供水，检查供水是否正常。

⑤检查接地线是否可靠，若有问题，应处理好后方可开机。

⑥每班工作完毕停机前，须在拌筒内放入一定量的石子和水，继续搅拌 3～5min，然后反转排出，反复多次，以清除筒内积物。

⑦冲洗拌筒外部及其他部分的所有积灰和粘附的混凝土。

⑧将料斗提升到下极限位置，用安全装置系好料斗。

⑨转动组合开关切断电源，锁好电器箱门。

⑩各润滑点加注必要的润滑油，特别是轨道与大齿圈处。

⑪冰冻季节应将供水系统所有积水排净。

2) 一级保养：

搅拌机的一级保养，每隔 100 工作小时进行。

①进行每班保养的全部作业。

②检查离合器片和制动片，不得翘曲，铆钉头不得外露，否则应修复或更换，并调整配合间隙。

③检查钢丝绳的磨损程度。当钢丝绳折断一股或捻距内断丝根数超过 10%，或捻距内钢丝绳表面被磨损腐蚀超过 30%以上时，应予更换。钢丝绳各处接头要牢固可靠。

④检查三角皮带有无破裂和脱层，必要时更换。调整两皮带轮，使之保持在同一平面上。检查传动链条的节距伸长情况，不应滑链，必要时可调整中心距。

⑤检查滑动轴承，其间隙不能超过 0.4～0.5 mm，油孔需畅通。

⑥检查给水系统，胶皮管不得硬化或有裂纹，否则应更换；三通阀应密封良好，如漏水应更换皮碗或研磨修复。

⑦检查行走轮，要求转动灵活，轮胎气压充足，轴头润滑良好，装置牢靠，保持清洁。

⑧检查进出料操作机构，要求灵活可靠，工作正常，升降平稳。

3) 二级保养：

搅拌机的二级保养，每隔 700 工作小时进行。

①进行一级保养的全部工作。

②拆检减速箱，检查是否漏油；清洗齿轮轴、轴承及油道。检查齿轮和轴承磨损程度，齿轮的侧向间隙不能大于 0.8mm，轴承的径间隙不应超过 0.25mm。

③拆检、清洗开式齿轮，清除齿轮、轴、轴承等各零件表面的油污、检查齿轮磨程度，齿厚磨损不得超过原厚度的30%，否则应更换。

④测量绝缘电阻及拆检电动机。电机绝缘电阻值小于0.5MΩ。保持定子绕组清洁，检查其和转子间有无摩擦的痕迹。清洗轴承，加注新润滑油。

⑤行走轮、转向机构和撑脚拆洗加润滑油。机架不能歪斜现象。

⑥检查搅拌叶，其边缘磨损大于50mm应予焊补或更换，各螺栓不得有松动或漏浆现象。

⑦上料操纵杆的摆动角度小于10°，出料槽的出料角保持在45°。

⑧拆检量水器，各销轴及杠杆转动灵活并密封不漏，空气阀启闭灵敏。拆检三通阀，清除阀腔和管道接口的铁锈和水垢，保证水路畅通，皮碗磨损应予更换。

4）搅拌机常见故障及排除：

搅拌机常见故障及排除方法，见表10-3。

表10-3　搅拌机常见故障及排除方法

搅拌机种类	故障现象	故障原因	排除方法
自落式搅拌机	推压上料手柄后料斗不起升或起升困难	1. 离合器制动带接合不良； 2. 制动带磨损； 3. 制动带上有油污； 4. 上料手柄与水平杆的连接螺栓松动或拨叉紧固螺栓松动； 5. 制动带脱落或松紧撑变形； 6. 拨叉滑头脱落或磨坏	1. 调整松紧触头螺栓，使制动带抱紧，消除制动带翘曲，使接合面不少于70%； 2. 更换制动带； 3. 清洗油污并擦干 4. 重新紧固； 5. 检修离合器； 6. 补焊或换新滑头
	拉动下降手柄时料斗不落	1. 离合器外制动带太紧； 2. 料斗起升太高，重心靠向内侧； 3. 下降手柄不起作用； 4. 钢丝绳卷筒轴发生干磨； 5. 钢丝绳变形重叠而夹住	1. 调整制动带的间隙； 2. 调整振动装置的触头螺栓的高度，使其提早松开离合器； 3. 紧固手柄的螺栓； 4. 清洗并加油； 5. 整理或更换钢丝绳
	减速器有异响	1. 齿轮损坏； 2. 齿轮啮合不正常； 3. 缺少润滑油； 4. 齿轮键松动	1. 更换齿轮； 2. 调整齿轮轴线； 3. 添加到规定油量； 4. 换键
	搅拌筒运转不稳或振动	1. 托轮串位或不正； 2. 大齿围和小齿轮啮合不良	1. 检修调整托轮为主； 2. 调整啮合情况
	轴承过热	1. 轴承磨损发生松动； 2. 轴承内套与轴发生松动或外套与轴承座孔发生滑动； 3. 缺少润滑油； 4. 轴承内污脏	1. 圆锥滚柱轴承可在内套外侧加垫，滚珠轴承则应更换； 2. 内套与轴松动，在轴颈处堆焊再加工，外套与轴承座松动，在座孔处堆焊再加工； 3. 添加润滑油； 4. 清洗轴承，更换润滑脂

续表

搅拌机种类	故障现象	故障原因	排除方法
自落式搅拌机	振动装置不起作用	1. 振动辊轮磨损过大，辊轮轴承磨损严重； 2. 振动触头太低	1. 补焊辊轮或更换辊轮，更换轴承； 2. 调高触头并紧固
	量水器不上水	1. 水泵密封填料漏气； 2. 水泵不上水； 3. 水泵转速太低； 4. 三通阀水孔堵塞	1. 旋紧压盖爆母，压紧石棉填料； 2. 加满引水排除腔中空气，必要时检修叶轮； 3. 调紧三角胶带； 4. 检修三通阀
强制式搅拌机	搅拌时有碰撞声	拌铲或刮板松脱或翘曲致使和搅拌筒碰撞	紧固拌铲或刮板的连接螺栓，检修，调整拌铲，刮板和筒壁之间的间隙
	拌铲转动不灵、运转声异常	1. 搅拌装置缓冲弹簧失效； 2. 拌合料中有大颗粒物料卡住拌铲； 3. 加料过多，动力超载	1. 更换弹簧； 2. 清除卡塞的物料； 3. 按规定进料容量投料
	运转中卸料门漏浆	1. 卸料门封闭不严密 2. 卸料门周围残存的黏结物过厚	1. 调整卸料底板下方的螺栓，使卸料门封闭严密 2. 清除残存的黏结物料
	上料斗运行不平稳	上料轨道翘曲不平，料斗滚轮接触不良	检查调整两条轨道，使轨道平直，轨面平行
	上料斗上升时越过上至点而拉坏牵引机构	1. 自动限位失灵； 2. 自动限位挡板变形而不起作用	1. 检修或更换限位装置； 2. 调整限位挡板

(3) 钢筋切断机维护保养规程

1) 日常保养：

①清洁机体，按润滑表加注规定的油料。

②检查各螺栓要紧固牢靠，三角皮带的松紧，防护装置全完好。

③检查电路和开关，线头应连接牢固，保险应符合规定，开关接触应可靠，接地应良好。

④调整固定和活动刀片的间隙，正常为 2～3mm。

⑤刀片固定架的螺栓不得松动，如刀口磨钝应予更换。

⑥检查离合器，接触应平稳，分离应完全。

⑦用手转动 2～3 圈进行试运转各部灵活无阻后，再接通电源运转，各部位应工作正常，无异常声响。

⑧检查轴承温度，滚动轴承及滑动轴承的温度不应高于 600℃，电动机的温升不应超过 600℃。

2) 一级保养：

钢筋切断机一级保养，每隔 400 工作小时进行。

①进行例行保养的全部工作。

②测量电机绝缘电阻值和拆检电动机。电机绝缘阻值不应低于 0.5MΩ，并保持电机清洁，清洗轴承，加注新润滑脂。

③拆检各传动件，清洗油污。查齿轮、轴承和偏心体的磨损程度，加注新润滑油。

④检查滑板和滑板座表面磨损情况，其纵向间隙小于 0.5mm，横向间隙小于 0.2 mm。

3）钢筋调直切断机常见故障及排除：

钢筋调直切断机常见故障及排除方法，见图 10-4。

表 10-4　钢筋调直切断机常见故障及排除

故障现象	故障原因	排除方法
调直钢筋出现大弯	调直轮调整太松（钢筋受力小）	适当调紧调直轮
调直钢筋出现小弯	1. 调直轮调整太紧（钢筋受力大）； 2. 调直轮角度小	1. 适当调松调直轮。 2. 适当调大调直轮角度
钢筋出现拧大弯	1. 调直轮受力不均； 2. 调直轮调整太松	1. 调整到钢筋在调直筒内通顺； 2. 适当调紧调直轮
断　条	1. 钢筋在放料和预调时有卡死现象； 2. 调直轮调整太紧	1. 通顺钢筋，重新启动； 2. 适当调松
调直筒振动	调直轮支架调整偏重	把整套调直轮全部松到底重新受力调整
开机大架振动	1. 调直筒振动引起； 2. 电机座固定耳子脱焊或电机固定螺栓松动	1. 调整调直筒； 2. 检查固定

（4）钢筋弯曲机维护保养规程

1）日常保养：

①清除机体上的污垢，检查防护装置是否齐全牢靠，按润滑表加注规定的油料。

②检查开关和线头，应连接牢固，装上规定的保险丝，开关要接触可靠、接地应良好。

③检查挡板卡头和工作盘，应装置牢固。

④用手转动 2～3 转，灵活无阻后再接通电源试运转 1～3min，运转时应均匀平稳，无过大的噪声。

⑤在运转中检查轴承及电动机温度，滚动及滑动轴承的温度不能高于 600℃，电动机的温升不能超过 600℃。

2）一级保养：

钢筋弯曲机一级保养，每隔 400 工作小时进行。

①进行每班保养的全部作业。

②测量电机绝缘电阻值应不低于 0.5MΩ，否则应予以干燥。拆检电动机，清除定子绕组上的灰尘，检查定子和转子之间有无摩擦痕迹，清洗轴承，加注新润滑油。

③清洗蜗轮箱内部，检查蜗轮．蜗杆表面磨损情况，侧向间隙不应大于 1.5mm，并更换新润滑油。

④检查三角皮带，不应破裂或有断层，否则应更换。更换时在同一个皮带轮上的全部皮带应同进更换，否则由于新旧不同，长短不一，使三角皮带上的载荷分布不均匀，造成三角皮带的振动，传动不平稳，降低了三角皮带传动的工作效率。使用中，三角皮带运行温度不应超过60℃，不要随便涂皮带脂。

⑤清洗变速齿轮，检查齿面磨损情况，齿轮侧向间隙不应大于1.7mm。

3）钢筋调直切断机常见故障及排除：

钢筋调直切断机常见故障及排除方法，见表10-5。

表10-5　钢筋调直切断机常见故障及排除方法

故障现象	故障原因	排除方法
弯曲的钢筋角度不合适	运用中心轴和挡铁轴不合理	按规定选用中心轴和挡铁轴
弯曲大直径钢筋时无力	传动带松弛	调整带的松紧度
弯曲多根钢筋时，最上面的钢筋在机器开动后跳出	钢筋没有握住	将钢筋用力把住并保持一致
立轴上不与轴套配合处发热	1. 润滑油路不畅，有杂物阻塞，不过油； 2. 轴套磨损	1. 清除杂物； 2. 更换轴套
传动齿轮噪声大	1. 齿轮磨损； 2. 弯曲的直径大，转速太快	1. 更换磨损齿轮； 2. 按规定调整转速

（5）施工升降机维护保养规程

施工升降机的维护保养分为：日常保养、一级保养、小修、中修、大修。保养的工作内容因其型号（SS型、SC型等）构造的不同而有所区别，要求严格日常保养。

1）施工升降机日常保养：

日常保养每班进行，由操作司机负责。日常保养的内容：

①检查电器控制开关是否断开。

②阅读上一班的当班记录，了解上一班设备运行、保养情况。

③检查立柱段、底架、联墙架的连接是否可靠。

④检查吊笼运行范围内是否有障碍。

⑤检查传动底板、连接电机、蜗轮减速器、限速制动器的连接螺栓是否有松动情况（SC型）。

⑥检查钢丝绳是否有断绳、断坡情况，其他起重零部件、钢丝绳卡扣的连接是否正常（SS型）。

⑦检查各运行部件的润滑情况。

⑧检查制动器是否制动可靠。

⑨检查各电气行程开关是否工作可靠。

⑩检查电缆导向架及电缆有关破损。

⑪注意细听传动部分有关异常声音。

⑫注意细听电动机、制动器、接触器有关异常声音。

⑬注意细听限速制动器有无异常声音。

⑭搞好电梯笼内卫生。

⑮切断电源、锁好电梯围栏门。

⑯认真填写好当班记录。

2）施工升降机一级保养：

一级保养每月 200～300 工作小时进行一次，由操作司机、维修操作人员共同完成。其工作内容包括：

①完成日常保养的全部工作内容。

②检查钢结构部分，看是否有开焊、变形、断裂等现象。

③检查各部分的连接螺栓、销等是否松动。

④检查立柱垂直情况，对不符合要求的区段，可以利用附墙架予以找正。

⑤对各润滑点进行全面润滑。

⑥检查小齿轮及齿条咬合磨损情况，若咬合不良，应予以调整，若磨损严重，应立即更换（SC 型）。

⑦检查导向轮的磨损情况和导向架的配合情况，根据情况予以调整或更换（SC 型）。

⑧检查蜗轮减速器或卷扬机减速器的油位情况，必要时予以添加。

⑨检查滑轮、钢丝绳、卷筒状态（SS 型）。

⑩检查制动器的工作情况，必要时予以调整或更换刹车块（瓦）。

3）施工升降机的常见故障及排除：

施工升降机的常见故障及排除方法，见表 10-6。

表 10-6　施工升降机的常见故障及排除方法

故障现象	故障原因	排除方法
电动机不起动	1. 控制电路短路，熔断器烧毁； 2. 开关接触不良或折断，开关继电器线圈损坏或继电器触点接触不良； 3. 线路出了毛病	1. 更换熔断器并查找短路原因； 2. 清理触点，并调整接点弹簧片，如接点折断，则更换； 3. 逐段查找线路毛病
吊笼运行到停层站点不减速停层	1. 导轨架上的撞弓或感应头设置位置不正确； 2. 杠杆碰不到减速限位开关，选层继电器触点接触不良或失灵； 3. 线路断了或接线松开	1. 检查撞弓和感应头安装位置是否正确； 2. 更换继电器或修复调整触点； 3. 用万用表检查线路
吊笼上和底笼上的所门关闭后，吊笼不能起动运行	1. 联锁开关接触不良； 2. 继电器出现故障或损坏； 3. 线路出现毛病	1. 用导线短接法检查确定，然后修复； 2. 排除继电器故障或更换； 3. 用万用表检查线路是否通畅
吊笼在运行中突然停止	1. 外电网停电或倒闸换相；总开关熔断器烧断或自动空气开关跳闸； 2. 限速器或断绳保护装置动作	1. 如停电时间过长，应通知维修人员更换熔丝，重新合上空气开关； 2. 断开总电源使限速器和断绳保护装置复位，然后合上电源，检查各部分有无异常
吊笼平层后自动溜车	制动器制动弹簧过松或制动器出现故障	调整和修复制动器弹簧和制动器

续表

故障现象	故障原因	排除方法
吊笼冲顶、撞底	选层继电器失灵；强迫减速开关、限位开关、极限开关等失灵	查明原因，酌情修复或更换元件
吊笼起动和运行速度有明显下降	1. 制动器抱闸未完全打开或局部未打开； 2. 三相电源中有一相接触不良； 3. 电源电压过低	1. 调整制动器； 2. 检查电源，紧固各接点； 3. 调整三相电压，使电压值不小于规定的10%
吊笼在运行中抖动或晃动	1. 减速箱蜗轮、蜗杆磨损严重，齿侧间隙过大，传动装置固定松动； 2. 吊笼导向轮与导轨架有卡阻和偏斜挤压现象，吊笼内重物偏载过大	1. 调整减速箱中心距或更换蜗轮、蜗杆，检查地脚螺栓、挡板、压板等，发现松动要拧紧； 2. 调整吊笼内载荷重心位置
传动装置噪声过大	1. 齿轮齿条啮合不良，减速箱蜗轮、蜗杆磨损严重； 2. 缺润滑油； 3. 联轴器间隙过大	1 检查齿轮、齿条啮合状况，齿条垂直度，蜗轮、蜗杆磨损状况，必要时应修复或更换； 2. 加润滑油； 3. 调节联轴器间隙
局部熔断器经常烧毁	1. 该回路导线有接地点或电气元件有接地，有的继电器绝缘垫片击穿，熔断器容量小，且压接松；接触不良； 2. 继电器、接触器触点尘埃过多，吊笼起动制动时间过长	1. 检查接地点，加强绝缘，加绝缘垫片或更换继电器，按额定电流更换熔丝并压接紧固； 2. 清理继电器、接触器表面尘埃并压接紧固
吊笼运行时，吊笼内听到摩擦声	1. 导向轮磨损严重，安全装置楔块内卡入异物； 2. 由于断绳保护装置拉杆松动等原因，使楔块与导轨发生摩擦现象	1. 检查导向轮磨损情况，必要时应更换导向轮，清除楔块内异物； 2. 调整断绳和保护装置拉杆距离，保证卡板与导轨架保护装置拉杆距
吊笼的金属结构有麻电感觉	1. 接地线断开或接触不良； 2. 接零系统零线重复接地线断开； 3. 线路上有漏电现象	1. 检查接地线，接地电阻不大于40Ω； 2. 接好重复接地线； 3. 检查线路绝缘，绝缘电阻不应低于0.5MΩ
牵引钢丝绳和对重钢丝磨损剧烈，断丝剧增	1. 导向滑轮安装偏斜，平面误差大； 3. 导向滑轮有毛刺等缺陷； 3. 卷扬机卷筒无排绳装置而互相挤压； 4. 钢丝绳与地面及其他物体有摩擦	1. 调整导向滑轮平面度； 2. 检查导向滑轮的缺陷，必要时应更换； 3. 在卷扬机卷筒中设置排绳装置； 4. 保证钢丝绳与其他物体不发生摩擦
制动轮发热	1. 调整不当，制动瓦在松闸状态没有均匀地从制动轮上离开电磁力减少，造成松闸时闸带未完全脱离制动轮； 2. 电动机轴窜动量过大，使制动轮窜动，对制动轮磨损加剧； 3. 制动轮表面有灰尘，线圈中有断线或烧毁	1. 调整制动瓦块间隙，使松闸时均匀离开制动轮，保证间隙小于0.7mm； 2. 调整电动机轴的窜动量； 3. 保证制动轮清洁

续表

故障现象	故障原因	排除方法
吊笼起动困难	载荷超载，导轨接头错位差过大，导致轨架刚度不够，吊笼与导轨架有卡阻现象	保证起升额定载荷，检查导轨架的垂直度及刚度，必要时加固、打磨接头台阶
导轨架垂直度超差	附墙架松动，导轨架刚度不够，导轨架架设先天缺陷	用经纬仪检查垂直度，紧固附墙架，必要时加固处理

（6）塔式起重机维护保养规程

1）塔式起重机日常保养：

①检查各减速箱润滑油情况。

②检查配电箱及电缆，各接线端子的连接及保险丝的接头如有松动应予紧固。电缆如有擦伤破损应用绝缘胶布包扎牢固，破损严重的应予更换。

③检查各安全保护装置，当控制器拨到工作位置时，继电器、接触器均应灵敏可靠检验各限位开关的作用是否良好。

④制动应灵敏可靠。各连接部分不得有歪斜、卡住现象。电磁检查制动器，铁活动铁芯板面应清洁并须紧贴在固定铁芯上，弹簧、拉杆的作用应良好。制动带与制动鼓之间的间隙为 0.3～0.5mm，制动时接触应均匀。

⑤检查各部位螺栓及钢丝绳，各连接处的螺栓不得松动。钢丝绳缠绕应整齐，检查磨损断丝程度（按钢丝绳报废标准处理）。

⑥检查钢丝跑道滚动支承旋转，上、下座圈的间隙，应以用手能推动旋转台又不使塔身装置摇动为准。

⑦清洁工作，工作后清扫操作室，清除机身下部，各电动机及传动机构外部的灰尘与污垢。

⑧润滑工作，按润滑规定进行。

2）塔式起重机一级保养：

塔式起重机一级保养，每隔 200 工作小时进行。

①进行每班保养的全部工作。

②清扫滑环和碳刷上的灰尘和脏物，检查碳刷弹簧的压力和碳刷磨损，检查环形集电器损坏情况，如磨损过大应予更换。滑环与碳刷的接触应良好，并应注意环形集电器与旋轴的同心度。

③检查静触头和铜环的接触情况，触头上的铜滑块及动接触片如磨损到 3～4mm 时应予更换。

④检查电阻箱清扫电阻元件上的灰尘和脏物，更换已破损的电阻片和绝缘垫紧固各接线头。

⑤电源和集电器引入线的外部绝缘均应良好可靠。导线端头的接线螺钉和垫片应紧固。线路中的固定卡子和螺栓如有松动或脱落应拧紧或补充。

⑥检查各机构的联轴器、保护罩的固定螺栓，钢丝绳端部的卡头螺栓的紧固情况。检查各部齿轮啮合及磨损情况。检查蜗轮减速器中极限力矩联轴节的摩擦锥体和加压弹簧的工作情况，必要时调整其松紧度。

⑦检查大齿轮与行走轮的固定情况和行走轮磨损情况（防止偏磨）。检查电缆卷筒三角皮带的松紧度并调整到不打滑为准。

3）塔式起重机二级保养：

塔式起重机二级保养，每隔 800 工作小时进行。

①进行一级保养的全部工作。

②检查钢结构，各构件不应有变形、扭曲、裂缝，各接点上的螺栓应紧固各焊接缝，不应有裂缝，否则应予修复。

③检查减轴承，放出旧润滑油，加入一公斤柴油，然后启动运转，1～2min 放出，清洗各减速齿轮箱再加新油。检查各轮磨损情况，如间隙过大，可用增垫片的方法进行调整。

④清洗制动带上的油污，检查铆钉有无松动及与制动带的磨损情况，如磨损接近铆头时应予更换。检查和调整衔铁的行程固定情况，制动瓦磨损情况，如磨损超过 1/3 时应予更换。

⑤检查钢丝跑道的磨损，在操作中塔身有前后、左右晃动现象时应以减少垫片的方法调整钢丝跑道的间隙。如垫片已减到 7～8 片时塔身仍有晃动情况时应更换钢丝、钢球和修理跑道。

4）塔式起重机常见故障及排除：

塔式起重机常见故障及排除方法，见表 10-7。

表 10-7　塔式起重机常见故障与排除方法

故障部位	故障现象	故障原因	排除方法
滚动轴承	油温过高	1. 润滑油过多； 2. 油质不符合要求； 3. 轴承损坏	1. 减少润滑油； 2. 清洗轴承并换油； 3. 更换轴承
	噪声过大	1. 有油污； 2. 安装不正确； 3. 轴承损坏	1. 清洗轴承并换新油； 2. 重新安装； 3. 更换轴承
块式制动器	制动器失灵	1. 间隙过大； 2. 有油污； 3. 弹簧松弛或推杆行程不足	1. 调整间隙； 2. 用汽油清洗油污； 3. 调整弹簧张力
	制动瓦发热冒烟	1. 间隙过小； 2. 制动瓦未脱开	1. 调整制动瓦间隙； 2. 调整制动瓦间隙
	电磁铁噪声高或线圈温升过高	1. 衔铁表面太脏造成间隙过大； 2 硅钢片未压紧； 3. 电磁铁有一线圈断路	1. 除去脏物，并涂上一层薄全损耗系统用油（机油）调整间隙； 2. 压紧硅钢片； 3. 接好线圈或重绕
钢丝绳	磨损太快	1. 滑轮不转移； 2. 滑轮槽与绳的直径不符	1. 更换或检修滑轮； 2. 更换或检修滑轮
	脱槽	1. 滑轮偏斜或移位； 2. 钢丝绳规格不对	1. 调整滑轮安装位置； 2. 更换钢丝绳
滑轮	轮槽磨损不均匀	1. 滑轮受力不均匀； 2. 滑轮加工质量差	1. 更换滑轮； 2. 更换滑轮
	轴向产生窜动	轴上定位件松动	更换滑轮

续表

故障部位	故障现象	故障原因	排除方法
吊钩	产生疲劳裂纹	使用过久或材质不佳	更换吊钩
	挂绳处磨损大	使用过久	更换吊钩
卷筒	卷筒壁有裂纹	1. 材质不佳，受过大载荷冲击载荷； 2. 筒壁磨损过大	1. 更换卷筒； 2. 更换卷筒
	键磨损或松动	装配不合要求	换键
减速器	噪声大	啮合不良	修理并调整啮合间隙
	温升高	润滑油过少或多	加、减润滑油至标准油位
	产生振动	联轴器安装不正，两轴不同心	重新调整中心距和两轴的同心度
滑动轴承	温度过高	1. 轴承偏斜； 2. 间隙过小； 3. 缺油或油中有杂物	1. 调整偏斜 2. 适当增大轴承间距； 3. 清洗轴承，更换新油
	磨损严重	缺油或油中有脏物	清洗、换油、换轴承
行走轮	轮缘磨损严重	1. 轨距不对； 2. 行走枢轴间隙过大	1. 检查、调整轨距； 2. 调整枢轴
回转支承	跳动或摆动严重	1. 滚动体磨损过大； 2. 小齿轮和大齿圈的啮合不正确	1. 减少垫片或换修； 2. 检修
金属结构	永久变形 焊缝严重裂纹	1. 超载； 2. 拆运时碰撞或吊点不正确	1. 禁止超载、调直并加固； 2. 检修、焊补
电动机	接电后电动机不转	熔丝断路，定子回路中断，过电流继电器动作	检查，更换
	接电后，电动机不转并有嗡嗡声	断了一根电源线	检查，更换
	转向不对	接线顺序不对	检查，调整接线
	运转声音不正常	电动机接法错误，轴承磨损过大，定子硅钢片未压紧	检查，更换
	电动机温升过高	1. 超负荷运转，线路电压过低； 2. 工作时间过长； 3. 通风不良	1. 检查； 2. 停止运转； 3. 通风
	电动机局部温升过高	1. 电源缺相，电动机单相运； 2. 某一绕组与外壳短路，转子与定子相碰	1. 检查相位； 2. 调整
	电动机停不住	控制器触头被电弧焊住	检修

三、重点机械设备的管理

在施工生产中占重要地位和起重要作用的机械，应列为企业的重点机械，对其实行重点管理。

1. 重点机械设备的选定

重点机械的选定依据见表 10-8 中内容，通常有经验判定法和分项评分法两种。

表 10-8　重点机械选定依据

影响关系	选定依据
生产方面	1. 关键施工工序中必不可少而又无替换的机械； 2. 利用率高并对均衡生产影响大的机械； 3. 出故障后对生产影响大的机械； 4. 故障频繁，经常影响生产的机械
质量方面	1. 施工质量关键工序上无代用的机械； 2. 发生故障即影响施工质量的机械
成本方面	1. 购置价格高的高性能、高效率机械； 2. 耗能大的机械； 3. 修理停机对产量、产值影响大的机械
安全方面	1. 出现故障或损坏时可能发生施工事故的机械； 2. 对环境保护及作业有严重影响的机械
维修方面	1. 结构复杂、精密，损坏后不易修复的机械； 2. 停修期长的机械； 3. 配件供应困难的机械

2. 重点机械设备的管理

对重点机械的管理应实行五优先，分别为日常维护和故障排除、维修、配件准备、更新改造、承包与核算。

1）建立重点机械台账及技术档案，内容必须齐全，并有专人管理。

2）重点机械上应有明显标志，可以在编号前加符号（A）。

3）重点设备的操作人员必须严格选拔，能正确操作和做好维护保养，人机要相对稳定。

4）明确专职维修人员，逐台落实定期检查保养内容。

5）对重点机械优先采用监测诊断技术，组织好重点机械的故障分析和管理。

6）对重点机械的配件优先储备。

7）对重点机械尽可能实行集中管理，采用租赁和单机核算，力求提高经济效益。

8）重点机械的修理、改造更新等计划，要优先安排落实。

9）加强对重点机械的操作和维修的技术培训，持证上岗。

第四节　机械设备事故预防和处理

一、机械设备危险源的识别

危险源是指一个系统中具有潜在能量和物质释放危险的、可造成人员伤害、财产损失或环境破坏的、在一定的触发因素作用下可转化为事故的部位、区域、场所、空间、岗位、设备及其位置。它的实质是具有潜在危险的源点或部位，是爆发事故的源头，是能量、危险物质集中的核心。

危险源识别指发现、界定系统中危险源，它是危险源控制的基础。

1. 危险源识别的方法

危险源识别方法可以粗略地分为对照法和系统安全分析法两类。

(1) 对照法：与有关的标准、规范、规程或经验相对照来识别危险源。有关的标准、规范、规程，以及常用的安全检查表，都是在大量实践经验的基础上编制而成的。因此，对照法是一种基于经验的方法，适用于有以往经验可供借鉴的情况。对照法的最大缺点是，在没有可供参考的先例的新开发系统的场合没法应用，它很少被单独使用。

(2) 系统安全分析法：系统安全分析是从安全角度进行的系统分析，通过揭示系统中可能导致系统故障或事故的各种因素及其相互关联来识别系统中的危险源。系统安全分析方法经常被用来识别可能带来严重事故后果的危险源，也可用于识别没有事故经验的系统的危险源。例如：拉氏姆逊教授在没有核电站事故先例的情况下预测了核电站事故，识别了危险源，并被以后发生的核电站事故所证实。系统越复杂，越需要利用系统安全分析方法来识别危险源。

2. 危险源识别的标准依据

国际方面，ISO作为国际标准化组织，已制定属于机械安全的标准240余项，涵盖了起重机、连续机械搬运设备、工业车辆、挖掘机械等几十个方面。

同时，我国机械安全标准体系经过不断修改和完善已有覆盖整个机械安全类的国家和行业标准500余项。目前，在工程机械危险源识别方面能够应用的有：《工程机械通用安全技术要求》(JB 6030—2001)、《工程机械安全标志和危险图示通则》(JB 6028—1998)、《场（厂）内机动车辆安全检验技术要求》(GB 16178—1996)、《机动车运行安全技术条件》(GB 7258—2012)、《机动工业车辆　安全规范》(GB 10827—1999) 等，但未能满足危险源识别的需要，所以还采用技术、性能标准和试验方法作为识别危险源的补充依据。

3. 施工机械设备危险源的采集

施工作业面临复杂的工作环境。因此，施工机械设备需要采集的危险源也比较多、比较复杂。

(1) 施工机械设备危险源：

1) 机械危险源：加速、减速、活动零件、旋转零件、弹性零件、接近固定部件上的运动零件、角形部件、粗糙或光滑的表面、锐边、机械活动性、稳定性等。

2) 电气危险源：带电部件、静电现象、短路、过载、电压、电弧、与高压带电部件无足够距离、在故障条件下变为带电零件等。

3) 热危险源：热辐射、火焰、具有高温或低温的物体或材料等；

4) 噪声危险源：作业过程、运动部件、气穴现象、气体高速泄漏、气体啸声等。

5) 振动危险源：机器或件振动、机器移动、运动部件偏离轴心、刮擦表面、不平衡的旋转部件等。

6) 辐射危险源：低频率电磁辐射、无线频率电磁辐射、光学辐射（红外线，可见光和紫外线）等。

7) 材料和物质产生的危险源：易燃物、可燃物、爆炸物、粉尘、烟雾、悬浮物、氧化物、纤维等。

8）与人类工效学原则有关的危险源：出入口、指示器和视觉显示单元的位置、控制设备的操作和识别费力、照明、姿势、重复活动、可见度等；

9）与机器使用环境有关的危险源：雨、雪、风、雾、温度、闪电、潮湿、粉尘、电磁干扰、污染等。

10）综合危险源：重复的活动＋费力＋高温环境等。

（2）非常规作业产生的危险源：人身伤亡事故统计报告发现，在非常规作业活动中发生的安全事故占有相当的比例。因此关注非常规作业，识别非常规作业中的危险源，并进行有效的风险控制，是避免安全事故发生的关键工作之一。

所谓非常规作业是指除正常工作状态外的异常或紧急作业，如故障维修、定期保养等作业，应识别出“有无防止设备误启动的锁止装置”这一危险源，以便采取措施避免维修人员伤亡事故的发生。

（3）发生过的安全事故 ：曾经发生过的安全事故给人们留下了惨痛的教训，每次事故发生后都会有相应的原因分析和预防对策。我们在进行危险源识别时，应积极通过安监部门、行业、企业等多种渠道查找以往的事故记录，明确引发事故的安全隐患，并将其列入危险源行列，从而充分识别危险源。

（4）从业人员安全教育培训状况：在机械设备安全事故中，操作人员、驾驶人员操作失误引起的事故占到了相当比例，故把操作人员、驾驶人员是否经过培训纳入危险源识别中去。

二、机械设备事故预防和控制

机械设备由于保管、使用、维修不当，或自然灾害等原因引起设备非正常损坏或损失，造成机械设备的精度、技术性能降低，使用寿命缩短甚至不能使用，无论对生产有无影响均为设备事故。设备事故造成经济损失，影响生产甚至危及人的健康和生命安全。因此要提高对机械事故的认识，并采取积极有效的预防措施，对在用设备认真做好安全评价，以防止事故的发生。已发生事故，应查明原因，追究责任，严肃处理；要从事故中吸取教训，制定防范措施，杜绝事故再次发生。

1. 机械事故的分类

（1）按机械事故产生的原因，可将机械事故分成三类。

1）责任事故：凡属人为原因，维护不良，修理质量差，违反操作规程，造成翻、倒、撞、堕、断、扭、烧、裂等情况，引起机械设备的损坏，或保管不当丢失重要的随机附件，称为责任事故。

2）质量事故：因设备原设计、制造、安装等原因，致使机械损坏停产或效能降低，称为质量事故。

3）自然事故：凡因遭受如台风、地震、山洪等自然灾害，致使设备损坏停产或效能降低，称为自然事故。

一般情况下企业发生的机械事故多为责任事故。

（2）按机械损坏程度或经济损失价值分类

《全民所有制施工企业机械设备管理规定》将机械事故分为一般事故、大事故、重大事故三类：

1）一般事故：造成一般总成、零部件的损坏，经相当于小修或一、二级保养规程作业即可恢复使用或直接经济损失在2 000～10 000元以内者为一般事故。

2）大事故：造成主要总成、零部件的损坏，经相当于三级保养规程作业即可恢复或直接经济损失在10 000～30 000元者为大事故。

3）重大事故：造成重要基础件、部件的损坏，必须经过大修更换主机才能恢复生产或以致整机报废或直接经济损失在30 000元以上者为重大事故。直接经济损失达不到30 000元，但事故性质恶劣，造成人生重大伤残和死亡或产生其他严重后果（如社会影响）者，也为重大事故。

各企业也可根据国家安全部门的法规或相关的行业标准自行规定经济损失、直接损失价值的计算，按机械损坏后修复至原正常状态时所需的工、料费用确定。

（3）建筑起重机械常见事故

建筑起重机械常见事故有：挤伤事故、触电事故、人员高处坠落事故、吊物（具）坠落打击事故、机体倾覆事故和特殊类型事故等。

1）挤伤事故：是指起重机械作业中，作业人员被挤压在两个物体之间，所造成的挤伤、压伤等人身伤亡事故，发生伤亡事故的多为吊装作业人员和从事检修维护人员。通常有：

①吊具或吊载物与地面物体间的挤伤事故；

②升降设备的挤伤事故；

③机体与建筑物的挤伤事故；

④吊物（具）摆放不稳发生倾覆的挤伤事故；

⑤机体回转挤伤事故；

⑥翻转作业中的撞伤事故。

2）触电事故：是指从事起重操作和检修作业的人员，由于触电遭受电击发生的人身伤亡事故，起重机械作业大部分处在有电的作业环境，触电也是发生在起重机械作业中常见的伤亡事故。包括：

①司机碰触滑触线；

②起重机械在露天作业时触及高压输电线；

③电气设施漏电；

④起升钢丝绳碰触滑触线。

3）人员高处坠落事故：是指从事起重机械作业的人员从起重机机体等高处发生向下坠落至地面的摔伤事故，包括工具、零部件等从高处坠落使地面作业人员致伤的事故。

①检修吊笼坠落；

②跨越塔机时坠落；

③连同塔身（节）坠落；

④机体撞击坠落；

⑤维修工具、零部件坠落砸伤事故。

4）吊物（具）坠落事故：起重机械吊物（具）坠落事故是指起重机械作业中，吊载（具）等重物从空中坠落所造成的人身伤亡和设备损坏的事故，称坠落事故。包括：

①脱绳事故；

②脱钩事故；

③断绳事故；

④吊钩破断事故；

⑤过卷扬事故。

5）机体倾覆事故：机体倾覆事故是指在起重作业中整台起重机倾翻。包括：

①被大风刮倒；

②履带起重机倾翻；

③汽车、轮胎起重机倾翻。

2. 机械设备事故的预防

坚持以人为本，贯彻落实“安全第一、预防为主、综合治理”方针，坚持以防范为核心的安全管理理念，有效防范各类机械设备事故。

（1）贯彻执行各类安全生产法规、制度、标准。包括国家和各级主管部门颁布的建筑施工机械设备管理相关法律规定、行政规章、规范性文件和技术规程。建立健全企业机械设备管理的规章制度，包括思想教育、安全培训、检查督察以及操作人员、管理人员职责和行为规范，使涉及机械设备养、用、管、修的所有人员的行为有章可循，使考核、督促有据可依。

（2）落实机械设备危险源的控制措施。工程开工前在编制施工组织设计或专项施工方案时，针对机械设备安装、运行、拆卸的各种危险源，制定出防控措施；工程施工过程中，确认的危险源实施相应的预防控制措施，严格按照规定监督检查，认真落实整改。

（3）机械设备非运行状态下事故的控制

1）机械防冻：

①在冰冻前的15～20d，要检查机械的防冻工作，解决防冻设备，落实防冻措施。特别是对停置不用的设备，要逐台进行检查，放尽发动机积水，同时加以遮盖，防止雨雪溶水渗入，并挂上“水已放尽”的木牌。

②冬季使用工程机械，必须严格按机械防冻的规定办理，不准将机车的放水工作交给他人代放。

③加用防冻液的机械，在加用前要检查防冻液的质量，确认质量可靠后方可加用。

④机械调运时，必须将机内的积水放尽，以免在运输过程中冻坏机械。

2）机械防洪：

①每年雨季到来前一个月，对于在河下作业、水上作业和在低洼地施工或存放的机械，都要在汛期到来之前进行一次全面的检查，采取有效措施，防止机械被水冲毁。

②在雨季开始前，对于露天存放的停用机械，要上盖下垫，防止雨水涉入损坏。

3）机械防火：

①机械操作人员必须严格遵守防火规定，做到提高警惕，消灭明火，发现问题及时解决。

②存放机械的场地内要配备消防设施，禁止无关人员入内。

③机械车辆的停放，必须排列整齐，留出足够的通道，禁止乱停乱放，以防发生火灾时堵塞道路。

三、机械设备事故的应急措施

1）发生机械伤害，要及时停止机械运转，并根据伤害采取相应的救治措施。

2）及时逐级上报到预案指挥部，伤势严重的应及时打120救援。

3）出血性外伤应及时采取止血措施，避免伤员因失血过多造成生命危险。

4）骨折性外伤，在挪动伤员时要冷静小心，采取正确的方法救护避免伤势扩大。

5）脊椎骨折伤员要使受伤者静卧，严禁采用抱、拉、抬腿等方法处理，以防脊椎受伤，导致伤员瘫痪。

6）对事故现场要注意保护，以便调查组调查。

7）配合上级主管部门和调查组处理，并做好伤员及家属的善后工作。

四、机械设备事故的处理

机械事故发生后，操作人员应立即停机，保持事故现场，并向单位领导和机械主管人员报告。单位领导和机械主管人员应会同有关人员立即前往事故现场。如涉及人身伤亡或有扩大事故损失等情况，应首先组织抢救。

1. 机械事故的调查

对已发生的事故，当事单位领导要组织有关人员进行现场检查和周密调查，听取当事人和旁证人的申述，详细记录事故发生的有关情况及造成的后果，作为分析事故的依据。

2. 机械设备事故分析

机械事故处理的关键在于正确地分析事故原因。一般事故和大事故由事故单位负责人组织有关人员，在机械管理部门参加下进行现场分析；重大事故由企业机械技术负责人组织机械、安技部门和事故有关人员进行分析。

（1）事故分析的基本要求：

1）及时进行事故分析。分析工作进行得越早，原始数据越多，分析事故原因的根据就越充分，要保存好分析的原始证据。

2）避免设备发生新的损坏。如需拆卸发生事故机械的部件时，要避免使零件再产生新的损伤或变形等情况发生。

3）多方采集相关信息。分析事故时，除注意发生事故部位外，还要详细了解周围环境，多访问有关人员，以便得出真实情况。

4）坚持客观科学态度。分析事故应以损坏的实物和现场实际情况为主要依据，进行科学的检查、化验，对多方面的因素和数据仔细分析判断，不得盲目推测，主观臆断。机械事故往往是多种因素造成的，分析时必须从多方面进行，确有科学根据时才能作出结论，避免由于结论片面而引起不良后果。

（2）事故分析的主要内容：对于机械设备的事故，要了解和掌握其造成的直接经济损失，还需要确定事故发生的主要原因，吸取教训，防止再次发生。无论责任事故或非责任事故，均应查明原因，分清性质，明确责任的归属。机械设备事故分析细目见表 10-9。

表 10-9　机械设备事故分析表

机械设备事故直接经济损失分析	含义	直接经济损失也称直接损失费，是指机械设备本身因事故所造成的损失费，不包括由于机械停工而引起的其他损失费
	内容	1. 当机械设备由于事故完全报废时，直接损失费为该机械设备净值减去可回收残值； 2. 当机械设备因事故而发生损坏时，其直接损失费为修理费和因修理而支出的装卸费、运输费； 3. 因事故造成的人身伤亡而一次性支出的医疗费、安葬费、抚恤费
机械设备事故原因的分析	分析目的	1. 分清事故责任，便于进行分析处理； 2. 吸取教训，引以为戒； 3. 采取有效措施，避免再次发生，改进机务管理工作
	事故原因	1. 违犯安全技术操作规程； 2. 操作人员技术不熟练或违规； 3. 主管人员或技术人员指挥错误； 4. 机械制造或修理质量不良； 5. 施工方法错误； 6. 自然灾害，如暴风袭击等
	注意事项	1. 造成事故的原因往往很多，必须要有根据时再做出结论，避免主观片面性； 2. 实事求是，以损坏实物和现场实际情况为主要依据，应进行科学分析，必要时进行试验； 3. 做结论时要慎重，一时难以明确原因的事故，可从多个可能方面分析后做出结论，并据此采取措施，避免类似事故再次发生
机械设备事故性质的区分	责任事故	1. 因违章作业（包括操作不当和保管不善引起的机械非正常磨损）所造成的事故； 2. 因修理质量不符合要求，可检查发现但未查出排除所造成的事故； 3. 因施工条件恶劣，影响机械作业，但事先未采取有效措施，盲目作业而造成的事故； 4. 凡机械设备技术状况不良，事先未经认真检查、分析，未作出技术鉴定和采取有效措施，而带“病”工作造成的事故； 5. 未按冬季防寒防冻要求而造成的事故； 6. 超速、超温、超压、超负荷运行或改变机械技术性能而造成的事故； 7. 有意破坏所造成的事故
	非责任事故	1. 因自然灾害或不可抗拒的外界原因引起的事故； 2. 制造质量不良，设计缺陷，而又无法预测、预防和补救而导致的事故

3. 机械事故处理

根据分析结果，填写故事报告单，确定事故原因、性质、责任者、损失价值、造成后果和事故等级等，提出处理意见和改进措施。

事故不论大小应如实上报，并填写如表 10-10 的事故报告单报公司存查。

表 10-10　机械事故报告单

报送单位：　　　　　　　　　　　　　　　　填报日期：　　　年　　月　　日

机械名称		规格		管理编号	
使用单位		事故时间		事故地点	
事故责任者		职称		等级	
事故经过原因：					
损失情况：					
基层处理意见：					
公司处理（审批）意见：					
上级审批意见：					
备注					

事故处理应坚持“三不放过”的原则：坚持事故原因分析不清不放过，事故责任者和员工没有受到教育不放过，没有采取切实可行的防范措施不放过。

在机械事故处理完毕后，应将事故的详细情况记入机械档案，见表 10-11。

表 10-11　机械事故报表

报送单位：　　　　　　　　　　　　　　　　年　　月　　日

事故时间	事故地点	肇事人	事故原因	经济损失	处理情况

单位主管：　　　　　　　　　　　　　　　　　　　　填表人：

第十一章　施工机械设备的购置和租赁

第一节　施工项目机械设备选配

一、施工项目机械设备选配的依据和原则

1. 设备选配的依据和程序

（1）机械设备规划

机械设备规划是根据企业经营方针和目标，考虑到今后的生产发展、新产品开发、节约能源、安全环保等方面的需要，本着依靠技术进步和保持一定的设备技术储备的精神，通过调查研究，进行技术经济分析，并结合企业现有设备能力和资金来源，综合平衡而制定的企业中、长期和短期设备投资计划。它是企业长期经营规划的组成部分，也是企业设备前期管理工作的首要环节，要认真地进行技术经济分析和论证，以避免投资的盲目性，影响经济效益。

（2）年度机械购置计划

1）年度机械购置计划的编制依据：

①企业近期生产发展的要求和技术装备规划。

②企业的业务方向、施工工艺和施工机械化的发展前景规划。

③本年度企业承担施工任务的实物工程量、工程进度以及工程的施工技术特点。

④年内机械设备的报废更新情况，安全、环境保护的要求。

⑤充分发挥现有机械效能后的施工生产能力。

⑥机械购置资金的来源情况。

⑦社会施工机械租赁业的发展前景和出租率情况。

⑧施工机械年台班、年产量定额和技术装备定额。

2）年度机械购置计划的编制程序：

①准备阶段：由主管业务部门搜集资料，掌握有关装备原则，测算使用机械设备工作量，提出申请。

②平衡阶段：编制机械购置计划草案，并会同有关部门进行核算，在充分发挥机械效能的前提下，力求施工任务与施工能力相平衡，机械费用和其他经济指标相平衡。

③选择论证阶段：机械购置计划所列的机械品种、规格、型号等都要经过认真的选择论证最优方案，报领导决策。

④确定实施阶段：年度机械购置计划由企业机械管理部门编制，经生产、技术、计划、财务等部门进行会审，并经企业领导批准，必要时报企业上级主管部门审批，企业有关业务管理部门实施。

(3) 机械设备的购置申请

1) 增添或更新设备，由公司设备管理部门填写机械设备购置申请审批表，经生产副总经理审核、报总经理办公会审批，由设备管理部门负责购置。

2) 机械设备的选型、采购，必须对设备的安全可靠性、节能性、生产能力、可维修性、耐用性、配套性、经济性、售后服务及环境等因素进行综合论证，择优选用。

3) 购置进口设备，必须经主管经理审核，总经理批准，委托外贸部门与外商联系，公司设备管理部门和主管经理应参与对进口机械设备的质量、价格、售后服务、安全性及外商的资质和信誉度进行评估、论证工作，以决定进口设备的型号、规格和生产厂家。

4) 进口机械设备所需的易损件或备件，在国内尚无供应渠道或不能替代生产时，应在引进主机的同时，适当地订购部分易损、易耗配件以备急需用。

5) 公司各单位在购置机械设备后，应将机械设备购入申请（审批）表、发票，购置合同、开箱检验单、原始资料登记等复印件交设备管理部门验收、建档，统一办理新增固定资产手续。

6) 各单位、施工项目部所自购的设备经验收合格后，填写相关机械设备记录报公司设备管理部门建档。

2. 设备选配原则

机械设备的选型

1) 设备选型应遵循的原则：

①生产上适用：所选购的设备应与本企业扩大生产规模或开发新产品，施工生产等需求相适应。

②技术上先进：在满足生产需要的前提下，要求其性能指标保持先进水平，以利提高产品质量和延长其技术寿命，不能片面追求技术上的先进，也要防止购置技术已属落后的机型。

③经济上合理：即要求设备购置价格合理，购置费的降低能减轻机械使用成本，在使用过程中能耗、维护费用低，并且回收期较短。

设备选型首先应考虑的是生产上适用，只有生产上适用的设备才能发挥其投资效果；其次是技术上先进，技术上先进必须以生产适用为前提，以获得最大经济效益为目的；最后，把生产上适用、技术上先进与经济上合理统一起来。

2) 机械设备选型考虑的主要因素：

①生产率：设备的生产率一般用设备单位时间（分、时、班、年）的产品产量来表示，设备生产率要与企业的经营方针、发展规划、生产计划，运输能力、技术力量、劳动力、动力和原材料供应等相适应，不能盲目要求生产率越高越好。

②工艺性：机械设备最基本一条是要符合产品工艺的技术要求，把设备满足生产

工艺要求的能力叫工艺性。

③设备的维修性：维修性是指机械设备是否容易维修的性能，它要求机械设备结构简单合理、容易拆装、易于检查，零部件要通用化和标准化，并具有互换性，使设备在使用过程中，缩短检修时间，降低维护保养费用，提高机械的使用率。对设备的维修性可从以下几方面衡量：

a. 设备的技术图纸、资料齐全。便于维修人员了解设备结构，易于拆装、检查。

b. 结构设计合理。设备结构的总体布局应符合可达性原则，各零部件和结构应易于接近，便于检查与维修。

c. 结构的简单性。在符合使用要求的前提下，设备的结构应力求简单，需维修的零部件数量越少越好，拆卸较容易，并能迅速更换易损件。

d. 标准化、组合化原则。设备尽可能采用标准零部件和元器件，容易被拆成几个独立的零部件，并且不需要特殊手段即可装配成整机。

e. 结构先进。设备尽量采用参数自动调整、磨损自动补偿和预防措施自动化原理来设计。

f. 状态监测与故障诊断能力。可以利用设备上的仪器、仪表、传感器和配套仪器来检测设备有关部位的温度、压力、电压、电流、振动频率、消耗功率、效率、自动检测成品及设备输出参数动态等，以判断设备的技术状态和故障部位。

g. 提供特殊工具和仪器、适量的备件或有方便的供应渠道。

此外，要有良好的售后服务质量，维修技术要求尽量符合设备所在区域情况。

④设备的安全可靠性和操作性：

a. 设备的安全可靠性。安全可靠性是设备对生产安全的保障性能，即设备应具有必要的安全防护设计与装置，并能生产出高质量的产品，完成高质量的工程，能避免在操作不当时发生重大事故。

b. 设备的操作性。设备的操作性属人机工程学范畴内容，总的要求是方便、可靠、安全，符合人机工程学原理。

c. 设备的环保与节能性。通常是指其噪声振动和有害物质排放等对周围环境的影响程度。在设备选型时必须要求其噪声、振动频率和有害物排放等控制在国家和地区标准的规定范围内。在选型时，其所选购的设备必须要符合国家《中华人民共和国节约能源法》规定的各项标准要求。

d. 设备的配套性和灵活性。配套性是指机械设备配套的性能；灵活性是指机械设备广泛应用的性能。机械设备灵活性的具体要求是：机械设备应体积小、重量轻、机动灵活；适应不同的工作条件、工作环境；一机多用。

e. 设备的经济性。影响设备经济性的主要因素有：初期投资、对产品的适应性、生产效率、耐久性、能源与原材料消耗、维护修理费用等。设备的初期投资主要指购置费、运输与保险费、安装费、辅助设施费、培训费、关税费等。在选购设备时不能简单寻求价格便宜而降低其他影响因素的评价标准，尤其要充分考虑停机损失、维修、备件和能源消耗等项费用，以及各项管理费。总之，以设备寿命周期费用为依据衡量设备的经济性，在寿命周期费用合理的基础上追求设备投资的经济效益最高。

二、机械设备配置的技术经济性分析

设备投资项目对企业经营情况有着长期的影响，其投资也需要经过若干年后才能收回，所以进行技术经济评价与决策时，必须考虑投资额的时间价值。常用的设备投资评价方法有投资回收期法、净现值法、贴现投资收益法、内部报酬率法、设备寿命周期费用评价法等。具体方法是通过几个方案的分析和比较，选择最优的方案。下面介绍两种常用的设备评价方法。

1. 投资回收期法

$$\text{设备投资回收期(年)} = \frac{\text{设备投资费用(元)}}{\text{采用新设备后年利润(元 / 年)}}$$

从式中可知，设备投资回收期越短，投资效果就越好。由于科学技术的发展，机械设备的更新速度加快，对设备投资回收期要求也相应缩短。

2. 费用效率分析法（又叫寿命周期费用法）

$$\text{设备费用效率} = \frac{\text{生产效率}}{\text{寿命周期费用}}$$

式中，生产效率指设备每天完成的生产量，寿命周期费用指设备一生中费用的总和，它包括设备的原始费用（原值）和维持费用（人员工资、能源及材料的消耗费用、保修费、养路费、保险费及各种税金等）。费用效率分析法可以在同样的费用支出下，进行效率比较，也可以在同样的效率下，进行费用比较。

第二节　设备租赁方式和设备租赁合同

一、机械租赁的意义

机械租赁是机械的使用单位（承租方）在约定的期间内向机械所有单位（出租方）租用机械，并付给一定的租金，其主要特点在租赁期内享有使用权，而不变更机械设备所有权的一种交换形式。

随着机械设备向大型化、机电液一体化发展，设备更新速度加快，设备的价格愈来愈昂贵，为了节省机械设备的巨额投资，避免承担技术落后的风险，解决自有机械设备短缺的需求，租赁设备是一个重要途径和发展方向。

对于承租方来说，设备租赁具有以下主要优点：

（1）可用较少的资金获得生产急需的设备。减少设备投资，减少固定资金的占有，改变企业“大而全”，“小而全”的状况。

（2）避免技术落后的风险。当前科学技术发展日新月异，设备更新换代很快，设备技术寿命缩短，使用单位自购设备的利用率又不高，采用租赁形式可规避设备技术落后的风险。

（3）激活存量资产。提高设备的利用率，充分发挥企业设备效能。

（4）缩短工程建设周期。

（5）免受通货膨胀和利率波动的冲击。采用租赁方式，租金约定在前，支付在后，在整个租赁期内固定不变，所以，用户不受通货膨胀的影响。

我国租赁业从无到有，从小到大，在国民经济中的重要性不断增强。加入 WTO 后，中国将对外开放租赁市场，必然会加剧租赁市场的竞争，但同时也会带来先进的管理方式和管理理念，这将促进中国租赁业的不断发展。随着专业化施工水平的提高，施工单位使用的机械设备大都来源于专业的租赁企业，施工单位的机械设备由原来的无偿使用变为有偿使用。

二、机械租赁的分类

根据租赁的目的，以与租赁资产所有权有关的风险和报酬归属于出租方或承租方的程度为依据，将租赁分为融资租赁和经营租赁两类。

1. 融资租赁

融资租赁是将借钱和租物结合的租赁业务，涉及出租方、承租方和出卖方，出租人为租赁资产的购买者和所有者，承租人为资产的使用者和受益者，出卖方为租赁资产的生产者或销售者。从经济关系上融资租赁是承租人将租赁作为融资的一种手段，承租人相当于从出租人处借了一笔资金，分期支付租金相当于分期偿还借款，取得设备的使用权。在租赁期内，租赁资产的所有权仍归出租方所有，承租方只享有租赁资产的使用权。

2. 经营租赁

经营租赁又称融物性租赁，租赁经营合同只涉及出租方和承租方，承租方按合同规定支付租金取得某机械设备的使用权。在租赁合同期内，出租方提供该设备的维修保养和操作业务等全方位的服务。合同期满，不存在该设备的产权转移问题，承租方必须与出租方签订新合同方可继续租赁该设备。

租赁与购置设备可以通过以下两式进行经济性比较：

对租赁设备方案，其现金流量为：

现金流量＝（销售收入－作业成本－租赁费）×（1－税率）

对购置设备方案，其现金流量为：

现金流量＝（销售收入－作业成本－已发生的设备购置费）－（销售收入－作业成本－折旧）×税率

通过比较择优选择。

三、设备租赁合同的内容和方式

租赁合同是出租方和承租方为租赁活动而缔结的具有法律性质的经济契约，用以明确租赁双方的经济责任。承租方根据施工生产计划，按时签订机械租赁合同，出租方按合同要求如期向承租方提供符合要求的机械，保证施工需要。合同的内容包含：

1）机械设备的名称、型号、租赁形式及单价；

2）租赁的用途；

3）机械设备调遣费；

4）甲乙双方的权利和义务；

5）租赁费的结算及付款方式；

6）租赁合同的变更及解除；

7）安全责任；

8）其他约定。

租赁合同根据机械的不同情况，采取相应的合同形式：

1）能计算实物工程量的大型机械，可按施工任务签订实物工程量承包合同；

2）一般机械按单位工程工期签订周期租赁合同；

3）长期固定在班组的机械（如木工机械、钢筋、焊接设备等），签订年度一次性租赁合同。

4）临时租用的小型设备（如打夯机、水泵等）可简化租赁手续，以出入库单计算使用台班，作为结算依据。

第三节　购置、租赁机械设备的技术试验与验收

一、设备的开箱验收

设备到货后，需凭托收合同及装箱单，进行开箱检查，验收合格后办理相应的入库手续。开箱验收应注意以下要求：

（1）验收订货设备应按期到达指定地点，不允许任意变更，尤其是从国外订购的设备，影响设备到货期执行的因素多，双方必须按合同要求履行验收事项。

（2）设备开箱检查由设备采购部门、设备主管部门组织安装部门、技术部门及使用部门参加。如系进口设备，应有商检部门人员参加。

（3）开箱检查主要内容如下：

1）到货时检查箱号、件数及外包装有无损伤和锈蚀；若属裸露设备（部件），则要检查其刮碰等伤痕及油迹、海水侵蚀等损伤情况。

2）检查有无因装卸或运输保管等方面的原因而导致设备残损。若发现有残损现象则应保持原状，进行拍照或录像，请在检验现场的有关人员共同查看，并办理索赔现场签证事项。

3）依据合同核定发票、运单，核对（订货清单）设备型号、规格、零件、部件、工具、附件、备件等是否与合同相符，并作好清点记录。

4）设备随机技术资料（图纸、使用与保养说明书、合格证和备件目录等）、随机配件、专用工具、监测和诊断仪器、润滑油料和通信器材等，是否与合同内容相符。

5）凡属未清洗过的滑动面严禁移动，以防磨损。

6）不需要安装的附件、工具、备件等应妥善装箱保管，待设备安装完工后一并移交使用单位。

7）核对设备基础图和电气线路图与设备实际情况是否相符；检查地脚螺钉孔等有关尺寸及地脚螺钉、垫铁是否符合要求；核对电源接线口的位置及有关参数是否与说

明书相符。

8）开箱检查后作出详细检查记录，填写设备开箱检查验收单。

（4）必要时及时办理索赔。验收不合格、所购设备受损，应及时办理索赔。不论是国内或国外订购的设备，索赔工作均应通过商检部门受理经办方有效。

二、机械设备的技术试验

凡新购、新租赁机械或经过大修、改装、改造、重新安装的机械，在投产使用前，必须进行检查、鉴定和试运转（技术试验），以测定机械的各项技术性能和工作性能。未经技术试验或虽经试验尚未取得合格签证前，不得投入使用。

1. 技术试验的前提条件

1）新购或自制机械必须有出厂合格证和使用说明书。

2）大修或重新组装的机械必须有大修质量检验记录或重新组装检查记录。

3）改装或改造的机械必须有改装或改造的技术文件、图纸和上级批准文件，以及改装改造后的质量检验记录。

2. 技术试验的程序

技术试验程序分为试验前检查、无负荷试验、额定负荷试验、超负荷试验。试验必须按顺序进行，在上一步试验未经确认合格前，不得进行下一步试验。

3. 技术试验的要求

1）技术试验的内容和具体项目要求，除原厂有特殊规定的试验要求外，应参照建设部颁发的《建筑机械技术试验规程》（JGJ 34—1988）中的有关章节条文进行。

2）试验后要对试验过程中发生的情况或问题，进行认真的分析和处理，以便作出是否合格和能否交付使用的决定。

3）试验合格后，应按照《技术试验记录表》所列项目逐项填写，由参加试验人员共同签字，并经单位技术负责人审查签证。技术试验记录表一式两份，一份交付使用单位，一份归存技术档案。

第十二章 施工机械设备的资料管理

第一节 施工机械设备资料的编制、收集和整理

一、施工机械设备资料的组成

机械设备资料指设备从购置、安装调试、使用、维护、改造直至报废的全寿命周期管理过程中与设备相关的管理资料和技术资料，包括机械设备登记卡片、机械设备台账、机械设备技术档案等，建筑起重机械设备资料还包括安拆工程技术档案资料。

1. 机械设备登记卡片

机械设备登记卡片是机械设备主要情况的基础资料，卡片记载机械设备规格型号、主要技术性能、附属设备、替换设备等情况，以及机械设备运转、修理、改装、机长变更、事故等情况。机械设备登记卡片由企业设备管理部门建立，一机一卡，由专人负责管理。

2. 机械设备台账

机械设备台账是掌握企业机械资产状况，反映企业各类机械的拥有量、机械分布及其变动情况的主要依据。设备台账一般有两种编制形式；一种是设备分类编号台账，以《设备统一分类及编号目录》为依据，按类组代号分页，按资产编号顺序排列，可便于新增设备的资产编号和分类分型号的统计；另一种是按设备使用部门顺序排列编制使用单位的设备台账，这种形式有利于生产和设备维修计划管理和进行设备清点，设备台账登记企业所拥有的机械设备的统一编号、设备名称、型号、购进日期、原值、总重、制造厂等信息，主要体现机械的静态情况。对高精度、大型、稀有及关键设备应分别建立台账。

3. 机械设备技术档案

机械设备技术档案是指设备从设计、制造（购置）、安装、调试、使用、维护、修理、改造、更新直至报废全寿命周期管理过程中形成的图纸、文字说明、原始证件、工作记录、事故处理报告等不断积累并应整理归档保存的重要文件资料，设备管理部门对每台设备应建立档案并进行编号，便于查用。设备档案资料的完整程度，是体现一个企业设备管理基础工作水平的重要标志。设备技术档案资料的作用是：

1）掌握机械设备使用性能变化的情况，以保证安全生产。

2）掌握机械设备运行的累计资料和技术状况变化的规律，以便安排好设备的保养和维修工作。

3）为机械设备保修所需的配件供应计划的编制，以及大、中修理的技术鉴定，提供可靠的科学依据。

4）为贯彻技术岗位责任制，分析机械设备的事故原因，申请机械报废等，提供有关技术资料和依据。

二、机械设备技术档案的内容

机械设备技术档案内容一般由购置设备时的原始证明文件资料和运行使用资料组成。

1. 设备前期的技术档案资料

设备前期的技术档案资料即施工机械原始证明文件资料。包括：

1）设备购置合同（副本）；

2）随机技术文件：使用保养维修说明书、出厂合格证、零件装配图册、随机附属装置资料、工具和备品明细表，配件目录等；起重机械的备案证明、制造许可证、监督检验证明等。

3）开箱检验单。

4）随机附件及工具的交接清单。

5）设备安装、技术调试、试验等的有关记录及验收单。

2. 设备后期技术档案资料

设备后期技术档案资料通常是机械设备投入使用后形成的资料，包括：

1）计划检修记录及维修保养、设备运转记录、安全检查记录。

2）设备技术改造的批准文件和图纸资料。

3）建筑起重设备（塔机、施工电梯、物料提升机等）备案证；历次安装的检测报告、定期检验报告。

4）设备事故报告单、事故分析及处理的资料。

5）检修前的检测鉴定、大修进厂的技术鉴定、出厂检验记录及修理内容等。

6）机械报废技术鉴定记录。

7）其他属于本机的有关技术资料。

3. 机械设备履历书

机械设备履历书是技术档案中的一种单机档案形式，由机械使用单位建立和管理，作为掌握机械使用情况，进行科学管理的依据。塔式起重机、施工升降机、混凝土搅拌站（楼）、混凝土输送泵等设备应以履历书的形式进行设备单机档案管理。机械设备履历书的主要内容有：

1）试运转及走合期记录。

2）机械运转记录、产量和消耗记录。

3）保养、中大修理、检查记录。

4）主要零部件，装置及轮胎更换记录。

5）机长更换交接班记录。

6）检查、评比及奖惩记录。

7）事故记录。

4. 建筑起重机械安装、拆卸工程档案

建筑起重机械安装、拆卸工程档案由安拆单位负责建立，包括以下资料：

1）委托安装、拆卸合同（协议）。

2）安装、拆卸工程专项施工方案。

3）安全施工技术交底的有关资料。

4）安装自检和验收资料。

5）安装、拆卸工程生产安全事故应急救援预案。

6）法律法规、技术规范标准规定的其他资料。

有关设备说明书、原图、图册、底图等设备的技术资料由设备技术资料室建档保管和复制供应。已批准报废的机械设备，其技术档案和使用登记书等均应保管，定期编制销毁。

三、施工机械的现场资料管理

施工现场要收集，编制和整理各类资料，机械设备资料包括：

1）机械设备平面布置图。

2）施工现场机械安全管理制度。

3）机械租赁合同、机械设备安装与拆除合同及安全协议。

4）安全管理技术交底资料。总包单位与分包单位对设备操作人员的安全技术交底；尤其对塔机、外用电梯、物料提升机等设备，出租、承租双方要共同对塔机组和信号工技术交底；施工单位和安拆单位应共同对起重机械设备安装与拆除人员作安全技术交底。安全技术交底要有交底人、被交底人的签字，交底日期等项记录。

5）各类机械设备合格证、出租单位的营业执照、起重设备安装企业的资质证书复印件资料、安装拆除单位的《安全生产许可证》的复印件、机械备案证。

6）大型设备安拆施工方案（塔吊、外用电梯、龙门吊、电动葫芦式龙门架式起重设备等）及多台起重设备交叉作业防碰撞施工方案、审批记录。

7）所有机械设备的进场验收记录；起重机械的进场、基础、安装、顶升附着、拆除等各项检查验收记录。各种安全装置（如电梯防坠器）检测合格报告。各种验收表要填写规范，该量化的必须量化。

8）施工现场建立健全设备台账，现场机械设备旁边要悬挂安全操作规程和警示标牌。

9）机械操作人员、起重吊装人员等特种作业人员持证上岗记录（花名册）及复印件。

10）机械设备保养维修记录、自检及月检记录和设备运转履历书（包括设备租赁单位的检查记录及隐患整改记录）。

四、施工机械安全检查资料

1. 安全检查资料收集的基本要求

机械员负责监督检查施工机械设备的使用和维护保养，检查特种设备安全使用状况，应协助项目负责人建立健全项目安全检查制度；参与安全检查并负责填写施工机械设备安全检查记录；对检查中发现的事故隐患应下达隐患整改通知单，定人、定时间、定措施进行整改；重大事故隐患整改后，应由相关部门组织复查并做好记录；安全检查形成的记录资料应按规定留存归档。安全检查内容、形式和要求见第十章。

2. 机械设备安全检查的基本表格

《建筑施工安全检查标准》（JGJ59—2011），将施工用电、物料提升机与施工升降机、塔式起重机、起重吊装和施工机具单独列为检查评定项目，要求采取检查评分表的形式，进行分项检查评分见表 12-1 和表 12-2 。检查评分表中分保证项目和一般项目，保证项目是对施工人员生命、设备设施及环境安全起关键性作用的项目；一般项目为除保证项目以外的其他项目。

表 12-1　施工升降机检查评分表

序号	检查项目		扣分标准	应得分数	扣减分数	实得分数
1	保证项目	安全装置	未安装起重量限制器或不灵敏扣 10 分 未安装渐进式防坠安全器或不灵敏扣 10 分 防坠安全器超过有效标定期限扣 10 分 对重钢丝绳未安装防松绳装置或不灵敏扣 6 分 未安装急停开关扣 5 分，急停开关不符合规范要求扣 3～5 分 未安装吊笼和对重用的缓冲器扣 5 分 未安装安全钩扣 5 分	10		
2		限位装置	未安装极限开关或极限开关不灵敏扣 10 分 未安装上限位开关或上限位开关不灵敏扣 10 分 未安装下限位开关或下限位开关不灵敏扣 8 分 极限开关与上限位开关安全越程不符合规范要求的扣 5 分 极限限位器与上、下限位开关共用一个触发元件扣 4 分 未安装吊笼门机电连锁装置或不灵敏扣 8 分 未安装吊笼顶窗电气安全开关或不灵敏扣 4 分	10		
3		防护设施	未设置防护围栏或设置不符合规范要求扣 8～10 分 未安装防护围栏门连锁保护装置或连锁保护装置不灵敏扣 8 分 未设置出入口防护棚或设置不符合规范要求扣 6～10 分 停层平台搭设不符合规范要求扣 5～8 分 未安装平台门或平台门不起作用每一处扣 4 分，平台门不符合规范要求、未达到定型化每一处扣 2～4 分	10		
4		附着	附墙架未采用配套标准产品扣 8～10 分 附墙架与建筑结构连接方式、角度不符合说明书要求扣 6～10分 附墙架间距、最高附着点以上导轨架的自由高度超过说明书要求扣 8～10 分	10		
5		钢丝绳、滑轮与对重	对重钢丝绳绳数少于 2 根或未相对独立扣 10 分 钢丝绳磨损、变形、锈蚀达到报废标准扣 6～10 分 钢丝绳的规格、固定、缠绕不符合说明书及规范要求扣 5～8分 滑轮未安装钢丝绳防脱装置或不符合规范要求扣 4 分 对重重量、固定、导轨不符合说明书及规范要求扣 6～10 分 对重未安装防脱轨保护装置扣 5 分	10		

续表

序号	检查项目		扣　分　标　准	应得分数	扣减分数	实得分数
6	保证项目	安装、拆卸与验收	安装、拆卸单位无资质扣10分 未制定安装、拆卸专项方案扣10分，方案无审批或内容不符合规范要求扣5～8分 未履行验收程序或验收表无责任人签字扣5～8分 验收表填写不符合规范要求每一项扣2～4分 特种作业人员未持证上岗扣10分	10		
		小计		60		
7	一般项目	导轨架	导轨架垂直度不符合规范要求扣7～10分 标准节腐蚀、磨损、开焊、变形超过说明书及规范要求扣7～10分 标准节结合面偏差不符合规范要求扣4～6分 齿条结合面偏差不符合规范要求扣4～6分	10		
8		基础	基础制作、验收不符合说明书及规范要求扣8～10分 特殊基础未编制制作方案及验收扣8～10分 基础未设置排水设施扣4分	10		
9		电气安全	施工升降机与架空线路小于安全距离又未采取防护措施扣10分 防护措施不符合要求扣4～6分 电缆使用不符合规范要求扣4～6分 电缆导向架未按规定设置扣4分 防雷保护范围以外未设置避雷装置扣10分 避雷装置不符合规范要求扣5分	10		
10		通信装置	未安装楼层联络信号扣10分 楼层联络信号不灵敏扣4～6分	10		
		小计		40		
检查项目合计				100		

注：本表摘自《建筑施工安全检查标准》(JGJ59—2011）中表B.16。

表12-2　塔式起重机检查评分表

序号	检查项目		扣　分　标　准	应得分数	扣减分数	实得分数
1	保证项目	载荷限制装置	未安装起重量限制器或不灵敏扣10分 未安装力矩限制器或不灵敏扣10分	10		
2		行程限位装置	未安装起升高度限位器或不灵敏扣10分 未安装幅度限位器或不灵敏扣6分 回转不设集电器的塔式起重机未安装回转限位器或不灵敏扣6分 行走式塔式起重机未安装行走限位器或不灵敏扣8分	10		
3		保护装置	小车变幅的塔式起重机未安装断绳保护及断轴保护装置或不符合规范要求扣8～10分 行走及小车变幅的轨道行程末端未安装缓冲器及止挡装置或不符合规范要求扣6～10分			

续表

序号	检查项目		扣分标准	应得分数	扣减分数	实得分数
3	保证项目	保护装置	起重臂根部绞点高度大于50m的塔式起重机未安装风速仪或不灵敏扣4分 塔式起重机顶部高度大于30m且高于周围建筑物未安装障碍指示灯扣4分	10		
4		吊钩、滑轮、卷筒与钢丝绳	吊钩未安装钢丝绳防脱钩装置或不符合规范要求扣8分 吊钩磨损、变形、疲劳裂纹达到报废标准扣10分 滑轮、卷筒未安装钢丝绳防脱装置或不符合规范要求扣4分 滑轮及卷筒的裂纹、磨损达到报废标准扣6～8分 钢丝绳磨损、变形、锈蚀达到报废标准扣6～10分 钢丝绳的规格、固定、缠绕不符合说明书及规范要求扣5～8分	10		
5		多塔作业	多塔作业未制定专项施工方案扣10分，施工方案未经审批或方案针对性不强扣6～10分 任意两台塔式起重机之间的最小架设距离不符合规范要求扣10分	10		
6		安装、拆卸与验收	安装、拆卸单位未取得相应资质扣10分 未制定安装、拆卸专项方案扣10分，方案未经审批或内容不符合规范要求扣5～8分 未履行验收程序或验收表未经责任人签字扣5～8分 验收表填写不符合规范要求每项扣2～4分 特种作业人员未持证上岗扣10分 未采取有效联络信号扣7～10分	10		
		小计		60		
7	一般项目	附着	塔式起重机高度超过规定不安装附着装置扣10分 附着装置水平距离或间距不满足说明书要求而未进行设计计算和审批的扣6～8分 安装内爬式塔式起重机的建筑承载结构未进行受力计算扣8分 附着装置安装不符合说明书及规范要求扣6～10分 附着后塔身垂直度不符合规范要求扣8～10分	10		
8		基础与轨道	基础未按说明书及有关规定设计、检测、验收扣8～10分 基础未设置排水措施扣4分 路基箱或枕木铺设不符合说明书及规范要求扣4～8分 轨道铺设不符合说明书及规范要求扣4～8分	10		
9		结构设施	主要结构件的变形、开焊、裂纹、锈蚀超过规范要求扣8～10分 平台、走道、梯子、栏杆等不符合规范要求扣4～8分 主要受力构件高强螺栓使用不符合规范要求扣6分 销轴联接不符合规范要求扣2～6分	10		

续表

序号	检查项目		扣分标准	应得分数	扣减分数	实得分数
10	保证项目	电气安全	未采用TN-S接零保护系统供电扣10分 塔式起重机与架空线路小于安全距离又未采取防护措施扣10分 防护措施不符合要求扣4～6分 防雷保护范围以外未设置避雷装置的扣10分 避雷装置不符合规范要求扣5分 电缆使用不符合规范要求扣4～6分	10		
		小计		40		
检查项目合计				100		

注：本表摘自《建筑施工安全检查标准》(JGJ59—2011) 中表B.17。

第二节　施工机械设备信息化管理

施工机械设备信息化管理是运用电子计算机和现代信息技术，以施工机械设备管理相关信息的采集、处理、传递、存储、利用为手段，建立网络化管理平台，使机械设备从购置、租赁、安装调试、使用、维护、改造直至报废的全寿命周期管理全过程处于有效的控制之下，实现有效调度，合理、配套组合机械资源，创造良好的使用效益，从而提高企业施工机械设备科学化管理水平。

一、机械设备信息化管理的主要工作内容

1. 建立机械设备管理日常事务处理系统

最基础的工作是使用计算机完成日常账表：制作机械设备登记卡片、机械设备台账、机械设备技术档案，建立机械设备电子档案；自动对数据进行处理，自动生成设备明细表、配件消耗清单、油料消耗清单、租金结算等各种报表，并按照规定的格式自动生成报表，替代管理人员的手工数据统计。对各台机械设备进行单机核算，统计其各种评价指标，如设备利用率、设备完好率；查询、统计求和实际台班、台时、完成产量等，评价其经济性。还可以按照一定的方法计算出每台机械每年应提取的折旧、大修理基金，设备报废时，综合评价其整个寿命周期内的经济性。

2. 建立机械设备管理信息工作系统

在企业内部，建立向多职能部门横向进行信息、数据和资料交换以及资源共享的局域网，各部门的信息交换通过互联网来实现。设备管理和租赁业务操作实现从人工经验型管理向计算机信息化管理的转化。一是市场信息和新技术、新工艺和客户信息管理。采集机械制造商、销售商信息存档，从价格、工艺、质量、技术性能、寿命周期、售后服务、使用过程的维修成本等进行归类、分析，同时存储各生产厂家先进的技术简介和工艺，为购置、更新、改造提供科学的依据。了解并掌握相关单位机械设备装备情况，建立信息网络，及时掌握建设市场信息，分析设备的市场供求关系，企

业根据自身发展制定设备投资规划并进行投资效益预测，编制年度购置计划，分析对比及选型，上报并审批/落实购置计划。二是对管理人员和管理机构网络进行管理，并能形成机构网络图。制订短期培训计划和长期培训计划，明确目标任务，分析各类技术素质。掌握司驾人员工作状况，统计考核结果，提供实时参考数据，进行择优聘用和人才优化组合。

3. 建立机械设备运行远程监控系统

利用网络技术，对施工机械运行使用状态实施监督，统计汇总技术、经济、安全管理及各项数据，为企业提供有效的监督管理手段。

施工机械野外施工、露天作业，工况恶劣，故障率高；施工作业设备分散，流动性大，维护修理困难，管理难度大。远程监督控制管理系统采集施工现场地理位置、运动信息、工作状态和施工进度等信息，实时查询运转记录、设备状况，及时掌握作业情况，进行数据分析、远程监测、故障诊断和技术支持，发现问题采取有效的管理措施，保证施工机械可靠运行和安全运转。如建筑施工用塔式起重机远程监控将运行数据传输到数据库，用户终端计算机登录网站，即可查看实时数据和查询历史数据，以及控制、操作历史资料，计算机界面可以显示日期、时间、载荷、负荷率、幅度、高度、回转角度、吊钩速度、力矩比等工作信息。管理平台可以按照权限进行任意参数查询和超载查询，并对塔机的起重量、载荷比、开关机时间等进行统计分析，实现远程监控。

4. 建立机械设备运行成本的监管系统

燃料、辅油料、维修费用，零配件费用等，是机械设备运行成本的主要组成部分，是评价机械功效指标的主要内容。管理的好坏直接影响到设备性能的正常发挥和企业的经济效益。机械设备运行成本监管系统建立大修和事故记录以及日常保养维修、易损零配件更换，燃料消耗、辅油料更换等记录，利用计算机进行维修性能分析，制定机械维修计划，故障模式影响与危害性分析，进行零部件的寿命分析和经济效益分析，同时有效监管机械设备使用的各类成本，有效降低成本费用，延长设备使用寿命。

二、信息化推动机械设备科学管理的主要功效

利用现代技术对机械设备进行管理，信息更及时、准确、全面，大大提高工作效率，也使机械设备管理更科学，经营决策更合理，这是企业推进科学管理的必然要求。

1. 提高机械设备管理的工作效率

计算机强大的信息存储和处理能力可快速地完成日常账表制作、分类、统计、比较等工作，因而提高了工作效率。

2. 提高工作质量和管理水平

计算机对管理工作的标准化、规范化的要求促进管理工作水平和工作质量的提高；网络技术的应用使管理延伸到现场作业，使企业的各级管理层随时掌握企业机械设备的分布利用状况和机械技术状况，建立从现场管理的动态反馈机制，有利于机械设备资源的合理利用，有效提高管理工作的科学化水平。

3. 保障作业计划的准确性和科学性

信息化管理对机械设备的技术状态监测和设备剩余使用寿命的预测，有科学的结

论，维修保养针对性更强，可间接减少养修的次数和工时数，提高机械设备的利用率。

4. 对施工机械使用费直接进行控制

在信息化管理中，所有机械设备作业的记录完整、准确，为机械设备施工作业成本控制提供了量化的条件，油料、配件供应和人力资源使用更符合实际需要。

5. 有利于企业和项目的经营投资决策

综合利用机械设备管理数据信息，监控机械的寿命周期和效益成本表现，为机械设备投资和技术改造提供技术工艺标准和技术经济分析资料，保持最佳的机械设备投资利润率。

附录　备考练习试题

专业基础知识篇

（单选题 202 多选题 56 案例题 0）

一、单选题

工程力学知识

1. 力的平行四边形公理中，两个分力和它们的合力的作用范围(　　)。

A. 必须在同一个物体的同一点上　　B. 可以在同一物体的不同点上

C. 可以在物体系统的不同物体上　　D. 可以在两个刚体的不同点上

2. 力矩和力偶的单位是(　　)。

A. 牛顿（N）　　B. 米（m）

C. 牛顿・米（N・m）　　D. 公斤・米（kg・m）

3. 作用在刚体同一平面上的三个互不平行的平衡力，它们的作用线汇交于(　　)。

A. 一点　　B. 两点

C. 三点　　D. 无数点

4. 若要在已知力系上加上或减去一组平衡力系，而不改变原力系的作用效果，则它们所作用的对象必须是(　　)。

A. 同一个刚体系统　　B. 同一个变形体

C. 同一个刚体，原力系为任何力系　　D. 同一个刚体，且原力系是一个平衡力系

5. 作用在一个刚体上的两个力 F_A 和 F_B，且满足条件 $F_A=-F_B$，则该两力可能是(　　)。

A. 作用力和反作用力或一对平衡力　　B. 作用力和反作用力或一个力偶

C. 一对平衡力或一个力和一个力偶　　D. 一对平衡力或一个力偶

6. 在两个力作用下处于平衡的杆件，称为(　　)。

A. 平衡杆件　　B. 二力杆件

C. 静止杆件　　D. 平衡刚体

7. 固定铰支座属于的约束类型是(　　)。

A. 柔性约束　　B. 光滑接触面约束

C. 铰链约束　　D. 二力杆约束

8. 既能限制物体转动，又能限制物体移动的支座是(　　)。

A. 固定端　　B. 固定铰

C. 可动铰　　D. 定向支座

9. 某力在直角坐标系的投影为，$F_x=3kNF_{yx}=4kN$，此力的大小为(　　)kN。

A. 1　　B. 5　　C. 7　　D. 12

10. 两个共点力大小分别是 10 kN 和 20 kN，其合力大小不可能是(　　) kN 。

A. 5　　B. 10　　C. 25　　D. 30

11. 已知两个力 F_1、F_2 在同一轴上的投影相等，则这两个力(　　)。

A. 相等　　B. 不一定相等　　C. 共线　　D. 汇交

12. 重为 G 的物块在力 P 的作用下处于平衡状态，如图所示，已知物块与铅垂面之间的静滑动摩擦系数为 f，经分析可知物体这时所受的滑动摩擦力大小 F 为(　　)。

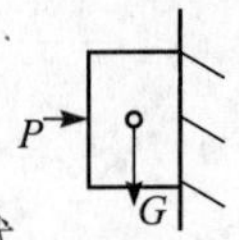

A. $F=f_p$　　B. $F=P$

C. $F=f_G$　　D. $F=G$

13. 平面汇交力系合成的几何法作力多边形时，改变各力的顺序，可以得到不同形状的力多边形(　　)。

A. 则合力的大小改变，方向不变　　B. 则合力的大小不改变，方向改变

C. 则合力的大小和方向均会改变　　D. 则合力的大小和方向并不变

14. 一铰盘有三个等长的柄，长度为 L 相互夹角为 120°，如图所示。每个柄端作用于一垂直手柄的力 P 。将该力系向 BC 连线的中点 D 简化，其结果为(　　)。

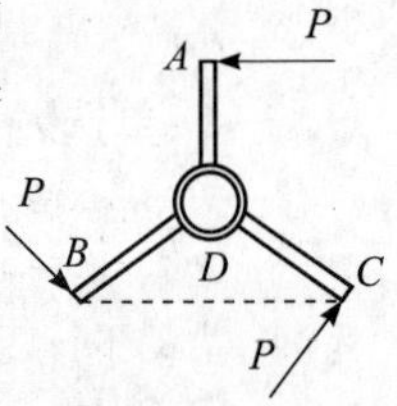

A. V ＝ P，M ＝ $3PL$　　B. V＝ 0，M ＝ $3PL$

C. V＝ $2P$，M＝ $3PL$　　D. V ＝ 0，M ＝ $2PL$

15. 平面汇交力系平衡的必要和充分条件是该力系的（　　）为零。

A. 合力　　B. 合力偶

C. 主矢　　D. 主矢和主矩

16. 作用在刚体上的力 F 对空间内一点 O 的力矩是(　　)。

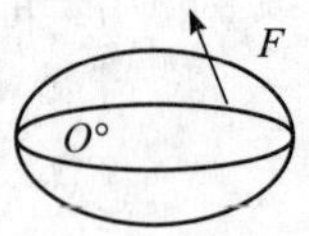

A. 一个通过 O 点的固定矢量　　B. 一个代数量

C. 一个自由矢量　　D. 一个滑动矢量

17. 作用在刚体的任意平面内的空间力偶的力偶矩是(　　)。

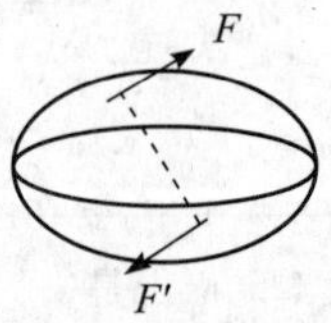

A. 一个方向任意的固定矢量　　B. 一个代数量

C. 一个自由矢量　　D. 一个滑动矢量

18. 不平衡的平面汇交力系向汇交点以外的一点简化，其结果为(　　)。

A. 主矢等于零，主矩不等于零　　B. 主矢不等于零，主矩等于零

C. 主矢、主矩都不等于零　　D. 主矢、主矩都等于零

19. 刚体上作用三个力而处于平衡，则这三个力的作用线必定(　　)。

A. 相交于一点　　B. 互相平行

C. 位于同一平面内　　D. 都为零

20. 右图所示体系为(　　)。

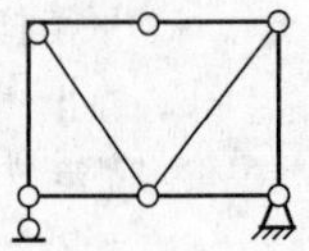

A. 有多余约束的几何不变体系　　B. 无多余约束的几何不变体系

C. 瞬变体系　　D. 常变体系

21. 下面哪条不是在取桁架的计算简图时，作出的假定(　　)。

A. 桁架的结点都是光滑的铰结点

B. 各杆的轴线都是直线并通过铰的中心

C. 荷载和支座反力都作用在铰结点上

D. 结构杆件的弯矩和剪力很小，可以忽略不计

22. 若在布满均布荷载的简支梁的跨中增加一个支座，则最大弯矩 $|M_{mx}|$ 为原简支梁

的(　　)。

A. 2 倍　　B. 4 倍　　C. $\frac{1}{2}$倍　　D. $\frac{1}{4}$倍

23. 当两个刚片用三根链杆相连时，下列情形中不属于几何可变体系(　　)。

A. 三根链杆交于一点　　B. 三根链杆完全平行

C. 三根链杆完全平行，但不全等长　　D. 三根链杆不完全平行，也不全交于一点

24. 图示结构为(　　)超静定结构。

A. 9 次　　B. 8 次

C. 7 次　　D. 6 次

25. 右图所示结构为(　　)。

A. 没有多余约束的几何不变体系　　B. 有三个多余约束的几何不变体系

C. 有四个多余约束的几何不变体系　　D. 有七个多余约束的几何不变体系

26. 杆件的基本受力形式有(　　)。

A. 轴向拉伸与压缩、剪切　　B. 轴向拉伸与压缩、剪切、扭转

C. 剪切、扭转、平面弯曲　　D. 轴向拉伸与压缩、剪切、扭转、平面弯曲

27. 两根圆轴受扭，材料相同，受力相同，而直径不同，当 $d_1=d_2/2$ 时，则两轴的最大剪应力之比 τ_1/τ_2 为(　　)。

A. 1/4　　B. 1/8　　C. 8　　D. 4

28. 杆件由大小相等方向相反、力的作用线与杆件轴线重合的一对力引起的伸长变形是(　　)。

A. 剪切　　B. 压缩　　C. 拉伸　　D. 弯曲

29. 杆件由大小相等、方向相反、作用面都垂直于杆轴的两个力偶引起的，表现为杆件上的任意两个截面发生绕轴线的相对转动，截面上的内力称为(　　)。

A. 剪力　　B. 弯矩　　C. 扭矩　　D. 正应力

30. 各向同性假设认为，材料沿各个方向具有相同的(　　)。

A. 力学性质　　B. 外力　　C. 变形　　D. 位移

31. 材料丧失正常工作能力时的应力称为危险应力，则塑性材料是以(　　)作为危险应力的。

A. 比例极限　　B. 弹性极限　　C. 屈服极限　　D. 强度极限

32. 构件在外力作用下(　　)的能力称为稳定性。

A. 不发生断裂　　B. 保持原有平衡状态

C. 不产生变形　　D. 保持静止

33. 材料、截面形状和尺寸均相同的两根受压杆，它们的临界力与(　　)。

A. 所受压力的大小有关　　B. 杆件的长度有关

C. 杆端的约束情况有关　　D. 杆件的长度和杆端的约束情况有关

34. 细长等截面压杆，若将其长度增加一倍，则该压杆的临界荷载值会(　　)。

A. 增加一倍　　B. 为原来的四倍

C. 为原来的四分之一　　D. 为原来的二分之一

工程造价基本知识

1. 根据《建设工程工程量清单计价规范》(GB 50500—2013)的规定，不属于工程量清单的是(　　)。

A. 拟建工程的分部分项工程项目清单　　B. 拟建工程的施工措施项目清单

C. 拟建工程的招标文件清单　　D. 拟建工程的其他项目清单

2. 按照《建设工程工程量清单计价规范》(GB 50500—2013)规定，分部分项工程量清单项目编

码按五级编码、(　　)位阿拉伯数字表示。

A. 8　　B. 9　　C. 10　　D. 12

3. 按照《建设工程工程量清单计价规范》(GB 50500—2013) 的规定，(　　)表明了拟建工程的全部分项实体工程的名称和相应的工程数量。

A. 分部分项工程项目清单　　B. 措施项目清单

C. 分部分项工程项目和措施项目清单　　D. 以上表述均不准确

4. 在工程量清单的编制过程中，具体的项目名称应(　　)确定。

A. 按《建设工程工程量清单计价规范》(GB 50500—2013) 附录的项目名称确定

B. 按项目特征

C. 按《建设工程工程量清单计价规范》(GB 50500—2013) 附录的项目名称结合拟建工程实际情况

D. 按项目编码

5. 建筑安装工程费用构成为(　　)。

A. 直接费、间接费、利税、规费　　B. 直接费工程费、间接费、利润、税金

C. 直接费、间接费、利润、税金　　D. 工料机、技术措施费、规费、利润

6. 大型机械进出场费及安拆费属于(　　)。

A. 分部分项工程量清单费　　B. 措施项目费

C. 其他项目费　　D. 规费

7. 根据《湖南省建设工程工程量清单计价办法》的规定，综合单价是完成一定计量单位分部分项工程量清单所需的(　　)。

A. 人工费＋材料费＋机械费

B. 人工费＋材料费＋机械费＋管理费＋利润

C. 人工费＋材料费＋机械费＋管理费＋利润＋一定范围内的风险费用

D. 人工费＋材料费＋机械费＋管理费＋利润＋一定范围内的风险费用＋规费＋税金

8. 根据《湖南省建设工程工程量清单计价办法》等现行规定，垂直运输机械费(　　)计算。

A. 按消耗量定额　　B. 按规定的计费基础乘以系数

C. 按收费规定　　D. 按建筑面积平方米包干

9. 依据《建设工程工程量清单计价规范》(GB 50500—2013)，(　　)是招标人在工程量清单中暂定并包括在合同价款中的一笔款项，主要指考虑可能发生的工程量变化和费用增加而预留的金额。

A. 计日工　　B. 暂估价　　C. 综合单价　　D. 暂列金额

10. 建安工程造价中的税金不包括(　　)。

A. 营业税　　B. 增值税　　C. 城市维护建设税　D. 教育费附加

11. 按照《建设工程工程量清单计价规范》(GB 50500—2013) 的规定，不属于规费的有(　　)。

A. 工程排污费　　B. 社会保障费　　C. 住房公积金　　D. 环境保护费

12. 编制施工机械台班使用定额时，施工机械必须消耗时间包括有效工作时间，不可避免的中断时间以及(　　)。

A. 施工本身造成的停工时间　　B. 非施工本身造成的停工时间

C. 循环时间　　D. 不可避免的无负荷工作时间

13. 汽车司机等候装卸货的时间属于(　　)。

A. 不可避免的无负荷工作时间　　B. 不可避免的中断时间

C. 休息时间　　D. 有根据的降低负荷下工作时间

14. 一台混凝土搅拌机的纯工作正常生产率是 2t/h，其工作班延续时间 8h，机械正常利用系数为 0.8，则施工机械时间定额为(　　)台班/t。

A. 0.041 7　　B. 0.078 1　　C. 0.041 2　　D. 0.062 5

15. 机械的正常利用系数是指(　　)。

A. 机械正常运转工作时间内的利用率　　B. 机械在工作班内工作时间的利用率

C. 机械正常使用时间内的利用率　　D. 机械一天内正常运转工作时间的利用率

16. 与计算机械纯工作一小时正常生产率无关的因素是(　　)。

A. 机械纯工作一小时正常循环次数　　B. 工作班延续时间

C. 一次循环的时间　　D. 一次循环生产的产品数量

17. 盾构掘进机机械台班费用组成中未包括(　　)。

A. 折旧费　　B. 大修理费　　C. 经常修理费　　D. 人工、燃料动力费

18. 施工机械台班费用中第一类费用指的是(　　)。

A. 折旧费、经常修理费、机械安拆费和其他费用

B. 使用费和修理费

C. 人工费、燃料费和其他费用

D. 折旧费、大修理费、经常修理费和机械安拆费

19. 施工机械台班单价第一类费用不包括(　　)。

A. 折旧费　　B. 大修理费　　C. 小修理费　　D. 经常修理费

20. 在一建筑工地上，驾驶推土机的司机的基本工资和工资性津贴应从（　　）支出。

A. 人工费　　B. 机械费　　C. 管理费　　D. 其他费用

21. 施工机械台班单价中的折旧费计算公式为(　　)。

A. 台班折旧费＝机械预算价格/耐用总台班数

B. 台班折旧费＝机械预算价格×（1－残值率）/耐用总台班数

C. 台班折旧费＝机械预算价格×（1－残值率）×时间价值系数/耐用总台班数

D. 台班折旧费＝机械账面净值/耐用总台班数

22. 某机械预算价格为20万元，耐用总台班为4 000台班，大修理间隔台班为800台班，一次大修理费为4 000元，则台班大修理费为（　　）元。

A. 1　　B. 2.5　　C. 4　　D. 5

23. 由于监理工程师原因引起承包商向业主索赔施工机械闲置费时，承包商自有设备闲置费一般按设备的（　　）计算。

A. 台班费　　B. 台班折旧费

C. 台班费与进出场费用　　D. 市场租赁价格

24. 机械台班消耗量的计算中，土方机械的幅度差系数为(　　)。

A. 25%　　B. 30%　　C. 33%　　D. 35%

25. 因不可抗力事件导致承包人的施工机械设备损坏由(　　)承担。

A. 发包方　　B. 发包、承包双方各占一半

C. 承包方　　D. 国家承担

机械图识读

1. A2图纸的幅面大小是(　　)。

A. 420×594　　B. 297×420　　C. 594×841　　D. 841×1189

2. 在以1∶2比例绘制的机械图样中，若某尺寸标注为30，则其实际尺寸为(　　)。

A. 60mm　　B. 15mm　　C. 30mm　　D. 30cm

3. 某机件的图形用1∶5的比例绘制，下列说法正确的是(　　)。

A. 图形与机件实际尺寸相同　　B. 图形为机件实际尺寸的5倍

C. 图形比机件实际尺寸缩小了6倍　　D. 图形比机件实际尺寸缩小了5倍

4．下图中尺寸标注正确的是（　　）。

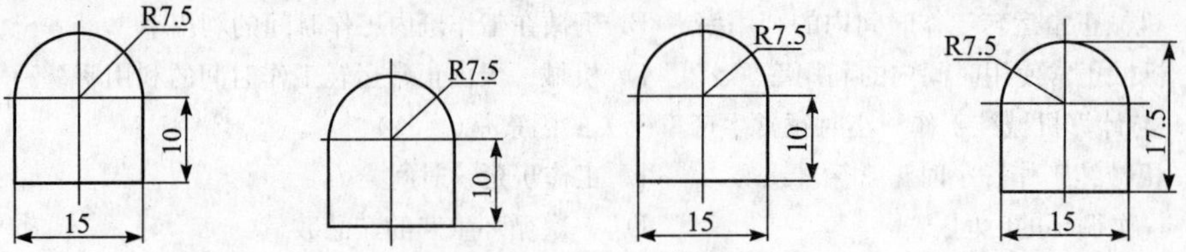

A.　　B.　　C.　　D.

5．在三面投影体系中，从前向后观看物体所得到的视图为（　　）视图。

A．左　　B．右　　C．主　　D．俯

6．已知物体的主、俯视图，正确的左视图是（　　）。

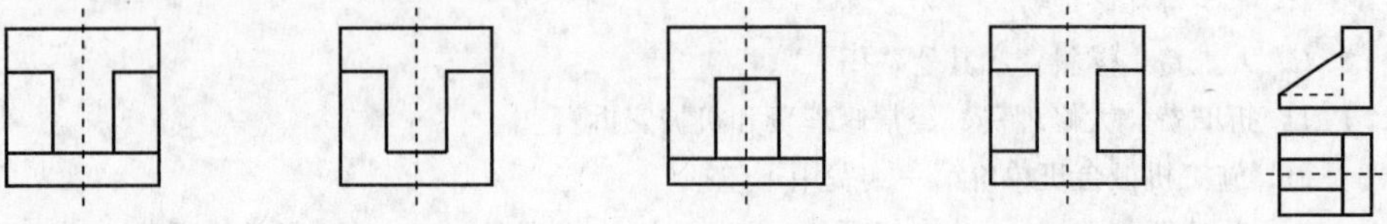

A.　　B.　　C.　　D.

7．已知圆柱截切后的主、俯视图，正确的左视图是（　　）。

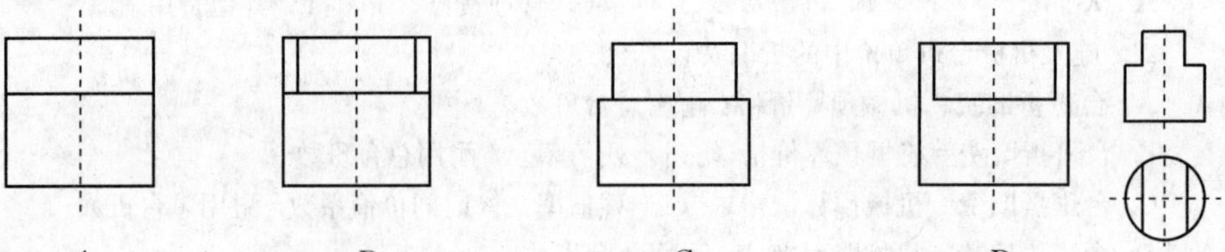

A.　　B.　　C.　　D.

8．已知物体的主、俯视图，正确的左视图是（　　）。

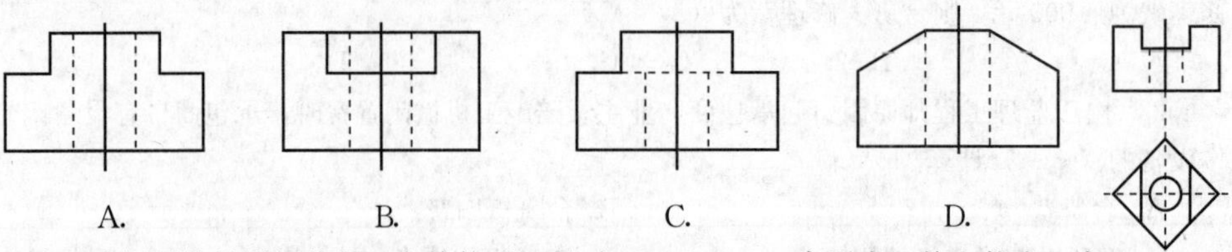

A.　　B.　　C.　　D.

9．六个基本视图的投影规律是：主俯仰后—长对正；（　　）—高平齐；俯左仰右—宽相等。

A．主俯仰右　　B．俯左后右

C．主左右后　　D．主仰后右

10．机件向不平行于任何基本投影面的平面投影所得的视图称为（　　）。

A．局部视图　　B．向视图

C．基本视图　　D．斜视图

11．下图中，正确的A向视图为（　　）。

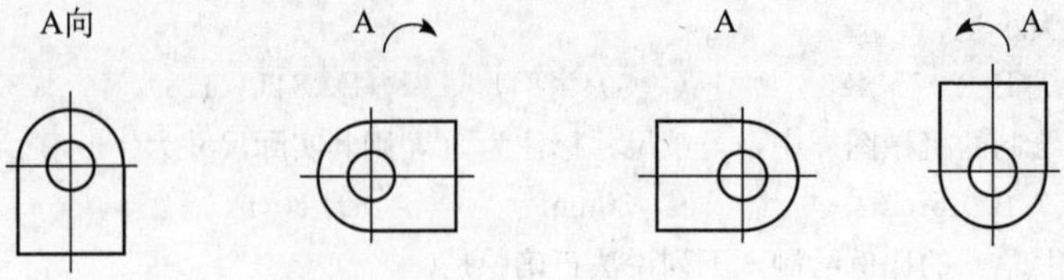

A.　　B.　　C.　　D.

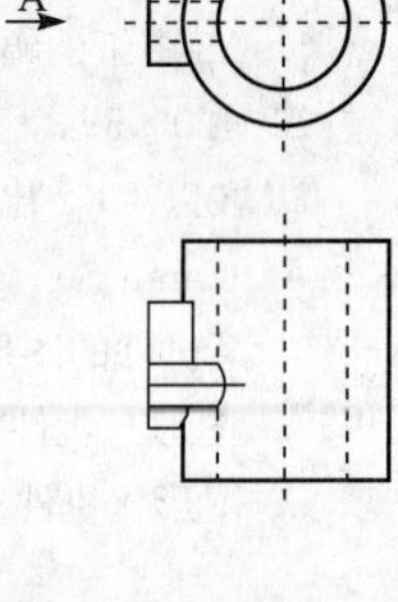

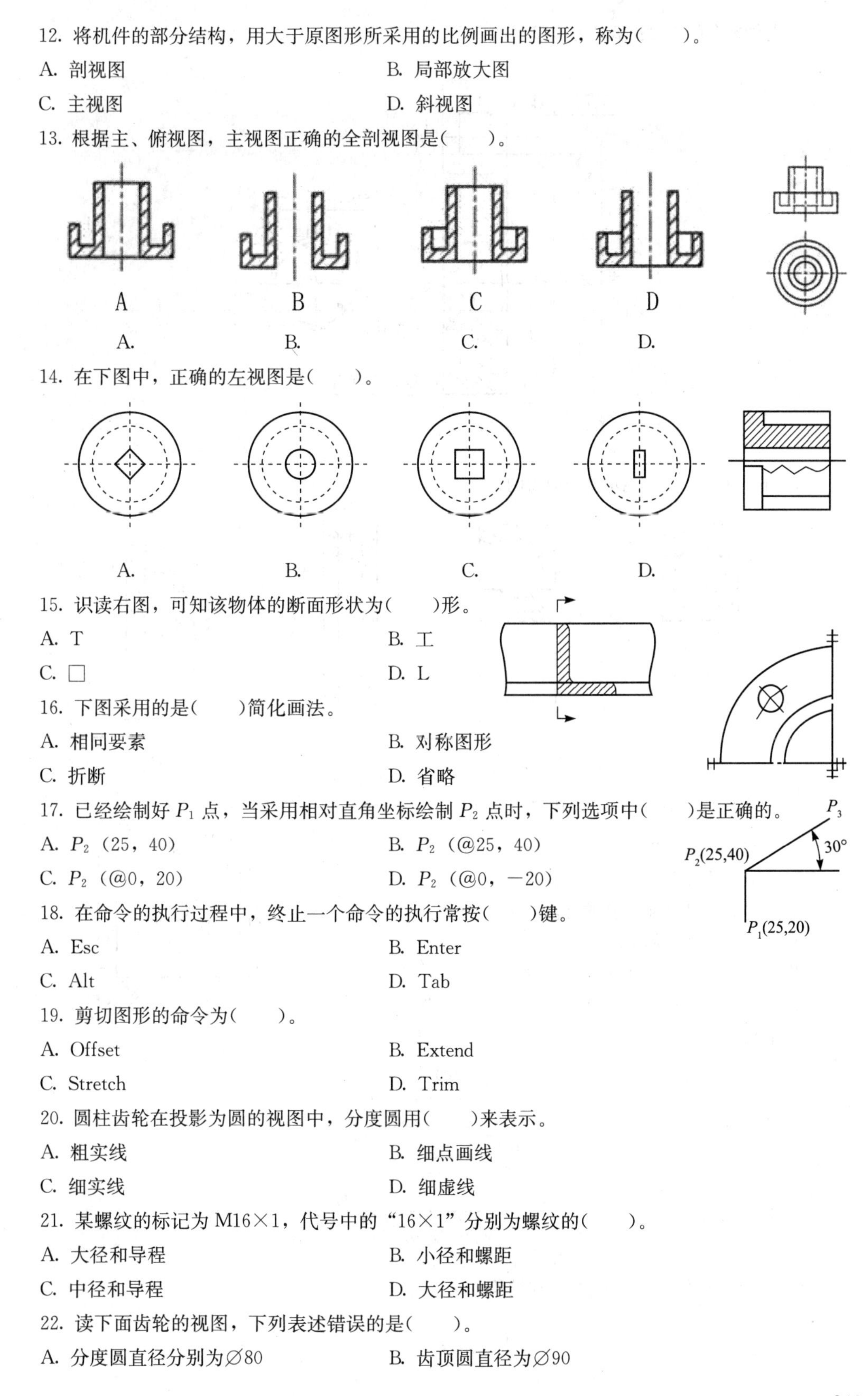

12. 将机件的部分结构，用大于原图形所采用的比例画出的图形，称为(　　)。

A. 剖视图　　B. 局部放大图

C. 主视图　　D. 斜视图

13. 根据主、俯视图，主视图正确的全剖视图是(　　)。

A.　　B.　　C.　　D.

14. 在下图中，正确的左视图是(　　)。

A.　　B.　　C.　　D.

15. 识读右图，可知该物体的断面形状为(　　)形。

A. T　　B. 工

C. □　　D. L

16. 下图采用的是(　　)简化画法。

A. 相同要素　　B. 对称图形

C. 折断　　D. 省略

17. 已经绘制好 P_1 点，当采用相对直角坐标绘制 P_2 点时，下列选项中(　　)是正确的。

A. P_2（25，40）　　B. P_2（@25，40）

C. P_2（@0，20）　　D. P_2（@0，－20）

18. 在命令的执行过程中，终止一个命令的执行常按(　　)键。

A. Esc　　B. Enter

C. Alt　　D. Tab

19. 剪切图形的命令为(　　)。

A. Offset　　B. Extend

C. Stretch　　D. Trim

20. 圆柱齿轮在投影为圆的视图中，分度圆用(　　)来表示。

A. 粗实线　　B. 细点画线

C. 细实线　　D. 细虚线

21. 某螺纹的标记为 M16×1，代号中的“16×1”分别为螺纹的(　　)。

A. 大径和导程　　B. 小径和螺距

C. 中径和导程　　D. 大径和螺距

22. 读下面齿轮的视图，下列表述错误的是(　　)。

A. 分度圆直径分别为∅80　　B. 齿顶圆直径为∅90

C. 与轴配合的轮毂孔直径为$\varnothing$35　　　　D. 齿轮宽为 20

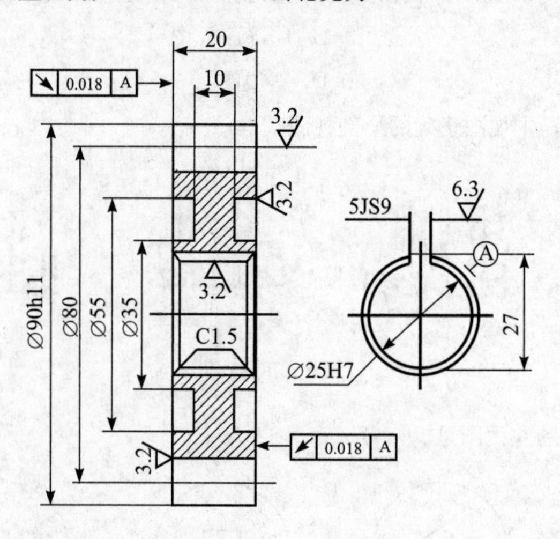

23. 下列轴承中，只能承受径向力的轴承为(　　)。

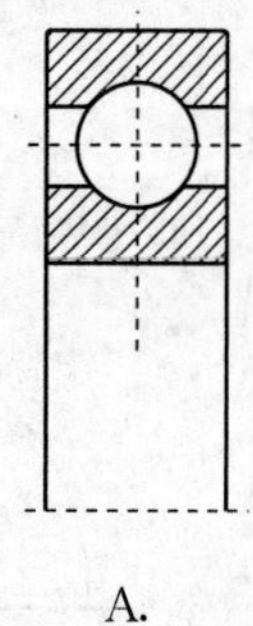
A.

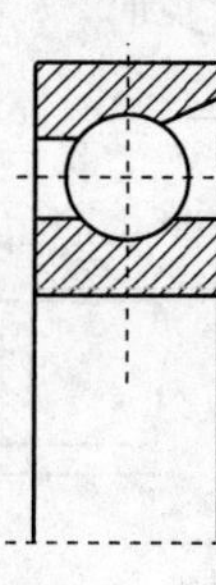
B.

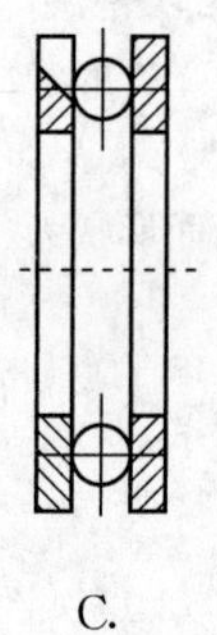
C.

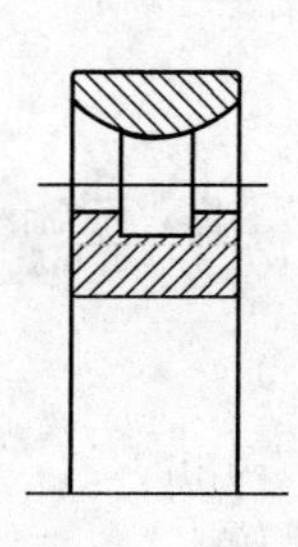
D.

24. 下图中标注的$\varnothing 30\dfrac{H8}{f7}$，其含义为(　　)。

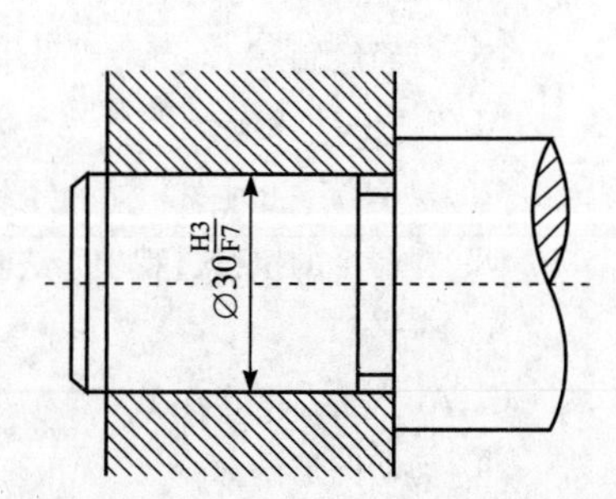

A. $\varnothing$30 为轴和孔的基本尺寸

B. H8、f7 分别为孔与轴的公差带代号

C. H8、f7 分别为轴与孔的公差尺寸

D. $\varnothing$30 为轴和孔的实际尺寸

25. 下图中的键联接属于(　　)键联接。

A. 平　　　　B. 花

C. 半圆　　　　D. 楔

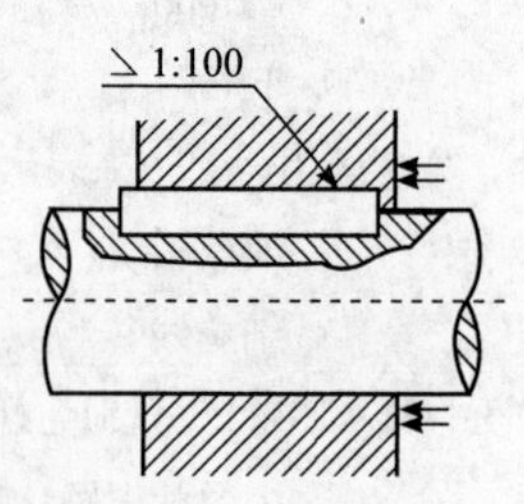

26. 下列轴承中，(　　)为推力球轴承。

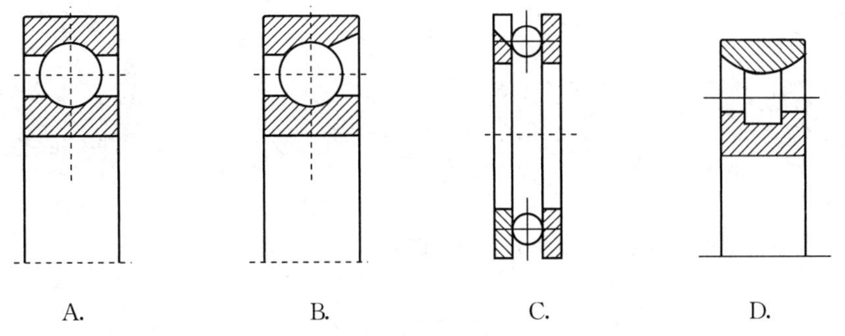

27. 下面为轴的一组视图，下列表述错误的是(　　)。

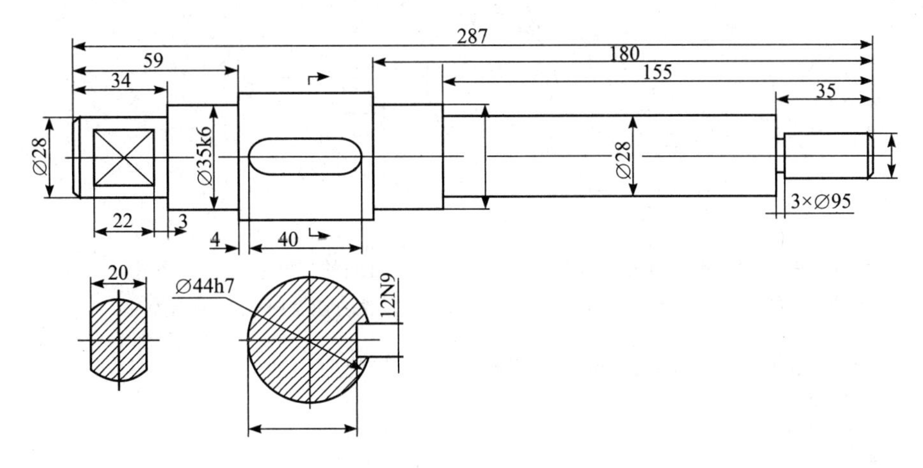

A. 以轴的加工位置作为主视图的投影方向

B. 两断面图表达了轴的其他结构

C. 主视图反映了轴的主要形状特征

D. 两局部视图表达了轴的其他结构

28. 下图为滑动轴承座的主视图，该视图采用的表达方法是(　　)。

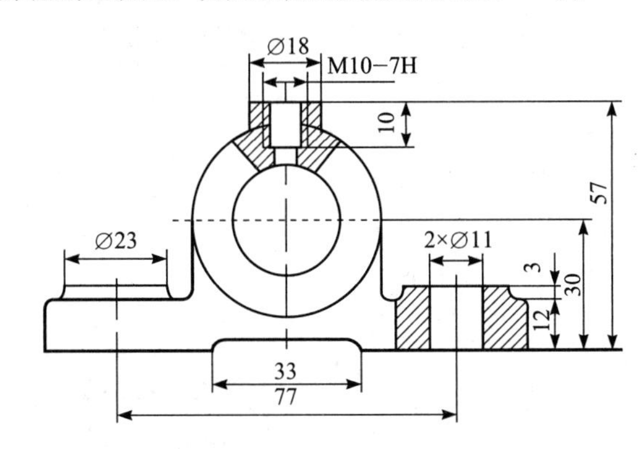

A. 局部剖视图　　　　B. 半剖视图

C. 局部视图　　　　D. 断面图

29. 从测量方便考虑，下面的尺寸标注中合理的是(　　)。

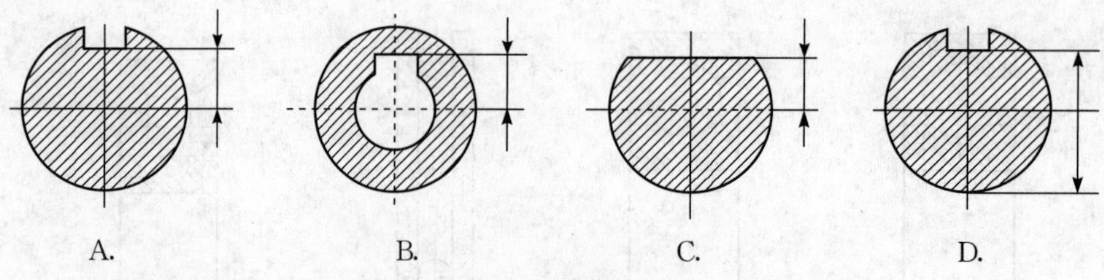

30. 下图为滑动轴承座的主视图，下列叙述错误的是(　　)。

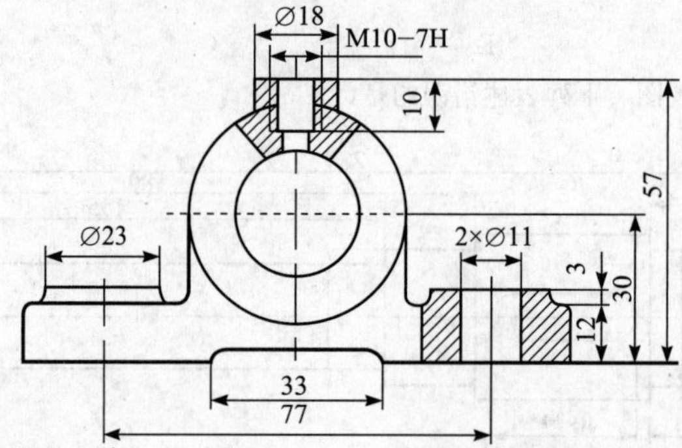

A. 长度方向的尺寸基准为其左右对称面　　B. 高度方向的尺寸基准为其下底面

C. 其上螺纹孔的小径为 10mm　　D. 30 为滑动轴承座孔的定位尺寸

31. 3.2 表示用(　　)方法获得的表面粗糙度，其上限值为 $Ra=3.2\mu m$。

A. 不去除材料　　B. 去除材料

C. 车削加工　　D. 铣削加工

32. 下列零件工艺结构不合理的是（　　）。

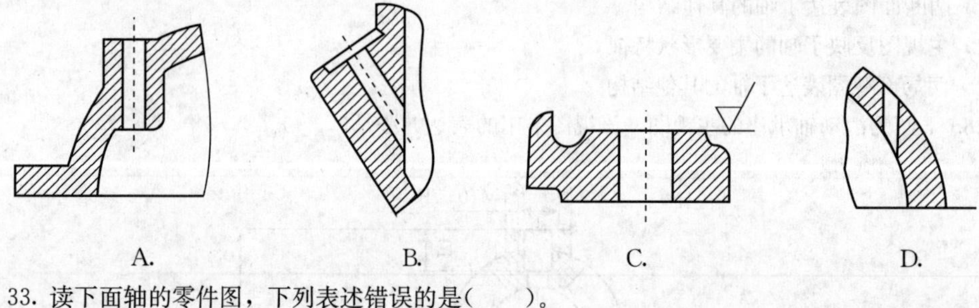

33. 读下面轴的零件图，下列表述错误的是(　　)。

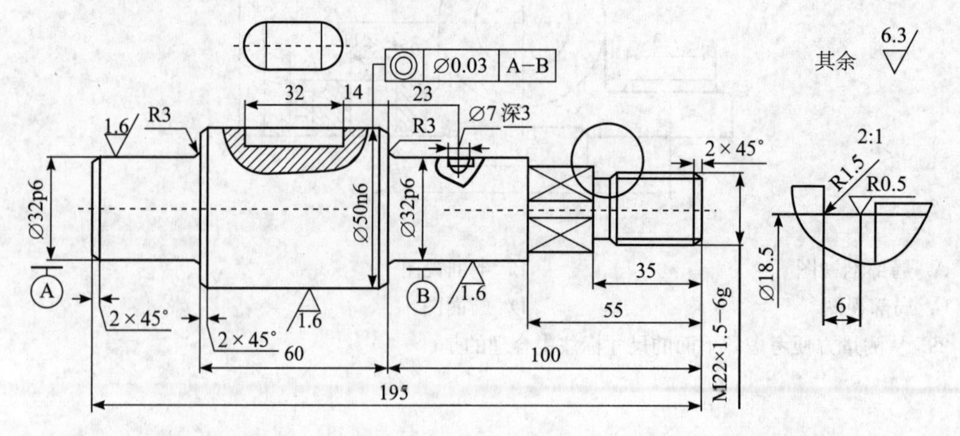

A. M22 的螺纹为粗牙螺纹

B. 键槽的两端均为半圆形，键槽的长度为 32mm

C. 轴上的倒角有 5 处，其尺寸均为 2×450

D. 轴上的退刀槽有 1 处，其宽度为 6 mm

34. | ⌿ | 0.05 | A | 表示(　　)公差代号。

A. 圆跳动　　B. 对称度　　C. 平行度　　D. 同轴度

35. 机械制图规定：在装配图中，相邻两零件的接触面和配合面(　　)。

A. 画两条线　　B. 画一条线　　C. 无画线　　D. 涂黑

36. 下面装配图中的轴承、螺纹联接等画法，属于装配图的(　　)画法。

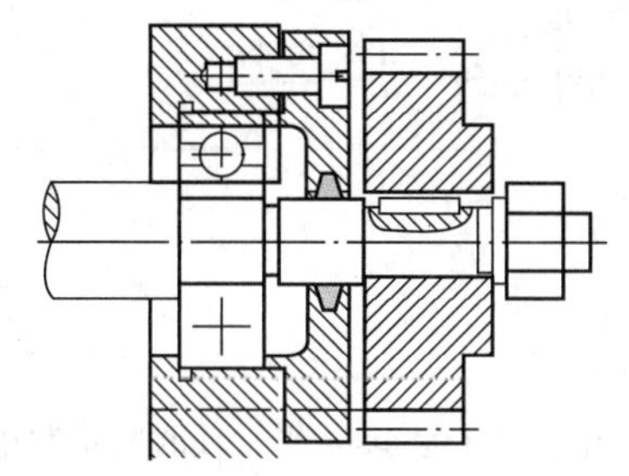

A. 拆卸　　B. 假想　　C. 展开　　D. 简化

37. 下列关于装配图画法的表述中错误的是(　　)。

A. 同一零件在各视图上的剖面线和间隔可以不一致

B. 相邻两个或多个零件的剖面线方向相反或方向相同而间隔不相等

C. 零件的工艺结构，如倒角、退刀槽等，可不画出

D. 装配图中若干相同的零件组，可详细地画出一组，其余只画出中心线位置即可

38. 下图为滑动轴承的装配图，下列叙述错误的是(　　)。

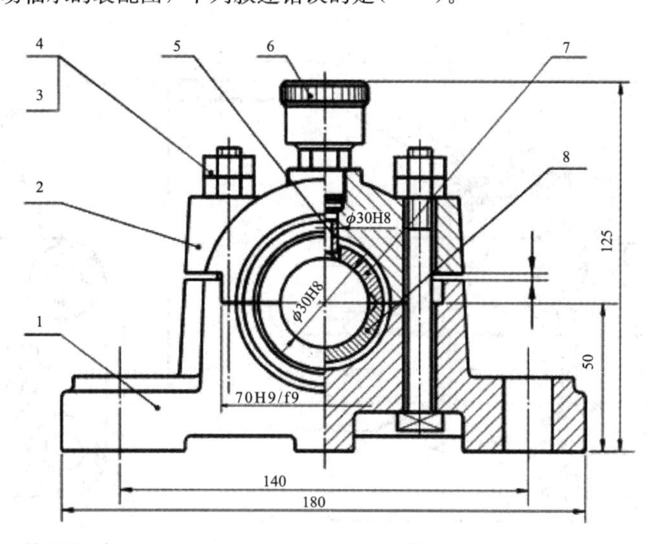

A. 180、125 为外形尺寸　　B. 140 为安装尺寸

C. ∅30H8 为装配尺寸　　D. 70H9/f9 为装配尺寸

39. 读下面手拉定位器的装配图，下列表述错误的是(　　)。

A. 零件 2 与 E 的配合代号为∅24 $\frac{H7}{g6}$

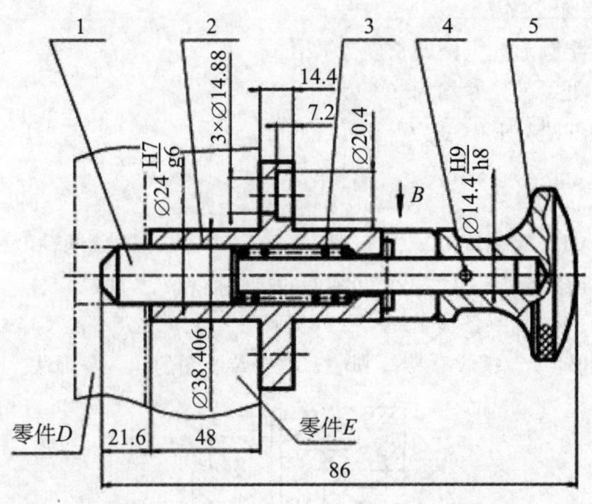

B. 定位销 1 与 5 的配合代号为$\varnothing 14\ \frac{H9}{h8}$

C. 零件 2 上的沉孔均布了 4 个

D. 零件 2 与 E 的配合长度为 48

40. 一对相互配合的轴和孔，孔的尺寸为 $\Phi30^{0.033}_{0}$，轴的尺寸为 $\Phi30^{0.020}_{0.041}$，则此轴和孔属于(　　)配合。

A. 间隙　　　　B. 过盈　　　　C. 过渡　　　　D. 间隙或过渡

41. 一张完整的装配图除一组图形、必要的尺寸外，不包括（　　）。

A. 零件的表面粗糙度　　　　B. 技术要求

C. 标题栏　　　　D. 零件编号和明细栏

42. 读下面球阀的装配图，下列表述错误的是(　　)。

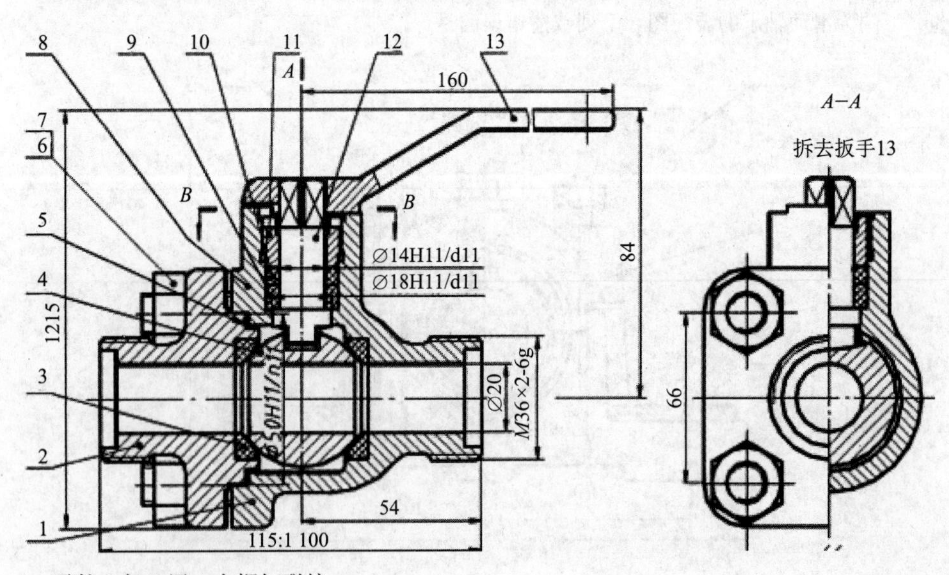

A. 零件 2 与 1 用 4 个螺钉联接

B. 半剖的左视图采用了装配图的假想画法

C. 该装配图上有配合要求的有 3 处

D. 零件 1 上螺纹的公称直径为 36mm

金属及润滑材料

1. 钢是指含碳量小于（　　）的铁碳合金。

A. 0.021 8%　　B. 2.11%　　C. 0.6%　　D. 6.67%

2. 材料抵御比其更硬的物体压入其表面的能力叫(　　)。

A. 刚度　　B. 硬度　　C. 韧性　　D. 强度

3. 材料经过无限次（107 次）应力循环而不发生断裂的最大应力，通常称为(　　)。

A. 抗拉强度　　B. 屈服强度　　C. 疲劳强度　　D. 冲击韧性

4. 衡量材料抵抗破坏的能力叫(　　)。

A. 刚度　　B. 硬度　　C. 强度　　D. 稳定性

5. 拉伸试验时，试样拉断前能承受的最大标拉应力称为材料的(　　)。

A. 屈服点　　B. 抗拉强度　　C. 弹性极限　　D. 刚度

6. 机械设备零件应具有足够的可靠性，即在规定的寿命期限内必须具有足够的稳定性、耐腐蚀性、抗疲劳性和（　　）。

A. 密度　　B. 硬度　　C. 重量　　D. 强度

7. 45 钢属于下列选项中的(　　)。

A. 优质碳素结构钢　　B. 不锈钢

C. 低合金结构钢　　D. 耐热钢

8. 牌号为 Q295 的钢，295 是表示钢的(　　)。

A. 冲击韧性　　B. 抗拉强度

C. 屈服强度　　D. 疲劳强度

9. 若钢的牌号为 20Cr，则 20 的含义是(　　)。

A. 平均含碳量为 0.020%　　B. 平均含碳量为 0.20%

C. 平均含碳量为 2.0%　　D. 平均含碳量为 20%

10. 随着钢中含碳量的增加，其机械性能的变化是(　　)。

A. 硬度降低，塑性增加　　B. 硬度和塑性都降低

C. 硬度和塑性都增加　　D. 硬度增加，塑性降低

11. 牌号为 Q235 的钢是(　　)材料。

A. 普通低碳钢　　B. 低合金钢

C. 铸铁　　D. 合金钢

12. 建筑结构中使用的光面钢筋属于(　　)。

A. 碳素结构钢　　B. 低合金高强度结构钢

C. 合金渗碳钢　　D. 合金调质钢

13. 起重机的吊钩一般是用(　　)材料锻造而成。

A. 铸铁　　B. 铸钢　　C. 低碳合金钢　　D. 高碳合金钢

14. 推土机的履带采用的材料是(　　)。

A. 铸铁　　B. 耐磨钢　　C. 铸钢　　D. Q235

15. 钢材中磷的存在会引起(　　)。

A. 热脆性　　B. 冷脆性　　C. 塑性增大　　D. 硬度降低

16. 淬火后的工件要经过(　　)处理，从而降低其内应力和脆性，防止工件开裂。

A. 退火　　B. 回火　　C. 淬火　　D. 正火

17. 热处理方法虽然很多，但任何一种热处理都是由(　　)三个阶段组成的。

A. 加热、保温和冷却　　B. 加热、保温和转变

C. 正火、淬火和退火　　　　　　　　　D. 回火、淬火和退火

18. 正火是将工件加热到一定温度，保温一段时间，然后采用的冷却方式是(　　)。

A. 随炉冷却　　B. 在油中冷却　　C. 在空气中冷却　　D. 在水中冷却

19. 调质处理是指(　　)。

A. 正火＋高温回火　B. 退火＋高温回火　C. 淬火＋高温回火　D. 淬火＋低温回火

20. 高温回火的温度范围是(　　)。

A. 150～200℃　　B. 250～400℃　　C. 400～500℃　　D. 500～650℃

21. 焊接残余变形和(　　)的存在会对焊接结构的承载力带来极为不利的影响，必须尽量减少或避免。

A. 焊接应力　　B. 弯曲变形　　C. 扭转变形　　D. 弯扭变形

22. 钢筋的焊接质量与(　　)有关。

A. 钢材的可焊性　　B. 焊接工艺　　C. A与B　　D. 温度

23. 电弧焊的焊接质量在很大程度上取决于(　　)。

A. 焊接设备　　B. 焊接环境　　C. 焊接材料　　D. 焊工操作水平

24. 焊接Q235钢材时，应选用(　　)。

A. 铸铁焊条　　B. 碳钢焊条　　C. 堆焊焊条　　D. 不锈钢焊条

25. 润滑油最主要的物理性质，也是选择润滑油的主要依据是(　　)。

A. 比重　　B. 黏度　　C. 湿度　　D. pH值

26. 润滑油的黏度越大，(　　)。

A. 流动性越好　　B. 流动性越差　　C. 防蚀性能好　　D. 清洗能力越好

27. 润滑油的作用中不包括(　　)。

A. 润滑　　B. 冷却　　C. 防蚀　　D. 紧固

28. 当温度升高时，润滑油的黏度(　　)。

A. 随之升高　　B. 随之降低　　C. 保持不变　　D. 升高或降低视润滑油性质而定

29. 对机械备进行润滑，可以(　　)。

A. 提高强度　　B. 提高硬度　　C. 降低强度　　D. 降低功率损耗

30. 推土机发动机大修后，出现拉缸、烧瓦现象的最主要原因是(　　)。

A. 选用润滑油黏度过高　　　　　　B. 选用润滑油黏度过低

C. 选用润滑油质量级别过低　　　　D. 选用润滑油质量级别过高

31. 当温度降低时，润滑油的黏度(　　)。

A. 随之升高　　B. 随之降低　　C. 保持不变　　D. 升高或降低视润滑油性质而定

32. 黏度大的润滑油，适用于机械(　　)的工况。

A. 低温环境　　B. 负荷较大　　C. 负荷较低　　D. 高速运转

33. 粘度小的润滑油适用于(　　)。

A. 低速重载　　B. 高速重载　　C. 高速轻载　　D. 工作温度高

34. 齿轮传动中，轴承润滑应选用(　　)。

A. 齿轮油　　B. 机械油　　C. 仪表油　　D. 汽缸油

35. 工业润滑油的基本性能和主要选用原则是黏度，在中转速、中载荷和温度不太高的工况下应该选用(　　)。

A. 高黏度润滑油　B. 中黏度润滑油　C. 低黏度润滑油　D. 合成润滑油

36. 机械设备在宽高低温范围、轻载荷和高转速，以及有其他特殊要求的工况下应该选用(　　)。

A. 高黏度润滑油　B. 中黏度润滑油　C. 低黏度润滑油　D. 合成润滑油ISO

常用机械零部件

1. 带传动的主要失效形式是带的(　　)。

A. 疲劳拉断和打滑　B. 磨损和胶合　C. 胶合和打滑　D. 磨损和疲劳点蚀

2. 在一皮带传动中，若主动带轮的直径为 10cm，从动带轮的直径为 30cm，则其传动比为(　　)。

A. 0.33　B. 3　C. 4　D. 5

3. 右图为某传动装置的运动简图，该传动装置的组成是(　　)。

A. 一对锥齿轮和一对直齿轮　B. 一对直齿轮和一对斜齿轮

C. 一对锥齿轮和一对斜齿轮　D. 一对锥齿轮和蜗轮蜗杆

4. 高速重载齿轮传动中，当散热条件不良时，齿轮的主要失效形式是(　　)。

A. 轮齿疲劳折断　B. 齿面点蚀

C. 齿面胶合　D. 齿面磨损

5. 某对齿轮传动的传动比为 5，则表示(　　)。

A. 主动轮的转速是从动轮转速的 5 倍

B. 从动轮的转速是主动轮转速的 5 倍

C. 主动轮的圆周速度是从动轮圆周速度的 5 倍

D. 从动轮的圆周速度是主动轮圆周速度的 5 倍

6. 下列对于蜗杆传动的描述，不正确的是(　　)。

A. 传动比大　B. 传动效率高　C. 制造成本高　D. 传动平稳

7. 花键联接与平键联接相比，下列表述错误的是(　　)。

A. 承载能力较大　B. 旋转零件在轴上有良好的对中性

C. 对轴的削弱比较大　D. 旋转零件在轴上有良好的轴向移动的导向性

8. 选用 x 联接用的螺母、垫圈是根据螺纹的(　　)。

A. 中径　B. 大径　C. 小径　D. 螺距

9. 当两被联接件之一太厚不宜制成通孔，且联接不需要经常拆装时，宜采用的联接(　　)。

A. 螺栓　B. 螺钉　C. 双头螺柱　D. 紧定螺钉

10. 齿轮减速器的箱体与箱盖用螺纹联接，箱体、箱盖被联接处的厚度不太大，且需经常拆装，一般宜选用的联接是(　　)。

A. 螺栓　B. 螺钉　C. 双头螺柱　D. 紧定螺钉

11. 平键标记为 B20×80，则 20×80 表示(　　)。

A. 键宽×键长　B. 键宽×轴径　C. 键高×键长　D. 键宽×键高

12. 相对于铆接而言，下列焊接特点的描述，不正确的是(　　)。

A. 结构重量轻　B. 生产率高　C. 结构笨重　D. 强度高

13. 下图为一减速器上的某轴，轴上齿轮的右端用(　　)来进行轴向固定。

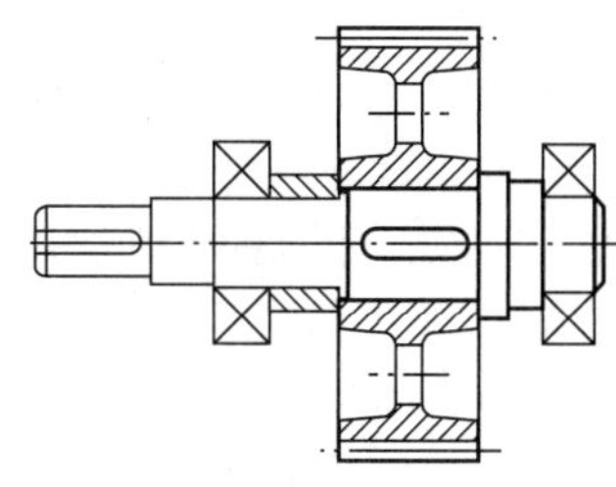

A. 轴环　　B. 螺母　　C. 定位套　　D. 弹性档圈

14. 根据工作要求，在某轴上选用了一对6213轴承，该轴承的类型为(　　)。

A. 圆锥滚子轴承　　B. 角接触球轴承

C. 推力球轴承　　D. 深沟球轴承

15. 某转轴采用一对滚动轴承支承，其承受载荷为径向力和较大的轴向力，并且有较大的冲击、振动，因此宜选择(　　)。

A. 深沟球轴承　　B. 角接触球轴承

C. 圆锥滚子轴承　　D. 圆柱滚子轴承

16. 在下列四种型号的滚动轴承中，只能承受轴向载荷的是(　　)。

A. 6208　　B. N208　　C. 30208　　D. 51208

17. 滑动轴承对于滚动轴承，有其独特的优点，下列对滑动轴承的描述错误的是(　　)。

A. 摩擦阻力小　　B. 承载能力大、抗冲击

C. 工作平稳、低噪声　　D. 高速性能好

18. 在变速传动设计中，当两平行轴间的动力传递要求传动平稳、传动比准确，且传递功率较大、转速较高时，宜采用(　　)传动。

A. 带　　B. 链

C. 齿轮　　D. 蜗杆

19. 某两轴的对中性好、振动冲击小，但传递的扭矩较大，则此两轴间应选(　　)联轴器。

A. 凸缘　　B. 齿式　　C. 万向　　D. 十字滑块

20. 在下列四种类型的联轴器中，能补偿两轴相对位移以及可缓和冲击、吸收振动的是(　　)联轴器。

A. 凸缘　　B. 齿式　　C. 万向　　D. 弹性柱销

21. (　　)联轴器在传动中允许两轴线有较大偏斜，广泛应用于运输机械中。

A. 万向　　B. 齿式　　C. 弹性柱销　　D. 凸缘

22. 汽车发动机与变速箱之间两轴的联接宜采用(　　)离合器。

A. 摩擦　　B. 超越　　C. 牙嵌　　D. 安全

23. 制动器的作用是(　　)。

A. 传递两轴间的运动　　B. 联接两轴

C. 变速变扭　　D. 当需要时，使旋转的零件停止运动

24. (　　)制动器广泛使用于各种车辆中。

A. 带式　　B. 外抱块式　　C. 内张蹄式　　D. 压杆式

25. 下列对于蜗杆传动的描述，不正确的是(　　)。

A. 传动比大　　B. 传动效率高　　C. 制造成本高　　D. 传动平稳

液压传动

1. 当液压系统只有一台泵，而系统不同的部分需要不同的压力时，则使用(　　)。

A. 顺序阀　　B. 平衡阀　　C. 减压阀　　D. 溢流阀

2. 在液压系统中，限制系统的最高压力，起过载保护作用的阀为(　　)。

A. 顺序阀　　B. 单向阀　　C. 换向阀　　D. 溢流阀

3. 液压传动即利用压力油来实现运动及动力传递的传动方式，其实质上是一种(　　)装置。

A. 运动　　B. 机械　　C. 蓄能　　D. 能量转换

4. 在伸缩式吊臂汽车起重机中，控制吊臂依次伸出或缩回的液压阀为(　　)。

A. 调速阀　　B. 单向阀　　C. 换向阀　　D. 顺序阀

5. 下列对齿轮泵特点的叙述，不正确的是(　　)。

A. 结构简单　　B. 效率高　　C. 工作可靠　　D. 对油污不敏感

6. 下列液压元件中，属于液压执行元件的是(　　)。

A. 液压缸　　B. 液压活塞　　C. 液压阀　　D. 液压泵

7. 使液压油只在一个方向上通过而不会反向流动，即正向通过，反向截止的液压元件是(　　)。

A. 单向阀　　B. 换向阀　　C. 方向阀　　D. 顺序阀

8. 下列对叶片泵特点的叙述，不正确的是(　　)。

A. 排量小　　B. 噪声小　　C. 对油污敏感　　D. 流量均匀

9. 液压传动工作介质的(　　)大小直接影响系统的正常工作和灵敏度。

A. 压力　　B. 压强　　C. 黏性　　D. 中和性

10. 液压系统中，介质的(　　)随温度变化，从而影响液压系统的稳定性。

A. 压力　　B. 流量　　C. 流速　　D. 黏性

11. 下列液压元件不属于液压系统辅助元件的是(　　)。

A. 油管　　B. 油箱　　C. 滤油器　　D. 液压阀

12. 下列对液压传动特点的叙述，正确的是(　　)。

A. 能保证严格的传动比　　B. 效率高

C. 能快速启动、制动和频繁换向　　D. 系统的性能不受温度变化的影响

13. 下列对柱塞泵特点的描述，不正确的是(　　)。

A. 工作压力高　　B. 流量范围大　　C. 对油污不敏感　　D. 用于高压、高转速的场合

14. 与机械传动相比，液压传动的优点是（　　)。

A. 效率高　　B. 液压元件的加工精度要求低

C. 可以获得严格的传动比　　D. 运转平稳

15. 常用的液压设备工作介质有（　　)。

A. 水和油脂　　B. 水和液压油　　C. 水和植物油　　D. 水和润滑油

16. 对于要求运转平稳、流量均匀、脉动小的中低压液压系统中，应选用(　　)。

A. 齿轮泵　　B. 叶片泵　　C. 柱塞泵　　D. 齿轮泵或叶片泵

建筑电气常识

1. 三相异步电动机三相定子绕组连接方法有(　　)。

A. 星形和三角形　　B. 星形　　C. 三角形　　D. 星一星形

2. 向电路提供持续电流的装置是(　　)。

A. 电源　　B. 用电器　　C. 开关　　D. 导线

3. 电源是提供电路中所需的（　　）装置。

A. 磁能　　B. 热能　　C. 机械能　　D. 电能

4. 发生短路时电流没有通过负载，导致负载的电压为(　　)V。

A. 0　　B. 24　　C. 36　　D. 220

5. 下列电器不属于控制电器的是(　　)。

A. 熔断器　　B. 刀开关　　C. 低压断路器　　D. 行程开关

6. 主要用来在设备发生漏电故障时以及对有致命危险的人身触电进行保护的电器是（　　）

A. 交流接触器　　B. 漏电保护器　　C. 热继电器　　D. 空气断路器

7. (　　)就是把电气设备的金属外壳用足够粗的金属导线与大地可靠地连接起来。

A. 保护接地　　B. 保护接零　　C. 重复接地　　D. 中性点接地

8. 保护接零用于380/220V电源的中性点直接接地(　　)的配电系统。

A. 动力配电与照明配电　　B. 三相四线制

C. 三相三线制　　D. 单相电路

9. 在采用保护接零的系统中，还要在电源中性点进行工作接地和在零线的一定间隔距离及终端进行(　　)。

A. 漏电保护　　B. 过压保护

C. 接零保护　　D. 重复接地

10. 下列属于弱电设备的是(　　)。

A. 避雷针　　B. 避雷网　　C. 接地装置　　D. 电话

11. 三相异步电动机与电源相接的是(　　)。

A. 机座　　B. 三相定子绕组　　C. 转子绕组　　D. 转子

12. 我国规定电动机所接交流电源的频率为(　　)Hz。

A. 50　　B. 50±1　　C. 100±1　　D. 250

13. 安全用电的主要内容是保护人身安全和设备安全，用电设备的安全是由电气设备的系统来保障，其保障措施不包括（　　）保护。

A. 过载　　B. 短路　　C. 漏电　　D. 欠压

14. 电气设备的供电压低于它的额定电压的(　　)时称欠压。

A. 20%　　B. 5%　　C. 10%　　D. 30%

15. 用电的人身安全措施主要是（　　）。

A. 短路保护　　B. 漏电保护　　C. 过载保护　　D. 过压保护

16. 漏电保护器中，认(　　)型保护器性能最好，应用最普遍。

A. 电压动作　　B. 电流动作　　C. 交流脉冲　　D. 直流动作

17. 漏电保护器主要由操作执行机构、中间放大环节和(　　)组成。

A. 电气元件　　B. 电阻元件　　C. 检测元件　　D. 熔丝

18. 在三相四线供电系统中，PE 线与 N 线的区别在于 PE 线是(　　)。

A. 工作零线　　B. 保护零线　　C. 工作相线　　D. 中性线

19. 用电设备长时间处于过载，会加速(　　)老化。

A. 设备上的导线　　B. 设备的导电元件

C. 设备的金属材料　　D. 设备的绝缘材料

20. 漏电保护器与被保护的用电设备之间的各线(　　)。

A. 不能碰接　　B. 可以碰接　　C. 不能分开　　D. 可以共用

21. 下列说法不正确的是(　　)。

A. 漏电保护器接在电源与用电设备之间

B. 用电设备的金属外壳与 PE 线作电气连接

C. 用电设备的金属外壳与 N 线作电气连接

D. 漏电保护器接在配电箱靠近用电设备一侧

22. 下列说法不正确的是(　　)。

A. 漏电保护器保护线路的工作中性线（N）要通过零序电流互感器

B. 接零保护线（PE）要通过零序电流互感器

C. 控制回路的工作中性线不能进行重复接地

D. 漏电保护器后面的工作中性线（N）与保护线（PE）不能合并为一体

23. 在施工升降机的控制电路中，利用行程开关不能控制(　　)。

A. 开关轿门的速度　　B. 自动开关门的限位

C. 轿厢的上、下极限位　　D. 轿厢的上、下的速度

二、多选题

工程力学知识

1. 力的三要素包括包括(　　)。

A. 力　　B. 大小　　C. 方向　　D. 作用位置

2. 图示 A、B 两物体，自重不计，分别以光滑面相靠或用铰链 C 相联接，受两等值、反向且共线的力 $F1$、$F2$ 的作用。以下四种由 A、B 所组成的系统中，平衡的是(　　)。

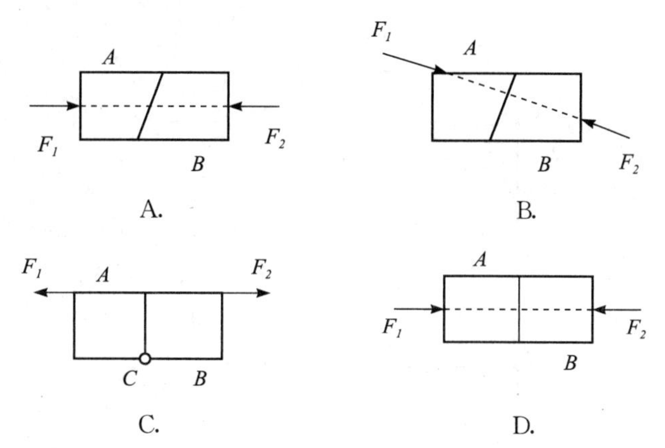

3. 下列关于内力图的特点正确的有(　　)。

A. 无荷载作用区段，V>0 时，弯矩图为一条从左向右的下斜线

B. 无荷载作用区段，V>0 时，弯矩图为一条从左向右的上斜线

C. 无荷载作用区段，V=0 时，弯矩图为一条平行于 x 轴的直线

D. 均布荷载作用区段，在 V=0 的截面上，弯矩有极值

4. 图 (a) 所示体系中杆 BCD 的受力图为(　　)。

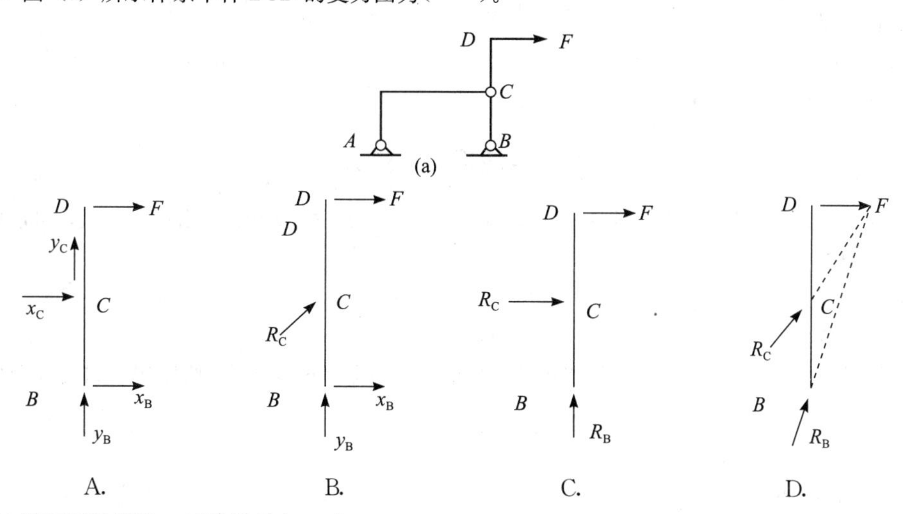

5. 以下四种说法，正确的是(　　)。

A. 力对点之矩的值与矩心的位置无关

B. 力偶对某点之矩的值与该点的位置无关

C. 力偶对物体的作用可以用一个力的作用来与它等效替换

D. 一个力偶不能与一个力相互平衡

6. 一个五次超静定结构，不可能只有(　　)个未知量。

A. 5　　B. 6　　C. 7　　D. 8

7. 在下列各种因素中，(　　)不能使静定结构产生内力和变形。

A. 荷载作用　　B. 支座移动

C. 温度变化　　D. 制造误差

8. 用力法求解图（a）所示刚架，其基本结构为（　　）。

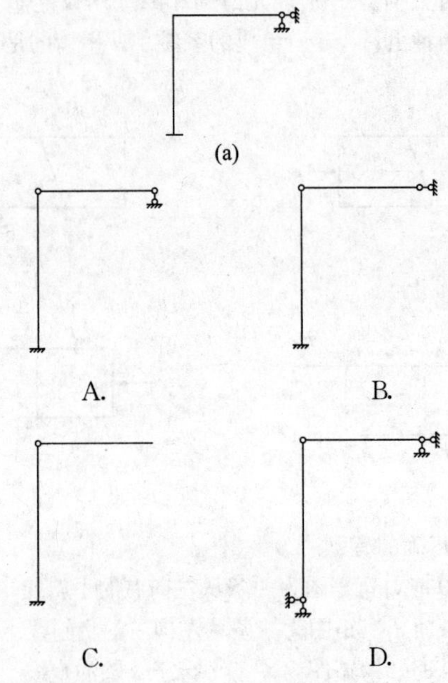

9. 提高梁的抗弯刚度的有效措施是(　　)。

A. 采用优质材料　　B. 选用合理的截面形式

C. 减少梁的跨度　　D. 改善加载方式

10. 应变的三个线应变分量是(　　)。

A. γx　　B. εx　　C. εy　　D. εz

工程造价基本知识

1. 根据《建设工程工程量清单计价规范》(GB 50500—2013) 的规定，分部分项工程量清单项目由(　　)组成。

A. 项目编码　　B. 项目特征

C. 工作内容　　D. 综合单价

2. 根据《湖南省建设工程工程量清单计价办法》的规定，分部分项工程清单项目的综合单价包括(　　)。

A. 分项直接工程费　　B. 管理费

C. 文明施工措施费　　D. 税金

3.《建设工程工程量清单计价规范》(GB 50500—2013) 进一步规范了(　　)等工程造价文件的编制原则和方法。

A. 招标控制价　　B. 投标报价　　C. 工程价款结算　　D. 竣工决算

4. 现行建筑工程施工机械台班费单价中，下列费用属于可变费用的是(　　)。

A. 施工机械燃料动力费　　B. 施工机械场外运输及安折费

C. 施工机械机上人工费　　D. 施工机械车船使用税及养路费

5. 机械台班费中折旧费的计算依据包括(　　)。

A. 耐用总台班数　　B. 残值率

C. 机械现场安装费　　D. 资金的时间价值

6. 台班大修理费是机械使用期限内全部大修理费之和在台班费用中的分摊额，它取决于(　　)。

A. 一次大修理费用　　B. 机械的预算价格

C. 大修理次数　　D. 耐用总台班的数量

机械图识读

1. 标注尺寸时，尺寸数字的书写方向为(　　)。

A. 水平尺寸数字字头向上　　B. 垂直尺寸数字字头向左

C. 角度尺寸数字可以任意书写　　D. 倾斜方向的尺寸字头偏向斜上方

2. (　　)视图可以判断出形体上各部分之间的前后位置关系。

A. 俯　　B. 主　　C. 左　　D. 后

3. 关于下面视图的表述(　　)是正确的。

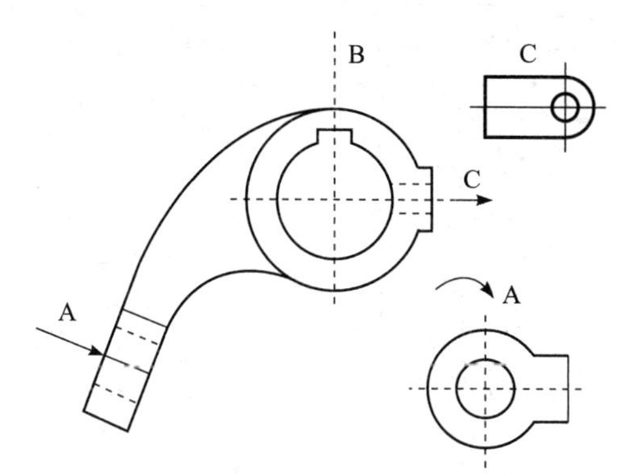

A. C图为局部视图　　B. A图为局视图

C. C图为斜视图　　D. A图为斜视图

4. 采用不同剖切面剖切机件时，得到的剖视图有(　　)。

A. 全剖视图　　B. 断面图

C. 半剖视图　　D. 局部剖视图

5. 下面为轴的一组视图，采用的表达方法是(　　)。

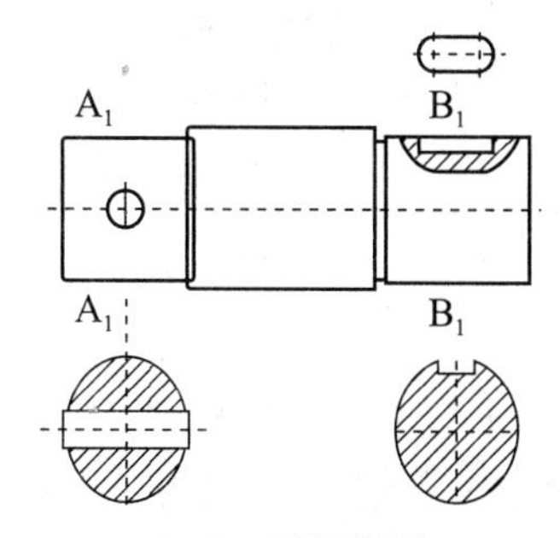

A. 斜视图　　B. 局部视图

C. 断面图　　D. 局部剖视图

6. 下面视图中采用的表达方法是(　　)。

A. 局部剖视图　　B. 局部放大图

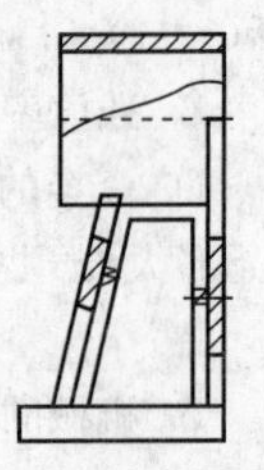

C. 断面图　　　　　　　　　　　　D. 全剖视图

7. 某螺纹标记为G1 $\frac{1}{2}''$，下列对螺纹的表述正确的是(　　)。

A. 此螺纹为普通螺纹　　　　　　　B. 公称直径为1.5英寸

C. 公称直径为1.5米　　　　　　　D. 此螺纹为管螺纹

8. 从测量方便考虑，下面的尺寸标注中合理的是(　　)。

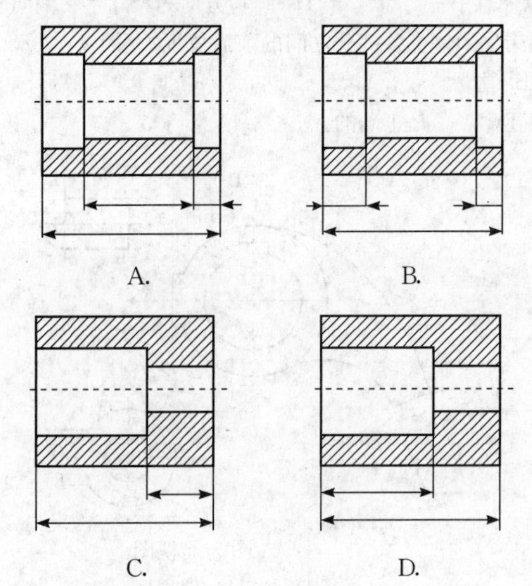

9. 下面的装配图中，采用了装配图的(　　)画法。

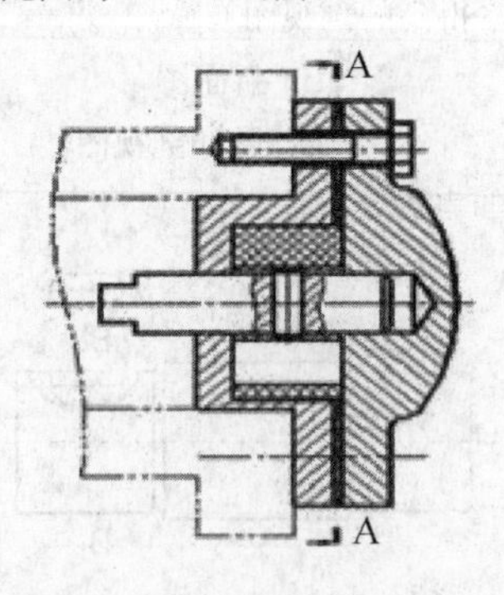

A. 拆卸　　　　B. 假想　　　　C. 展开　　　　D. 简化

10. 装配图上要标注的尺寸种类包括规格尺寸外，还包括的尺寸有(　　)。

A. 装配　　　　　　　　　　　　B. 安装

C. 零件各部分的定形　　　　　　D. 外形

11. 下面为一简单的装配图，下列对装配图叙述正确的是(　　)。

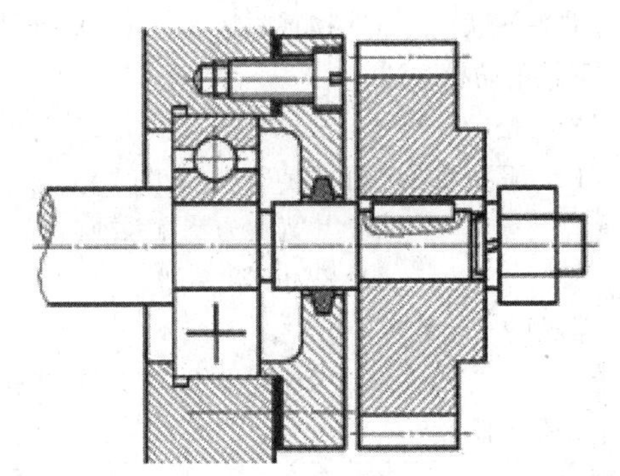

A. 轴上支承的旋转零件为齿轮　　B. 支承轴的轴承为滑动轴承

C. 该装置上采用了螺钉联接　　D. 旋转零件的右端用螺母作轴向固定

金属及润滑材料

1. 金属的机械性能主要包括强度、硬度、塑性、韧性、疲劳强度等指标，其中衡量金属材料在静载荷下机械性能的指标有(　　)。

A. 强度　　B. 硬度　　C. 塑性　　D. 韧性

2. 金属材料的力学性能主要包括(　　)。

A. 强度　　B. 变形　　C. 韧性　　D. 硬度

3. Q235—F 中，描述正确的是(　　)。

A. 碳素结构钢　　B. 合金钢

C. 屈服强度 235MPa　　D. 球墨铸铁

4. 钢材的普通热处理包括(　　)。

A. 退火　　B. 正火　　C. 淬火　　D. 镀锌

5. 某施工现场的钢材 Q235，欲采用手工电弧焊连接，其焊条按等强度原则可选用的牌号有(　　)。

A. J422　　B. J423　　C. J506　　D. J507

6. 焊条的种类很多，其选用一般应考虑的原则(　　)。

A. 低碳钢、低合金钢选用与焊件强度相同或稍高的焊条

B. 合金结构钢焊件选用与其化学成分相同或接近的焊条

C. 对承受动载荷及冲击载荷的工件，应选碱性焊条

D. 对形状复杂、刚度较大的焊件，选碱性低氢焊条

7. 润滑油的黏度与流体的(　　)有关。

A. 质量　　B. 压力　　C. 种类　　D. 温度

8. 在选择润滑油的时候主要考虑因素有(　　)。

A. 运动件的转速　　B. 工作温度　　C. 载荷性质　　D. 环境湿度

9. 在夏季选择润滑油时，应选择(　　)。

A. 黏度小　　B. 凝固点低　　C. 凝固点高　　D. 黏度大

常用机械零部件

1. 以下关于带传动优点的表述中，正确的是(　　)。

A. 吸振性好　　B. 传动平稳　　C. 传动距离大　　D. 传动比准确

2. 变速箱中的滑移齿轮与轴的周向固定，可采用(　　)。

A. 普通平键联接　B. 导向平键联接　C. 楔键联接　D. 花键联接

3. 按防松原理不同，螺纹联接的防松方法有(　　)。

A. 摩擦防松　B. 机械防松　C. 永久防松　D. 弹性垫圈防松

4. 某滚动轴承的型号为7211，下列表述正确的是(　　)。

A. 7表示为圆锥滚子轴承　B. 其宽度为特宽系列

C. 轴承的内径为55mm　D. 2为轻载系列

5. 按制动器的构造分类，常见的制动器有(　　)。

A. 外抱块式　B. 带式　C. 压杆式　D. 内张蹄式

6. 下列(　　)离合器为自动离合器。

A. 超越　B. 摩擦　C. 安全　D. 牙嵌

液压传动

1. 当液压系统工作油温过高时，应检查(　　)是否正常，排除故障后方可继续使用。

A. 流量计　B. 油黏度　C. 冷却器　D. 过滤器

2. 流量控制阀的种类主要有(　　)。

A. 节流阀　B. 调速阀　C. 换向阀　D. 溢流阀

3. 液压传动系统的优点有(　　)。

A. 能实现有级调速　B. 启动和换向迅速　C. 传递运动均匀　D. 能自动实现过载保护

4. 液压系统运转时应随时观察仪表读数，注意的情况有(　　)。

A. 油温　B. 压力　C. 气温　D. 震动

建筑电气常识

1. 电路的三种状态是指(　　)。

A. 通路　B. 断路　C. 短路　D. 磁路

2. 短路保护的常用电气设备有(　　)。

A. 闸刀开关　B. 断路器　C. 熔断器　D. 漏电保护器

3. 下列电气元件属于保护电器的是(　　)。

A. 低压熔断器　B. 漏电保护器　C. 行程开关　D. 组合开关

4. 漏电保护器按检测元件的原理上可分为(　　)和直流动作型等多种类型。

A. 电压动作型　B. 电流动作型　C. 交流脉冲型　D. 交直复合型

5. 下列低压电器中属于控制电器的是(　　)。

A. 铁壳开关　B. 组合开关　C. 行程开关　D. 低压断路器

6. 预防过载与短路故障危害的技术措施是在(　　)中设置过载、短路保护电器。

A. 总配电箱　B. 分配电箱　C. 开关箱　D. 用电设备

岗位知识及专业实务篇

（单选题 259 多选题 97 案例题 15）

一、单选题

常用施工机械的工作原理及技术性能

1. 在常用建筑施工机械设备中，（　　）属于土石方机械。

A. 振动打桩机　　B. 多斗挖掘机

C. 混凝土搅拌机　　D. 自行式起重机

2. 在 QTZ80 型起重机型号表达中，数字 80 表示（　　）。

A. 额定功率为 80kW　　B. 额定起重力矩为 80t·m

C. 额定载重量为 80t　　D. 整机质量为 80t

3. 小型单斗挖掘机斗容量较小，一般小于（　　）。

A. $2m^3$　　B. $3m^3$　　C. $4m^3$　　D. $5m^3$

4. 单斗挖掘机，适应于挖掘（　　）级土壤或爆破后的Ⅴ-Ⅵ级岩石。

A. Ⅰ-Ⅲ　　B. Ⅰ-Ⅳ　　C. Ⅲ-Ⅳ　　D. Ⅳ-Ⅴ

5. 在挖掘机类型中，采用抛掷卸土方式进行卸土的是（　　）挖掘机。

A. 正铲　　B. 反铲　　C. 拉铲　　D. 抓斗

6. 正铲挖掘机，适合挖掘（　　）的工作面。

A. 停机面以下　　B. 停机面以上

C. 停机面以上和停机面以下　　D. 任意位置

7. 适合挖掘桥基桩孔、陡峭深坑及水下土方作业的挖掘机是（　　）。

A. 正铲挖掘机　　B. 反铲挖掘机　　C. 抓斗挖掘机　　D. 拉铲挖掘机

8. 铲运机在（　　）土壤和冻土中作业时要用松土机预先松土。

A. Ⅰ级　　B. Ⅱ级　　C. Ⅲ级　　D. Ⅳ级

9. 履带式自行铲运机，适用于（　　）。

A. 长距离的土方转移施工　　B. 在场地开阔、土质坚硬地带工作

C. 运距不长、场地狭窄及松软潮湿地带工作　　D. 大块碎石的铲运施工

10. 在铲运机生产率的计算公式 $Q=\frac{3600VK_2K_3}{TK_1}$ 中，铲斗的充盈系数一般取（　　）。

A. $K_2=0.5\sim1.0$　　B. $K_2=0.6\sim1.25$　　C. $K_2=1.0\sim1.5$　　D. $K_2=1.25\sim1.8$

11. 铲运机在地形起伏较大、施工地段狭长的施工中，应采用（　　）开行路线。

A. 之字形　　B. 8 字形　　C. 一般环形　　D. 大环形

12. 为提高铲运机生产效率，在（　　）地段，可改挂大型铲土斗。

A. 土质坚硬　　B. 土质松软　　C. 沙石　　D. 土质黏度大的

13. 推土机传动装置中，液力变矩器与动力换挡变速器的组合装置，属于（　　）方式。

A. 液力机械传动　　B. 机械传动　　C. 液压传动　　D. 电传动

14. 在推土机的液压操纵机构中，当换向阀的阀杆处于（　　）位置时，推土刀处于非切土状态。

A. 上升　　B. 静止　　C. 下降　　D. 浮动

15. 推土机铲土过程结束后，可采用（　　）的行驶速度。

A. Ⅰ挡　　B. Ⅱ挡　　C. Ⅲ挡　　D. Ⅳ挡

16. 在推土机的生产率计算公式 $Q_T=\frac{3600VK_tK_nK_y}{T}$ 中，时间利用系数应为（　　）。

A. $K_t=0.25\sim0.50$　B. $K_t=0.50\sim0.75$　C. $K_t=0.85\sim0.90$　D. $K_t=0.90\sim0.10$

17. 推土机采用下坡推土法作业时，借机械向下的重力切土，可提高生产率，但坡度不宜超过（　　）。

A. 5°　B. 10°　C. 15°　D. 20°

18. 推土机采用并列推土法作业时，两机并列推土，铲刀应相距（　　）cm。

A. 10～15　B. 15～30　C. 30～45　D. 45～50

19. 推土机采用斜角推土法作业，当土质为松土时，铲刀与前进方向成（　　）倾斜角度为宜。

A. 45°　B. 60°　C. 75°　D. 90°

20. 装载机按发动机功率分类时，小型装载机发动机功率为（　　）。

A. 74～147kW　B. 147～515kW　C. <74kW　D. <20kW

21. 液压传动的装载机，可无级调速，操作简单；但因其起动性差，（　　）寿命较短，故仅在小型装载机上采用。

A. 液压元件　B. 传动部件　C. 工作部件　D. 液压泵

22. 前卸式装载机，前端铲装卸载，结构简单，工作可靠，视野好，适用于（　　）。

A. 开阔场地　B. 狭长地带

C. 山洞作业场地　D. 各种作业场地，应用广泛

23. 装载机采用"I"型作业法工作时，其与自卸汽车之间的位置关系是，自卸汽车平行于工作面，并适时地前进和倒退，而装载机则（　　）穿梭地进行前进和后退。

A. 与工作面之间成50°～55°的角度　B. 与工作面之间成120°的角度

C. 垂直于工作面　D. 平行于工作面

24. 静力碾压式压实机械，按重量分为五种类型，其中8～10t属于（　　）压路机。

A. 轻型　B. 小型　C. 中型　D. 重型

25. 目前国内轮胎压路机的充气压力为0.2～0.8MPa，正常情况取（　　）。

A. P=0.25MPa　B. P=0.35MPa　C. P=0.45MPa　D. P=0.55MPa

26. 筒式柴油锤的工作过程为（　　）。

A. 扫气、喷油—冲击—爆发—排气—压缩—吸气—降落

B. 扫气、喷油—爆发—压缩—冲击—排气—吸气—降落

C. 扫气、喷油—压缩—排气—吸气—冲击—爆发—降落

D. 扫气、喷油—压缩—冲击—爆发—排气—吸气—降落

27. 在桩工机械中，（　　）噪声极小，无空气污染，桩头不易损坏。

A. 柴油打桩锤　B. 导杆式柴油锤　C. 静力压桩机　D. 振动锤

28. 在下列振动锤中，（　　）的主要特点是电机与振动器用减振弹簧隔开，电机不参加振动。

A. 柔式振动锤　B. 刚式振动锤

C. 冲击式振动锤　D. 导杆式柴油锤

29. 关于刚式振动锤的特点，下列说法中错误的是（　　）。

A. 电机和振动器为刚性联接

B. 打桩效果较差

C. 电机在工作时参加振动，其振动体系的质量增加，使振动幅减小而降低了功效

D. 电机不避振而易损坏，应采用耐振电动机

30. 在灌注桩成孔机械中，一般用于冻土地带作业的为（　　）。

A. 长螺旋钻孔机　B. 短螺旋钻孔机　C. 双螺旋钻扩机　D. 冲击式钻孔机

31. 混凝土搅拌机，按工程量和工期要求选择。当混凝土工程量大且工期长时，宜选用（　　）混凝土搅拌机群或搅拌站。

A. 中型或大型移动式　B. 中型或大型固定式　C. 中小型移动式　D. 中小型固定式

32. 挤压式混凝土泵的排量，取决于（　　），以及挤压胶管的直径和混凝土吸入的容积效率。

A. 滚轮的速度　B. 滚轮的半径

C. 转子的回转半径和回转速度　D. 集料斗的容积

33. 混凝土泵是利用压力沿管道将混凝土拌合物连续输送到浇筑地点的建筑施工机械，其最大输送（　　）。

A. 水平距离可达 500m，垂直距离可达 50m

B. 水平距离可达 600m，垂直距离可达 100m

C. 水平距离可达 700m，垂直距离可达 200m

D. 水平距离可达 800m，垂直距离可达 300m

34. 在下列混凝土泵中，（　　）可放在中间楼层作接力泵，以提高送料的高度。

A. 螺杆式灰浆泵　B. 气动式灰浆泵　C. 隔膜式灰浆泵　D. 挤压式灰浆泵

35. 混凝土泵车，泵送停止（　　）以上时，必须将末端软管内的混凝土排出。

A. 3min　B. 5min　C. 7min　D. 10min

36. 气动式灰浆泵，除了用做灰浆输送泵和灰浆搅拌机外，还可以用来搅拌和输送（　　）。

A. 粗石混凝土　B. 湿料　C. 黏土　D. 细石混凝土或干料

37. 混凝土表面振捣器工作时，振捣器产生的振动波通过（　　）。

A. 插入混凝土内的振动头直接传给混凝土

B. 插入混凝土内的底板直接传给混凝土

C. 底板与模板间接地传给混凝土

D. 与之固定的振捣底板传给混凝土

38. 外部振捣器，多用于（　　）的施工。

A. 厚重板梁　B. 薄壳构件、空心板梁、拱肋、T 形梁

C. 工形梁　D. 实心构件

39. 下列型号中，（　　）为液压式钢筋切断机。

A. GT3/8　B. GT10/16　C. DYJ—32　D. GQ20

40. 钢筋弯曲机作业时，先将钢筋放在工作盘的（　　）之间，然后开动弯曲机使工作盘转动。

A. 挡铁轴和成型轴　B. 心轴和成型轴　C. 心轴和挡铁轴　D. 心轴和定位轴

41. 蜗轮蜗杆式钢筋弯曲机，当工作盘转动时（　　），通过调整成型轴位置即可将被加工的钢筋弯曲成所需要的形状。

A. 心轴和成型轴都静止不动

B. 成型轴的位置不变，而心轴绕着成型轴作圆弧运动

C. 心轴和成型轴都作圆弧运动

D. 心轴的位置不变，而成型轴绕着心轴作圆弧运动

42. 钢筋焊接机械中，（　　）适合于钢筋预制加工中焊接各种形式的钢筋网。

A. 钢筋对焊机　B. 钢筋点焊机　C. 钢筋压力焊机　D. 钢筋气压焊接机

43. 多点焊机一次可焊（　　）个焊点，生产效率比单点焊机高。

A. 2～3　B. 4～5　C. 6～8　D. 6～12

44. 钢筋径向挤压连接，是利用挤压机将钢套管沿（　　）方向挤压变形。

A. 轴线　B. 直径　C. 水平　D. 垂直

45. 蜗轮蜗杆式钢筋弯曲机的工作盘上有（　　）个轴孔，中心孔用来插心轴，其余的孔用来插

成型轴。

A. 6　　B. 7　　C. 8　　D. 9

46. 焊接大型钢筋网时，常采用（　　）钢筋点焊机。

A. 杠杆式　　B. 气动式　　C. 液压式　　D. 电动式

47. 关于履带起重机的特点，下列说法中错误的是（　　）。

A. 起重能力强，爬坡能力大，接地比压小

B. 能在高低不平、松软、泥泞的地面上行驶作业

C. 作业时支承面大，稳定性好，不设支腿，能在原地转弯，带载行驶，使用广泛

D. 行驶速度较快，不易损坏路面

48. 履带起重机的动臂，为多节组装桁架结构，其下端（　　）于转台前部。

A. 用螺栓固定　　B. 铰装　　C. 铆接　　D. 焊接

49. 履带起重机底盘的行走系统，是由履带架、（　　）等组成

A. 驱动轮、支重轮和履带　　B. 驱动轮、导向轮、托链轮

C. 驱动轮、导向轮、支重轮和履带　　D. 驱动轮、导向轮、支重轮、托链轮和履带

50. 中国目前生产的液压汽车起重机多采用（　　）支腿。

A. 蛙式　　B. X 型　　C. H 型　　D. Y 型

51. 汽车起重机，对于（　　）的起重机要设置力矩限制器，且有报警装置。

A. 16t 及 16t 以上　　B. 17t 及 17t 以上

C. 18t 及 18t 以上　　D. 20t 及 20t 以上

52. 汽车起重机中，为了防止过卷，设有钢丝绳（　　）保护装置及报警装置。

A. 一圈　　B. 二圈　　C. 三圈　　D. 四圈

53. 国产施工升降机分为三类，即齿轮齿条驱动、绳轮驱动和（　　）。

A. 混合驱动　　B. 蜗轮蜗杆驱动　　C. 链轮驱动　　D. 带轮驱动

54. 在施工升降机的组成中，导向滑轮组是装于（　　）上。

A. 标准节　　B. 外笼顶端　　C. 吊笼的立柱　　D. 附墙架

55. 上回转塔式起重机是依靠（　　），把力矩和压力从上面一直传到底部的。

A. 起重臂　　B. 平衡臂　　C. 标准节　　D. 塔身

56. 塔式起重机中，（　　）式塔机其变幅是由改变起重臂的仰角来实现的。

A. 小车变幅　　B. 动臂变幅　　C. 折臂变幅　　D. 直臂变幅

57. 附着式塔机由其他起重设备安装至基本高度后，即可由自身的顶升机构，随建筑物升高将塔身逐节接高，其附着和顶升过程（　　）。

A. 不可利用施工间隙进行，对工程进度影响大

B. 可在施工期间进行，对工程进度影响大

C. 可在施工期间进行，但对工程进度影响不大

D. 可利用施工间隙进行，对工程进度影响不大

58. 平头式塔机，其部件设计（　　）。

A. 结构复杂，通用性差　　B. 标准件所占比例少，互换性差

C. 可标准化、模块化，互换性强　　D. 不能标准化、模块化，互换性差

59. 塔式起重机型号中，QTK80B 代表（　　）。

A. 起重力矩 800kN·m 的自升式塔机

B. 起重力矩 800kN·m 的快装式塔机

C. 起重力矩 800kN·m 的自升式塔机，第二次改装型设计

D. 表示额定起重力矩为 80t·m 的上回转自升塔式起重机

60. 塔式起重机型号中，QTU 表示（　　）。

A. 固定式塔式起重机　　B. 爬升式塔式起重机

C. 轮胎式塔式起重机　　D. 履带式塔式起重机

61. QTZ80 型塔式起重机，当用作轨道式时，轨距与轴距均为（　　），最大起升高度为 45.5m。

A. 3m　　B. 4m　　C. 5m　　D. 6m

62. 塔式起重机，为了保持其设计起重能力，设有两套附着装置，附着点的高度（　　）。

A. 为定值，不能调整　　B. 允许根据楼层高作适当调整

C. 允许根据平衡臂长度作适当调整　　D. 允许根据起重臂臂长作适当调整

63. QTZ80 塔式起重机，当用作独立固定式时，起重机的底架直接安装在独立混凝土基础上，塔身不与建筑物或构筑物发生联系，最大起升高度为（　　）。

A. 25.5m　　B. 35.5m　　C. 45.5m　　D. 55.5m

64. QTZ80 型塔式起重机，其塔身标准节（　　）。标准节要求具有互换性，通过顶升机构可将其增加或减少，使塔达到所需的高度。

A. 截面为 1.0 m×1.0m，每节长 2.0m　　B. 截面为 1.8m×1.8m，每节长 2.5m

C. 截面为 2.0m×2.0m，每节长 2.0m　　D. 截面为 1.5m×1.8m，每节长 2.5m

65. 塔式起重机的旋转塔架，由塔帽、司机室和平台等组成，上端通过拉索与（　　）相连。

A. 起重臂、平衡臂　　B. 标准节、支架　　C. 悬梁、横梁　　D. 塔帽、立柱

66. 塔式起重机起重臂架的下弦杆，由槽钢加钢板封焊成（　　）结构，作为牵引小车的轨道。

A. 圆形　　B. 矩形　　C. 三角形　　D. 梯形

67. 塔式起重机中的附着装置，由四个撑杆和一套环梁等组成，使用时环梁套在标准节上，四角用八个（　　）通过顶块将标准节顶着。

A. 销钉　　B. 撑杆　　C. 固定螺栓　　D. 调节螺栓

68. 塔式起重机中的下支承座，其上部平面用螺栓与回转支承装置的（　　）联接，支承上部结构。

A. 内齿圈　　B. 外齿圈　　C. 齿扇　　D. 齿条

69. 行走式塔机根据其工作时的行走方式不同，可分为（　　）、履带式、轮胎式和汽车式四种。

A. 轨道式　　B. 龙门架式　　C. 平头塔式　　D. 井架式

70. 物料提升机的架体的主要构件有底架、立柱、导轨和（　　）。

A. 横梁　　B. 纵梁　　C. 悬梁　　D. 天梁

71. 物料提升机架体的导轨是为吊笼提供导向的部件，可用工字钢或（　　）制作。

A. 钢管　　B. T 型钢　　C. 角钢　　D. 槽钢

72. 关于物料提升机用卷扬机的操作使用，下列说法中错误的是（　　）。

A. 在选用卷扬机时不宜选用可逆式卷扬机

B. 应能够满足额定起重量、提升高度、提升速度等参数的要求

C. 应符合《建筑卷扬机》(GB/T 1955—2008) 的规定

D. 不得选用摩擦式卷扬机

73. 物料提升机的导靴是安装在吊笼上沿导轨运行的装置，可防止吊笼在运行中（　　）或摆动，保证吊笼垂直上下运行。

A. 受冲击损坏　　B. 偏移　　C. 坠落　　D. 变形

74. 物料提升机的基础应能承受最不利工作条件下的全部荷载，（　　）及以上物料提升机的基础应进行设计计算。

A. 30m　　B. 40m　　C. 50m　　D. 60m

75. 当物料提升机安装条件受到限制不能使用附墙架时，可采用缆风绳，但当物料提升机安装高

度大于或等于（　　）时，不得使用缆风绳。

A. 20m　　B. 30m　　C. 40m　　D. 50m

76. 塔式起重机中的下支承座，其下部四角平面用（　　）与顶升套架、塔身标准节相连。

A. 螺钉　　B. 普通螺栓　　C. 高强度螺栓　　D. 地脚螺栓

77. 对于混凝土开洞、整修机具，下列说法中错误的是（　　）。

A. 当冲击电钻装上硬质合金冲击钻头时，可以对混凝土、砖墙等进行打孔、开槽作业

B. 电锤主要用于混凝土等结构表面剔、凿和打孔作业

C. 由于风镐冲击力较大，故被广泛用于修凿、开洞作业

D. 当电锤利用其纯旋转功能时，可将其当做普通电钻使用

78. 下列机具中，（　　）不属于木材装饰机具。

A. 打钉机　　B. 电剪刀　　C. 电刨　　D. 电锯

79. 适用于大面积的建筑装饰施工的喷涂机具是（　　）。

A. 涂料搅拌器　　B. 高压无气喷涂机　　C. 罐式喷涂机　　D. 喷漆枪

80. 下列机具中，（　　）不属于装饰作业架设机具。

A. 电动吊篮　　B. 液压平台　　C. 门式脚手架　　D. 井字架

81. 木工机具中的拼板机属于（　　）。

A. 原木加工　　B. 板材制造　　C. 方料加工　　D. 榫孔加工

机械设备管理相关规定和标准

1. 根据《建筑起重机械安全监督管理规定》建筑起重机械的租赁、安装、拆卸、使用安全管理相关责任主体是：出租单位、安装拆卸单位、使用单位、施工总承包单位、监理单位和（　　）。

A. 生产厂家　　B. 设计单位　　C. 检验检测机构　　D. 当地社区

2. 根据《建筑起重机械安全监督管理规定》（　　）机械动态管理安全保障制度包括备案制度、安装拆卸告知制度、检验检测验收制度和使用登记制度。

A. 钢筋混凝土　　B. 建筑起重　　C. 桩工　　D. 土石方

3. （　　）对本区域内的建筑起重机械的租赁、安装、拆卸、使用实施监督管理。

A. 技术监督部门　　B. 县级以上建设主管部门

C. 政府相关部门　　D. 政府安全监督部门

4. 施工总承包单位应审核建筑起重机械的特种设备制造许可证、（　　）、制造监督检验证明、备案证明等文件。

A. 购置合同　　B. 付款凭证　　C. 设备购置价格　　D. 产品合格证

5. 出租单位出租的建筑起重机械和使用单位购置、租赁、使用的建筑起重机械应当具有设备制造许可证、产品合格证、（　　）。

A. 使用单位的资质证明　　B. 制造监督检验证明

C. 基础施工资料　　D. 事故应急救援预案

6. 施工总承包单位应指定（　　）监督检查建筑起重机械安装、拆卸、使用情况。

A. 建筑起重信号工　　B. 项目施工员

C. 建筑起重机械安装拆卸工　　D. 专职安全生产管理人员

7. 为保证建筑起重机械安全使用，使用单位应根据不同施工阶段、周围环境以及季节、气候的变化，对建筑起重机械采取相应的（　　）措施。

A. 防寒防暑　　B. 安全防护　　C. 防雪防风　　D. 劳动保护

8. 使用单位在使用建筑起重机械时，要在（　　）内设置明显的安全警示标志，对集中作业区做好安全防护。

A. 施工场地活动范围　　B. 建筑起重机械活动范围

C. 生活区　　D. 建筑材料仓库

9. 根据建筑起重机械安全监督管理规定，使用单位应指定（　　）、专职安全生产管理人员进行现场监督检查。

A. 兼职设备管理人员　　B. 专职设备管理人员

C. 安全巡视人员　　D. 专职守护人员

10. 建筑起重机械安装、拆卸施工前，安装单位应将工程专项施工方案，安装、拆卸人员名单，安装、拆卸时间等材料报施工总承包单位和监理单位审核后，告知工程所在地县级以上地方人民政府（　　）。

A. 建筑机械租赁部门　　B. 使用单位

C. 安全监督部门　　D. 建设主管部门

11. 使用单位应当自建筑起重机械安装验收合格之日起（　　）日内，将建筑起重机械安装验收资料、建筑起重机械安全管理制度、特种作业人员名单等，向工程所在地县级以上地方人民政府建设主管部门办理建筑起重机械使用登记。

A. 15　　B. 30　　C. 45　　D. 60

12. 安装单位应当依法取得建设主管部门颁发的相应资质和建筑施工企业（　　）。

A. 安全生产许可证　　B. 施工许可证　　C. 工商许可证　　D. 企业经营许可证

13. 建筑起重机械安装拆卸工、起重信号工、起重司机、司索工等特种作业人员应当经建设主管部门考核合格，并取得（　　）后，方可上岗作业。

A. 行业准入资格证书　　B. 特种作业操作资格证书

C. 操作考核证书　　D. 体检合格证书

14.《建筑起重机械安全监督管理规定》界定了起重机械设备准入、（　　）准入、从业准入条件。

A. 使用　　B. 市场　　C. 施工　　D. 生产

15. 安装单位应在建筑起重机械安装（拆卸）前 2 个工作日内通过书面形式、传真或（　　）告知工程所在地县级以上地方人民政府建设主管部门。

A. 电话　　B. 计算机信息系统　　C. 会议形式　　D. 口头汇报

16. 建筑起重机械的（　　）在建筑起重机械首次出租或安装前，应当向本单位工商注册所在地县级以上地方人民政府建设主管部门办理备案。

A. 制造单位　　B. 销售单位　　C. 验收单位　　D. 产权单位

17. 建筑起重机械备案机关对符合备案条件且资料齐全的建筑起重机械进行编号，向产权单位核发备案证明和备案牌。备案机关应当在备案证明和备案牌上注明（　　）。

A. 备案有效期限　　B. 发证日期　　C. 设备出厂日期　　D. 启用日期

18.（　　）备案的建筑起重机械备案有效期限不得超过制造厂家或安全技术标准规定的生产使用年限。

A. 二次　　B. 首次　　C. 重复　　D. 连续

19. 建筑起重机械超过备案有效期限但确因使用状态良好，并经具有相应资质的（　　）检测合格并出具延续使用检验检测报告的，可以由产权单位向原设备备案机关申请延续备案。

A. 产权单位　　B. 制造厂家　　C. 监理机构　　D. 检验检测机构

20.《建筑起重机械备案登记办法》规定，设备备案机关在收到产权单位提交的延续备案资料之日起 7 个工作日内，应当对符合延续备案条件且资料齐全的建筑起重机械进行（　　）确认，收回原备案证明和备案牌。

A. 原价查验　　B. 原始资料　　C. 实物查验　　D. 产权单位

21. 设备备案机关不予备案和延续备案的建筑起重机械，产权单位应当及时采取（　　）。

A. 解体等销毁措施予以报废　　　　　　　　B. 变卖

C. 清理　　　　　　　　　　　　　　　　D. 再次申请备案

22. 建筑起重机械超过具有相应资质的检验检测机构出具的延续使用检验检测报告允许延续使用期限，已办理备案和延续备案的，应向原设备备案机关办理备案(　　)手续。

A. 延续　　　　B. 滚动　　　　C. 注销　　　　D. 解除

23. 超过备案有效期限以及处于延续备案有效期内的建筑起重机械，(　　)不得变更，不得办理备案变更手续。

A. 操作人员　　　　B. 产权单位　　　　C. 监理单位　　　　D. 安装位置

24. 安装单位应当在建筑起重机械安装（拆卸）前（　　）个工作日内通过书面形式、传真或者计算机信息系统告知工程所在地县级以上地方人民政府建设主管部门。

A. 2　　　　B. 3　　　　C. 4　　　　D. 5

25. 建筑起重机械使用登记机关应当自收到使用单位提交的使用登记相关资料之日起 7 个工作日内，对于符合登记条件且资料齐全的建筑起重机械核发建筑起重机械（　　）。

A. 特种作业人员证书　B. 使用说明　　　　C. 使用登记证明　　　　D. 设备准入证明

26. 监理单位应审核建筑起重机械特种设备制造许可证、产品合格证、（　　）、备案证明等文件。

A. 设备良好率证明　　B. 机械运行情况证明　C. 租赁买卖证明　　　D. 制造监督检验证明

27.（　　)负责对本辖区内建筑起重机械的备案、租赁、使用登记、安装、拆卸、检验检测及安装验收、运行使用实施监督管理。

A. 县级以上建设行政主管部门　　　　　　B. 市级以上建设行政主管部门

C. 省级以上建设行政主管部门　　　　　　D. 国务院建设行政主管部门

28. 建筑起重机械（　　）启用时，必须经取得相应资质的检验检测机构重新检验检测合格后，向设备备案机关申请返还备案证明及备案牌。

A. 首次　　　　B. 第二次　　　　C. 多次　　　　D. 重新

29. 建筑起重机械特种作业人员的考核包括，安全技术理论考核和（　　）考核。

A. 机械使用技术　　B. 机械维修技术　　C. 安全操作技能　　D. 道路安全知识

30.（　　）以上地方人民政府建设主管部门及其建设工程安全生产监督机构按照工程项目监管权限，应对施工现场建筑起重机械特种作业人员持证上岗及作业情况实施监督。

A. 乡镇　　　　B. 县级　　　　C. 市级　　　　D. 省级

31. 建筑起重机械特种作业的人员操作资格证书使用期为 6 年，使用期内有效期为(　　)年，有效期满应进行延期复核。

A. 3　　　　B. 1　　　　C. 2　　　　D. 6

32. 建筑起重机械特种作业人员的资格证书使用期为(　　)年，使用期满后应到市州建设主管部门换领新证。

A. 2　　　　B. 4　　　　C. 6　　　　D. 8

33. 起重设备安装与拆卸企业资质分为三级，其中（　　）级资质最高。

A. 特级　　　　B. 一级　　　　C. 二级　　　　D. 三级

34. 塔式起重机安装、拆卸作业应配备持有(　　)的项目负责人、安全负责人和机械管理人员。

A. 技术等级证书　　　　　　　　　　　　B. 个人资质证书

C. 特种作业操作证书　　　　　　　　　　D. 安全考核合格证书

35. 工程建设标准按标准的权威性程度分为国家标准、行业标准、（　　）、企业标准。

A. 地方标准　　　　B. 质量标准　　　　C. 经济标准　　　　D. 安全标准

36. 施工机械设备使用、管理涉及一系列标准、规范、规程，标准、规范、规程都是标准的一种表现形式，习惯上统称为(　　)。

A. 标准　　B. 制度　　C. 规定　　D. 守则

37. 工程技术领域对作业、安装、鉴定、安全、管理等技术要求和实施程序所做的统一规定的文件是(　　)。

A. 标准　　B. 规范　　C. 强制性条文　　D. 规程

38.《标准化法》规定：保障人体健康、人身、财产安全的标准和法律、行政法规规定强制执行的标准是（　　）。

A. 指令性标准　　B. 实施规范　　C. 强制性标准　　D. 技术规程

39.《标准化法》规定：强制性标准必须(　　)。

A. 参照执行　　B. 严格执行　　C. 逐步实行　　D. 认真落实

40. 起重设备安装与拆卸企业资质分级中，一级企业可承担（　　）的安装与拆卸。

A. 各类起重设备　　B. 120t 及以下起重机和龙门吊的

C. 1500kN·m 及以下塔式起重机等起重设备　　D. 120t 及以下起重机和龙门吊

41. 多台塔式起重机在同一施工现场交叉作业时，任意两台塔式起重机之间低位塔式起重机的起重臂端部与另一台塔式起重机的塔身之间的距离不得小于（　　）m。

A. 0.5　　B. 1　　C. 2　　D. 2.5

42.（　　）塔式起重机的轨道及基础应按说明书的要求进行设置。

A. 桅杆式　　B. 自升式　　C. 行走式　　D. 固定式

43. 安装塔式起重机，其连接件及其防松防脱件应使用(　　)扳手或专用工具紧固联接螺栓。

A. 开口　　B. 力矩　　C. 活动　　D. 梅花

44. 塔式起重机的安全保护装置不得随意调整和拆除，严禁用限位装置代替（　　）机构。

A. 传动　　B. 变速　　C. 操纵　　D. 制动

45.《建筑施工塔式起重机安装、使用、拆卸安全技术规程》(JGJ 196—2010) 规定：雨雪、浓雾天严禁进行塔式起重机安装作业。且风速不得超过(　　)m/s。

A. 12　　B. 14　　C. 16　　D. 18

46. 按照《建筑施工塔式起重机安装、使用、拆卸安全技术规程》(JGJ 196—2010) 要求，吊钩表面有裂纹或磨损量大于（　　）、危险截面及钩筋有永久性变形时应予以报废。

A. 5%　　B. 10%　　C. 15%　　D. 20%

47.《建筑施工升降机安装、使用、拆卸安全技术规程》(JGJ 215—2010) 规定：施工升降机超载保护装置在载荷达到额定载重量的(　　)前应能中止吊笼启动。

A. 80%　　B. 90%　　C. 100%　　D. 110%

48. 当电源电压值与施工升降机额定电压值的偏差超过±（　　），或供电总功率小于施工升降机的规定值时，不得使用施工升降机。

A. 2%　　B. 3%　　C. 5%　　D. 10%

49. 在施工升降机基础周边（　　）m 以内不得开挖井沟，不得堆放易燃易爆物品及其他杂物。

A. 2　　B. 3　　C. 5　　D. 10

50. 施工升降机的防坠安全器应在有效标定期内使用载荷达到额定载重量的（　　）时应能给出报警信号。

A. 95%　　B. 90%　　C. 85%　　D. 80%

51. 施工升降机电气设备安装应按规定进行，其金属结构和电气设备金属外壳均应接地，接地电阻不应大于（　　）Ω。

A. 6　　B. 5　　C. 4　　D. 3

52. 施工升降机每天第一次使用前，应将吊笼升离地面（　　），停车试验制动器的可靠性；发现问题，应经修复合格后方能运行。

A. 0.5～1m　　B. 0.6～0.8m　　C. 1～2m　　D. 1.5～2m

53. 施工升降机每（　）个月应进行 1 次 1.25 倍额定载重量的超载试验，确保制动器性能安全可靠。

A. 4　　B. 5　　C. 2　　D. 3

54.《建筑机械使用安全技术规程》(JGJ 33—2012) 强制性条文规定：在风速达到 9.0m/s 及以上或大雨、大雪、大雾等恶劣天气时，严禁进行建筑起重机械的(　)作业。

A. 转场运输　　B. 基础施工　　C. 安装拆卸　　D. 起升吊装

55.《建筑机械使用安全技术规程》(JGJ 33—2012) 强制性条文规定：土石方机械在回转作业时，配合人员必须在（　）工作。

A. 机械外廓以外　　B. 回转中心 5m 以外

C. 机械回转半径以外　　D. 回转中心 10m 以外

56.《建筑机械使用安全技术规程》(JGJ 33—2012) 强制性条文规定：混凝土搅拌机作业中，当(　)，人员严禁在料斗下停留或通过。

A. 料斗升起时　　B. 料斗下降时

C. 料斗在下止点时　　D. 料斗在上止点时

57.《建筑机械使用安全技术规程》(JGJ 33—2012) 强制性条文规定：桅杆式起重机专项方案必须按规定程序审批，并应经(　)后实施。

A. 安全交底　　B. 设计人员会商　　C. 专家论证　　D. 监理方认可

58.《建筑机械使用安全技术规程》(JGJ 33—2012) 强制性条文规定：机械上的各种安全防护及保险装置和各种安全(　)装置必须齐全有效。

A. 标志　　B. 警示　　C. 信息　　D. 公告

59.《建筑机械使用安全技术规程》(JGJ 33—2012) 强制性条文规定：特种设备操作人员应经过专业培训、考核合格取得建设行政主管部门颁发的操作证，并应经过安全（　）后持证上岗。

A. 三级教育　　B. 脱产培训　　C. 专题学习　　D. 技术交底

60.《建筑机械使用安全技术规程》(JGJ 33—2012) 强制性条文规定：在风速达到（　）m/s 及以上或大雨、大雪、大雾等恶劣天气时，严禁进行建筑起重机械的安装拆卸作业。

A. 7.0　　B. 8.0　　C. 9.0　　D. 10.0

61.《施工现场机械设备检查技术规程》(JGJ 160－2008) 强制性条文规定：施工现场临时用电的电力系统严禁利用大地和(　)作相线或工作零线。

A. 金属导线　　B. 动力设备金属结构体

C. 金属型材　　D. 绝缘导线

62.《施工现场机械设备检查技术规程》(JGJ 160－2008) 强制性条文规定：每台用电设备应由各自专用的开关箱，(　)用同一个开关箱直接控制 2 台及 2 台以上用电设备（含插座)。

A. 不宜　　B. 避免　　C. 方便　　D. 严禁

63.《施工现场机械设备检查技术规程》(JGJ 160－2008) 规定：物料提升机架体与附墙架及建筑物之间应采用（　）连接；附墙架及架体不得与脚手架连接。

A. 刚性　　B. 柔性　　C. 弹性　　D. 过盈

64.《施工现场临时用电安全技术规范》(JGJ 46－2005) 规定：开关箱与其控制的固定式用电设备的水平距离不宜超过(　)m。

A. 2　　B. 3　　C. 4　　D. 5

65.《施工现场临时用电安全技术规范》(JGJ 46－2005) 规定，当单相照明线路电流大于(　)A 时，宜采用 220/380V 三相四线制供电。

A. 30　　B. 40　　C. 50　　D. 60

66. 为合理利用能源，工程施工应选择功率与负载相匹配的施工机械设备，避免大功率施工机械设备(　　)长时间运行或(　　)使用设备的现象。

A. 低负载　超负荷　　B. 额定负载　超负荷

C. 超负载　低负荷　　D. 满负载　低负荷

67. 为控制施工产生的扬尘，土方机械作业，采取洒水、覆盖等措施，要使作业区目测扬尘高度小于(　　)m。

A. 0.5　　B. 1.0　　C. 1.5　　D. 2.0

68. 施工现场环境保护的相关规定中包括扬尘控制、噪声与震动控制、(　　)控制和废气、废弃物排放控制。

A. 现场地质　　B. 大气质量　　C. 光污染　　D. 绿化面积

施工机械设备安全运行和维护保养

1. 机械设备使用的“三定”制度，其中之一是指(　　)。

A. 定操作人员　　B. 定安装地点　　C. 定维修制度　　D. 定操作规则

2. 机械设备使用管理的“三定”制度，把机械设备使用、维护、保养等各环节都落实到(　　)。

A. 具体责任人　　B. 班组　　C. 施工项目　　D. 安全主管

3. 机械设备使用管理“三定”制度的实现形式不包括(　　)。

A. 单人操作的机械，实行专人专责制

B. 多班作业或多人操作的机械，实行机组负责制

C. 班组共同使用的机械，实行分工负责制

D. 不固定操作人员的设备，由项目经理指定人员进行操作

4. 机械设备作业操作人员交接的主要内容不包括(　　)。

A. 机械运转、保养情况和存在的问题　　B. 随机工具和附件

C. 设备履历书　　D. 本班运转记录

5. 新购施工机械设备交付使用，必须在（　　）后办理交接手续。

A. 开箱进行附件验收　　B. 购买货款支付到位

C. 验收、试运转合格　　D. 使用人员明确

6. 由于机械设备交接不清或未办交接造成机械事故，按机械事故处理办法对(　　)进行处理。

A. 交出设备方　　B. 当事人双方

C. 接收设备方　　D. 上一级管理人

7. 机械设备管理的规章制度、标准、规范和操作规程的落实执行的情况；对管理人员、操作人员进行安全教育培训，以及对违章指挥、违章操作整改情况；对机械设备维护保养制度的执行，应由(　　)组织监督检查。

A. 企业主管部门　　B. 设备管理和质量安全部门

C. 生产科技管理部门　　D. 作业班组

8. 机械管理使用监督检查中的定期检查，是由(　　)的检查。

A. 作业班组例行安排　　B. 操作人员班前进行

C. 设备租赁公司组织　　D. 设备管理和质量安全部门组织

9. 机械设备的防护装置，是通过设置(　　)，将人与危险源隔离的专门装置。

A. 警戒标志　　B. 物体障碍　　C. 警示标语　　D. 红色标记

10. 机械防护装置按结构方式分为(　　)两种。

A. 固定式和活动式　　B. 平动式和转动式　　C. 固定式和平动式　　D. 围栏式和活动式

11. 机械安全防护装置的结构应有足够的强度、刚度、稳定性，以保证工作的(　　)。

A. 灵敏度　　B. 适应性　　C. 可靠性　　D. 快速性

12. 常见的机械安全装置中的自动停机装置，是一种（　　）安全装置，当人某一部位超越安全极限时，能使机器或其零部件停止运转。

A. 液压控制型　　B. 光电感应式　　C. 机电一体化　　D. 电液复合型

13. 常见的机械设备安全装置中的止动装置，当手离开操纵器时，该操纵装置则自动(　　)。

A. 保持运转状态　　B. 恢复到停止位置　　C. 保持启动状态　　D. 切断总电源

14. 机械设备活动防护装置指用滑轨、铰链固定，防护构件可作一定范围运动的防护装置，比如(　　)即可视为活动防护装置。

A. 施工升降机安全钩　　B. 减速器箱盖

C. 塔机小车防坠落装置　　D. 运输车辆的车门

15. 塔式起重机起重力矩限制器的保护对象是(　　)。

A. 塔身　　B. 平衡臂　　C. 钢结构　　D. 标准节

16. 塔式起重机的起重力矩大于额定起重力矩而小于额定起重力矩的110%时，限位开关应切断(　　)方向的电源。

A. 吊钩下降和幅度增大　　B. 吊钩上升和幅度减小

C. 吊钩下降和幅度减小　　D. 吊钩上升和幅度增大

17. 当塔机小车变幅运行速度超过40m/min，起重力矩达到额定的80%，小车向外运行速度应自动转换为(　　)运行。

A. 匀速　　B. 高速　　C. 慢速　　D. 怠速

18. 塔式起重机起重量限制器限位开关动作的信息来源于（　　）。

A. 塔帽的后弦杆　　B. 吊钩的变形　　C. 起升钢丝绳的型号　　D. 起升钢丝绳的张力

19. 塔机起升机构有（　　）的特性，保证起吊时安全运行。

A. 轻载低速，重载高速　　B. 轻载高速，重载低速

C. 轻载高速，重载匀速　　D. 轻载匀速，重载低速

20. 当塔式起重机吊物重量达到最大起重量的(　　)时，该档声光报警装置发出断续的报警信号，提醒塔机操作人员注意。

A. 110%　　B. 100%　　C. 95%　　D. 90%

21. 起重机械的起升高度限位器用于防止在吊钩(　　)时可能出现的操作失误。

A. 停止或下降　　B. 提升或停止　　C. 提升或下降　　D. 滞留不动

22. 塔式起重机幅度限位器的作用是限制载重小车在吊臂的（　　）范围运行。

A. 行程范围　　B. 允许范围　　C. 最大幅度　　D. 吊臂长度

23. 塔机的小车行程限位器的作用，是防止小车（　　）而造成的安全事故。

A. 脱轨　　B. 断电　　C. 失速　　D. 越位

24. 塔式起重机回转限位开关的作用是防止塔机(　　)转动而把电缆扭断发生事故。

A. 超过额定速度　　B. 频繁正反方向　　C. 失去控制状态　　D. 连续向一个方向

25. 施工升降机的主要安全防护装置不包括（　　）。

A. 防坠安全器　　B. 变幅限位装置　　C. 上极限限位器　　D. 下极限限位器

26. 施工升降机防坠安全器与（　　）连锁，吊笼失去控制并沿导轨架快速下滑或上升时，防坠安全器将吊笼制停的同时，切断驱动电动机的电源。

A. 安全停层装置　　B. 行程开关　　C. 急停开关　　D. 上下极限开关

27. 施工升降机在导轨架顶部安全距离处装有自动复位型上限位开关，其作用是为了防止(　　)。

A. 吊笼冒顶　　B. 吊笼坠落　　C. 齿轮齿条失效　　D. 钢丝绳断裂

28. 施工升降机必须设置下极限开关。下极限开关的安装位置在（　　）。

A. 下行程开关上面　　B. 下限位开关与缓冲器之间

C. 缓冲器之后　　D. 与限位开关同一水平

29. 齿轮齿条型施工升降机为防止吊笼到达预定位置而上限位器、上极限限位器未能及时动作，吊笼继续向上运行，将导致吊笼冲击导轨架顶部而发生倾覆坠落事故，设置(　　)。

A. 安全钩　　B. 止动锁　　C. 制动器　　D. 液压锁

30. 施工升降机吊笼运行中发生紧急情况，司机应能及时按下非自行复位的（　　），使吊笼立即停止运行，防止事故发生。

A. 点动开关　　B. 常闭按钮　　C. 连锁开关　　D. 急停开关

31. 物料提升机断绳保护装置的技术要求是：吊笼装载额定载重量，悬挂或运行中发生断绳时，必须可靠地把吊笼刹制在(　　)上，最大制动滑落距离应不大于 1m，并且不应对结构件造成永久性损坏。

A. 架体　　B. 导轨　　C. 附墙架　　D. 停层平台

32. 物料提升机上极限限位器应安装在吊笼允许提升的最高工作位置，吊笼的越程（指从吊笼的最高位置与天梁最低处的距离）应不小于(　　)m。当吊笼上升达到限定高度时，限位器即行动作切断电源。

A. 0.5　　B. 1　　C. 2　　D. 3

33. 机械零件的(　　)是造成机械设备技术状况变坏的主要原因。

A. 载荷　　B. 磨损　　C. 质量　　D. 形状

34. 施工机械定期保养是指机械运行一定时间后需要进行的检查和（　　）。

A. 调试　　B. 清洁　　C. 维修　　D. 润滑

35. 施工机械设备二级保养除执行一级保养的全部内容外，还要以(　　)为中心，检查动力装置、操纵、传动、转向、制动、变速、行走等机构的工作情况，并排除所发现的故障。

A. 检查、调整　　B. 检查、维修　　C. 维修、紧固　　D. 润滑、紧固

36. 各种机械设备的维护保养，必须针对具体设备按照其（　　）要求进行。

A. 设计文件　　B. 施工工艺　　C. 使用说明书　　D. 技术性能

37. 搅拌机齿轮啮合不正常，可导致减速器出现异响，可尝试用（　　）办法解决。

A. 调整齿轮轴向间隙　B. 更换齿轮　　C. 调整齿轮轴线　　D. 更换齿轮轴

38. 钢筋弯曲机蜗轮箱内蜗轮、蜗杆侧向间隙不应大于（　　）mm。

A. 1　　B. 1.5　　C. 2　　D. 2.5

39. 施工升降机一级保养每工作(　　)小时进行一次。

A. 50～100　　B. 100～200　　C. 200～300　　D. 300～400

40. 一般情况下，塔式起重机每工作(　　)小时应进行一次二级保养。

A. 400　　B. 600　　C. 800　　D. 1000

41. 重点机械设备要单独建立台账及技术档案，技术档案宜以（　　）形式。

A. 产品说明书　　B. 设备履历书　　C. 使用指导书　　D. 设计说明书

42. 从施工生产需要的角度选定重点机械设备，主要考虑该设备对生产的（　　）。

A. 技术功能　　B. 影响程度　　C. 辅助作用　　D. 配套功能

43. 从控制施工生产成本选定重点机械设备，不应包括(　　)。

A. 停机对产量、产值影响大的机械　　B. 价格高的高性能、高效率机械

C. 耗能大但高效率的机械　　D. 低能耗、低效率的设备

44. 造成施工升降机电动机不起动的原因不包括（　　）。

A. 控制电路断路　　B. 控制电路短路
C. 继电器出现故障　　D. 极限开关失灵

45. 施工升降机吊笼运行中突然停止，其原因应是（　）或限速器、断绳保护装置动作。
A. 断电　　B. 过载　　C. 齿条断齿　　D. 电压过高

46. 施工升降机出现吊笼冲顶，应检查（　）。
A. 齿轮齿条机构　　B. 行程限位装置　　C. 吊笼上部结构　　D. 断绳保护装置

47. 施工升降机出现吊笼启动和运行速度明显下降，应检查（　）和供电相数、电压是否正常。
A. 制动器　　B. 限位开关　　C. 载荷　　D. 齿轮齿条

48. 施工升降机运行中明显感觉到传动装置噪声过大，应检查（　）和润滑情况。
A. 制动器是否正常工作　　B. 传动齿轮啮合状况
C. 限位装置工作状况　　D. 供电电压是否正常

49. 塔机块式制动器出现失灵的原因是（　）。
A. 弹簧松弛或推杆行程不足　　B. 制动瓦间隙过小
C. 硅钢片未压紧　　D. 润滑油过少或过多

50. 塔机上的滑轮产生轴向窜动，应检查滑轮（　）。
A. 安装平面度　　B. 滑轮材料　　C. 轮槽磨损状况　　D. 轴上定位

51. 塔机上电动机出现接电后电动机不转，除熔丝、定子回路断路外，还有可能是（　）。
A. 起重量超过额定值　　B. 电动机接线反向
C. 线路电压超过额定值　　D. 过电流继电器动作

52. 塔机上电动机温升过高，其原因是工作时间过长、超负荷运转，或（　）。
A. 线路电压过高　　B. 线路电压过低　　C. 某绕组与外壳短路　　D. 轴承润滑不良

53. 塔机上电动机停不住的原因是（　）。
A. 控制器触头被电弧焊住　　B. 电动机单相运行
C. 电动机接法错误　　D. 断了一根电源线

54. 塔机上钢丝绳磨损太快，应（　）。
A. 更换或检修滑轮　　B. 增大钢丝绳直径　　C. 增强钢丝绳润滑　　D. 调整滑轮安装位置

55. 检查发现塔机金属结构产生永久变形，应采取（　）措施，并严格控制载荷。
A. 加强观测　　B. 消除应力　　C. 调直加固　　D. 增加附着

56. 塔机钢丝绳卷筒的卷筒壁有裂纹时，应予（　）。
A. 焊补　　B. 更换　　C. 喷镀　　D. 磨平

57. 危险源识别是指（　）系统中危险源。
A. 消除　　B. 控制　　C. 发现、界定　　D. 标明

58. 操作人员、驾驶人员是否经过培训，起重机械特种作业人员是否（　），应纳入危险源识别中。
A. 自愿从业　　B. 签订劳动合同　　C. 持证上岗　　D. 适应工作

59. 已发生并已处理的机械设备事故，应认真查找其（　），作为识别危险源重要依据。
A. 人员伤亡情况　　B. 设备损毁情况　　C. 事故全部记录　　D. 事故处理结果

60. 按机械事故产生的原因，可将机械事故性质分成3类，归类中不包括（　）。
A. 意外事故　　B. 责任事故　　C. 质量事故　　D. 自然事故

61. 质量事故应不是（　）原因，致使机械损坏停产或效能降低的事故。
A. 原设计缺陷　　B. 使用当事人过失　　C. 制造质量标准　　D. 安装检验

62. 施工企业可根据国家安全部门的法规或相关的行业标准自行规定机械设备事故经济损失、直接损失（　）的计算，按机械损坏后修复至原正常状态时所需的工、料费用确定。

A. 损失标准　　B. 损失价值　　C. 事故等级　　D. 损失部件

63. 为落实事故防控措施，塔式起重机和施工升降机安装、拆卸重大危险源和安全技术措施，应列入（　　）重要内容。

A. 施工技术方案　　B. 项目保卫工作　　C. 专项施工方案　　D. 机械设备台账

64. 停置不用或冰冻期使用时歇班停机，为防止机械设备因冰冻损坏，关键的措施是在冰冻前（　　）。

A. 采取保温措施　　B. 进机库停放　　C. 放尽发动机积水　　D. 发动机预热

65. 雨季在低洼地施工或存放的机械，应采取有效措施，特别注意防止机械被（　　）。

A. 洪水冲毁　　B. 风雨损毁　　C. 冰雪损坏　　D. 空气腐蚀

66. 为防止火灾发生时道路堵塞，施工现场机械车辆的停放，必须排列整齐，留出足够的通道作（　　）通道。

A. 员工　　B. 消防　　C. 物流　　D. 疏散

67. 发生机械伤害，应迅速采取应对措施，不应（　　）。

A. 停止机械运转　　B. 及时逐级上报　　C. 及时救治伤员　　D. 无条件恢复作业

68. 发生机械设备事故，对现场应（　　）。

A. 迅速清理　　B. 注意保护　　C. 尽快恢复　　D. 保持整洁

69. 发生机械伤害事故，机械员要配合主管部门做好受伤害人员（　　）。

A. 经济赔偿　　B. 心理指导

C. 本人及家属的善后工作　　D. 思想教育

70. 对已发生的机械设备事故，对事故进行分析定性前，应组织有关人员进行现场调查，听取（　　）和旁证人的申述，详细记录事故发生的有关情况及造成的后果，作为分析事故的依据。

A. 当事人　　B. 机长　　C. 班组长　　D. 受伤害人

71. 当机械设备由于事故完全报废时，直接损失费为该机械设备（　　）。

A. 设备原值　　B. 设备净值　　C. 净值减残值　　D. 原值减净值

72. （　　）造成的机械设备事故，按照机械设备事故性质区分，属于责任事故。

A. 设计缺陷　　B. 违章作业　　C. 雷击　　D. 产品标准

73. 因（　　）造成的机械设备事故，按照机械设备事故性质区分，属于非责任事故。

A. 施工条件恶劣，事先未采取有效措施　　B. 超速、超温、超压、超负荷运行

C. 制造质量不良，设计缺陷，无法预测　　D. 机械设备技术状况不良，事先未经认真检查

74. 机械设备事故（　　）后，应将机械事故的详细情况记入设备技术档案。

A. 处理完毕　　B. 现场清理　　C. 调查完毕　　D. 原因分析

施工机械设备的购置和租赁

1. 机械设备规划是企业（　　）的组成部分。

A. 经营发展目标　　B. 长期经营规划　　C. 生产发展计划　　D. 项目经营目标

2. 安全可靠性是设备对生产安全的保障性能，即设备应具有必要的安全防护（　　），能避免在操作不当时发生重大事故。

A. 措施与说明　　B. 规定并告知　　C. 设计与装置　　D. 规定与说明

3. 机械设备应具有良好的操作性，操作性能总的要求是（　　）。

A. 方便、可靠、安全　　B. 方便、简单、快捷

C. 易拆、易装、易修　　D. 节能、环保、省力

4. 机械设备应具有良好的维修性，因而机械设备应结构简单合理，其零部件应（　　）。

A. 便于生产制造　　B. 便于识别区分　　C. 通用化标准化　　D. 严格质量检验

5. 选购设备要技术上先进，以提高产品质量和延长设备技术寿命，但技术上先进的要求不包括（　　）。

A. 无条件采用最前沿技术　　B. 使性能保持先进水平

C. 防止购置技术已属淘汰的机型　　D. 优先采用节能环保机型

6. 设备投资要经过若干年后才能收回，所以进行设备投资技术经济评价与决策时，必须考虑投资额的（　　）。

A. 资金利息　　B. 产出效益　　C. 额度大小　　D. 时间价值

7. 在进行设备的设备费用效率分析时，设备的寿命周期费用是指（　　）。

A. 运行全部支出　　B. 生产成本费用　　C. 寿命期费用总和　　D. 设备购入原值

8. 机械租赁是承租方向出租方支付一定的租金，在租赁期内享有(　　)的一种交换形式。

A. 资产权　　B. 所有权　　C. 支配权　　D. 使用权

9. 融资租赁的出租人为租赁资产的(　　)者。

A. 制造　　B. 购买　　C. 出售　　D. 承租

10. 经营租赁只涉及出租方和承租方，在(　　)期内，承租方按合同规定支付租金取得某机械设备的使用权；出租方提供该设备的维修保养和操作业务等全方位的服务。

A. 租赁合同　　B. 设备使用　　C. 项目施工　　D. 设备备案

11. 出租方和承租方为实施租赁设备活动，明确租赁双方的经济责任，应(　　)。

A. 双方协商一致　　B. 平等协商约定　　C. 有第三方旁证　　D. 签订租赁合同

12. 新购置的机械设备到货后，需凭（　　）进行开箱检查，验收合格后办理相应的入库手续。

A. 合同及装箱单　　B. 设备使用说明书　　C. 货站或码头通知　　D. 物流货物运单

13. 设备到货开箱检查包括多项内容，其中首先应核对箱号、件数；检查有无损伤和锈蚀。如发现有残损现象则应保持原状，进行拍照或录像，请在检验现场的有关人员共同查看，并（　　）。

A. 办理索赔现场签证　　B. 损坏情况逐项登记

C. 取得乙方表态认可　　D. 双方查验取得一致

14. 设备到货开箱检查应查验设备随机技术资料（图纸、使用与保养说明书、合格证和备件目录等）、随机配件、专用工具、监测和诊断仪器、润滑油料和通信器材等，是否与（　　）相符。

A. 采购计划　　B. 合同内容　　C. 实际需要　　D. 维修要求

15. 新购或自制机械投产使用前，必须进行技术试验取得合格签证，必须有出厂合格证和(　　)。

A. 设计计算书　　B. 使用说明书　　C. 保养规程　　D. 安全操作导则

16. 改装或改造的机械使用前应进行技术试验，必须有改装或改造的技术文件、图纸和主管部门(　　)。

A. 领导同意　　B. 批准文件　　C. 咨询意见　　D. 技术论证

17. 设备技术试验应按（　　）顺序进行，在上一步试验未经确认合格前，不得进行下一步试验。

A. 额定负荷试验、无负荷试验、超负荷试验

B. 超负荷试验、额定负荷试验、无负荷试验

C. 无负荷试验、额定负荷试验、超负荷试验

D. 无负荷试验、超负荷试验、额定负荷试验

18. 机械设备进行技术试验后要对试验过程中发生的情况或问题进行认真的分析和处理，作出是否(　　)的决定。

A. 进行经济索赔　　B. 返修、退货　　C. 合格交付使用　　D. 提起经济诉讼

19. 设备开箱检查应核对设备安装基础和供电配套技术资料和相关的附件配件，但不包括（　　）。

A. 核对设备基础图和电气线路图与设备实际情况是否相符

B. 检查地脚螺钉孔等有关尺寸及地脚螺钉、垫铁是否符合要求

C. 核对基础地质资料和外电配电箱、开关箱位置

D. 核对电源接线口的位置及有关参数是否与说明书相符

施工机械设备的资料管理

1. 机械设备登记卡片是机械设备主要情况的基础资料，机械设备登记卡片由企业（　　）管理部门建立，一机一卡，由专人负责管理。

A. 生产　　B. 财务　　C. 设备　　D. 项目

2. 关于机械设备技术档案，以下说法错误的是（　　）。

A. 是设备全寿命周期管理过程中形成的

B. 包括相关原始资料、工作记录、事故处理报告

C. 不断积累并应整理归档保存的重要文件资料

D. 不应包括机械配件、附件更换使用情况

3. 关于设备技术档案资料的作用，以下说法不准确的是（　　）。

A. 是机械设备责任事故对相关责任人处理的依据

B. 使有关部门准确掌握机械设备使用性能变化的情况

C. 为设备管理部门安排设备保养、维修提供准确资料

D. 为机械设备保修配件供应计划编制提供技术资料

4. 施工机械设备前期的技术档案资料指设备（　　），按规章、规范供货方、验收方应向使用单位提供的技术资料。

A. 出厂检验时　　B. 投入使用前　　C. 开箱验收前　　D. 技术试验前

5. 建筑起重机械的制造单位向购买单位除提供和一般机械设备的随机技术文件外，还应按照《建筑起重机械安全监督管理规定》（建设部令 166 号）规定提供相关证明归集设备技术档案。但不包括（　　）。

A. 特种设备制造许可证　　B. 制造监督检验证明

C. 备案证明　　D. 产品合格证

6. 机械设备履历书是技术档案中的一种单机档案形式，以下四类设备宜以履历书的形式进行设备单机档案管理的是（　　）。

A. 混凝土搅拌机　　B. 推土机　　C. 蛙式打夯机　　D. 塔式起重机

7. 已批准报废的机械设备，其技术档案和使用登记书等要定期编制（　　）。

A. 销毁　　B. 归档　　C. 上报　　D. 保管

8. 施工现场机械安全管理制度应作为重要资料归存（　　）。

A. 机械设备台账　　B. 设备技术档案　　C. 设备登记卡片　　D. 企业财务档案

9. 机械设备安全技术交底要有交底人、被交底人的签字和交底日期等项记录，安全技术交底资料应归存（　　）。

A. 设备技术档案　　B. 设备登记卡片　　C. 机械设备台账　　D. 企业安保档案

10. 大型设备（塔吊、外用电梯、龙门吊、电动葫芦式龙门架式起重设备等）安拆施工方案及多台起重设备交叉作业防碰撞施工方案、审批记录，都应将原件或复制件归存（　　）。

A. 设备技术档案　　B. 设备登记卡片　　C. 机械设备台账　　D. 企业安保档案

11. 机械设备安全装置检测合格报告；验收记录表要填写规范，归存（　　）。

A. 设计技术档案　　B. 企业安保档案　　C. 设备技术档案　　D. 机械设备台账

12. 机械设备保养维修记录、自检及月检记录和设备运转履历书（包括设备租赁单位的检查记录

及隐患整改记录）应归存（　　）。

A. 设备技术档案　　B. 企业安保档案　　C. 安全生产档案　　D. 机械设备台账

13. 重大设备事故隐患整改后，应由相关部门组织复查并做好记录，记录应归存（　　）。

A. 设备技术档案　　B. 设备登记卡片　　C. 企业生产档案　　D. 机械设备台账

14. 在建筑施工安全检查中，对施工用电、物料提升机与施工升降机、塔式起重机、起重吊装和施工机具安全检查评分表应归存（　　）。

A. 设备技术档案　　B. 设备登记卡片　　C. 企业生产档案　　D. 机械设备台账

15. 机械设备管理信息化日常事务处理系统的功能不包括（　　）。

A. 使用计算机完成日常账表　　B. 自动对数据进行处理

C. 准确反映出设备经济数据　　D. 代替管理人员作出科学决策

16. 企业通过机械设备管理信息工作系统为购置、更新、改造提供科学的依据。设备管理信息工作系统采集的信息不应包括（　　）信息。

A. 制造商、销售商　　B. 新技术、新设备　　C. 市场和客户　　D. 设备经销者个人

17. 机械设备管理信息化有效提高管理工作的科学化水平。关于信息化促进工作质量和管理水平提高的描述不恰当的是（　　）。

A. 计算机标准化、规范化的要求促进管理工作水平和工作质量的提高

B. 计算机强大的信息存储和处理能力，可迅速完成管理人员全部工作

C. 网络技术使管理延伸到现场，可随时掌握设备的分布利用和技术状况

D. 信息查询快捷、完整、准确，有利于科学决策和设备资源的合理利用

二、多选题

常用施工机械的工作原理及技术性能

1. 下列施工机械中，属于土石方机械的设备有（　　）。

A. 挖掘机械　　B. 铲土运输机械　　C. 压实机械　　D. 起重机械

2. 挖掘机按传递动力的传动装置方式，可分为（　　）等几种。

A. 机械传动　　B. 电传动　　C. 半液压传动　　D. 全液压传动

3. 下列挖掘机中，（　　）适于挖掘停机面以下的工作面。

A. 正铲挖掘机　　B. 反铲挖掘机　　C. 抓斗挖掘机　　D. 拉铲挖掘机

4. 压路机按碾压轮和轮轴的数目可分为（　　）等类型。

A. 两轮三轴式　　B. 三轮三轴式　　C. 三轮两轴式　　D. 两轮两轴式

5. 对于液压操纵的单斗挖掘机，其工作装置一般有（　　）几种。

A. 正铲　　B. 拉铲　　C. 抓斗　　D. 反铲

6. 推土机液压操纵机构中的换向阀，有上升、下降（　　）等四个工作位置。

A. 转动　　B. 静止　　C. 倾斜　　D. 浮动

7. 铲运机的开行路线包括（　　）。

A. 环形路线　　B. “S”形路线　　C. “I”形路线　　D. “8”字形路线

8. 柴油打桩锤按结构不同可分为（　　）。

A. 导杆式　　B. 冲击式　　C. 振动式　　D. 筒式

9. 静力压桩施工中（　　），适用于城区内医院、学校及精密工作区、车间等桩基的施工。

A. 无噪音　　B. 无能耗　　C. 无振动　　D. 无废气污染

10. 混凝土搅拌机，按其搅拌原理可分为（　　）。

A. 连续性工作搅拌机　　B. 自落式搅拌机

C. 周期性工作搅拌机　　D. 强制式搅拌机

11. 挤压式混凝土泵的排量，取决于(　　)。

A. 容积效率　　B. 回转半径　　C. 真空度　　D. 回转速度

12. 钢筋调直切断机按其切断机构的不同分为（　　）。

A. 下切式剪刀型　　B. 平切式剪刀型　　C. 叠切式剪刀型　　D. 旋转式剪刀型

13. 钢筋点焊机，按压力传动方式可分为（　　）。

A. 固定式　　B. 杠杆式　　C. 气动式　　D. 液压式

14. 履带式起重机具有（　　）等性能特点。

A. 起重能力强　　B. 可带载行走　　C. 行驶速度慢　　D. 接地比压大

15. 汽车起重机按传动装置的传动方式可分为（　　）。

A. 机械传动　　B. 气动　　C. 电传动　　D. 液压传动

16. 国产施工升降机分为（　　）。

A. 齿轮齿条驱动　　B. 蜗轮蜗杆驱动　　C. 绳轮驱动　　D. 混合驱动

17. 一般井字架多为单孔，也可组装成(　　)。

A. 两孔　　B. 三孔　　C. 四孔　　D. 五孔

18. 在汽车起重机的液压系统中，设有自动超负荷（　　）等装置，以防止起重机作业时过载或失速及油管突然破裂引起的意外事故发生。

A. 单向阀　　B. 安全阀　　C. 液压锁　　D. 缓冲阀

19. 塔式起重机按臂架结构方式分类，分为（　　）。

A. 小车变幅式塔机　　B. 动臂变幅式塔机　　C. 折臂变幅塔机　　D. 中车变幅式塔机

20. 关于物料提升机，下列说法中正确的是（　　）。

A. 是建筑施工中常用的一种物料的垂直运输设备

B. 以卷扬机为动力

C. 以链条为传动装置

D. 以吊笼（吊篮）为工作装置

21. 30m以下物料提升机的基础，当无设计要求时，应符合下列规定，且基础周边应有排水设施（　　）。

A. 基础土层的承载力，不应小于80kPa

B. 基础混凝土强度等级不应低于C20厚度不应小于300mm

C. 基础表面应平整，水平度不应大于10mm

D. 垂直度不应大于10mm

机械设备管理相关规定和标准

1. 安装单位可在资质许可范围内承揽建筑起重机械(　　)。

A. 拆卸工程　　B. 租赁经营　　C. 安装工程　　D. 加工制造

2. （　　）未履行《建筑起重机械安全监督管理规定》明确的安全责任，由县级以上地方人民政府建设主管部门责令限期改正，予以警告，并处罚款及其他处罚。

A. 出租单位　　B. 安装单位　　C. 使用单位　　D. 制造单位

3. 根据《建筑起重机械安全监督管理规定》，建设主管部门的工作人员有(　　)行为之一的，依法给予处分；构成犯罪的，依法追究刑事责任。

A. 未取得从业人员资格

B. 不依法履行监督管理职责

C. 发现在用的建筑起重机械存在严重生产安全事故隐患不依法处理

D. 发现违反规定的违法行为不依法查处

4. 根据《建筑起重机械安全监督管理规定》，建筑起重机械使用单位应当履行下列安全职责(　　)。

A. 根据不同施工阶段、周围环境以及季节、气候的变化，对建筑起重机械采取相应的安全防护措施

B. 审核建筑起重机械的特种设备制造许可证、产品合格证、制造监督检验证明、备案证明等文件

C. 制定建筑起重机械生产安全事故应急救援预案

D. 设置相应的设备管理机构或者配备专职的设备管理人员

5. 根据《建筑起重机械安全监督管理规定》，建筑起重机械使用单位的安全职责有(　　)。

A. 施工现场有多台塔式起重机作业时，应当组织制定并实施防止塔式起重机相互碰撞的安全措施

B. 设置相应的设备管理机构或者配备专职的设备管理人员

C. 指定专职设备管理人员、专职安全生产管理人员进行现场监督检查

D. 制定建筑起重机械生产安全事故应急救援预案

6. 建筑起重机械安全监督管理规定界定了(　　)。

A. 起重机械设备准入　　B. 制造准入条件

C. 市场准入　　D. 从业准入条件

7. 安装单位办理建筑起重机械安装（拆卸）手续前，应将以下资料报送施工总承包单位、监理单位审核（　　）。

A. 机械操作人员履历表　　B. 建筑起重机械备案证明

C. 安装单位资质证书、安全生产许可证副本　　D. 安装单位特种作业人员证书

8. 产权单位办理建筑起重机械延续备案时，应向设备备案机关提交以下资料（　　）。

A. 建筑起重机械延续备案申请表　　B. 机械操作人员履历表

C. 机械操作使用说明书　　D. 原备案证明和备案牌

9. 建筑起重机械有下列情形之一的，使用登记机关不予使用登记并责令使用单位立即停止使用或者拆除（　　）。

A. 违反国家和省有关规定的

B. 未超过制造厂家或者安全技术标准规定的使用年限

C. 未经检验检测或者检验检测不合格的

D. 未经安装验收或者经安装验收不合格的

10. 安装单位办理建筑起重机械安装（拆卸）告知手续前，应当将以下资料报送施工总承包单位、监理单位审核（　　）。

A. 建筑起重机械备案证明　　B. 安装单位特种作业人员获奖证书

C. 安装单位资质证书、安全生产许可证副本　　D. 安装单位特种作业人员证书

11. 使用单位在办理建筑起重机械使用登记时，应当向使用登记机关提交(　　)和其他规定的相关资料。

A. 建筑起重机械备案证明　　B. 建筑起重机械租赁合同

C. 施工现场平面图　　D. 使用单位特种作业人员名单

12. 有下列情形之一的建筑起重机械，使用登记机关不予使用登记并有权责令使用单位立即停止使用或者拆除(　　)。

A. 未经监理单位监理的　　B. 违反国家和省有关规定的

C. 未经检验检测或者经检验检测不合格的　　D. 未经安装验收或者经安装验收不合格的

13. 建筑起重机械特种作业人员考核包括(　　)考核。

A. 安全技术理论　　B. 维修工艺知识

C. 安全操作技能　　D. 驾驶理论

14. 下列禁止使用的塔式起重机产品是(　　)。

A. 国家明令淘汰的　　B. 超过规定使用年限经评估不合格的

C. 不符合国家和行业标准的　　D. 二次备案的

15. 建筑施工特种作业包括（　　）。

A. 建筑电工　　B. 建筑测量工　　C. 建筑架子工　　D. 建筑起重机械司机

16.（　　)等特种作业人员应当经建设主管部门考核合格，并取得特种作业操作资格证书后，方可上岗作业。

A. 建筑起重机械安装拆卸工　　B. 管道工

C. 起重信号工　　D. 起重司机

17. 工程建设标准分（　　）和企业标准。

A. 国家标准　　B. 行业标准　　C. 地方标准　　D. 区域标准

18.《实施工程建设强制性标准监督规定》(建设部令 81 号)，明确了工程建设强制性标准是指直接涉及（　　）等方面的工程建设标准强制性条文。

A. 设计施工　　B. 工程质量　　C. 安全　　D. 卫生及环境保护

19. 塔式起重机在安装前和使用过程中，发现有下列情况之一的，不得安装和使用(　　)。

A. 结构件上有可见裂纹和严重锈蚀的　　B. 主要受力构件存在塑性变形的

C. 连接件存在严重磨损和塑性变形的　　D. 设备表面可见油漆脱落的

20. 二级资质的起重设备安装与拆卸企业可承担（　　）的安装与拆卸。

A. 120t 及以下起重机　　B. 120t 及以下龙门吊

C. 1000kN·m 及以下塔式起重机　　D. 各类起重设备

21.（　　）属于塔式起重机的安装与拆卸范畴，应严格执行塔式起重机安装、使用、拆卸安全技术规程。

A. 转场　　B. 顶升　　C. 加节　　D. 降节

22. 根据《龙门架及井架物料提升机安全技术规范》(JGJ 88—2010)，下列说法中正确的是（　　）。

A. 钢丝绳在卷扬机卷筒上应整齐排列，端部应与卷筒压紧装置连接牢固

B. 当吊笼处于最低位置时，卷筒上的钢丝绳不应少于 2 圈

C. 物料提升机严禁使用摩擦式卷扬机

D. 当吊笼提升钢丝绳断绳时，防坠安全器应制停带有额定起重量的吊笼，且不应造成结构损坏

23. 根据《龙门架及井架物料提升机安全技术规范》(JGJ 88—2010) 强制性条文，以下关于物料提升机安装使用说法正确的是(　　)。

A. 自升式平台应采用渐进式防坠器

B. 安装高度大于或等于 30m 时，不得使用揽风绳

C. 严禁使用摩擦式卷扬机

D. 荷载达到额定起重量的 110%时，起重量限制器应能发出警报

24. 安装、拆卸施工升降机，施工总承包单位进行的工作应包括下列内容（　　）。

A. 向安装单位提供拟安装设备位置的基础施工资料，确保施工升降机进场安装所需的施工条件

B. 审核施工升降机的特种设备制造许可证、产品合格证、起重机械制造监督检验证书、备案证明等文件

C. 培训安装、拆卸施工升降机特种作业人员

D. 审核安装单位制定的施工升降机安装、拆卸工程专项施工方案

25. 附着整体升降脚手架应具有安全可靠的(　　)和监控升降载荷的控制系统。

A. 防倾斜装置　　B. 防坠落装置

C. 保证架体同步升降　　D. 抗倾覆装置

26.《建筑机械使用安全技术规程》(JGJ 33—2012) 一般规定强制性条文规定：在风速达到

9.0m/s 及以上或(　　)等恶劣天气时，严禁进行建筑起重机械的安装拆卸作业。

A. 阴雨　　B. 大雨　　C. 大雪　　D. 大雾

27.《建筑机械使用安全技术规程》(JGJ 33—2012) 规定：建筑起重机械的安全保护装置包括变幅限位器、力矩限制器、起重量限制器、防坠安全器、(　　)，必须齐全有效，严禁随意调整或拆除。严禁利用限制器和限位装置代替操纵机构。

A. 钢丝绳防脱装置　　B. 防脱钩装置　　C. 行程限位开关　　D. 顶升装置

28. 按照《施工现场机械设备检查技术规程》(JGJ 160－2008) 规定，以下说法正确的是(　　)。

A. 施工升降机安全防护装置必须齐全，工作可靠有效

B. 施工升降机防坠安全器必须灵敏有效、动作可靠，且在检定有效期内

C. 严禁使用倒顺开关作为物料提升机卷扬机的控制开关

D. 物料提升机除输送物料外，只可用于输送与生产有关的操作人员

29. 按照《施工现场机械设备检查技术规程》(JGJ 160－2008) 规定，塔式起重机的主要承载结构件出现(　　)应报废。

A. 失去整体稳定性，且不能修复时　　B. 表面油漆脱落时

C. 产生无法消除裂纹影响时　　D. 当腐蚀深度达 10%时

30.《施工现场临时用电安全技术规范 (JGJ 46－2005)》规定：临时用电工程图纸，主要包括(　　)。

A. 用电工程总平面图　　B. 配电装置布置图

C. 配电系统接线图　　D. 供电电气原理图

31. 根据《施工现场临时用电安全技术规范》(JGJ 46－2005)，以下说法正确的是(　　)。

A. 施工现场与外电线路共用同一供电系统时，电气设备的接地、接零保护应与原系统保持一致

B. TN 系统中的保护零线除必须在配电室或总配电箱处做重复接地外，还必须在配电系统的中间处和末端处做重复接地

C. 各接地装置工作接地电阻值必须符合规范标准

D. 在 TN 系统中，单独敷设的工作零线应再做重复接地

32. 为在施工中节水与合理利用水资源，宜采取的措施是(　　)。

A. 机具、设备、车辆冲洗用水优先采用市政自来水

B. 机具、设备、车辆冲洗用水优先采用非传统水源

C. 建立雨水、中水或可再利用水的搜集利用系统

D. 将雨水、中水或可再利用水搜集进入市政自来水系统

33. 产生噪声较大的机械设备，应尽量远离 (　　)。

A. 施工现场办公区　　B. 生活区　　C. 周边住宅区　　D. 集中作业区

施工机械设备安全运行和维护保养

1. 施工机械设备机长职责是(　　)。

A. 组织并敦促检查全组人员对机械的正确使用、保养和保管

B. 组织并检查交接班制度执行的情况

C. 负责建立和管理设备技术档案

D. 组织本机组人员的技术业务学习和安全交底

2. 机械设备管理"三定"制度的主要内容之一"人机固定"原则，就是把(　　)。

A. 每台机械设备和它的操作者相对固定下来，不得随意变动

B. 当机械设备在企业内部调拨时，原则上人随机走

C. 当机械设备的操作者确定后，不得再作变动

D. 操作者不得变动设备机种和机型

3. 机械设备调拨交接时，原则上规定机械操作人员随机调动，遇操作人员不能随机调动时，除交接机械附件，还应将（　　）作出书面交接。

A. 油料消耗　　B. 机械技术状况　　C. 原始记录　　D. 技术资料

4. 关于施工机械设备的安全防护装置，以下说法表达准确的是(　　)。

A. 防护装置是将人与危险隔离的专门装置

B. 安全装置是消除或减小机械伤害风险的装置

C. 使用信息提醒和警告当事人注意防护即安全防护装置

D. 安全装置与防护装置联用成为人身和设备的保护装置

5. 塔式起重机的安全装置按功能区分，可分为（　　）装置。

A. 速度限制　　B. 载荷限制　　C. 运行限位　　D. 重量限制

6. 塔式起重机的运行限位装置，包括（　　）和回转限位器。

A. 起升高度　　B. 幅度　　C. 行程　　D. 离地高度

7. 以下关于塔式起重机起重量限制器功能和技术特征的描述正确的是（　　）。

A. 保护对象是塔机的起升机构　　B. 开关动作的信息来源于起升钢丝绳的张力

C. 能防止塔机倾覆和失稳　　D. 开关动作时切断起升机构上升方向的电源

8. 塔式起重机幅度限位器与行程限位器的区别表述正确的是（　　）。

A. 幅度限位器限制载重小车在吊臂的允许范围内运行

B. 行程限位器防止大车、小车越位而造成的安全事故

C. 幅度限位器、行程限位器并不都属于运行限位装置

D. 幅度限位器、行程限位器并不都属于塔机安全装置

9. 防坠安全器是施工升降机主要安全装置。防坠安全器的功能是（　　）。

A. 控制实际载荷　　B. 限制吊笼运行速度

C. 减缓吊笼冲击底板　　D. 防止坠落

10. 物料提升机的主要安全防护装置有（　　）和急停开关、缓冲器、防护围栏和吊笼安全门。

A. 安全停层装置　　B. 断绳保护装置　　C. 起重力矩限制器　　D. 上下极限限位器

11. 施工机械设备故障随时间的变化规律，大致分（　　）。

A. 磨合阶段　　B. 正常工作阶段　　C. 事故性磨损阶段　　D. 刚性磨损阶段

12. 施工机械设备除日常保养、定期保养外，在(　　)和转场前，也应安排或与定期保养结合进行保养作业。

A. 较长时间停放期间　　B. 走合期内和走合期完毕后

C. 进入夏季或冬季前　　D. 经大修理后

13. 塔式起重机应认真做好日常保养，保养中检查的项目包括结构部件和工作机构、供电线路和电气设备，如应检查（　　）。

A. 配电箱、电缆绝缘情况和接头　　B. 各安全保护装置、制动器

C. 传动齿轮齿条咬合磨损情况　　D. 各部件连接螺栓及钢丝绳

14. 按照确定重点机械设备的原则，下列设备中可能列入重点设备管理的是（　　）。

A. 塔式起重机　　B. 混凝土输送泵　　C. 混凝土搅拌站　　D. 型材切割机

15. 排除施工升降机吊笼启动困难故障，应（　　）。

A. 保证起升额定载荷　　B. 校正导轨架垂直度

C. 打磨齿条接头台阶　　D. 调整制动瓦块间隙

16. 如发现施工升降机牵引钢丝绳和对重钢丝绳磨损剧烈，应检查导向滑轮的（　　）和卷筒排绳情况。

A. 直径大小　　B. 安装平面度　　C. 与钢丝绳接触面　　D. 表面硬度

17. 造成塔式起重机滑动轴承温度过高的原因有（　　）。

A. 工作磨损　　B. 轴承偏斜

C. 间隙过小　　D. 缺油或油中有杂物

18. 塔机的回转支承跳动或摆动严重的原因有（　　）。

A. 缺油或油中有杂物　　B. 滚动体配合间隙过小

C. 滚动体磨损过大　　D. 齿轮和齿圈的啮合不正确

19. 危险源识别的方法有（　　）。

A. 经验累积法　　B. 对照法

C. 系统安全分析法　　D. 统筹分析法

20. 除活动、旋转、弹性等运动零部件，机械的（　　）也应视为危险源。

A. 角形部件　　B. 箱体表面　　C. 粗糙/光滑的表面　　D. 锐边

21. 从已发生过的建筑起重机械安全事故中，多有（　　）和吊物（具）坠落打击、机体倾覆事故。

A. 坠落　　B. 触电　　C. 溺水　　D. 挤伤

22. 起重机械吊物（具）等重物从空中坠落造成人身伤亡和设备损坏，多因为发生（　　）事故造成。

A. 设备停电　　B. 断绳脱绳　　C. 脱钩断钩　　D. 起升过卷扬

23. 挤伤多为起重机械吊装作业人员和从事检修维护人员被挤压在两个物体之间造成的伤害。通常有被（　　）挤伤，以及升降设备运行、机体回转、翻转作业中的撞伤事故。

A. 吊具（物）与地面物体　　B. 机体与建筑物

C. 塔机身与爬梯　　D. 吊物（具）摆放不稳发生倾覆

24. 发生机械伤害事故，以下对受伤人员临时救治处置原则正确的是（　　）。

A. 出血性外伤应及时采取止血措施　　B. 骨折性外伤应小心挪动避免二次伤害

C. 脊椎骨折伤员要使受伤者静卧　　D. 胸腔、腹腔内出血伤员可挤压止血

25. 发生机械伤害事故，机械员应（　　）。

A. 立即前往事故现场并逐级报告事故信息　　B. 指导现场停止作业并保护事故现场

C. 立即在现场开展事故调查　　D. 如涉及人身伤亡应首先组织抢救

26. 机械设备事故分析的内容，可归纳为（　　）。

A. 掌握经济损失　　B. 查明事故原因　　C. 落实赔偿任务　　D. 明确责任归属

27. 下列情况发生的事故应确定为械设备责任事故的是（　　）。

A. 修理质量不符合要求，可检查发现但未查出排除

B. 知道设备技术状况不良，未采取措施而带病工作

C. 台风、地震、山洪等自然灾害，致使设备损坏

D. 因未按冬季防寒防冻要求而造成设备损坏

施工机械设备的购置和租赁

1. 对列入企业年度机械购置计划的机械设备的（　　）应经过认真选择论证，确定最优方案。

A. 品种　　B. 材料　　C. 规格　　D. 型号

2. 机械设备要具有良好的维修性，则要求机械设备（　　）。

A. 结构简单合理　　B. 零部件标准化　　C. 安全装置可靠　　D. 维修工具专用

3. 机械设备选型的环保要求是（　　）等应控制在国家和地区标准的规定范围内。

A. 噪声　　B. 振动频率　　C. 有害物排放　　D. 自重

4. 根据租赁资产所有权有关的风险和报酬归属于出租方或承租方的程度为依据，机械租赁的形

式有(　　)。

A. 实物租赁　　B. 融资租赁　　C. 人机租赁　　D. 经营租赁

5. 设备开箱验收检查由设备采购部门、设备主管部门组织（　　）部门参加。如系进口设备，应有商检部门人员参加。

A. 安装　　B. 技术　　C. 使用　　D. 安监

6. 设备的技术试验前应进行技术检查，试验内容有(　　)。

A. 破坏性试验　　B. 无负荷试验　　C. 额定负荷试验　　D. 超负荷试验

7. 设备的《技术试验记录表》经参加试验人员合格签证后，还应经单位技术负责人审查签证，一式两份，分别（　　）。

A. 返回供货单位　　B. 交付使用单位　　C. 归存技术档案　　D. 交付安管部门

施工机械设备的资料管理

1. 机械员应负责机械设备资料的（　　），使机械设备技术档案真实完整。

A. 汇总　　B. 整理　　C. 移交　　D. 保管

2. 机械设备资料包括(　　)。

A. 设备登记卡片　　B. 机械设备台账　　C. 设备技术档案　　D. 设备购置规划

3. 设备台账编制形式包括按(　　)排列。

A. 设备分类编号　　B. 使用部门顺序　　C. 设备名称字母　　D. 购进时间顺序

4. 机械设备单机履历书的主要内容可归纳为（　　）记录和有关事故的记录。

A. 运转及消耗　　B. 保养及修理　　C. 设计和制造　　D. 管理及监督

5. 施工现场要收集，编制和整理机械设备各类资料，应收集的现场资料中包括（　　）。

A. 机械设备平面布置图　　B. 现场机械安全管理制度

C. 安全管理技术交底资料　　D. 使用保养说明书

6. 机械设备安全管理如(　　)的安全技术交底资料都应收集、整理、归存。

A. 总包、分包单位对设备操作人员　　B. 出租、承租双方对起重机械作业人员

C. 施工、安拆单位对起重机械安、拆人员　　D. 设备制造厂家对购买方的安全使用说明

7. 机械设备使用中的活动记录是施工机械现场管理资料中的重要组成部分，除维修保养记录，还包括(　　)记录。

A. 自检月检　　B. 设备运转　　C. 隐患整改　　D. 试车验收

8. 施工机械设备信息化管理是运用电子计算机和现代信息技术，以施工机械设备管理相关信息的(　　)传递、利用为手段，建立网络化管理平台，从而提高企业施工机械设备科学化管理水平。

A. 生产　　B. 采集　　C. 处理　　D. 存储

9. 机械设备信息化管理运行成本监管系统的功能可分为（　　）。

A. 采集运行、维修保养、事故等消耗信息

B. 分析设备故障、零部件寿命和维修性能、经济效益信息

C. 依靠系统工作改造、优化设备各项性能指标

D. 利用采集、分析信息结论监管、降低设备使用成本

三、案例题

1. 【背景资料】施工总承包企业A公司向B机械租赁公司租赁了三台浙江省建设机械集团有限公司生产的QTZ160（ZJ6516）自升塔式起重机；产品说明（摘要）：本机为水平臂、上回转、自升式塔式起重机；独立高度48.65m，最大起升高度152m；配备了力矩限制器、高度限制器、幅度限制器、回转限制器、起重量限制器等安全装置。三台塔机由具有一级起重设备安装与拆卸企业资质的C

公司负责安装。

请根据背景资料完成相应小题选项，其中判断题二选一（A、B选项），单选题四选一（A、B、C、D选项），多选题四选二或三（A、B、C、D选项）。不选、多选、少选、错选均不得分。

1）（判断题）型号QTZ160（ZJ6516）括号内ZJ后6516的含义是：最大工作幅度65m，该处可吊16kN。（　　）

A. 错误　　B. 正确

2）（单选题）该机达到最大起升高度152m的塔身工作状态应是（　　）。

A. 独立　　B. 加附揽风索　　C. 附着　　D. 悬挂

3）（单选题）本机中安全装置：力矩限制器、高度限制器、幅度限制器、回转限制器、起重量限制器中，主要功能为保护塔机钢结构的是（　　）。

A. 起重量限制器　　B. 幅度限制器　　C. 高度限制器　　D. 力矩限制器

4）（单选题）本例中B公司是出租单位，A公司是承租单位，《建筑起重机械安全监督管理规定》（建设部令166号）规定，应由（　　）持出租设备相关证明材料到本单位工商注册所在地县级以上地方人民政府建设主管部门办理备案。

A. A公司　　B. B公司　　C. 项目部　　D. 工地安全管理部门

5）（多选题）按照《建筑起重机械安全监督管理规定》（建设部令166号）规定，本例A公司在塔机安装前应审核租赁塔机的（　　）和备案证明等文件。

A. 设计图纸　　B. 特种设备制造许可证

C. 产品合格证　　D. 制造监督检验证明

6）（多选题）按照《建筑起重机械安全监督管理规定》（建设部令166号）规定，本例中塔机安装前，A公司应审核C公司的（　　）和安装人员的特种作业操作资格证书。

A. 资质证书　　B. 安全生产许可证　　C. 工商登记证书　　D. 法人代表

7）（多选题）按照《建筑起重机械安全监督管理规定》（建设部令166号）规定，A公司的安全职责除监督C公司和使用单位履行相关职责，审核相关安全保证技术文件外，本公司应（　　）。

A. 办理备案登记手续

B. 指定专职安全生产管理人员监督检查塔机安装、拆卸、使用情况

C. 应当组织制定并实施防止塔式起重机相互碰撞的安全措施

D. 提供拟安装塔机位置的基础施工资料，确保塔机进场安装、拆卸所需的施工条件

8）（多选题）按照《建筑起重机械安全监督管理规定》（建设部令166号）规定，本例中C公司安装施工前应将安装工程专项施工方案，安装、拆卸人员名单，安装、拆卸时间等材料报（　　）审核后，告知工程所在地县级以上地方人民政府建设主管部门。

A. 原生产厂家　　B. B公司　　C. A公司　　D. 监理单位

9）（多选题）按照《建筑起重机械安全监督管理规定》（建设部令166号）规定，本例中塔机安装完毕后，C公司的职责还有（　　）。

A. 进行自检、调试和试运转　　B. 自检合格后出具自检合格证明

C. 向使用单位进行安全使用说明　　D. 制定操作人员岗位责任制

10）（多选题）按照《建筑起重机械安全监督管理规定》（建设部令166号）规定，本例中塔机投入使用前，应当经有相应资质的检验检测机构监督检验合格，使用单位应当组织（　　）等有关单位进行验收，或者委托具有相应资质的检验检测机构进行验收，验收合格后方可投入使用。

A. B公司　　B. C公司　　C. 监理　　D. 建设

2.【背景资料】施工总承包企业A公司与B机械租赁公司签署租赁合同，由B公司向C机械销售公司购置一批施工机械设备出租给A公司，其中有中联重科生产的TC7030B—12（CE）塔式起重机。双方签署租赁合同并办理相关手续，该塔式起重机使用一年后B公司将该机转卖D公司，向A

公司提出终止双方租赁合同中关于该塔机相关约定，请 A 公司将自身权益转移给 D 公司。

请根据背景资料完成相应小题选项，其中判断题二选一（A、B 选项），单选题四选一（A、B、C、D 选项），多选题四选二或三（A、B、C、D 选项）。不选、多选、少选、错选均不得分。

1）（判断题）本例中 A 公司与 B 公司签署租赁合同，由 B 公司向 C 机械销售公司购置一批机械设备出租给 A 公司，这种经济合作形式即（　　）。

A. 融资租赁　　B. 经营租赁

2）（单选题）按照《建筑起重机械备案登记办法》（建质 [2008] 76 号）、《湖南省建筑起重机械安全生产管理办法（试行）》（湘建 [2009] 340 号）相关规定：本例中 A、B 双方签署租赁合同前，应由（　　）向本单位工商注册所在地县级以上地方人民政府建设主管部门办理备案。

A. A 公司　　B. B 公司　　C. C 公司　　D. 中联重科

3）（多选题）办理塔机备案除提供备案单位法人营业执照副本、设备购销合同、发票或相应有效凭证外，应提供 TC7030B—12（CE）塔式起重机的（　　）。

A. 制造许可证　　B. 制造监督检验证明

C. 产品合格证　　D. 操作人员资格证书

4）（单选题）本例中塔式起重机使用一年后 B 公司将该机转卖 D 公司，B 公司应当将建筑起重机械的原始资料及安全技术档案移交给 D 公司，并应由（　　）办理备案变更手续。

A. B 公司　　B. D 公司

C. B、D 公司双方　　D. B、D 公司中任何一方

5）（单选题）本例中 TC7030B—12（CE）塔式起重机的安装单位，应当依法取得建设主管部门颁发的相应资质和（　　）。

A. 具备安装施工技术能力　　B. 施工质量认证

C. 建筑施工企业安全生产许可证　　D. 有特种作业施工人员

6）（多选题）本例中，A 公司按相关规定确定 TC7030B—12（CE）塔式起重机的安装单位后，应审查本机备案证明；安装单位资质证书、安全生产许可证副本、特种作业人员证书、负责安装工程专职安全生产管理人员和专业技术人员名单、与使用单位签订的安装（拆卸）合同及安装单位与施工总承包单位签订的安全协议书，还应审查（　　）。

A. 安装工程专项施工方案　　B. 使用单位的使用登记证书

C. 辅助起重机械资料及其特种作业人员证书　　D. 安装工程生产安全事故应急救援预案

7）（单选题）本例中，TC7030B—12（CE）安装完毕后，经安装单位自检、调试和试运转合格，使用单位组织验收合格后拟投入使用，使用单位应在安装验收合格之日起 30 日内，向工程所在地县级以上地方人民政府建设主管部门办理（　　）。

A. 产品备案　　B. 安装告之　　C. 使用登记　　D. 开机备案

8）（判断题）本例中，随施工主体升高，TC7030B—12（CE）塔式起重机超出独立高度使用需要顶升加节，A 公司坚持顶升、加节、降节等工作均属于安装、拆卸范畴，顶升应由原安装单位承担。A 公司的意见。（　　）

A. 正确　　B. 错误

9）（多选题）TC7030B—12（CE）塔式起重机投入使用后，本机生产操作人员中必须经建设主管部门考核合格，取得建筑施工特种作业人员操作资格证书，方可上岗从事相应作业的工种是（　　）。

A. 物料转运工　　B. 信号司索工　　C. 司机　　D. 现场安保

10）（单选题）本例中，如果 TC7030B—12（CE）塔式起重机因故停用 6 个月以上的，在复工前，应由总承包单位组织有关单位按《建筑施工塔式起重机安装、使用、拆卸安全技术规程》（JGJ 196—2010）要求，应（　　）方可使用。

A. 全面清洁润滑　　B. 调整紧固连接件　　C. 重新验收合格　　D. 检查防护装置

3.【背景资料】某住宅开发小区工地，施工对象为12栋建筑高度为70m左右高层住宅楼，施工方选择QT80系列塔式起重机配合施工升降机为主要垂直运输设备。本例QT80系列塔机主要技术性能参数为起重力矩1000/kN·m，最大幅度/起重载荷50/15kN·m，最小幅度/起重载荷12.5/80 kN·m；起升高度为附着式120/m，轨道行走式、固定式均为45.5/m，内爬式140m。

请根据背景资料完成相应小题选项，其中判断题二选一（A、B选项），单选题四选一（A、B、C、D选项），多选题四选二或三（A、B、C、D选项）。不选、多选、少选、错选均不得分。

1）（判断题）根据本例使用塔机的主要技术参数，当起吊点处于最大工作幅度50m处，能起吊1.5t重量的吊物。（　　）

A. 正确　　B. 错误

2）（判断题）本例中要满足70m建筑高度施工要求，所使用塔机应进行（　　）。

A. 一次附着　　B. 二次附着

3）（单选题）根据《建筑施工塔式起重机安装、使用、拆卸安全技术规程》（JGJ 196—2010）相关规定，承担本例QT80系列塔吊安装的起重设备安装与拆卸企业应具有的资质为（　　）级。

A. 特　　B. 一　　C. 二　　D. 三

4）（判断题）《建筑施工塔式起重机安装、使用、拆卸安全技术规程》（JGJ 196—2010）强制性条文规定：塔式起重机使用前，应对起重司机、起重信号工、司索工等作业人员进行安全技术交底；应形成书面交底材料，并经签字确认。

A. 正确　　B. 错误

5）（多选题）本例多台塔机安装使用，为确保安装质量，每一台塔机安装完毕后，应对安装质量依次进行（　　），验收合格后方可使用。

A. 安装单位自检　　B. 检测机构检测　　C. 建设单位复检　　D. 组织联合验收

6）（多选题）起重司机要遵守操作规程，在塔式起重机（　　）和起吊动作前应示意警示。

A. 回转　　B. 变幅　　C. 行走　　D. 就位

7）（多选题）塔式起重机在（　　）和吊物与地面或其他物件之间存在吸附力或摩擦力而未采取处理措施时不得起吊。

A. 指挥信号不清楚　　B. 重量超过额定载荷的吊物

C. 重量不明的吊物　　D. 经过绑扎的吊物

8）（多选题）为确保安全，塔式起重机在（　　）应停止作业。

A. 下午7点以后　　B. 6级以上风速　　C. 大雨、大雪、大雾　　D. 特别恶劣天气

9）（单选题）按照《建筑施工塔式起重机安装、使用、拆卸安全技术规程》（JGJ 196—2010）的规定，起重臂根部铰点高度超过50m时应配备（　　）。

A. 障碍灯　　B. 指示灯　　C. 风速仪　　D. 标志牌

10）（多选题）塔式起重机作业人员应做好设备使用中的记录，包括（　　）记录。

A. 例行保养　　B. 交接班　　C. 机长指令　　D. 转场保养

4.【背景资料】A公司租赁B公司三台上海宝达工程机械有限公司生产的SCD200/200A施工升降机在某高层建筑工地使用，A、B双方合同约定租赁期间，三台施工升降机产权属B公司，使用期间，如超过设备首次备案有效期，不影响A公司正常使用情况下办理延续备案。SCD200/200A产品说明：D—带对重；标准节尺寸为0.65×0.65（m）；提升高度最大可达150m；提升速度36m/min；对重重量1200kg；防坠安全器型号为SAJ30—1.2。

请根据背景资料完成相应小题选项，其中判断题二选一（A、B选项），单选题四选一（A、B、C、D选项），多选题四选二或三（A、B、C、D选项）。不选、多选、少选、错选均不得分。

1）（单选题）SCD200/200中，SC表示（　　）。

A. 钢丝绳式　　B. 齿轮齿条式　　C. 混合式　　D. 螺旋式

2）（单选题）施工电梯 SCD200/200A 型号中 200 是(　　)参数。

A. 起重力矩　　B. 上升速度　　C. 起升高度　　D. 起重量

3）（判断题）A 公司租赁 B 公司的施工升降机，应当由 A 公司负责三台 SCD200/200A 施工电梯的首次备案和延续备案；B 公司负责安装。(　　)

A. 正确　　B. 错误

4）（多选题）投入安装、使用的施工升降机应具有(　　)和使用说明书，并已按相关规定办理了备案登记。

A. 特种设备制造许可证　　B. 起重机械制造监督检验证书

C. 产品合格证　　D. 销售许可证

5）（多选题）本例中 B 公司拟自行承担施工升降机的安装、拆卸，A 公司不仅应履行好自身安全职责，同时应负责对安装单位进行监管，包括审核 B 公司的(　　)。

A. 生产经营状况　　B. 资质证书

C. 安全生产许可证　　D. 特种作业人员的特种作业操作资格证书

6）（多选题）本例中如 B 公司具备自行承担施工升降机的安装、拆卸相关条件，但施工升降机安装作业前，B 公司应编制施工升降机安装工程专项施工方案，由本公司技术负责人批准后，并(　　)。

A. 报送原备案机关审核

B. 报送 A 公司及监理单位审核

C. 告知工程所在地县级以上建设行政主管部门

D. 告知本公司工商注册所在地县级以上建设行政主管部门

7）（多选题）本例施工升降机安装完毕且经调试，B 公司自检合格后，交付 A 公司验收前，还应(　　)。

A. 编制安全使用说明书　　B. 委托检验检测机构监督检验

C. 编制 SCD200/200A 使用说明书　　D. 向 A 公司提供自检和监督检验资料

8）（多选题）本例施工升降机安装完毕且经调试、B 公司对安装质量进行自检、经有相应资质的检验检测机构监督检验。检验合格后，A 公司应组织(　　)进行验收。

A. B 公司　　B. 建设单位　　C. 监理单位　　D. 安监部门

9）（多选题）A 公司应自施工升降机安装验收合格之日起 30 日内，向工程所在地县级以上建设行政主管部门办理使用登记备案。使用登记应提交施工升降机的(　　)和特种作业人员名单。

A. 本机设计资料　　B. 安装验收资料　　C. 安全管理制度　　D. 使用说明书

10）（多选题）本例三台施工升降机使用 2 年超过备案有效期限，但 A、B 双方确认使用状态良好，商定延长租赁期，此时应由 B 公司向原设备备案机关申请延续备案。办理延续备案的必备条件是(　　)。

A. 经具有相应资质的检验检测机构检测合格

B. 检验检测机构出具的延续使用检验检测报告

C. A、B 双方签订的同意延续备案协议

D. B 公司承诺仅延续备案一次的承诺书

5.【背景资料】某工地安装一台龙门架式物料提升机作施工垂直运输设备。该机施工单位自购，全高 20m。第一日安装到 15m 高度，临时缆风绳共 4 根锚在 10m 高处，用钢丝绳卡与地锚连接。第三日继续安装，先将缆风绳与立柱连接点由 10m 高处移至 15m 处，仍使用原地锚。当导轨安装到 20m 高时，突遇一阵强风。龙门架晃动数次后，将东南方向的缆风绳拉断，龙门架向西倾倒。在高空作业的 4 人随同龙门架坠落，3 人死亡，1 人紧抱在主柱上，造成重伤。事故分析时查得缆风绳与水平面夹角为 68°，且东南角方向的缆风绳在离锚固点 2m 处，原已磨断 2/3 仍继续使用，其他缆风绳

也没有收紧；施工单位自购并自行安装，未办理任何手续；安装施工人员在工地挑选技术素质不错的劳务人员组成。

请根据背景资料完成相应小题选项，其中判断题二选一（A、B选项），单选题四选一（A、B、C、D选项），多选题四选二或三（A、B、C、D选项）。不选、多选、少选、错选均不得分。

1）（判断题）本例是在物料提升机安装施工中出现严重事故。本例的事故分析的依据应是《建筑起重机械安全监督管理规定》（建设部令166号）、《建筑起重机械备案登记办法》（建质〔2008〕76号）、《湖南省建筑起重机械安全生产管理办法》（试行）（湘建建［2009］340号）、《龙门架及井架物料提升机安全技术规范》（JGJ 88—2010）等规章、规范的各项要求。（　　）

A. 正确　　B. 错误

2）（多选题）根据背景资料，造成安装中的龙门架倾倒的直接原因是（　　）。

A. 地锚布置不合规范　　B. 缆风用钢丝绳破损

C. 缆风绳数量不够　　D. 缆风绳与地锚连接不合规范

3）（多选题）按照相关行政规章、规范要求，本例龙门架式物料提升机安装前应由自购单位办理的手续有（　　），未按要求办理上述手续不得开始安装。

A. 产品备案　　B. 安装告知　　C. 使用登记　　D. 消防备案

4）（多选题）《龙门架及井架物料提升机安全技术规范》（JGJ 88—2010）强制性条文规定，安装、拆除物料提升机的单位应具备（　　）；安装、拆除作业人员必须经专门培训，取得特种作业资格证。

A. 独立设计能力　　B. 起重机械安拆资质　　C. 安全生产许可证　　D. 事故赔偿能力

5）（单选题）物料提升机的稳定性能主要取决于物料提升机的（　　）、附墙架、缆风绳及地锚。

A. 基础　　B. 吊篮　　C. 导轨　　D. 立柱

6）（单选题）当物料提升机导轨架的安装高度超过设计的最大独立高度时，必须安装附墙架。当物料提升机安装条件受到限制不能使用附墙架时，可采用缆风绳，但当物料提升机安装高度大于或等于（　　）m时，不得使用缆风绳。

A. 20　　B. 25　　C. 30　　D. 40

7）（单选题）根据本例背景材料所描述情况，固定缆风绳於地面可采用（　　）。

A. 重物压载　　B. 系于树干　　C. 桩式地锚　　D. 连接可靠建筑物

8）（多选题）本例物料提升机高度30m以下，其基础可按设计要求确定，如产品说明书中没有提出设计要求，应使基础（　　）符合《龙门架及井架物料提升机安全技术规范》（JGJ 88—2010）规定，同时基础周边应有排水设施。

A. 土层承载力　　B. 混凝土强度　　C. 表面平整度　　D. 表面粗糙度

9）（多选题）一台安装验收合格投入使用的物料提升机应具有一系列安全装置，包括安全停层装置、断绳保护装置、载重量限制装置、（　　）和通信信号装置。

A. 幅度限制装置　　B. 上、下极限限位

C. 吊笼安全门　　D. 缓冲器

10）（多选题）适用本例、针对物料提升机安全监督管理和安装、拆除、使用作业及人身安全的主要规章、规范除《建筑起重机械安全监督管理规定》（建设部令166号）、《建筑起重机械备案登记办法》（建质〔2008〕76号）、《湖南省建筑起重机械安全生产管理办法》（试行）（湘建建〔2009〕340号）、《龙门架及井架物料提升机安全技术规范》（JGJ 88—2010），还有（　　）。

A.《建筑机械使用安全技术规程》（JGJ 33—2012）

B.《施工企业工程建设技术标准化管理规范》（JGJ 88－2010）

C.《施工现场机械设备检查技术规程》（JGJ 160－2008）

D.《施工现场临时用电安全技术规范》（JGJ 46－2005）

6.【背景资料】某施工项目：小区共三栋25层住宅，施工单位租赁了三台自升塔式起重机，三塔机工作幅度交叉作业，其中两台为江麓建筑机械有限公司生产的QTZ80E；一台为中联生产的TC5613，施工方拟组织安装。

请根据背景资料完成相应小题选项，其中判断题二选一（A、B选项），单选题四选一（A、B、C、D选项），多选题四选二或三（A、B、C、D选项）。不选、多选、少选、错选均不得分。

1）（单选题）根据《建筑施工塔式起重机安装、使用、拆卸安全技术规程》（JGJ 196—2010）相关规定，QTZ80E、TC5613应由具有起重设备安装与拆卸（　　）级以上资质的企业承担安装、拆卸。

A. 一　　B. 二　　C. 三　　D. 特

2）（多选题）塔式起重机安装、拆卸作业应配备的人员，一类是持有安全生产考核合格证书的（　　）；另一类是具有建筑施工特种作业操作资格证书的建筑施工塔式起重机械安装拆卸工、塔式起重机信号工、塔式起重机司机、塔式起重机司索工等特种作业操作人员。

A. 项目负责人　　B. 安全负责人　　C. 机械管理人员　　D. 后勤服务人员

3）（多选题）塔式起重机安装前，应编制专项施工方案，指导作业人员实施安装作业。编制专项施工方案的依据是（　　）。

A. QTZ80E、TC5613两机种使用说明书　　B. 本单位人员配备情况

C. 作业场地的实际情况　　D. 国家现行相关标准和规范

4）（单选题）本例中塔式起重机的安装专项施工方案应让由本单位技术、安全、设备等部门审核，技术负责人审批后，经（　　）批准实施。

A. 建设单位　　B. 监理单位　　C. 施工单位　　D. 安监部门

5）（单选题）本例中三塔机工作幅度交叉作业，应采取防碰撞的安全措施。任意两台塔式起重机之间，低位塔式起重机的起重臂端部与另一台塔式起重机的塔身之间的距离、高位塔式起重机的最低位置的部件与低位塔式起重机中处于最高位置部件之间的垂直距离均不得小于（　　）m。

A. 1.5　　B. 2　　C. 3　　D. 4

6）（单选题）本例中QTZ80E塔式起重机作附着式安装，基础周围应有排水设施。其基础承载力应符合（　　），验收合格后方能安装。

A. 说明书和设计要求　　B. 抗倾覆要求　　C. 临时设施标准　　D. 最大载荷要求

7）（多选题）《建筑施工塔式起重机安装、使用、拆卸安全技术规程》（JGJ 196—2010）规定：塔式起重机在安装前和使用过程中，结构件、部件不得安装和使用的情况是（　　）和钢丝绳达到报废标准、安全装置不齐全或失效。

A. 结构件上有可见裂纹和严重锈蚀　　B. 结构件明显可见油漆脱落

C. 主要受力构件存在塑性变形的　　D. 连接件存在严重磨损和塑性变形

8）（判断题）本例中TC5613塔式起重机作行走式安装，标准节每节高2.8m，允许架设12个标准节，地面标高至基础节上平面高7.1m，该塔机的最大起升高度应为40.7m。（　　）

A. 正确　　B. 错误

9）（多选题）《建筑施工塔式起重机安装、使用、拆卸安全技术规程》（JGJ 196—2010）强制性规定：联接件及其防松防脱件严禁用其他代用品代用。安装连接件及其防松防脱件应使用（　　）紧固联接螺栓。

A. 开口扳手　　B. 梅花扳手　　C. 力矩扳手　　D. 专用工具

10）（多选题）本例中，三台塔吊中任何一台都无法在一个工作日内连续作业完成，按照《建筑施工塔式起重机安装、使用、拆卸安全技术规程》（JGJ 196—2010）规定，应采取的措施是（　　）。

A. 派员值班守护　　B. 将已安装的部位固定牢靠并达到安全状态

C. 检查确认无隐患　　D. 封闭作业区

7.【背景资料】某市某项目2号栋发生QTZ63B（TC5013）塔机回转上支座以上部分倒塌事故，

塔机于2008年1月1经过××建筑机械质量监督检验中心检验并投入使用。2008年12月13日早上8：15时在装卸完第一吊混凝土，空罐顺时针回转时，塔机回转上支座连接螺栓前方四个全部断裂，上支座以上部分向后倾翻坠落。起重臂端部砸到3号栋南边SCD施工升降机顶端的标准节上。回转上支座与回转塔身分离、坠落地面。

事故分析：1. 上部结构倾覆坠落的主要原因：起升高度限位失效，吊钩过卷扬，冲顶导致滑轮轮缘缺损；小车上另一根滑轮轴缺少轴向锁定装置、钢丝绳防脱槽装置，导致起升钢丝绳随被卡死。2. 恶劣的天气环境是事故发生的次要原因：事故当日北风六级，逆北风回转时发生事故。

请根据背景资料完成相应小题选项，其中判断题二选一（A、B选项），单选题四选一（A、B、C、D选项），多选题四选二或三（A、B、C、D选项）。不选、多选、少选、错选均不得分。

1）（多选题）本例事故为起升高度限位失效诱发，《建筑施工塔式起重机安装、使用、拆卸安全技术规程》（JGJ 196—2010）规定：塔式起重机的安全保护装置不得随意调整和拆除，严禁用限位装置代替操纵机构。安全保护装置指(　　)、行走限位器、高度限位器等。

A. 力矩限制器　　B. 重量限制器　　C. 变幅限位器　　D. 速度限制器

2）（多选题）本例小车上另一根滑轮轴缺少轴向锁定装置，缺少钢丝绳防脱槽装置，起升钢丝绳被卡死。《建筑施工塔式起重机安装、使用、拆卸安全技术规程》（JGJ 196—2010）规定：应设有钢丝绳防脱装置的有(　　)。

A. 拉索　　B. 滑轮　　C. 卷筒　　D. 吊钩

3）（多选题）本例起升高度限位器是固定式塔机的运行限位装置之一，固定式塔机的运行限位装置还有（　　）限位器。

A. 幅度　　B. 仰角　　C. 行程　　D. 回转

4）（判断题）起升高度限位器不仅用于防止在吊钩提升运行、吊钩滑轮组上升接近载重小车时，应停止其上升运动；也防止吊钩下降时可能出现的操作失误：当吊钩滑轮组下降接近地面时，应停止其下降运动，以防止卷筒上的钢丝绳松脱造成乱绳甚至以相反方向缠绕在卷筒上及钢丝绳跳出滑轮绳槽。(　　)

A. 错误　　B. 正确

5）（多选题）本例中事故当日北风六级，塔机逆北风回转是发生事故的原因之一，《建筑施工塔式起重机安装、使用、拆卸安全技术规程》（JGJ 196—2010）规定：塔式起重机在(　　)等恶劣天气时应停止作业。

A. 气温35℃以上　　B. 6级以上风速

C. 大雨、大雪、大雾　　D. 气温10℃以下

6）（多选题）本例因设备带故障运行，导致整机报废事故的发生。起升高度限位器失效的隐患，应在日常保养中排除。设备的日常保养是指在机械(　　)的保养作业。

A. 磨合期后　　B. 每班运行前、后　　C. 运行过程中　　D. 大修期间

7）（单选题）机械设备日常保养的十字作业”方针是(　　)。

A. 清洁、磨合、润滑、调整、防腐　　B. 清洁、紧固、润滑、试车、防腐

C. 清洁、紧固、润滑、调整、防腐　　D. 清洁、紧固、润滑、调整、除锈

8）（多选题）塔式起重机除机体倾覆等设备损坏常见事故外，已发生的人身安全事故多为(　　)和吊物（具）坠落打击等类型的事故。

A. 挤伤　　B. 触电　　C. 高处坠落　　D. 碾压

9）（多选题）机械员应负责监督检查施工机械设备的使用和维护保养，检查特种设备安全使用情况，应定期进行(　　)和运行记录等全方位的检查。

A. 设备台账　　B. 机械设备的性能　　C. 安全装置　　D. 人员上岗情况

10）（多选题）工程项目开工前在编制施工组织设计或专项施工方案时，应针对各种危险源，制

定出防控措施。本例相关塔式起重机应列入重大危险源的有（　　）和检测、吊装作业。

A. 安装　　B. 拆卸　　C. 顶升　　D. 保养

8.【背景资料】某省××市某建设工地发生 SCD200/200 施工电梯标准节脱落的特大事故。该设备 2008 年 8 月出厂。由某市某安装公司于 9 月安装在工地 19 号栋，2008 年 12 月某日下午进行了升高加节作业，第二日早晨 7：33，左吊笼载有 18 人（包括升降机司机），上行至标准节 85.2m 处，标准节在 85.5m 处（最高附着 13 号附着上 2.5 节）标准节联接处突然脱落，导致标准节第 58—63 节六节标准节连同左吊笼坠落，造成 17 人死亡，1 人重伤，以及地面上 1 人死亡的特大伤亡事故，设备报废。经现场勘查和事故分析，认定：1. 第 57 节标准节事故发生时两个位置应装有但实际未装有螺栓；第 58 节标准节对应的位置，事故发生时联接处有螺栓但没有上螺母。2. 自由端高度超标，事故发生时施工升降机安装高度为 94.5m 最高附着到顶部高度（自由端高度）实际高度为 12.75m（8 节半）＞7.5m 超出说明书的要求。3. 事故前一天加升标准节后未按规定验收就投入使用，事故调查中只发现首次验收合格资料，其后加升标准节附着没有验收资料。

请根据背景资料完成相应小题选项，其中判断题二选一（A、B 选项），单选题四选一（A、B、C、D 选项），多选题四选二或三（A、B、C、D 选项）。不选、多选、少选、错选均不得分。

1）（多选题）本例因在升高加节中严重违反有关规章、规程导致发生人员伤亡、设备报废的惨剧，从技术层面查找事故原因应是（　　）。

A. 标准节螺栓没有按要求安装到位　　B. 未按规定附着使自由端高度超标

C. 加节未按规定验收就投入使用　　D. 行程开关误动作导致吊笼冒顶

2）（多选题）SCD200/200 施工升降机使用过程中可能发生的事故还有（　　）。

A. 吊笼坠落　　B. 吊笼冒顶　　C. 限位开关自动复位　　D. 人员坠落和物料滚落

3）（多选题）SCD200/200 施工升降机的主要安全装置包括（　　），并通过上下限位开关和上下极限开关、急停开关控制电源；设置吊笼门、底笼门连锁装置和楼层通道门等防护装置。

A. 防坠安全器　　B. 断绳保护装置　　C. 安全钩　　D. 缓冲弹簧

4）（多选题）防坠安全器是施工升降机主要安全装置。以下关于防坠安全器的描述正确的是（　　）。

A. 安全器限制梯笼的运行速度　　B. 减缓吊笼对底座的冲击力

C. 防坠安全器与行程开关联动　　D. 安全器复位后吊笼才能运行

5）（单选题）为防止因吊笼门、底笼门未关闭就启动运行而造成人员坠落和物料滚落，施工升降机一般采取（　　），只有当吊笼门、底笼门完全关闭施工升降机才能启动运行。

A. 机械自锁装置　　B. 液压锁定装置　　C. 电气连锁开关　　D. 人员值班守护

6）（单选题）施工升降机在各楼层运料和人员进出的通道，应设置楼层通道门。楼层通道门在吊笼上下运行时处于常闭状态，只有在吊笼停稳时才能由（　　）打开，确保不出现无防护的危险边缘。

A. 专职司机　　B. 吊笼内的人　　C. 楼层内的人　　D. 特种作业人员

7）（多选题）本例是一起严重的重大责任事故，负有责任的主体是设备的（　　）单位，还有施工总承包单位、监理单位。

A. 设计　　B. 安装　　C. 使用　　D. 制造

8）（判断题）按照相关规定，本例中施工升降机使用过程中的顶升、加节和增加附着均应由原承担安装的单位负责。（　　）

A. 正确　　B. 错误

9）（多选题）本例中如果安装和使用单位在升降机顶升、加节和增加附着时，都执行《建筑施工升降机安装、使用、拆卸安全技术规程》（JGJ 215—2010）有关规定，即能消除事故隐患，相关规定是：负责安装的单位在升降机顶升、加节和增加附着完成后，应当（　　）；每次加节完毕后，经验收合格后方能运行。

A. 进行自检、调试和试运转　　　　　　B. 自检合格出具自检合格报告

C. 出具书面安全使用说明　　　　　　　D. 办理产权备案登记

10）（多选题）本例中升降机司机不幸遇难，如果司机按规定履行职责，严格遵守操作规程，则有可能幸免于难。施工升降机司机班前应（　　）。

A. 阅读、了解上一班的设备运行、保养情况

B. 检查连接、传动装置及电器是否工作可靠

C. 检查各运行部件的润滑情况

D. 查看立柱垂直情况并利用附墙架予以找正

9.【背景资料】某大型商场项目施工过程中要经过基坑开挖、土方外运、桩基础及主体工程等施工工序，现场先后使用挖掘机、推土机、装载机、自卸汽车、打桩机、压实机械、混凝土搅拌机、钢筋机械、塔式起重机、施工升降机、物料提升机等机械设备。

请根据背景资料完成相应小题选项，其中判断题二选一（A、B 选项），单选题四选一（A、B、C、D 选项），多选题四选二或三（A、B、C、D 选项）。不选、多选、少选、错选均不得分。

1）（多选题）该项目所使用设备中应按照相关规定办理备案、安拆告知、使用登记的设备是（　　）。

A. 打桩机　　　　　　　　　　　　B. 塔式起重机

C. 施工升降机　　　　　　　　　　D. 物料提升机

2）（单选题）物料提升机应用广泛。按照相关规范，下列关于物料提升机使用的说法错误的是（　　）。

A. 物料提升机卷扬机卷筒上的钢丝绳不应少于 3 圈

B. 物料提升机严禁使用摩擦式卷扬机

C. 物料提升机必须由取得特种作业操作证的人员操作

D. 不得使用物料提升机运载非生产人员

3）（多选题）安装完毕的建筑起重机械经验收合格后方可投入使用，未经验收或者验收不合格的不得使用。下列关于起重机械检测、验收说法正确的是（　　）。

A. 安装单位应当对安装（包括顶升、加节、附着）完毕的建筑起重机械进行自检

B. 使用单位应当组织对安装单位自检合格建筑起重机械进行验收

C. 使用单位不得委托任何检验检测机构代替进行安装完毕的建筑起重机械验收

D. 建筑起重机械在验收前应当经有相应资质的检验检测机构监督检验合格

4）（多选题）本例中临时用电及土方、桩工、混凝土和钢筋机械，以及运输车辆的使用和管理，应遵照（　　）的各项规定。

A.《建筑机械使用安全技术规程》（JGJ 33—2012）

B.《龙门架及井架物料提升机安全技术规范》（JGJ 88—2010）

C.《施工现场机械设备检查技术规程》（JGJ 160－2008）

D.《施工现场临时用电安全技术规范》（JGJ 46－2005）

5）（单选题）本例如施工现场自备电源，根据相关规范，以下说法错误的是（　　）。

A. 自备 2 台及 2 台以上发电机组并列运行时，可不再装设同步装置

B. 严禁发电机组电源与外电线路并列运行

C. 严禁利用大地和动力设备金属结构体作相线或工作零线

D. 用电设备的保护地线或保护零线应并联接地

6）（多选题）本例中基坑开挖施工中，必须查明施工场地明、暗铺设的各类管线等设施，并应采用明显记号标识。严禁在离（　　）1m 以内进行大型机械作业。

A. 道路边缘　　B. 地下管线　　C. 城市绿篱　　D. 承压管道

7）（多选题）施工机械设备管理的“三定”制度是行之有效的一项基本管理制度。“三定”制度的主要内容包括（　　）。

A. 确定安全管理目标　　B. 坚持人机固定原则

C. 实行机长负责制　　D. 落实岗位责任制

8）（多选题）本例中所有机械使用中的班组交接和临时替班的交接，都应建立交接制度，交接的主要内容是：生产任务完成情况；随机工具和附件情况；燃油消耗和准备情况，还有（　　）。

A. 机械运转、保养情况和存在的问题　　B. 设备台账

C. 交接人填写的本班运转记录　　D. 设备技术档案

9）（多选题）施工企业的设备管理和质量安全部门应组织机械设备使用的定期检查和专项检查，检查的主要内容为（　　）。对违章指挥、违章操作及时整改；对带病运转的机械设备落实技术措施。

A. 机械设备管理的规章制度、标准、规范和操作规程的落实执行情况

B. 对管理人员、操作人员进行安全教育培训情况

C. 机械设备维护保养制度的执行情况

D. 财务部门对设备使用核算情况

10）（多选题）为保证施工机械设备安全运行，对机械设备管理使用的监督检查除做好日常检查、定期检查、专项检查外，在（　　）情况下也应组织针对性的安全检查。

A. 经验收合格正式启用　　B. 特殊恶劣气候以后

C. 节假日后、开工前　　D. 停用时间较长重新使用

10.【背景资料】某大型基础工程施工，施工内容涉及土石方开挖、转运、填方、压实和打桩等作业。现场先后配置推土机、挖掘机、铲运机、自卸汽车、压路机、桩工机械。

请根据背景资料完成相应小题选项，其中判断题二选一（A、B 选项），单选题四选一（A、B、C、D 选项），多选题四选二或三（A、B、C、D 选项）。不选、多选、少选、错选均不得分。

1）（多选题）施工现场不论使用何种机械设备，为保证机械设备的安全运行，应建立设备安全管理基本制度，主要有（　　）。

A.“三定”责任制　　B. 交接班制　　C. 民主评议制　　D. 监督检查制

2）（单选题）“三定”制度是行之有效的一项基本管理制度，核心是把机械设备使用、维护、保养等各环节的要求都落实到（　　）。

A. 职能部门　　B. 具体责任人　　C. 作业班组　　D. 独立法人

3）（单选题）以下关于“三定”制度的核心内容描述错误的是（　　）。

A. 把每台机械设备和它的操作者相对固定下来

B. 把设备使用、维护、保养的要求都落实到人

C. 把管理责任和待遇挂钩的分配原则落到实处

D. 机械设备在企业内部调拨时原则上人随机走

4）（判断题）本例是大型基础工程施工，所使用的设备没有列入特种设备的建筑起重机械，设备和安全管理部门在设备操作人员上岗前可酌情安排是否进行安全技术交底。（　　）

A. 正确　　B. 错误

5）（单选题）设备操作人员应精心保管和保养机械设备，做好例保和一保作业，使机械设备经常处于整洁、润滑良好、调整适当、紧固件无松动等良好的技术状态。保持机械的附属装置、备件、随机工具等完好无损。这些要求通常归纳为设备保养（　　）“十字”方针。

A. 整洁、润滑、调整、紧固、完好　　B. 清洁、紧固、润滑、调整、无损

C. 清洁润滑好、紧固无松动　　D. 清洁、紧固、润滑、调整、防腐

6）（多选题）本例中设备管理和质量安全部门应组织对机械设备使用管理的定期检查。应检查的

内容是（　　）。

A. 设备购置或租赁计划　　B. 机械设备的性能状况

C. 安全装置是否完好　　D. 上岗人员是否符合要求

7)（多选题）本例中如出现机械设备需调拨出现场时，调出单位应保证机械设备技术状况的完好，不得拆换机械零件，并将机械的（　　）一并交接。

A. 随机工具　　B. 机械履历书　　C. 技术档案　　D. 燃油和润滑油

8)（多选题）如果对机械设备使用管理的定期检查、专项检查发现不遵守规程、规范使用机械设备的情况，在管理劝阻无效时，监督检查部门应（　　），如违章单位或违章人员未执行的，依据情节轻重给予处罚或停机整改。

A. 责令停止作业　　B. 下达整改通知　　C. 处以经济罚款　　D. 注消岗位资格

9)（多选题）机械员应负责落实施工机械设备安全防护措施。《建筑机械使用安全技术规程》(JGJ 33—2012) 关于土石方机械使用安全强制性条文有（　　）。

A. 推土机应顺下坡方向切土与堆运可增大切土深度和运土数量

B. 严禁在离地下管线、承压管道 1m 以内进行大型机械作业

C. 机械回转作业时，配合人员必须在机械回转半径以外工作

D. 拖式铲运机作业中，严禁人员上下机械，传递物件

10)（多选题）机械员应负责落实施工机械设备环境保护措施。针对本案例，可能对环境产生不利影响、应有防范措施的有（　　）。

A. 土方机械作业和土方转运产生扬尘　　B. 打桩机等施工作业产生噪声和振动

C. 夜间作业室外照明灯具可能发生光污染　　D. 机械排放物可能产生大面积水体污染

11.【背景资料】某大型建筑工地在用 QTZ160（6518）加强型塔式起重机，产品说明摘要如下：该机为水平起重臂，小车变幅，上回转自升多用途塔机；额定起重力矩 160t·m，最大起重量为 10 吨；起升机构变极调速，回转机构为变频调速机构，变幅机构行星齿减速机内置卷筒，安全保护装置为机械式或机电一体化产品；该机具有固定、行走、附着、内爬等工作形式，最大工作幅度 65m，固定独立起升高度 52m，附着式最大起升高度 200m。

请根据背景资料完成相应小题选项，其中判断题二选一（A、B 选项），单选题四选一（A、B、C、D 选项），多选题四选二或三（A、B、C、D 选项）。不选、多选、少选、错选均不得分。

1)（判断题）根据《建筑施工塔式起重机安装、使用、拆卸安全技术规程》(JGJ 196—2010) 规定，本例塔机使用时应配备障碍灯、风速仪，并不得在塔身上附加广告牌或其他标语牌。

A. 错误　　B. 正确

2)（判断题）为确保塔式起重机的安全运行，《建筑施工塔式起重机安装、使用、拆卸安全技术规程》(JGJ 196—2010) 强制性条文规定：塔式起重机使用前，应对起重司机、起重信号工、司索工等作业人员进行安全技术交底。

A. 正确　　B. 错误

3)（多选题）塔式起重机的安全防护装置有载荷限制装置和运行限位装置，其中载荷限制装置有（　　）限制器。

A. 起重力矩　　B. 起重量　　C. 回转阻力　　D. 变幅张力

4)（多选题）塔式起重机的运行限位装置有（　　）。

A. 运行距离限制器　　B. 起升高度限位器　　C. 回转限位器　　D. 幅度限位器

5)（多选题）按照本机使用说明书和相关规定，操作人员应做好设备的日常保养，日常保养的中心内容是“清洁、紧固、润滑、调整、防腐”、“十字作业”。针对本机，在班前和运行过程中司机必须对主要关键部位的销轴，螺栓，比如（　　）进行日常检查、紧固，确定无松动或脱离现象才允许开车作业。

A. 塔身标准节的连接　　B. 钢丝绳头压板、卡子

C. 各电器元件之紧固　　D. 附着架与建筑物的连接

6)（多选题）针对本机日常保养"清洁、紧固、润滑、调整、防腐""十字作业"，调整是使工作机构保持合理的间隙，比如（　　）的调整。

A. 起重臂各节的连接螺栓　　B. 基础节与底架的连接螺栓

C. 行程限位器和载荷限制器　　D. 变幅小车牵引机构制动器

7)（单选题）按照本例 QTZ160 塔机使用说明，主要使用不同标号的石墨钙基润滑脂、钙基润滑脂、锂基润滑脂和中负荷工业齿轮油对运动部件定期进行润滑，用齿轮油进行润滑的应是（　　）。

A. 钢丝绳　　B. 减速器　　C. 电动机轴承　　D. 滑轮组

8)（多选题）起重使用的吊具与索具每半年进行定期检查，（　　）和钩身的扭转角超过10%时应予以报废。

A. 吊钩表面有裂纹或磨损量大于10%　　B. 开口度比原尺寸增加15%

C. 危险截面及钩筋有永久性变形　　D. 吊钩表面有可见锈斑

9)（多选题）按照《建筑施工塔式起重机安装、使用、拆卸安全技术规程》（JGJ 196—2010）的规定：起重机用滑轮（　　）应予以报废。

A. 出现裂纹或轮缘破损　　B. 长期未进行润滑脂润滑

C. 绳槽壁厚磨损量超过标准　　D. 槽底磨损量超过标准

10)（多选题）按照《建筑施工塔式起重机安装、使用、拆卸安全技术规程》（JGJ 196—2010）的规定：每班作业应作好例行保养，并应做好记录。记录的主要内容包括（　　）以及制动器、索具、夹具、吊钩、滑轮、钢丝绳、液位、油位、油压、电源、电压等。

A. 结构件外观　　B. 安全装置　　C. 传动机构、连接件　　D. 润滑部位

12. 【背景资料】某商务大厦施工过程中要经过基坑开挖、土方外运、桩基础及主体工程等施工工序。机械员要参与制定施工设备使用计划和施工机械设备管理制度；参与机械设备的采购或租赁；参与或负责经济、技术、安全管理的相关事务。

请根据背景资料完成相应小题选项，其中判断题二选一（A、B选项），单选题四选一（A、B、C、D选项），多选题四选二或三（A、B、C、D选项）。不选、多选、少选、错选均不得分。

1)（多选题）本例基坑开挖、土方外运、桩基础及主体工程施工活动中应使用的设备包括（　　）和运输车辆。

A. 土石方机械　　B. 起重机械　　C. 钢筋混凝土机械　　D. 地下掘进机械

2)（多选题）在同一类设备如挖掘机选择机械型号的原则，以下说法恰当的是（　　）。

A. 首选价格和成本低廉的设备　　B. 首先考虑生产上适用的设备

C. 同类机械尽量减少不同型号　　D. 优先选用一机多用的设备

3)（多选题）施工机械设备使用计划确定以后，可以自购或租赁的方式取得设备的使用权。而采取租赁设备的方式，可用较少的资金获得生产急需的设备。其好处在（　　）。

A. 减少固定资金的占有　　B. 避免设备因技术落后淘汰的风险

C. 免受通货膨胀和利率波动的冲击　　D. 不必承担安全事故责任

4)（单选题）如本例基坑大面积开挖，土石方工程量可较准确计算，总承包单位拟采取租赁设备完成土石方工程施工。租赁方和出租方宜采取（　　）合作方式。

A. 按单位工程工期签订周期租赁合同　　B. 按施工任务签订实物工程量承包合同

C. 签订年度一次性租赁合同　　D. 以出入库单计算使用台班作为结算依据

5)（单选题）设备出租方和承租方签订租赁合同时，机械台班单价是计算机械施工费的基础。甲、乙双方确定机械台班单价时，不应计入台班单价的是（　　）。

A. 设备折旧费　　B. 前期论证费　　C. 经常修理费　　D. 车船使用税

6）（多选题）(　　)在投产使用前，必须进行检查、鉴定和试运转（技术试验），以测定机械的各项技术性能和工作性能。未经技术试验或虽经试验尚未取得合格签证前，不得投入使用。

A. 新购进设备　　B. 新租赁机械

C. 经过大修、改造的机械　　D. 改变产权的设备

7）（多选题）新购或自制拟实施技术试验的机械设备，必须具有(　　)。

A. 所有权证明　　B. 出厂合格证　　C. 使用说明书　　D. 购置批准文件

8）（多选题）经改装或改造，拟实施技术试验的机械设备，必须具有(　　)。

A. 设备改装改造的财务支出证明　　B. 上级批准改装或改造文件

C. 改装或改造的技术文件、图纸　　D. 改装改造后的质量检验记录

9）（单选题）机械设备投产使用前的技术试验程序是(　　)。

A. 试验前检查、超负荷试验、额定负荷试验、无负荷试验

B. 试验前检查、额定负荷试验、超负荷试验、无负荷试验

C. 试验前检查、无负荷试验、额定负荷试验、超负荷试验

D. 无负荷试验、额定负荷试验、超负荷试验、试验后全面检查

10）（多选题）机械设备技术试验合格后，应按照《技术试验记录表》所列项目逐项填写，由参加试验人员共同签字，并经单位技术负责人审查签证。技术试验记录表一式两份，分别(　　)。

A. 交付产权单位　　B. 交付使用单位　　C. 归存设备台账　　D. 归存技术档案

13. 【背景资料】某A施工公司承接一大型项目，因施工周期长，资金周转需求量大，拟以融资租赁方式向B设备租赁公司取得三台中联重科生产的TC5613塔式起重机用于施工，A、B公司双方合同约定：租赁期满，三塔机归A公司所有；租赁期内由A公司承担租赁设备的全部管理。

请根据背景资料完成相应小题选项，其中判断题二选一（A、B选项），单选题四选一（A、B、C、D选项），多选题四选二或三（A、B、C、D选项）。不选、多选、少选、错选均不得分。

1）（单选题）通过融资租赁方式，A公司在租赁期内，取得了三台中联TC5613塔式起重机的(　　)。

A. 设备使用权　　B. 资产所有权　　C. 设备转让权　　D. 资产处置权

2）（多选题）本例A公司应和B公司签订融资租赁合同，明确双方的权利和义务，第三方中联重科出卖的TC5613塔式起重机应具备（　　）。

A. 特种设备制造许可证　　B. 产品合格证

C. 制造监督检验证明　　D. 备案登记证明

3）（多选题）经具有安装TC5613塔式起重机专项资质和安全生产许可证的安装单位对其中一台塔机安装完毕，安装单位应进行自检、调试和试运转。自检合格，A公司应当委托具有相应资质的检验检测机构进行检验检测，并按规定组织（　　）和监理等有关单位进行安装验收。

A. 中联重科　　B. B公司　　C. 安装单位　　D. 检验检测机构

4）（多选题）为了检查架设工作的正确性和保证安全运转，应对塔机的安全装置进行检查和调试。塔机安全装置主要包括(　　)。

A. 速度限制仪　　B. 行程限位器　　C. 载荷限制器　　D. 自重测量仪

5）（多选题）A公司机械员从设备租赁洽谈起即应分单机收集、整理TC5613塔式起重机的技术档案，机械设备技术档案是指设备从(　　)和改造、更新直至报废全寿命周期管理过程中形成的应整理归档保存的重要文件资料。

A. 购置计划论证　　B. 设计，制造（购置）

C. 安装，调试　　D. 使用，维护，修理

6）（多选题）中联重科售出塔机时应有完整的随机技术文件，包括(　　)和随机附属装置资料、工具和备品明细表，配件目录等，并提供制造许可证、监督检验证明。

A. 使用保养维修说明书　　B. 出厂合格证

C. 零件装配图册　　D. 产品设计计算书

7)（多选题）B公司在租赁合同生效之日，应向A公司提供（　　）和中联重科售出时提供的塔式起重机制造许可证、产品合格证、监督检验证明。

A. 单机备案证明　　B. 随机技术文件

C. 产品销售广告　　D. 法人营业执照

8)（多选题）安拆单位应当建立健全单台起重机安装、拆卸工程档案，应向A公司移交安拆工程技术档案资料，安装、拆卸工程档案包括委托安装、拆卸合同、（　　）和安装、拆卸工程生产安全事故应急救援预案。

A. 塔机使用登记证明　　B. 安装、拆卸工程专项施工方案

C. 安装施工技术交底的有关资料　　D. 安装自检和验收资料

9)（多选题）每一台塔机投入使用后，应及时收集（　　）等资料，如发生大修、设备技术改造等情节，还应收集大修进厂的技术鉴定、修理内容及出厂检验记录；技术改造批准文件和图纸资料，以及事故处理相关资料，整理归入设备技术档案。

A. 所在项目施工组织设计方案　　B. 设备运转记录及安全检查记录

C. 维修保养记录及检修记录　　D. 安装检测报告和定期检验报告

10)（多选题）塔式起重机的安全技术交底资料要收集、整理保存，安全技术交底要有交底人、被交底人的签字，交底日期等项记录。本例中应有（　　）作安全技术交底资料。

A. A公司和安拆单位共同对安、拆人员　　B. B公司和A公司共同对机组作业人员

C. 安、拆人员对检测人员和作业人员　　D. 检测人员对安拆和机组作业人员

14. 【背景资料】某机械化施工队承担一项路基的土石方挖运、回填和压实的施工任务，其中两座半边山体挖方20万方，土石比70%；水田清淤1万方，土方的运距最短的100m，最远的2km；施工设备部分自有，部分租赁。项目部要求机械施工队做好施工组织设计，合理配置设备，确保施工安全，减少机械作业成本。

请根据背景资料完成相应小题选项，其中判断题二选一（A、B选项），单选题四选一（A、B、C、D选项），多选题四选二或三（A、B、C、D选项）。不选、多选、少选、错选均不得分。

1)（多选题）本例首先应确定合理的施工工艺方案。针对本例，以下几种转运土石方施工工艺方案适用的是（　　）。

A. 用推土机开拓工作面、开辟便道、短距离转运土方

B. 中等运距时用推土机配合，由铲运机转运土方

C. 全采用推土机或全采用挖掘机与自卸车配套作业转运土方

D. 较远运距采用挖掘机与自卸车配套作业转运土方

2)（多选题）确定了施工工艺后应进行设备选型，选择设备应（　　）。

A. 优先选用只有一种作业装置的机械　　B. 使各类机械设备能力配套

C. 简化组合的机种、机型　　D. 机械组合配套平列化

3)（多选题）本例甲方租赁某公司（乙方）拉铲挖掘机清理水田淤泥，甲、乙双方约定租赁费按单机台班形式租赁结算。台班费应包括折旧费、大（中）修理费、经常修理费、机械人工费和（　　）。

A. 安拆费及场外运费　　B. 养路费及车船使用税

C. 燃料动力费　　D. 综合管理费

4)（判断题）为确保施工安全，本例中如使用的设备是新购、新租赁机械或经过大修、改装、改造、重新安装的机械，在投产使用前，必须进行检查、鉴定和试运转（技术试验），以测定机械的各项技术性能和工作性能。未经技术试验或虽经试验尚未取得合格签证前，不得投入使用。（　　）

A. 正确　　B. 错误

5)（多选题）为确保施工安全，施工机械使用中应严格执行交接班制度，上下作业班组、人员临时替班都应办理交接。以下关于交接班说法正确的是（　　）。

A. 交接班应做好记录，交接记录应交机械管理部门存档

B. 交接当事人可委托设备管理部门代为办理交接

C. 机械管理部门应及时检查交接制度执行情况

D. 交接不清或未办交接造成机械事故，对当事人双方进行处理

6)（多选题）本例施工中使用多种、多台土方工程机械，机械员负责监督、检查操作人员做好设备的日常保养，日常保养是指在每班机械运行的前、后和运行过程中应(　　)。

A. 清洁机体、仪表、操纵和安全装置　　B. 检查关键部位连接的紧固情况

C. 必要时添加燃料、润滑油料和冷却水　　D. 拆解检查内部零件的紧固、间隙和磨损

7)（多选题）施工机械设备除按要求做好日常保养、定期保养外，在(　　)和机械转移工地前，应根据设备的不同状况和特点，围绕"清洁、紧固、润滑、调整、防腐"做好保养工作。

A. 停放期间　　B. 走合期后　　C. 换季之前　　D. 大修以后

8)（多选题）为确保施工安全，设备管理和质量安全部门应定期对施工现场机械设备的性能、安全装置、人员上岗情况、运行记录等全方位的检查，在(　　)应进行消除安全隐患为重点的安全检查。

A. 特殊恶劣气候　　B. 设备满负荷工作时

C. 节假日后　　D. 工程开工前

9)（多选题）本例极可能在冬季施工，应落实防冻措施，设备冬季防冻应做好(　　)。

A. 有液压装置的设备应将液压装置卸下

B. 暂时停置不用的设备要放尽发动机积水

C. 机械调运时必须将机内的积水放尽

D. 加用防冻液应确认其质量可靠后方可加用

10)（多选题）机械员要负责收集、编制和整理施工现场机械设备资料，这些资料种类很多，本例应收集的资料包括(　　)。

A. 施工现场机械安全管理制度　　B. 企业年度机械设备购置计划

C. 对设备操作人员的安全技术交底资料　　D. 机械设备的进场验收、保养维修记录

15.【背景资料】某工地施工任务为土方开挖、转运、填方，土方运距5000m左右，施工现场有挖掘机、推土机各两台，重型自卸汽车8台。根据某月现场记录，一个月中1台挖掘机停机维修了2d，另一台挖掘机因驾驶员请假停机2d；2台推土机中1台因液力变矩器损坏而维修了3d，另1台也待工2d；8台自卸汽车7台因驾驶员平时日常保养做得较好而未出现停工现象，1台因发动机、变速箱，经常损坏故障频率较高的原因在本月申请报废。

请根据背景资料完成相应小题选项，其中判断题二选一（A、B选项），单选题四选一（A、B、C、D选项），多选题四选二或三（A、B、C、D选项）。不选、多选、少选、错选均不得分。

1)（判断题）根据施工任务，评价判断本例机械配置。(　　)

A. 合理　　B. 不宜

2)（单选题）如本例用租赁形式组织施工机械设备，挖掘机停机维修、推土机液力变矩器损坏都影响甲方施工进度并产生经济损失，其责任甲乙双方应（　　）。

A. 在租赁合同中约定　　B. 口头协商确定

C. 依照通行惯例处理　　D. 相互达成谅解

3)（多选题）机械设备的现场管理，应落实岗位责任制，机长除履行操作人员职责外，还应做到(　　)。

A. 敦促检查机组人员正确使用、保养和保管机械设备

B. 检查并汇总各项原始记录和报表及时准确上报

C. 检查交接班制度执行

D. 负责机械履历书资料的收集、整理和编制

4)（多选题）机械使用中上、下班之间交接的内容除生产任务完成情况、随机工具和附件、燃油消耗和准备情况，还应包括（　　）。

A. 机械设备的使用说明书　　B. 机械运转、保养情况和存在的问题

C. 交接人填写的本班运转记录　　D. 安全检查部门的整改通知

5)（单选题）本例中挖掘机是主要施工机械之一，挖掘机作业时，当有人员必须在回转半径以内工作时，必须（　　）。

A. 熄火停止运转　　B. 将机械停止回转并制动

C. 将铲斗调整到正前方　　D. 有人旁站监护

6)（单选题）要保证机械设备保持设计技术性能和安全运行，要认真执行设备的保养制度，操作人员独立完成的是（　　）。

A. 日常保养　　B. 定期保养　　C. 试车调整　　D. 检测验收

7)（多选题）设备的日常保养是由操作人员在每班机械运行的前、后的保养作业，包括清洁机体（　　）。

A. 清洗液压传动的控制元件　　B. 检查机械部件、仪表以及操纵、安全装置

C. 按使用说明添加燃料、润滑油料和冷却水　　D. 检查关键部位的连接紧固情况

8)（判断题）做好了施工机械设备日常保养，保障机械设备不出故障，就可以不再安排定期保养，因而实际上节约了人力、物料和时间。（　　）

A. 正确　　B. 错误

9)（多选题）在本例中，设备管理人员应保存好施工机械原始证明文件资料，维护设备技术档案资料的完整。本例土方机械设备原始证明文件资料包括（　　）。

A. 设备备案和使用登记证明文件　　B. 随机技术文件

C. 随机附件及工具的交接清单　　D. 技术调试、试验等的有关记录及验收单

10)（多选题）坚持做好了对设备的维护保养，可以（　　）。

A. 提高设备技术性能　　B. 减少设备磨损

C. 延长设备使用年限　　D. 保证设备正常运转

参考文献

[1] 吕东风. 机械员 [M]. 北京：中国环境科学出版社，2012.
[2] 王凤宝. 机械员 [M]. 北京：中国铁道出版社，2010.
[3] 徐学军. 机械员 [M]. 北京：中国环境科学出版社，2010.
[4] 查辉. 建筑机械 [M]. 合肥：安徽科学技术出版社，2011.
[5] 李绍鹏，刘冬敏. 机械制图 [M]. 上海：复旦大学出版社，2011.
[6] 虞洪述. 机械制图 [M]. 西安：西安交通大学出版社，2008.
[7] 庚武可. 机械设备控制技术 [M]. 北京：高等教育出版社，2009.
[8] 姜金三. 现代设备管理 [M]. 北京：北京大学出版社，2012.